黄 风　编著

工业机器人编程指令详解

Industrial Robots

化学工业出版社

·北京·

本书从实用的角度出发，对工业机器人的基本和特殊功能、编程指令、状态变量、参数功能及设置、机器人专用输入输出信号的使用及专用编程软件应用等方面做了全面的、深入浅出的介绍，并结合具体的工业应用案例来对照学习具体的编程指令及参数设置，加深对编程指令的理解。

本书可供工业机器人设计、应用的工程技术人员，高等院校机械、电气控制、自动化等专业师生学习和参考。

图书在版编目（CIP）数据

工业机器人编程指令详解/黄风编著. —北京：化学工业出版社，2017.1（2021.1重印）

ISBN 978-7-122-28591-1

Ⅰ.①工… Ⅱ.①黄… Ⅲ.①工业机器人-程序设计 Ⅳ.①TP242.2

中国版本图书馆CIP数据核字（2016）第287860号

责任编辑：张兴辉　　文字编辑：陈　喆

责任校对：宋　玮　　装帧设计：王晓宇

出版发行：化学工业出版社（北京市东城区青年湖南街13号　邮政编码100011）

印　　装：北京虎彩文化传播有限公司

787mm×1092mm　1/16　印张19½　字数530千字　2021年1月北京第1版第4次印刷

购书咨询：010-64518888　　售后服务：010-64518899

网　　址：http://www.cip.com.cn

凡购买本书，如有缺损质量问题，本社销售中心负责调换。

定　　价：89.00元

前言

FOREWORD

20世纪60年代，在桂林的一个“小人书摊”前，一个小孩坐在小凳上看一本科幻的小人书，书中讲述了一个机器人冒充足球队员踢球的故事，这个冒名顶替的“足球队员”又能跑，又能抢，关键是射门准确，只要球队处于劣势，把他换上场就无往而不胜。这个故事太吸引人了，小孩恨不得自己就是那个机器人。这个小孩就是当年的我。50年过去了，有些科幻成了现实，有些现实超越了科幻。

机器人在人们的生活中越来越多地出现，而工业机器人是机器人领域中的重要分支。近年来，工业机器人在制造领域的应用如火如荼，是智能制造的核心技术。工业机器人行业是国家和地方政府大力扶持的高新技术行业。据国际机器人联合会估计，2014年全球工业机器人销量约为225000台，较2013年增长27%。工业机器人销量在全球所有主要市场均出现增长，其中亚洲市场增长过半。中国市场表现尤为耀眼，2014年中国地区工业机器人销量约为56000台，同比增长54%，这表明中国正在加快工业机器人普及速度。2016年中国安装的工业机器人数量将位居全球之首。

本书从实用的角度出发，对工业机器人的特殊功能、编程指令、状态变量、参数功能及软件应用等方面做了深入浅出的介绍，提供了大量的程序指令解说案例。

本书第1章是机器人的基本功能介绍，是机器人应用的理论基础，主要介绍了机器人的选型、特殊功能。工业机器人实质上也是一种运动控制器，机器人具有的特殊功能是其他运动控制器所没有的。

根据“二八原则”，可能只有20%的功能是最常用的，因此在第2章介绍的是最常用的编程指令，便于读者的快速入门和应用。在第3章介绍了全部的编程指令。第4章介绍了机器人的状态变量，状态变量表示了机器人的实际工作状态，在实际编程中会经常使用。第5章介绍了机器人编程中要使用的各种计算函数。正确地使用计算函数可以大大简化编程工作。

第6章介绍了参数功能及设置。参数赋予了机器人各种功能，在实际使用中对参数的设置是必不可少的。本章结合软件的使用对重点参数的功能及设置做了说明，这也是从使用者的角度着想的。

第7章介绍了机器人专用输入输出信号的使用。作为自动化生产线上的一个核心控制设备，机器人必须与主控系统、外围检测信号有许多信息交流，为了便于机器人的使用，机器人系统配置了许多专用输入输出信号，正确地连接和使用这些输入输出信号是机器人正常工作的前提。

第8章介绍了编程软件的使用，事实上所有的编程和参数设置都是在软件上完成的。该软件同时还具备状态监视和模拟运行的功能。

第9章提供了一个应用案例，结合应用案例可以对照学习编程指令及参数设置，加深对编程指令的理解。

感谢林步东先生对本书的写作提供了大量的支持。

笔者学识有限，书中不足之处在所难免，请读者批评指正。笔者邮箱：hhhfff57710@163.com。

编著者

目录

CONTENTS

第3章 编程指令详细说明 /047

第4章 机器人状态变量 /122

第5章 编程指令中使用的函数 /148

第 6 章 参数功能及设置 /167

第 7 章 输入输出信号 /212

第 8 章 RT ToolBox2 软件的使用 /242

第 1 章

工业机器人基本知识和特有的功能

1.1 机器人概述

1.1.1 机器人基本知识

机器人实质上是一套“数控系统”，也可以说是一套运动控制器，是一台可以多轴联动的运动控制系统。

机器人可分为：

① 机器人本体　包含机械构件(各关节）和伺服电机。伺服电机已经安装在本体上。如图 1-1 所示。

② 控制器　包括控制 CPU、伺服驱动器、基本 I/O，各种通信接口(USB/以太网)。如图 1-2 所示。

③ 示教单元　也称为“手持操作器”，简称 TB，用于手动操作机器人运行，确定各工作点、JOG 运行、设置参数、设置原点、显示机器人工作状态。如图 1-3 所示。

④ 选件　输入输出卡等。如图 1-4 所示。

⑤ 附件　抓手和各种接口板，各连接电缆。

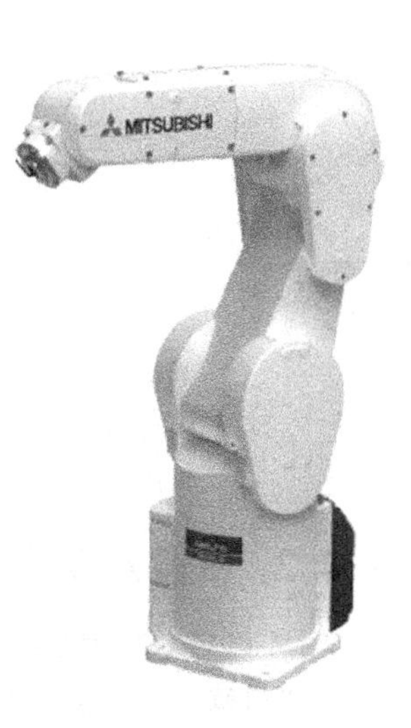

图 1-1　机器人本体

图 1-2　控制器

图 1-3　手持示教单元

图 1-4 输入输出卡

1.1.2 机器人通用功能

本书以三菱工业机器人为例，介绍机器人的功能及规格。以下不特别提及，均指三菱工业机器人。

① 机器人可以由一套控制器控制做单机运行。

② 机器人可以装在三菱 QPLC 平台上作为其中的一个运动 CPU 运行。类似于 C70 数控系统。这样可以充分利用三菱 QPLC 的丰富功能构成强大的控制系统。

③ 机器人可以配置一个 CCLINK 卡，作为 CCLINK 总线中的一个站。

④ 机器人还可以连接附加“通用伺服轴”，控制 9 个伺服轴运行。

⑤ 机器人可以连接触摸屏，由触摸屏进行控制。

1.1.3 机器人型号

（1）垂直多功能机器人型号标注的说明

三菱机器人的型号标注如图 1-5 所示。

```
RV - 4 F L C - 1D - SH01
```

RV：垂直多关节型

最大可搬运重量：
4—4kg

系列名称：F系列

臂长：
无标记—标准长度
L—加长型

特殊机型编号
SH**内置配管

控制器型号：
1D—CR751-D
1Q—CR751-Q

本体环境规格：
无标记—普通环境
C—清洁规格
M—防油雾规格

图 1-5 三菱机器人的型号标注规则

标注说明：
【机器人型号分类】 RV—垂直机器人；RH—水平机器人。
【最大可搬运重量】 4—4kg；7—7kg；13—13kg；20—20kg。
【机器人型号系列】 F 系列。
【轴数】 未标记—6 轴型；J—5 轴型。
【机械臂长度】 未标记—标准机械臂；L 或 LL—长机械臂或加长机械臂。
【环境规格/保护规格】 未标记——般环境(IP40)；M—油雾规格(IP67)；C—清洁规格(ISO 等级 3)。
【控制器类型】 D—独立控制器；Q—Q 系列控制器。
【特殊机号】 限于订购了特殊规格的情况下，SH××表示配线/配管内装规格。
(2) 水平多功能机器人型号标注的说明
水平多功能机器人型号标注如图 1-6 所示。

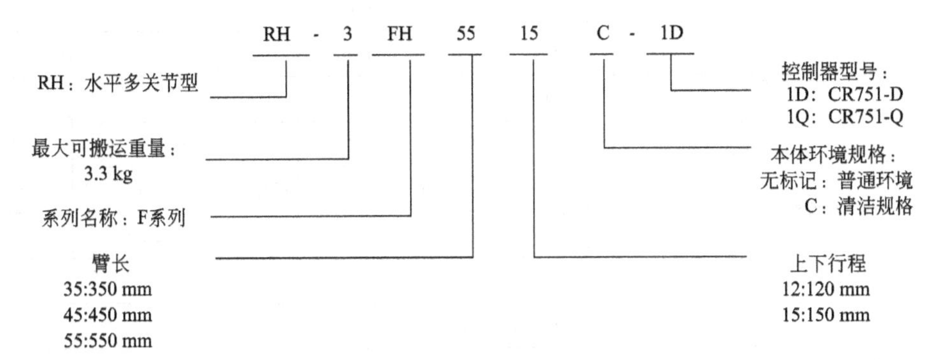

图 1-6　水平多功能机器人型号标注

【RH】 水平多关节型。
【最大搬运重量】 3kg/6kg/12kg。
【系列名称】 FH。
【臂长】 35—350mm；45—450mm；55—550mm。
【上下行程】 12—120mm；15—150mm。
【环境规格】 无标记—普通规格；C—清洁规格。
【控制器型号】 1D—CR751-D；1Q—CR751-Q。

1.2 机器人技术规格

1.2.1 垂直多功能机器人技术规格

表 1-1 为垂直多功能机器人技术规格。在技术规格中，标明了伺服电机容量、动作范围、最大合成速度、搬运重量等，是选型的重要依据。

表 1-1　垂直多功能机器人技术规格

项目	规格			
型号	RV-4F	RV-4FL	RV-7F	RV-7FL
环境规格	未标注：一般　C：清洁　M：油雾			
动作自由度	6	6	6	6

续表

<table>
<tr><th colspan="2">项目</th><th colspan="4">规格</th></tr>
<tr><td colspan="2">安装方式</td><td colspan="4">落地、吊顶、挂壁</td></tr>
<tr><td colspan="2">结构</td><td colspan="4">垂直多关节</td></tr>
<tr><td colspan="2">驱动方式</td><td colspan="4">AC 伺服电机/带全部轴制动</td></tr>
<tr><td colspan="2">位置检测方式</td><td colspan="4">绝对值编码器</td></tr>
<tr><td rowspan="6">电机容量/W</td><td>J1</td><td colspan="2">400</td><td colspan="2">750</td></tr>
<tr><td>J2</td><td colspan="2">400</td><td colspan="2">750</td></tr>
<tr><td>J3</td><td colspan="2">100</td><td colspan="2">400</td></tr>
<tr><td>J4</td><td colspan="2">100</td><td colspan="2">100</td></tr>
<tr><td>J5</td><td colspan="2">100</td><td colspan="2">100</td></tr>
<tr><td>J6</td><td colspan="2">50</td><td colspan="2">50</td></tr>
<tr><td rowspan="6">动作范围/(°)</td><td>J1</td><td colspan="4">480</td></tr>
<tr><td>J2</td><td colspan="2">240</td><td>−115～125</td><td>−110～130</td></tr>
<tr><td>J3</td><td>0～161</td><td>0～164</td><td>0～156</td><td>0～162</td></tr>
<tr><td>J4</td><td>±200</td><td>±200</td><td>±200</td><td>±200</td></tr>
<tr><td>J5</td><td colspan="4">±120</td></tr>
<tr><td>J6</td><td colspan="4">±360</td></tr>
<tr><td rowspan="6">最大速度/[(°)/s]</td><td>J1</td><td>450</td><td>420</td><td>360</td><td>288</td></tr>
<tr><td>J2</td><td>450</td><td>336</td><td>401</td><td>321</td></tr>
<tr><td>J3</td><td>300</td><td>250</td><td>450</td><td>360</td></tr>
<tr><td>J4</td><td colspan="2">540</td><td colspan="2">337</td></tr>
<tr><td>J5</td><td colspan="2">623</td><td colspan="2">450</td></tr>
<tr><td>J6</td><td colspan="4">720</td></tr>
<tr><td colspan="2">最大动作半径/mm</td><td>514.5</td><td>648.7</td><td>713.4</td><td>907.7</td></tr>
<tr><td colspan="2">最大合成速度/(mm/s)</td><td colspan="2">9000</td><td colspan="2">11000</td></tr>
<tr><td colspan="2">搬运重量/kg</td><td>4</td><td>4</td><td>7</td><td>7</td></tr>
<tr><td colspan="2">位置重复精度/mm</td><td>±0.02</td><td colspan="3"></td></tr>
<tr><td colspan="2">循环时间/s</td><td colspan="2">0.36</td><td>0.32</td><td>0.35</td></tr>
<tr><td colspan="2">环境温度/℃</td><td colspan="4">0～40</td></tr>
<tr><td colspan="2">本体重量/kg</td><td>39</td><td>41</td><td>65</td><td>67</td></tr>
<tr><td rowspan="3">允许力矩/N·m</td><td>J4</td><td colspan="2">6.66</td><td colspan="2">16.2</td></tr>
<tr><td>J5</td><td colspan="2">6.66</td><td colspan="2">16.2</td></tr>
<tr><td>J6</td><td colspan="2">3.90</td><td colspan="2">6.86</td></tr>
<tr><td rowspan="3">允许惯量/kg·m²</td><td>J4</td><td colspan="2">0.20</td><td colspan="2">0.45</td></tr>
<tr><td>J5</td><td colspan="2">0.20</td><td colspan="2">0.45</td></tr>
<tr><td>J6</td><td colspan="4">0.10</td></tr>
</table>

1.2.2 水平多功能机器人技术规格

表 1-2 为水平多功能机器人技术规格。在技术规格中，标明了臂长、动作范围、最大合成速度、搬运重量、位置重复精度等，是选型的重要依据。水平多功能机器人多用于平面搬运和垂直搬运。

表 1-2 水平多功能机器人技术规格

<table>
<tr><th colspan="2">项目</th><th colspan="3">规格</th></tr>
<tr><td colspan="2">型号</td><td>RH-6FH35 * * /M/C</td><td>RH-6FH45 * * /M/C</td><td>RH-6FH55 * * /M/C</td></tr>
<tr><td colspan="2">环境规格</td><td colspan="3">未标注——般；C—清洁；M—油雾</td></tr>
<tr><td colspan="2">动作自由度</td><td>4</td><td>4</td><td>4</td></tr>
<tr><td colspan="2">安装方式</td><td colspan="3">落地</td></tr>
<tr><td colspan="2">结构</td><td colspan="3">水平多关节</td></tr>
<tr><td colspan="2">驱动方式</td><td colspan="3">AC 伺服电机</td></tr>
<tr><td colspan="2">位置检测方式</td><td colspan="3">绝对值编码器</td></tr>
<tr><td rowspan="6">臂长/mm</td><td>NO. 1 臂长</td><td>125</td><td>225</td><td>325</td></tr>
<tr><td rowspan="5">NO. 2 臂长</td><td colspan="3">225</td></tr>
<tr><td colspan="2">100</td><td>400</td></tr>
<tr><td colspan="2">100</td><td>100</td></tr>
<tr><td colspan="2">100</td><td>100</td></tr>
<tr><td colspan="2">50</td><td>50</td></tr>
<tr><td rowspan="4">动作范围</td><td>J1/(°)</td><td colspan="3">340</td></tr>
<tr><td>J2/(°)</td><td colspan="3">290</td></tr>
<tr><td>J3/mm</td><td colspan="3">* * =20: 200　　* * =34: 340</td></tr>
<tr><td>J4/(°)</td><td colspan="3">720</td></tr>
<tr><td rowspan="4">最大速度</td><td>J1/[(°)/s]</td><td colspan="3">400</td></tr>
<tr><td>J2/[(°)/s]</td><td colspan="3">670</td></tr>
<tr><td>J3/(mm/s)</td><td colspan="3">2400</td></tr>
<tr><td>J4/[(°)/s]</td><td colspan="3">2500</td></tr>
<tr><td colspan="2">最大动作半径/mm</td><td>350</td><td>450</td><td>550</td></tr>
<tr><td colspan="2">最大合成速度/(mm/s)</td><td>6900</td><td>7600</td><td>8300</td></tr>
<tr><td colspan="2">搬运重量/kg</td><td colspan="3">最大 6（额定 3）</td></tr>
<tr><td colspan="2">位置重复精度/mm</td><td colspan="3">±0.010</td></tr>
<tr><td colspan="2">循环时间/s</td><td colspan="3">0.29</td></tr>
<tr><td colspan="2">环境温度/℃</td><td colspan="3">0～40</td></tr>
<tr><td colspan="2">本体重量/kg</td><td>36</td><td>36</td><td>37</td></tr>
<tr><td rowspan="2">允许惯量/kg · m²</td><td>额定</td><td colspan="3">0.01</td></tr>
<tr><td>最大</td><td colspan="3">0.12</td></tr>
</table>

1.3 技术规格中若干性能指标的解释

1.3.1 机器人部分有关规格的名词术语

【动作自由度】 机器人的动作维度。有几个轴就有几个自由度。

【安装位置】 机器人的可安装方式。有落地、吊顶、挂壁方式。

【驱动方式】 机器人各轴的动力源。一般采用 AC 伺服电机。

【位置检测】 检测机器人各轴运行位置的器件。采用绝对位置编码器。

【动作范围】 J1～J6 轴以度数为单位。

【最大速度】 J1～J6 轴以(°) /s 为单位。

【最大动作半径】 在基本坐标系内，控制点的动作半径范围。以 mm 为单位(以机械 IF 坐标原点为控制点)。

【最大合成速度】 指控制点在 X-Y-Z 方向上的最大矢量速度。

【可搬运重量】 机器人能够搬运移动物体的重量。以 kg 为单位，是选型重要指标。

【位置重复精度】 多次反复定位的精度(0.02mm)。

1.3.2 控制器技术规格

表 1-3 为控制器技术规格一览表。控制器技术规格有控制轴数、存储容量、可控制的输入输出点数、可使用电源范围、内置接口等。

表 1-3 控制器技术规格一览表

项目		规格	备注
型号		CR751-Q CR751-D	
控制轴数		最多 6 轴	
存储容量	示教位置数/点	39000	
	步数/步	78000	
	程序个数/个	512	
编程语言		MELFA-BASIC V	
位置示教方式		示教方式或 MDI 方式	
外部输入输出/点	输入输出	输入点/输出点	最多可扩展至 256/256
	专用输入输出	分配到通用输入输出中	"STOP" 1 点为固定
	抓手开闭输入输出	输入 8 点/输出 8 点	内置
	紧急停止输入	1	冗余
外部输入输出/点	门开关输入	1	冗余
	可用设备输出	1	冗余
	紧急停止输出	1	冗余
	模式输出	1	冗余
	机器人出错输出	1	冗余

续表

项目		规格	备注
外部输入输出/点	附加轴同步	1	冗余
	模式切换开关输入	1	冗余
接口	RS-422/端口	1	TB 专用
	以太网/端口	1	
	USB/端口	1	
	附加轴接口/通道	1	SSCNET3 与 MR-J3-B, MR-J4-B 连接
	追踪功能接口/通道	2	连接编码器
	选购件插槽/插槽	2	连接选购件 I/O
电源	输入电源范围/V	RV-4F 系列: 单相 AC 180~253V RV-7F/13F 系列: 三相 AC 180~253V 或 单相 AC 207~253V	
	电源容量/kV·A	RV-4F 系列: 1.0 RV-7F 系列: 2.0 RV-13F 系列: 3.0	
	频率/Hz	50/60	

1.3.3 控制器有关规格的名词术语

【存储容量】 示教位置点数：39000。指用示教单元可以确认的位置点数量。

【步数】 指一个程序内的“步数”。例如 78000 步。

【程序个数】 512。指同时可以存放在控制器内的程序数量。

【编程语言】 MELFA-BASIC V。

【位置示教方式】 是用示教单元驱动机器人本体，对当前位置进行记录的方式。

【MDI 方式】 MDI 是 Manual Data Input（手动数据输入）的缩写，是将数值直接输入的方式。

【外部输入输出】 指通过使用外部 I/O 单元或模块可扩展的输入输出点数量。例如：I265/O256。

【专用输入输出】 指由控制器内部已经定义的输入输出的功能。

【抓手开闭输入输出】 专门用于控制抓手的输入输出点。例如 I8/O8。

【RS-422 通信口】 控制器内置的串行通信口。TB（示教单元）专用。

【以太网端口】 控制器内置的以太网通信口。10BASE-T/100BASE-Tx。

【USB 接口】 控制器内置的 USB 通信口。用于电脑与机器人连接。

【附加轴接口】 控制器内置通信口。用于 SCNET Ⅲ 与 MR-J3-B、MR-J4-B 系列连接。

【采样接口】 控制器内置的编码器信号接口。用于视觉追踪等场合。

【选购件插槽】 控制器内置的插口。用于安装外部 I/O 卡。

【输入电压范围】 控制器使用的电压范围：RV-4F 系列，AC 180～253V；RV-7F/13F 系列，三相 AC 180～253V 或单相 AC 207～253V。

【电源容量 kV·A】 RV-4F 系列，1.0；RV-7F 系列，2.0；RV-13F 系列，3.0。

注意

不要直接使用工厂内的三相 380V 电源。

1.4 机器人特有的功能

机器人不同于一般的数控机床和运动控制系统，一般的机器人有 6 个轴，即 6 个自由度。其运动的空间复杂性比一般的数控机床要复杂。机器人有许多自身特有的功能，为了便于阅读后续的章节，需要对这些特有的功能进行解释。

1.4.1 机器人坐标系及原点

1.4.1.1 世界坐标系

(1) 定义

世界坐标系是表示机器人(控制点)“当前位置”的坐标系。所有表示位置点的数据是以世界坐标系为基准的(世界坐标系类似于数控系统的 G54 坐标系，事实上就是工件坐标系)。

(2) 设置

世界坐标系是以机器人的基本坐标系为基准设置的(这是因为每一台机器人基本坐标系是由其安装位置决定的)。只是确定世界坐标系基准点时，是从世界坐标系来观察基本坐标系的位置，从而确定新的世界坐标系本身的基准点。所以基本坐标系是机器人坐标系中第 1 基准坐标系。

在大部分的应用中，世界坐标系与基本坐标系相同。

见图 1-7，图中 X_m-Y_m-Z_m 是世界坐标系。当前位置是以世界坐标系为基准的。如图 1-8 所示。

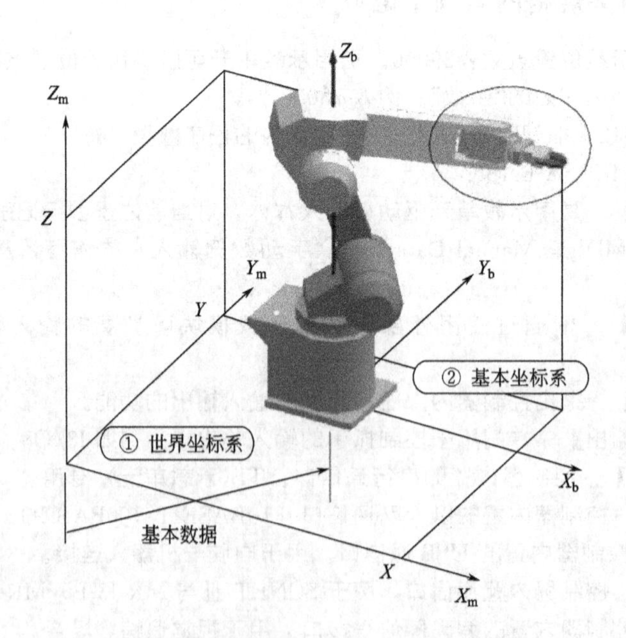

图 1-7 世界坐标系与基本坐标系之间的关系

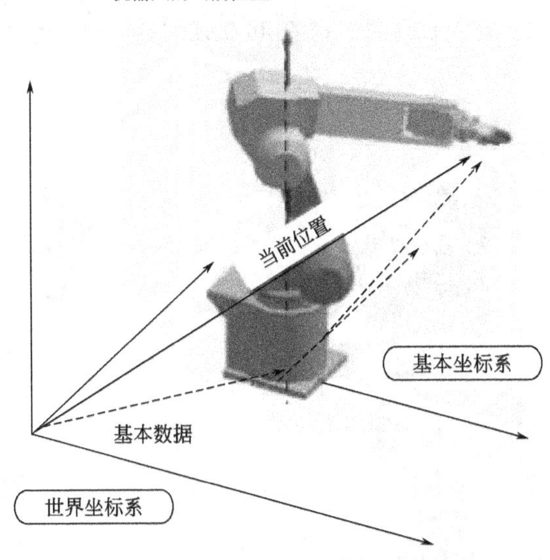

图 1-8　当前位置以世界坐标系为基准

1.4.1.2　基本坐标系

基本坐标系是以机器人底座安装基面为基准的坐标系。在机器人底座上有图示标志。基本坐标系如图 1-9 所示。实际上基本坐标系是机器人第一基准坐标系。世界坐标系也是以基本坐标系为基准的。

1.4.1.3　机械 IF 坐标系

机械 IF 坐标系也就是"机械法兰面坐标系"。以机器人最前端法兰面为基准确定的坐标系称为"机械 IF 坐标系"，以 X_m-Y_m-Z_m 表示。如图 1-10 所示。与法兰面垂直的轴为"Z 轴"，Z 轴正向朝外，X_m 轴、Y_m 轴在法兰面上。法兰中心与定位销孔的连接线为 X_m 轴，但必须注意 X_m 轴的"正向" 与定位销孔相反。

因在机械法兰面要安装抓手，所以这个"机械法兰面" 就有特殊意义。特别注意：机械法兰面转动，机械 IF 坐标系也随之转动。而法兰面的转动受 J5 轴 J6 轴的影响(特别 J6 轴的旋转带动

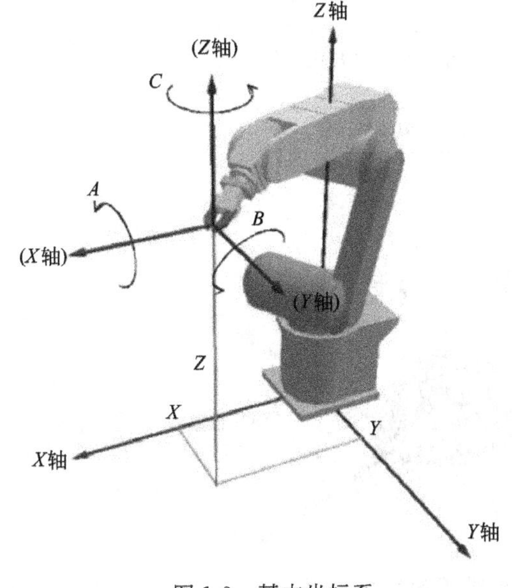

图 1-9　基本坐标系

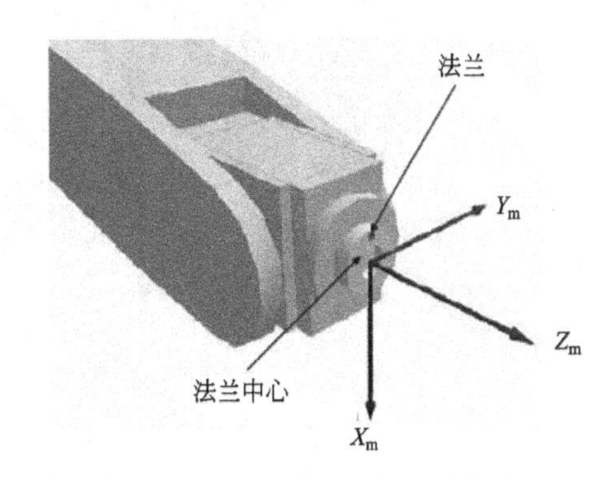

图 1-10　机械 IF 坐标系的定义

了法兰面的旋转，也就带动了机械 IF 坐标系的旋转，如果以机械 IF 坐标系为基准执行定位，就会影响很大)，参见图 1-11、图 1-12。图 1-12 是 J6 轴逆时针旋转了的坐标系。

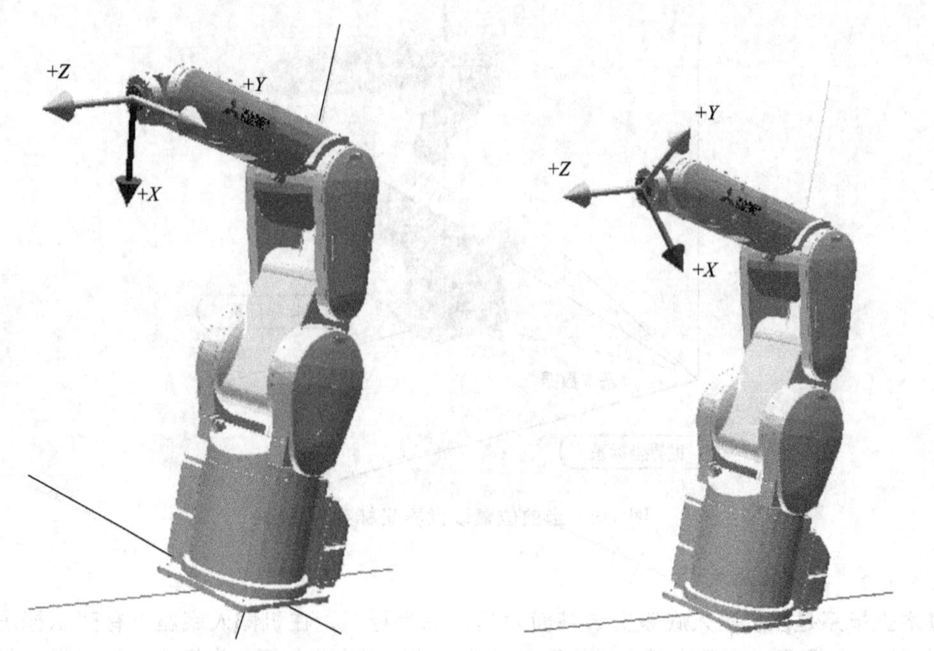

图 1-11　机械 IF 坐标系的图示　　　　图 1-12　J6 轴逆时针旋转了的机械 IF 坐标系

1.4.1.4　工具 (TOOL) 坐标系

(1) 工具(TOOL) 坐标系的定义及设置基准

① 定义　由于实际使用的机器人都要安装夹具抓手等辅助工具，因此机器人的实际控制点就移动到了工具的中心点上，为了控制方便，以工具的中心点为基准建立的坐标系就是 TOOL 坐标系。

② 设置　因夹具抓手直接安装在机械法兰面上，所以 TOOL 坐标系就是以机械 IF 坐标系为基准建立的。建立 TOOL 坐标系有参数设置方法和指令速度法，实际上都是确定 TOOL 坐标系原点在机械 IF 坐标系中的位置和形位(POSE)。

TOOL 坐标系与机械 IF 坐标系的关系如图 1-13 所示。TOOL 坐标系用 X_t、Y_t、Z_t 表示。

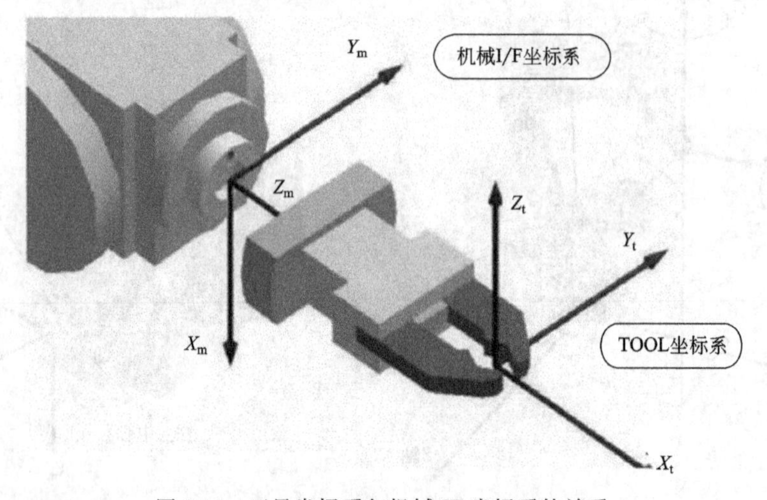

图 1-13　工具坐标系与机械 IF 坐标系的关系

TOOL 坐标系是在机械 IF 坐标系基础上建立的。在 TOOL 坐标系的原点数据中，XYZ 表示 TOOL 坐标系原点在机械 IF 坐标系内的直交位置点。ABC 表示 TOOL 坐标系绕机械 IF 坐标系 X_m、Y_m、Z_m 轴的旋转角度。

TOOL 坐标系的原点不仅可以设置在任何位置，而且坐标系的方位(pose) 也可以通过 ABC 值任意设置(相当于一个立方体在一个方向轴接点任意旋转)。在图 1-13 中，TOOL 坐标系绕 Y 轴旋转了$-90°$，所以 Z_t 轴方向就朝上(与机械 IF 坐标系中的 Z_m 方向不同)。而且当机械法兰面旋转(J6 轴旋转) 时，TOOL 坐标系也会随着旋转，分析时要特别注意。

(2) 动作比较

① JOG 或示教动作

a. 使用机械 IF 坐标系。未设置 TOOL 坐标系时，使用机械 IF 坐标系以出厂值法兰面中心的为“控制点”，在 X 方向移动(此时，X 轴垂直向下)，其移动形位(pose) 如图 1-14 所示。

b. 以 TOOL 坐标系动作。设置了 TOOL 坐标系后，以 TOOL 坐标系动作。注意在 X 方向移动时，是沿着 TOOL 坐标系的 X_t 方向动作。这样就可以平行或垂直于抓手面动作，使 JOG 动作更简单易行。如图 1-15 所示。

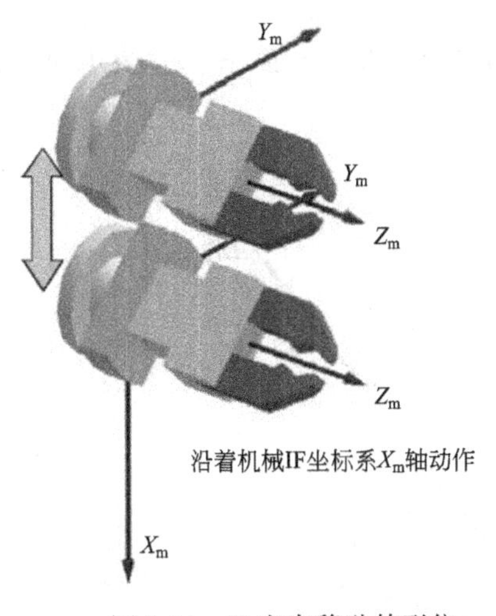

图 1-14　X 方向移动的形位

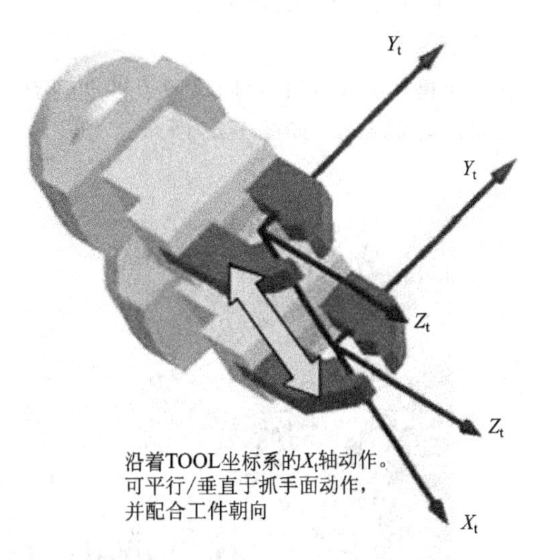

图 1-15　在 TOOL 坐标系 X 方向移动

c. A 方向动作。

• 使用机械 IF 坐标系。未设置 TOOL 坐标系时，使用机械 IF 坐标系，绕 X_m 轴旋转。抓手前端大幅度摆动。如图 1-16 所示。

• 设置 TOOL 坐标系绕 X_t 轴旋转。设置 TOOL 坐标系后，绕 X_t 轴旋转。抓手前端绕工件旋转。在不偏离工件位置的情况下，改变机器人形位(pose)。如图 1-17 所示。

以上是在 JOG 运行时的情况。

② 自动运行

a. 近点运行。在自动程序运行时，TOOL 坐标系的原点为机器人“控制点”。在程序中发出的定位点是以世界坐标系为基准的。但是，Mov 指令中的近点运行功能中的“近点” 的位置则是以 TOOL 坐标系的 Z 轴正负方向为基准移动。这是必须充分注意的。

指令例句：

```
1Mov P1,50
```

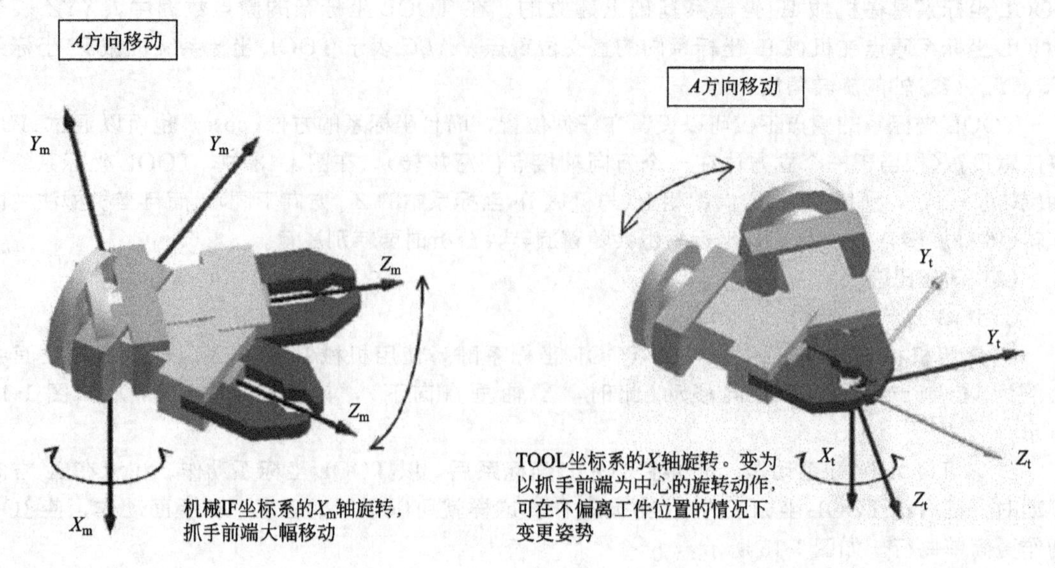

图 1-16　A 方向的动作　　　　图 1-17　在 TOOL 坐标系中绕 X_t 轴旋转

其动作是：将 TOOL 坐标系原点移动到 P_1 点的“近点”,“近点” 为 P_1 点沿 TOOL 坐标系的 Z 轴正向移动 50mm。如图 1-18 所示。

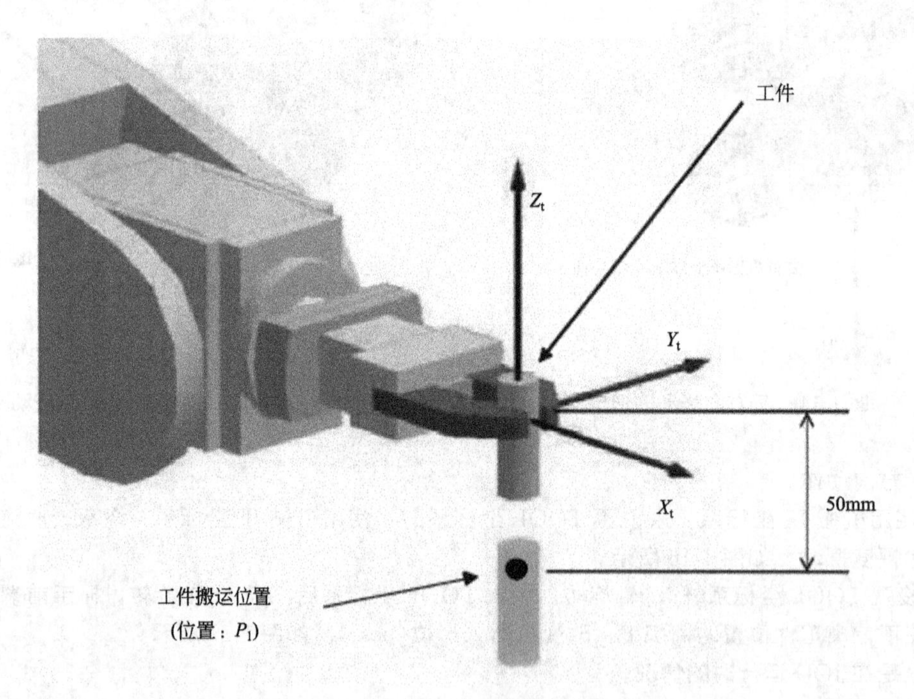

图 1-18　在 TOOL 坐标系中的近点动作

b. 相位旋转。绕工件位置点旋转(Z_t)，可以使工件旋转一个角度。

例：指令在 P_1 点绕 Z 轴旋转 45°(使用两点的乘法指令)。

```
1  Mov P1* (0,0,0,0,0,45)'使用两点的乘法指令
```

实际的运动结果如图 1-19 所示。

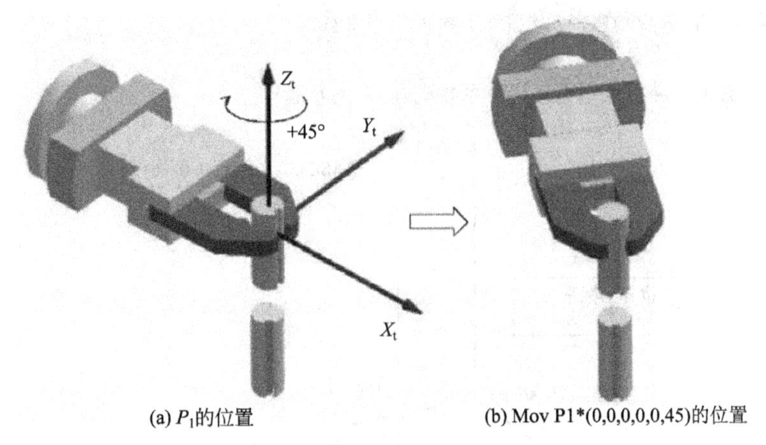

(a) P_1的位置　　(b) Mov P1*(0,0,0,0,0,45)的位置

图 1-19　在 TOOL 坐标系中的相位旋转

1.4.1.5　工件坐标系

工件坐标系是以工件原点确定的坐标系。在机器人系统中，可以通过参数预先设置 8 个工件坐标系。也可以通过 BASE 指令设置工件坐标系原点或选择工件坐标系。另外，可以指令当前点为新的世界坐标系的原点。

BASE 指令就是设置世界坐标系的指令。

(1) 参数设置法

表 1-4 为工件坐标系相关参数。可在软件上做具体设置。

表 1-4　工件坐标系相关参数

类型	参数符号	参数名称	功　能
动作	WK*n*CORD $n=1\sim8$	工件坐标系	设置工件坐标系
	WK*n*WO	工件坐标系原点	
	WK*n*WX	工件坐标系 *X* 轴位置点	
	WK*n*WY	工件坐标系 *Y* 轴位置点	
设置	可设置 8 个工件坐标系		

参数的编辑

参数名：WK4CORD　机器号：0

说明：Work coordinate 4

1：0.00　5：0.00

2：0.00　6：0.00

3：0.00

4：0.00

打印(P)　写入(W)　关闭(C)

(2) 指令设置法

设置世界坐标系的偏置坐标(偏置坐标为以世界坐标系为基准观察到的基本坐标系原点在世界坐标系内的坐标)

```
1 Base(50,100,0,0,0,90)'设置一个新的世界坐标系(如图 1-20 所示)
2 Mvs P1'
```

```
3 Base P2'以 P2 点为偏置量,设置一个新的世界坐标系
4 Mvs P1'
5 Base 0 设置世界坐标系与基本坐标系相同(回初始状态)
```

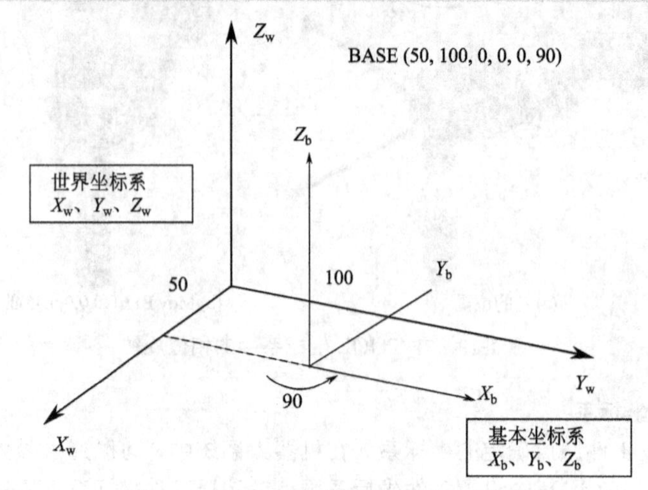

图 1-20 使用 Base 指令设置新的坐标系

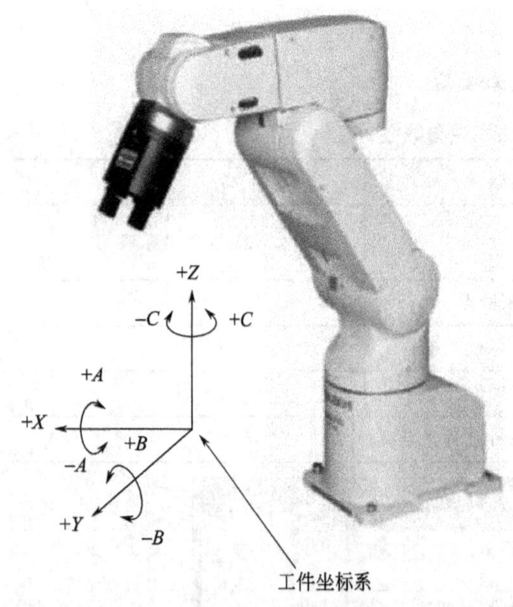

图 1-21 在工件坐标系内的 JOG 运动

(3) 以工件坐标系号选择新世界坐标系的方法

```
1 Base 1'选择 1# 工件坐标系 WK1CORD
2 Mvs P1'运动到 P1
3 Base 2'选择 2# 工件坐标系 WK1CORD
4 Mvs P1'运动到 P1
5 Base 0 选择基本坐标系
```

1.4.1.6 JOG 动作

在示教单元上，可以进行以下 JOG 操作：

① 三轴直交 JOG *XYZ* 三轴以直角坐标移动。*ABC* 三轴以关节轴的角度单位运行。

② 圆筒 JOG 以圆筒坐标系运动。*X* 轴表示圆筒坐标系的直径大小。*Y* 轴表示绕圆筒的旋转(绕 *J*1 轴的旋转)。*Z* 轴表示上下运动。*ABC* 轴表示各轴的旋转，以角度为单位。

③ 工件 JOG 以工件坐标系为基准进行 JOG 动作。动作如图 1-21 所示。

④ JOG TOOL 以工具坐标系为基准进行的 JOG 运动。

1.4.2 专用输入输出信号

(1) 机器人控制器的通用输入输出信号

机器人控制器的通用输入输出信号如第 7 章所述。接收通用输入输出信号的 I/O 卡为“2D-TZ368”或“2D-TZ378”。

I/O 卡插入控制器的硬插槽“SLOT1”/“SLOT2”中。其站号也已经规定。

“SLOT1”——站号＝0(信号地址 0～31)

“SLOT2”——站号＝1(信号地址 32～63)

这些输入输出信号最初没有做任何定义，可以由编程工程师给予任意定义，这与通用 PLC 使用是相同的。

（2）机器人控制器的专用输入输出信号

由于机器人工作的特殊性，机器人控制器有很多“已经定义的功能”，也称为“专用输入输出功能”。这些功能可以定义在“通用输入输出信号的任何一个端子”。机器人控制器中的专用输入输出类似于数控系统中的固定接口，其输入信号用于向“控制器”发出指令，输出信号表示“控制器”的工作状态。

控制器的专用输入输出只是各种功能，至于这些功能赋予到那些针脚上，需要通过(软件)参数来设置。

1.4.3 操作权

（1）能够对机器人进行控制的设备

对机器人进行控制的设备有以下几种：

① 示教单元；

② 操作面板(外部信号)；

③ 计算机；

④ 触摸屏。

某一类设备对“机器人”的控制权就称为“操作权”。示教单元上有一“使能开关”就是“操作权”开关。表 1-5 是示教单元上的“使能开关”与“操作权”的关系。

表 1-5 示教单元上的“使能开关”与“操作权”的关系

设定开关	[ENABLE]	无效		有效	
	控制器 [MOOE]	AUTOMATIC	MANUAL	AUTOMATIC	MANUAL
操作权	示教单元	×	×	×	○
	控制器操作面板	○	×	×	×
	计算机	○	×	×	×
	外部信号	○	×	×	×

注：○表示有操作权；×表示无操作权。

（2）与操作权相关的参数

IOENA——本信号的功能是使外部操作信号有效和无效。在 RT ToolBox2 软件中，在“参数”—“通用 1”中设置本参数。

操作权：对机器人的操作可能来自

① 示教单元；

② 外部信号；

③ 计算机软件(调试时)；

④ 触摸屏。

（3）实际操作

① 在示教单元中“ENABLE”开关＝ON，可以进行示教操作。即使外部 IO 操作权＝ON，即使外部没有选择“自动模式”，也可以通过示教单元的“开机”—“运行”—“操作面板”—“启动”进行程序启动(示教单元有优先功能“ENABLE”)。

② 如果在操作面板上选择了“自动模式”，而“ENABLE”＝ON，系统会报警，使“ENABLE”＝OFF，报警消除。

③ 如果需要进入调试状态，必须使 IOENA＝OFF。

④ 如果使用外部信号操作，则需要使 IOENA＝ON。

1.4.4 最佳速度控制

最佳速度控制功能——机器人在两点之间运动，需要保持形位（pose）要求的同时，还需要控制速度防止速度过大出现报警。

最佳速度控制功能有效时，机器人控制点速度不固定。用 Spd M _ NSpd 指令设置“最佳速度控制”。

1.4.5 最佳加减速度控制

最佳加减速度控制——机器人根据加减速时间，抓手及工件重量、工件重心位置，自动设置最佳加减速时间的功能。

用 Oadl（Optimal Acceleration）指令设置最佳加减速度控制。

1.4.6 柔性控制功能

柔性控制功能——对机器人的综合力度进行控制的功能。通常用于压嵌工件的动作，（以直角坐标系为基础）根据伺服编码器反馈脉冲，进行机器人柔性控制。用 Cmp Too 指令设“伺服柔性控制功能”。

1.4.7 碰撞检测功能

碰撞检测功能——在自动运行和 JOG 运行中，系统时刻检测 TOOL 或机械臂与周边设备的碰撞干涉状态。用 ColChk（Col Check）指令设置“碰撞检测功能”的有效无效。

机器人配置有对“碰撞而产生的异常”进行检测的“碰撞检测功能”，出厂时将“碰撞检测功能”设置为无效状态。“碰撞检测功能”的有效/无效状态切换可通过参数 COL 及 ColChk 指令完成。必须作为对机器人及外围装置的保护加以运用。

“碰撞检测功能”是通过机器人的动力学模型，在随时推算动作所需的扭矩的同时，对异常现象进行检测的功能。因此，当抓手、工件条件的设置（参数：HNDDAT＊、WRKDAT＊的设置值）与实际相差过大时，或是速度、电机扭矩有急剧变动的动作（特殊点附近的直线动作或反转动作，低温状态或长期停止后启动运行），急剧的扭矩变动就会被检测为“碰撞”。

简单地说，碰撞检测就是一直检测“计算转矩与实际转矩的差值”，当该值过大时，就报警。

1.4.8 连续轨迹控制功能

在多点连续定位时，使运动轨迹为一连续轨迹。本功能可以避免多次的分段加减速从而提高效率。用 Cnt（Continuous）指令设置“连续轨迹控制功能”。

1.4.9 程序连续执行功能

机器人记忆断电前的工作状态，再次上电后，从原状态点继续执行原程序的功能。

1.4.10 附加轴控制

控制行走台等外部伺服驱动系统。外部伺服轴相对于机器人而言即为“附加轴”。

1.4.11 多机器控制

可控制多台机器人。

1.4.12 与外部机器通信功能

机器人与外部机器通信功能有下列方法：

(1) 通过外部 I/O 信号

CR750Q——PLC 通信，输入 8192/输出 8192。

CR750D——输入 256/输出 256。

(2) 与外部数据的链路通信

所谓数据链路是指与外部机器(视觉传感器等) 收发补偿量等数据。通过“以太网端口”进行。

1.4.13 中断功能

中断当前程序，执行预先编制的程序。对工件掉落等情况特别适用。

1.4.14 子程序功能

有子程序调用功能。

1.4.15 码垛指令功能

机器人配置有码垛指令，有多行、单行、圆弧码垛指令，实际上是确定矩阵点格中心点位置的指令。

1.4.16 用户定义区

用户可设置 32 个任意空间，监视机器人前端控制点是否进入该区域，将机器人状态输出到外部并报警。

1.4.17 动作范围限制

可以用下列 3 种方法限制机器人动作范围：

① 关节轴动作范围限制(J1～J6)。

② 以直角坐标系设置限制范围。

③ 以任意设置的平面为界面设置限制范围(在平面的前面或后面)，由参数 SFCnAT 设置。

1.4.18 特异点

特异点指使用直角坐标系的位置数据进行直线插补动作时，如果 J5 轴角度为 0°，则 J4 轴与 J6 轴之间的角度有无数种组合，这个点就称为“特异点”。一般无法使机器人按希望的位置和形位(pose) 动作，这个位置就是特异点。

1.4.19 保持紧急停止时的运动轨迹

指急停信号输入时，可以保持原来的动作轨迹停止，由此可以防止急停“手臂滞后” 引起的与周围的干涉。

1.4.20 机器人的“形位（pose）”

1.4.20.1 一般说明

(1) 坐标位置和旋转位置

如图 1-22 所示，机器人的位置控制点由 8 个数据构成。

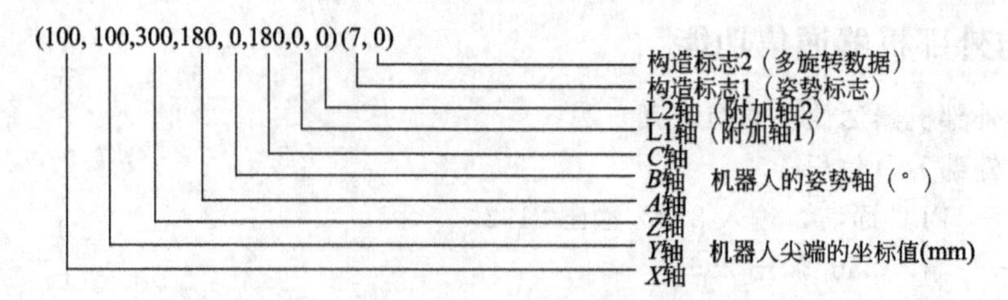

图 1-22　表示机器人位置控制点的 8 个数据

机器人的“位置控制点”：出厂时为法兰面中心点，当设置了抓手坐标系(TOOL 坐标系)后，即为 TOOL 坐标系原点。

① *X*，*Y*，*Z*——机器人控制点，即在直角坐标系中的坐标。

② *A*，*B*，*C*——绕 *XYZ* 轴旋转的角度。

就一个“点”位而言，没有旋转的概念。所以旋转是指以该“位置点”为基准，以抓手为刚体，绕世界坐标系的 *XYZ* 轴旋转。这样即使同一个“位置点”，抓手的形位(pose)就有 *N* 种变化。

X、*Y*、*Z* 和 *A*、*B*、*C* 全部以世界坐标系为基准。

因此，在变换不同的工件坐标系时，就存在如下问题：以 *XYZABC* 确定的某一点假设为“*F*”点，以“*F*”点为一新坐标系的原点，要保证“*F*”点形位(pose)，必须记忆住“*F*”点形位 POSE，如果在新坐标系只有 *XYZ* 数据，没有 *ABC* 数据或 *ABC*=0，则机器人不能按“*F*”点形位(pose)动作。要保证“*F*”点形位(pose) POSE，必须将“*F*”点形位(pose)数据加在每一位置点上。

③ L1，L2——附加轴(伺服轴)定位位置。

④ FL1——结构标志(上下左右高低位置)。

⑤ FL2——各关节轴旋转度数。

(2) 结构标志

① FL1——结构标志(上下左右高低位置)。用一组二进制数表示，上下左右高低用不同的 bit 位表示。如图 1-23 所示。

图 1-23　表示 FL1 结构标志的二进制数

② FL2——各关节轴旋转度数。用一组十六进制数表示。如图 1-24 所示。

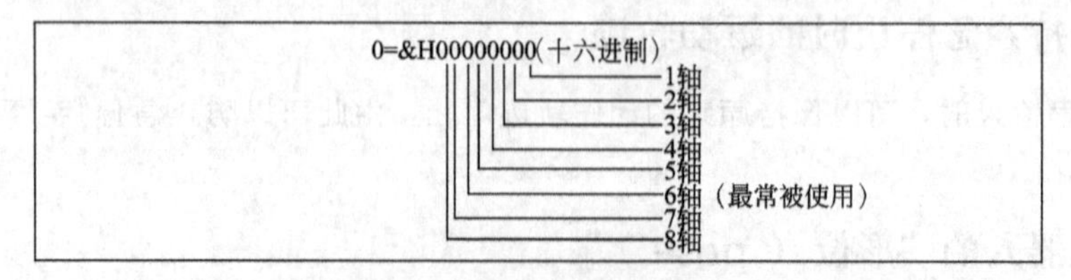

图 1-24　表示 FL2 各关节轴旋转度数的十六进制数

各轴的旋转角度与数值之间的关系如图 1-25 所示。

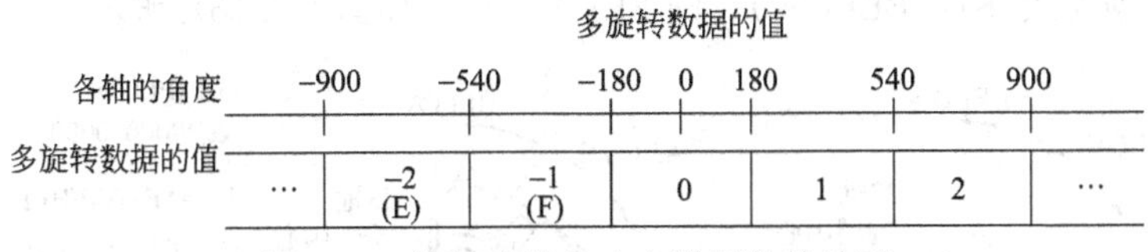

图 1-25　旋转度数与十六进制数的关系

1.4.20.2　对结构标志 FL1 的详细说明

机器人的位置控制点是由 *X*、*Y*、*Z*，*A*、*B*、*C*(FL1、FL2) 标记的，由于机器人结构的特殊性，即使是同一位置点，机器人也可能出现不同的“形位(pose)”。为了区别这些“形位(pose)”，采用了结构标志。用位置标记的 *X*、*Y*、*Z*，*A*、*B*、*C*(FL1、FL2) 中的“FL1” 标记，标记方法如下。

(1) 垂直多关节型机器人

① 左右标志

a. 5 轴机器人：以 J1 轴旋转中心线为基准，判别 J5 轴法兰中心点 *R* 位于该中心线的左边还是右边。如果在右边(RIGHT)，则 FL1＝1；如果在左边(LEFT)，则 FL1＝0；如图 1-26(a) 所示。

b. 6 轴机器人：以 J1 轴旋转中心线为基准，判别 J5 轴中心点 *P* 位于该中心线的左边还是右边。如果在右边(RIGHT)，则 FL1＝1；如果在左边(LEFT)，则 FL1＝0；如图 1-26(b) 所示。

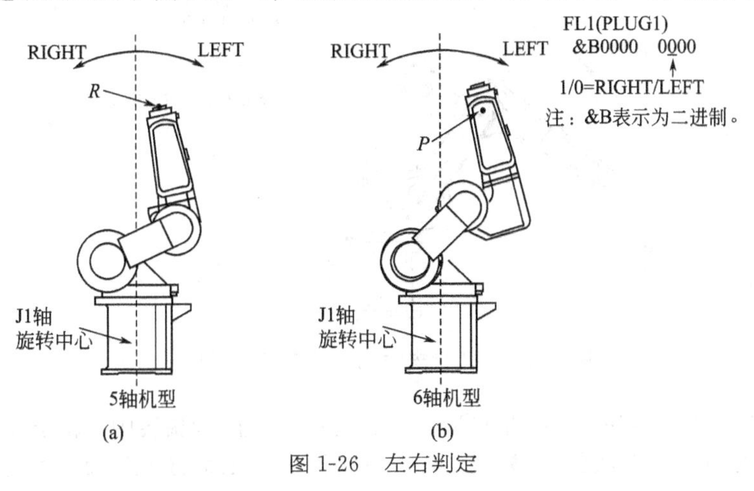

图 1-26　左右判定

注意

FL1 标志信号用一组二进制码表示，检验左右位置用 bit2 表示。如图 1-27 所示。

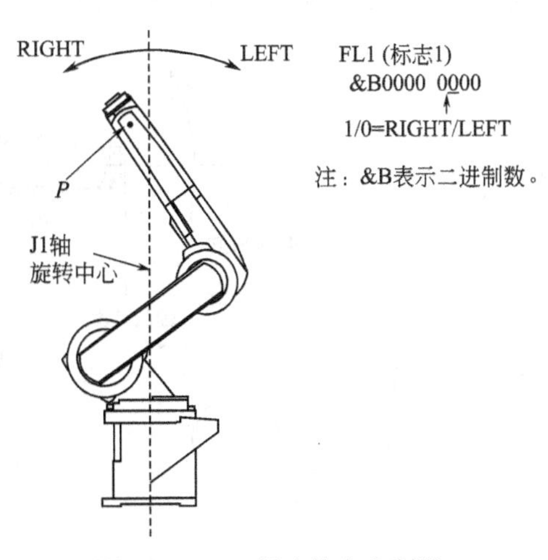

图 1-27　FL1 标志的左右判断

② 上下判断

a. 5 轴机器人：以 J2 轴旋转中心和 J3 轴旋转中心的连接线为基准，判别 J5 轴中心点 *P* 是位于该中心连接线的上面还是下面。如果在上面(ABOVE)，则 FL1＝1；如果在下面(BELOW)，则 FL1＝0；如图1-28(a)所示。

b. 6 轴机器人：以 J2 轴旋转中心和 J3 轴旋转中心的连接线为基准，判别 J5 轴中心点 *P* 是位于该中心连接线的上面还是下面。如果在上面(ABOVE)，则 FL1bit1＝1；如果在下面(BELOW)，则 FL1bit1＝0；如图 1-28(b) 所示。

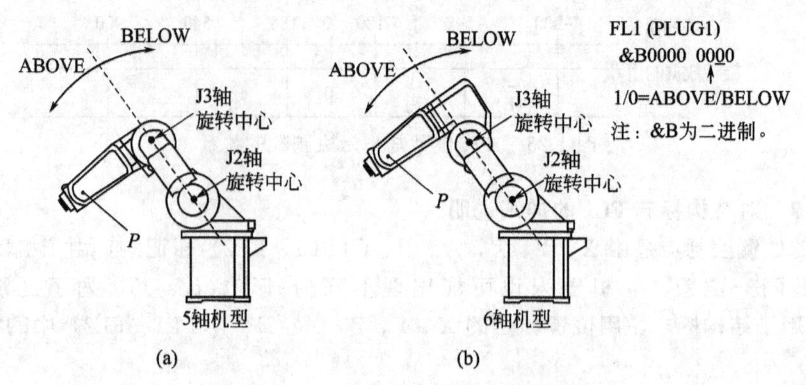

图 1-28　FL1 标志中"上下" 的判定

注意

FL1 标志信号用一组二进制码表示，检验上下位置用 bit1 表示。如图 1-29 所示。

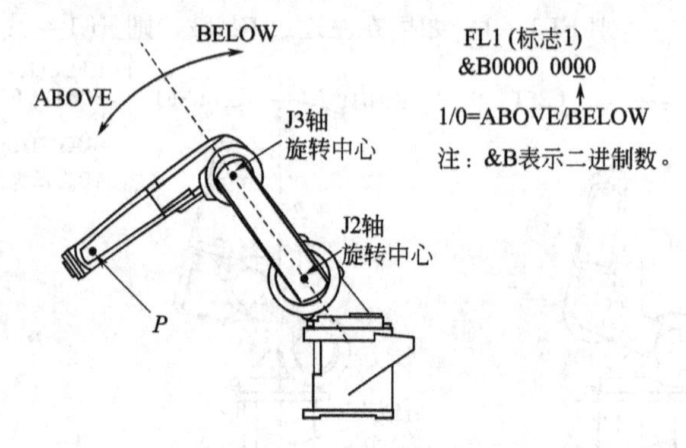

图 1-29　FL1 标志中"上下" 的判定及显示

③ 高低判断　第 6 轴法兰面(6 轴机型) 方位判断。以 J4 轴旋转中心和 J5 轴旋转中心的连接线为基准，判别 6 轴的法兰面是位于该中心连接线的上面还是下面。如果在下面(NON FLIP)，则 FL1bit0＝1；如果在上面(FLIP)，则 FL1bit0＝0；如图 1-30 所示。

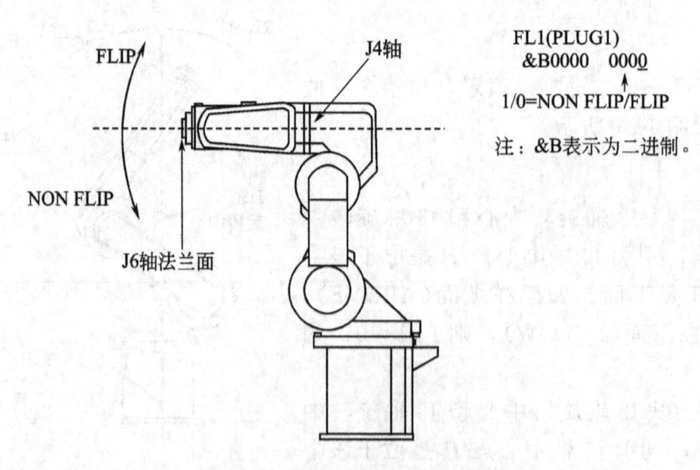

图 1-30　J6 轴法兰面位置的判定

注意

FL1 标志信号用一组二进制码表示，检验高低位置用 bit0 表示。

（2）水平运动型机器人

以 J1 轴旋转中心和 J2 轴旋转中心的连接线为基准，判别机器人前端位置控制点是位于该中心连接线的左边还是右边。如果在右边（RIGHT），则 FL1bit2＝1；如果在左边（LEFT），则 FL1bit2＝0；如图 1-31 所示。

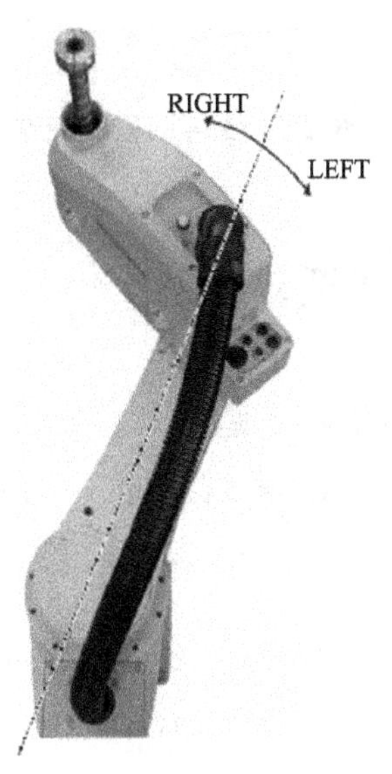

图 1-31　水平运动型机器人的 FL1 标志

第 2 章

编程指令快速入门

三菱机器人使用的指令很多，本章对最常用的指令做一介绍，可以使学习者达到快速入门的目的。

2.1 MELFA-BASIC V 的详细规格

2.1.1 MELFA-BASIC V 的详细规格

目前常用的机器人编程语言是 MELFA-BASIC V，在学习使用 MELFA-BASIC V 之前，需要学习编程相关知识。

（1）程序名

程序名只可以使用英文大写字母及数字，长度为 12 个字母。如果要使用“程序选择”功能，则必须只使用数字作为程序名。

（2）指令

指令由以下部分构成：

1 Mov P1 Wth M _ Out(17) ＝1

1	Mov	P1	Wth M _ Out(17) ＝1
①	②	③	④

① 步序号或称为“程序行号”。

② 指令。

③ 指令执行的对象：变量或数据。

④ 附随语句。

（3）变量

① 变量分类　机器人系统中使用的变量可以分类如图 2-1 所示。

【系统变量】　系统变量值有系统反馈的，表示系统工作状态的变量。变量名称和数据类型都是预先规定了的。

【系统管理变量】　表示系统工作状态的变量。在自动程序中只用于表示“系统工作状态”。例如当前位置 P _ CURR。

【用户管理变量】　是系统变量的一种。但是用户可以对其处理。例如输出信号：M _ OUT (18) ＝1。用户在自动程序中可以指令输出信号 ON/OFF。

【用户自定义变量】　这类变量的名称及使用场合由用户自行定义，是使用最多的变量类型。

② 用户变量的分类

【位置变量】　表示直交型位置数据，用 P 开头，例如 P1、P20。

【关节型变量】　表示关节型位置数据（各轴的旋转角度），用 J 开头，例如 J1、J10。

【数值型变量】表示数值，用 M 开头，例如 M1、M5。

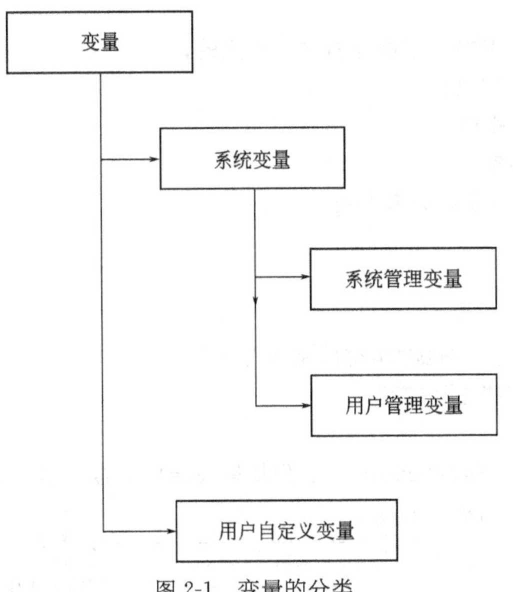

图 2-1 变量的分类

【字符串变量】 表示字符串。在变量名后加 $，例如 C1 $ ="OPENDOOR"。即变量 C1 $ 表示的是字符串"OPENDOOR"。

【文】 构成程序的最小单位，即指令及数据。

Mov P1

Mov——指令。

P1——数据。

【附随语句】

1 Mov P1 Wth M _ Out(17) =1

Wth M _ Out(17) =1 为附随语句，表示在移动指令的同时，执行输出 M _ Out(17) =1。

【程序行号】 编程序时，软件自动生成程序行号。但是 GOTO 指令、GOSUb 指令不能直接指定行号，否则报警。

【标签(指针)】 标签是程序分支的标记。用"* 十英文字母" 构成。如：

GoTo *LBL

……

*LBL 就是程序分支的标记。

2.1.2 有特别定义的文字

① 英文大小写 程序名、指令均可大小写，无区别。

② 下划线(_) 【下划线(_)】标注全局变量。全局变量是全部程序都可以使用的变量。在变量的第 2 字母位置用下划线表示时，这种类型变量即为全局变量。例如 P _ Curr，M _ 01，M _ ABC。

③ 撇号(') 【撇号(')】表示后面的文字为注释。例如：

100 Mov P1'TORU，TORU 就是注释。

④ 星号(*)【星号(*)】在程序分支处做标签时，必须在第 1 位加星号(*)，例：200 *KAKUNIN

⑤ 逗号(,) 【逗号(,)】用于分隔参数、变量中的数据。例：P1=(200，150，…)

⑥ 句号(.) 【句号(.)】用于标识小数、位置变量、关节变量中的成分数据。

例：M1=P2.X 标志 P2 中的 X 数据。

⑦ 空格

a. 在字符串及注释文字中，空格是有文字意义的；

b. 在行号后，必须有空格；

c. 在指令后，必须有空格；

d. 数据划分，必须有空格。

在指令格式中，"□" 表示必须有空格。

2.1.3 数据类型

(1) 字符串常数

用双引号圈起来的文字部分即"字符串常数"。例如：

"ABCDEFGHIJKLMN" □"123"

(2) 位置数据结构

位置数据包括坐标轴、形位(pose) 轴、附加轴及结构标志数据。如图 2-2 所示。

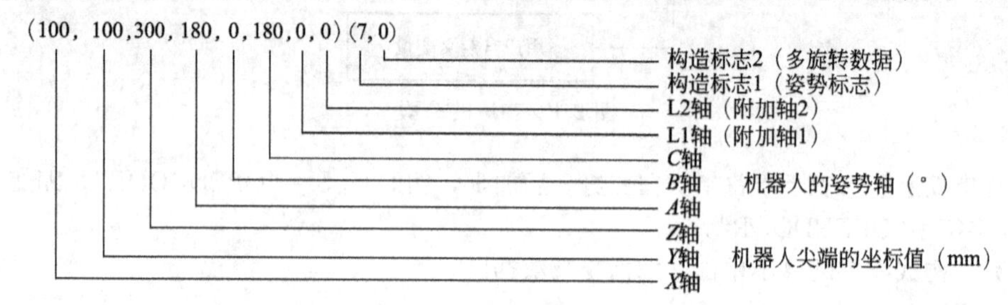

图 2-2 位置数据结构

① *X*/*Y*/*Z*——机器人"控制点" 在直交坐标系中的坐标。

② *A*/*B*/*C*——以机器人"控制点" 为基准的机器人本体绕 *XYZ* 轴旋转的角度，称为"形位(pose)"。

③ L1/L2——附加轴运行数据。

④ FL1——结构标志，表示控制点与特定轴线之间的相对关系。

⑤ FL2——结构标志，表示各轴的旋转角度。

2.2 动作指令

2.2.1 关节插补

(1) 功能

Mov(Move) ——从"起点(当前点)" 向"终点" 做关节插补运行。以各轴等量旋转的角度实现插补运行简称为"关节插补"(插补就是各轴联动运行)。

(2) 指令格式

Mov□<终点>□ [，<近点>] [轨迹类型<常数 1>，<常数 2>] [<附随语句>]

(3) 例句

```
Mov(Plt 1,10),100 Wth M_Out(17)= 1
```

说明：MOV 语句是关节插补。从起点到终点，各轴等量旋转实现插补运行。其运行轨迹因此无法准确描述。

① "终点" 指目标点。

②“近点”指接近“终点”的一个点；在实际工作中，往往需要快进到终点的附近，再运动到终点。“近点”在“终点”的 Z 轴方向位置。根据符号确定是上方或下方。使用近点设置，是一种快速定位的方法。

③“类型常数”用于设置运行轨迹。

常数 1=1，绕行；常数 1=0，捷径运行。

绕行是指按示教轨迹，可能大于 180°轨迹运行。捷径指按最短轨迹，即小于 180°轨迹运行。

④ 附随语句　Wth、IFWITH，指在执行本指令时，同时执行其他的指令。

(4) 样例程序

```
Mov P1'——移动到 P1 点
Mov P1+ P2'——移动到 P1+ P2 的位置点
Mov P1* P2'——移动到 P1* P2 位置点
Mov P1,- 50'——移动到 P1 点上方 50mm 的位置点
Mov P1 Wth M_Out(17)= 1'——向 P1 点移动同时指令输出信号(17)= ON
Mov P1 WthIf M_In(20)= 1,Skip'——向 P1 移动的同时,如果输入信号(20)= ON,就跳到下一行
Mov P1 Type 1,0'——指定运行轨迹类型为"捷径型"
```

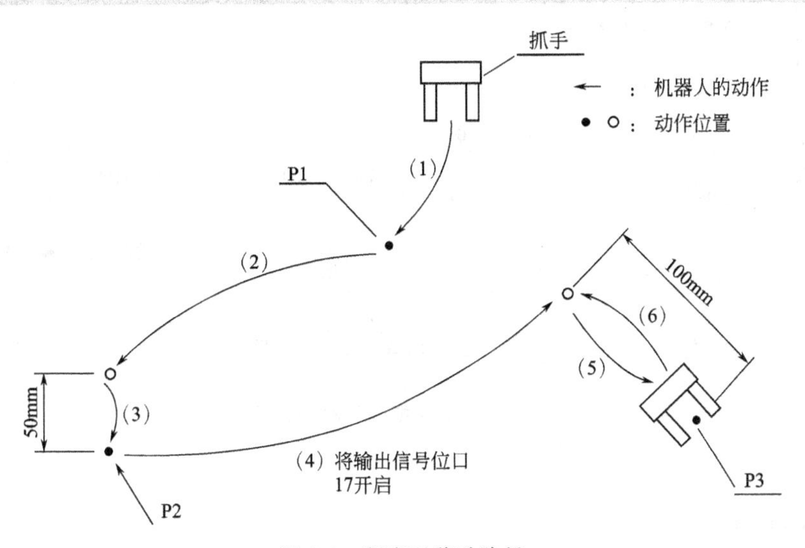

图 2-3　程序及移动路径

图 2-3 所示的移动路径其程序如下：

```
1 Mov P1'——移动到 P1 点
2 Mov P2,- 50'——移动到 P2 点上方 50mm 位置点即近点
3 Mov P2'——移动到 P2 点
4 Mov P3,- 100,Wth  M_Out(17)= 1'——移动到 P3 点上方 100mm 位置点,同时指令输出信号(17)= ON
5 Mov P3'——移动到 P3 点
6 Mov P3□- 100'——移动到 P3 点上方 100mm 位置点
7 End'
```

注意

近点位置以 TOOL 坐标系的 Z 轴方向确定。

2.2.2 直线插补

(1) 功能

本指令为直线插补指令，从起点向终点做插补运行。运行轨迹为"直线"。

(2) 指令格式 1

Mvs□<终点>□，<近点距离>，[<轨迹类型常数 1>，<插补类型常数 2>] [<附随语句>]

(3) 指令格式 2

Mvs□<离开距离>□ [<轨迹类型常数 1>，<插补类型常数 2>] [<附随语句>]

(4) 对指令格式的说明

① <终点> 目标位置点。

② <近点距离> 以 TOOL 坐标系的 Z 轴为基准，到"终点"的距离(实际是一个"接近点")，往往用做快进，工进的分界点。

③ <轨迹类型常数 1> 常数 1=1，绕行；常数 1=0，捷径运行。

④ 插补类型 常数=0，关节插补；常数=1，直角插补；常数=2，通过特异点。

⑤ <离开距离> 在指令格式 2 中的<离开距离>是以 TOOL 坐标系的 Z 轴为基准，离开"终点"的距离。这是一个便捷指令。

如图 2-4 所示。

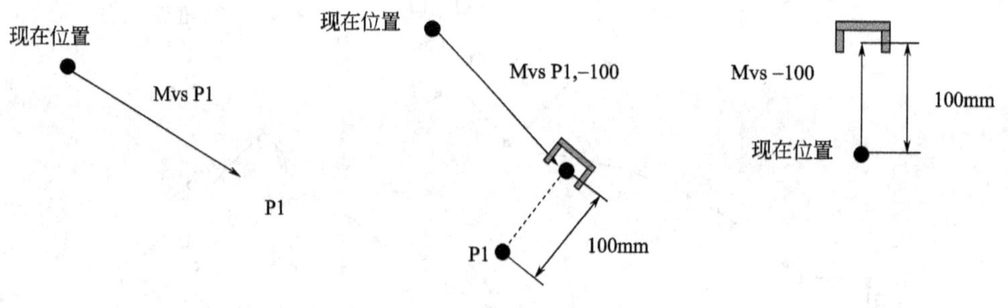

图 2-4 Mvs 指令的移动轨迹

(5) 指令例句 1

向终点做直线运动。

```
1 Mvs P1
```

(6) 指令例句 2

向"接近点"做直线运动，实际到达"接近点"，同时指令输出信号(17) =ON。

```
1 Mvs P1,- 100.0 Wth M_Out(17)= 1
```

(7) 指令例句 3

向终点做直线运动(终点=P4+P5,"终点"经过加运算)，实际到达"接近点"，同时如果输入信号(18) =ON，则指令输出信号(20) =ON。

```
1 Mvs P4+ P5,50.0 WthIf M_In(18)= 1,M_Out(20)= 1
```

(8) 指令例句 4

从当前点沿 TOOL 坐标系 Z 轴方向移动 100mm。

```
Mvs,- 100
```

参见图 2-4。

2.2.3 Mvc（Move C）——三维真圆插补指令

（1）功能

本指令的运动轨迹是一个完整的真圆，需要指定起点和圆弧中的两个点。运动轨迹如图 2-5 所示。

（2）指令格式

Mvc□＜起点＞，＜通过点 1＞，＜通过点2＞□附随语句

（3）术语

① ＜起点＞，＜通过点 1＞，＜通过点 2＞——是圆弧上的 3 个点。

② ＜起点＞——真圆的“起点”和“终点”。

Mvc P1，P2，P3

现在位置

直线插补动作

P1

P2

P3

图 2-5 Mvc——三维真圆插补指令的运行轨迹

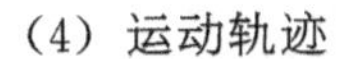

（4）运动轨迹

从“当前点”开始到“P1”点，是直线轨迹。真圆运动轨迹为＜P1＞—＜P2＞—＜P3＞—＜P1＞。

（5）指令例句

```
1 Mvc P1,P2,P3'——真圆插补
2 Mvc P1,J2,P3'——真圆插补
3 Mvc P1,P2,P3 Wth M_Out(17)= 1'——真圆插补同时输出信号(17)= ON
4 Mvc P3,(Plt 1,5),P4 WthIf M_In(20)= 1,M_Out(21)= 1'——真圆插补同时如果输入信号(20)
= 1,则输出信号(21)= ON
```

（6）说明

① 本指令的运动轨迹由指定的 3 个点构成完整的真圆。

② 圆弧插补的“形位”为起点“形位”。通过其余 2 点的“形位”不计。

③ 从“当前点”开始到“P1”点，是直线插补轨迹。

2.2.4 Cnt（Continuous）——连续轨迹运行

（1）功能

连续轨迹运行是指在运行通过各位置点时，不做每一点的加减速运行，而是以一条连续的轨迹通过各点。如图 2-6 所示。

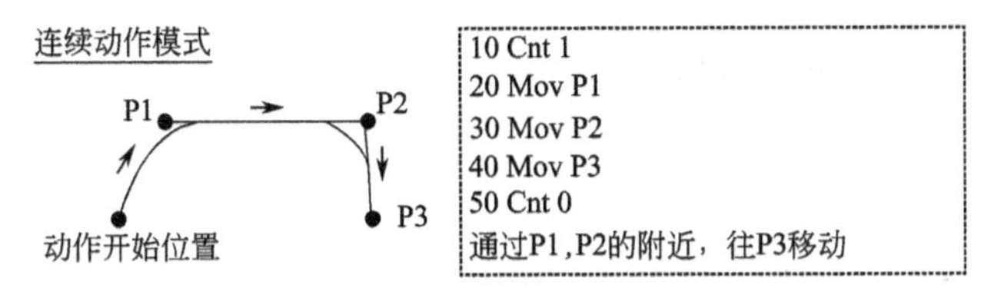

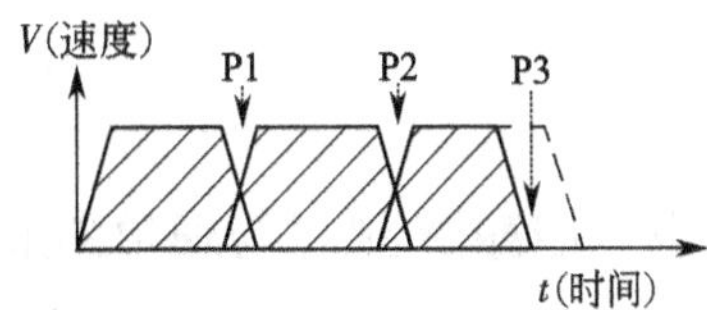

连续轨迹运行时的速度曲线

图 2-6 连续轨迹运行时的运行轨迹和速度曲线

（2）指令格式

Cnt□＜1/0＞［，＜数值 1＞］［，＜数值 2＞］

说明：

＜1/0＞Cnt 1——连续轨迹运行。

Cnt 0——连续轨迹运行无效。

<数值1>——过渡圆弧尺寸1。

<数值2>——过渡圆弧尺寸2。

在连续轨迹运行，通过“某一位置点”时，其轨迹不实际通过位置点，而是一过渡圆弧，这过渡圆弧轨迹由指定的数值构成，如图2-7所示。

(3) 程序样例

```
1 Cnt 0'——连续轨迹运行无效
2 Mvs P1'——移动到 P1点
3 Cnt 1'——连续轨迹运行有效
4 Mvs P2'——移动到 P2点
5 Cnt 1,100,200'——指定过渡圆弧数据 100mm/200mm
6 Mvs P3'——移动到 P3点
7 Cnt 1,300'——指定过渡圆弧数据 300mm/300mm
8 Mov P4'——移动到 P4点
9 Cnt 0'——连续轨迹运行无效
10 Mov P5'——移动到 P5点
```

(4) 说明

① 从Cnt1到Cnt0的区间为连续轨迹运行有效区间。

② 系统初始值为：Cnt0(连续轨迹运行无效)。

③ 如果省略“数值1”“数值2”的设置，其过渡圆弧轨迹如图2-7中虚线所示，圆弧起始点为“减速开始点”。圆弧结束点为“加速结束点”。

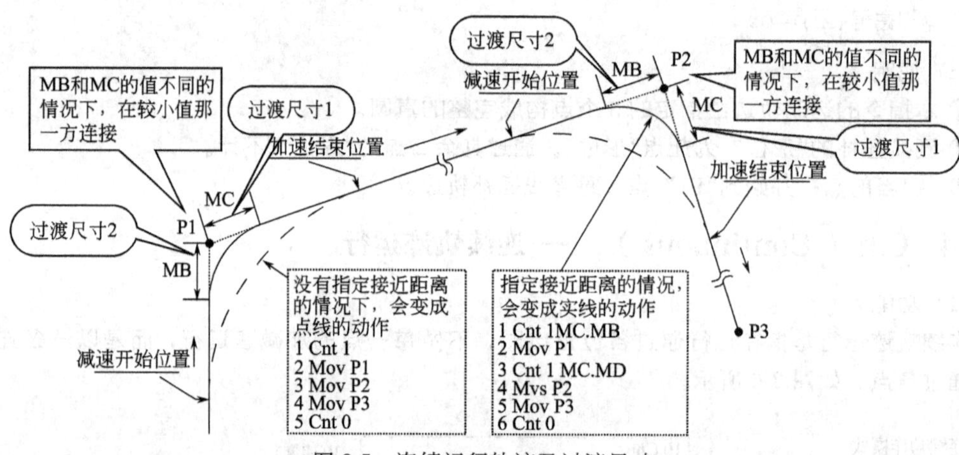

图2-7 连续运行轨迹及过渡尺寸

2.2.5 加减速时间与速度控制

(1) 加减速时间与速度控制相关指令

各机器人的最大速度由其技术规范确定。参见1.2.1节。以下指令除Spd外均为“速度倍率”指令。

① Accel——加减速度倍率指令(%)。设置加减速度的百分数。

② Ovrd——速度倍率指令(%)。设置全部轴的速度百分数。

③ JOvrd——关节运行速度的倍率指令(%)。

④ Spd——抓手运行速度(mm/s) 指令。

⑤ Oadl——选择最佳加减速模式有效无效。

（2）指令样例

```
Accel'——加减速度倍率为 100%
Accel,60,80'——加速度倍率= 60% ,减速度倍率= 80%
Ovrd 50'——运行速度倍率= 50%
JOvrd 70'——关节插补速度倍率= 70%
Spd 30'——设置抓手基准点速度 30mm/s
Oadl ON.'——最佳加减速模式有效
```

图 2-8 表示了程序样例的动作轨迹及速度倍率。

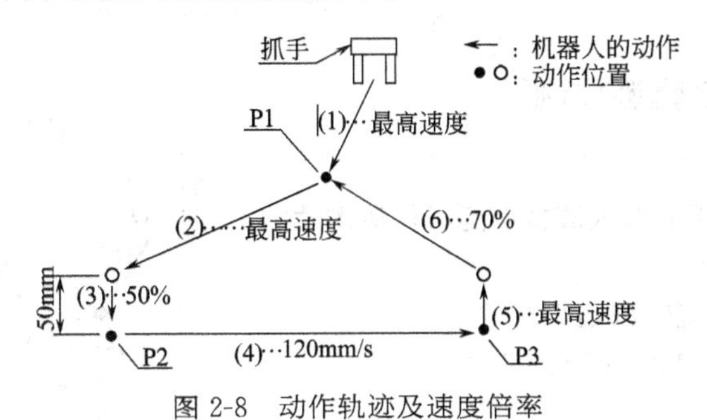

图 2-8　动作轨迹及速度倍率

（3）程序样例(参见图 2-8)

```
1 Ovrd 100'——设置速度倍率= 100%
2 Mvs P1'
3 Mvs P2,- 50'
4 Ovrd 50'——设置速度倍率= 50%
5 Mvs P2'
6 Spd 120'——设置抓手基准点速度= 120mm/s,因倍率= 50% ,所以实际速度= 60mm/s
7 Ovrd 100'——设置速度倍率= 100%
8 Accel 70,70'——设置加减速度倍率= 70%
9 Mvs P3'
10 Spd M_NSpd'——设置抓手基准点速度= 初始值
11 JOvrd 70'——设置关节插补速度倍率= 70%
12 Accel'——设置加减速度倍率= 100%
13 Mvs □- 50'
14 Mvs P1'
15 End
```

2. 2. 6　Fine 定位精度

（1）功能

定位精度——定位精度用脉冲数表示，即指令脉冲与反馈脉冲的差值。脉冲数越小，定位精度越高。

（2）指令格式

Fine □<脉冲数>，<轴号>

（3）术语说明

<脉冲数>——表示定位精度。用常数或变量设置。

<轴号>——设置对应的运动轴。

（4）程序样例

```
1 Fine 300'——设置定位精度为 300 脉冲。 全轴通用
2 Mov P1
3 Fine 100,2'——设置第 2 轴定位精度为 100 脉冲
4 Mov P2
5 Fine 0,5'——定位精度设置无效
6 Mov P3
7 Fine 100'——定位精度设置为 100 脉冲
8 Mov P4
```

2.2.7 Prec 高精度轨迹控制

（1）功能

高精度控制是指启用机器人高精度运行轨迹的功能。

（2）指令格式

Prec□ON——高精度轨迹运行有效。

Prec□OFF——高精度轨迹运行无效。

（3）程序样例

本程序对应的运动轨迹如图 2-9 所示。

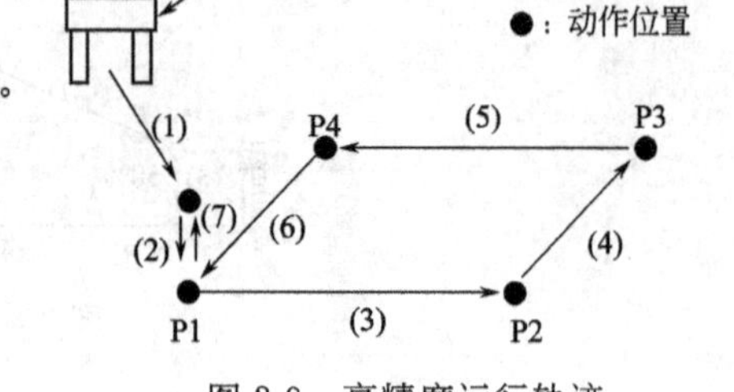

图 2-9　高精度运行轨迹

```
1 Mov P1,- 50'
2 Ovrd 50'
3 Mvs P1'
4 Prec,On'——高精度轨迹运行有效
5 Mvs P2'——从 P1 到 P2 以高精度轨迹运行
6 Mvs P3'——从 P2 到 P3 以高精度轨迹运行
7 Mvs P4'——从 P3 到 P4 以高精度轨迹运行
8 Mvs P1'——从 P4 到 P1 以高精度轨迹运行
9 Prec Off'——关闭高精度轨迹运行功能
10 Mvs P1,- 50'
11 End
```

2.2.8 抓手 TOOL 控制

（1）功能

抓手控制指令实际上是控制抓手的开启、闭合指令（必须在参数中设置输出信号控制抓手。通过指令相关的输出信号 ON/OFF 也可以达到相同效果）。如图 2-10 所示。

（2）指令格式

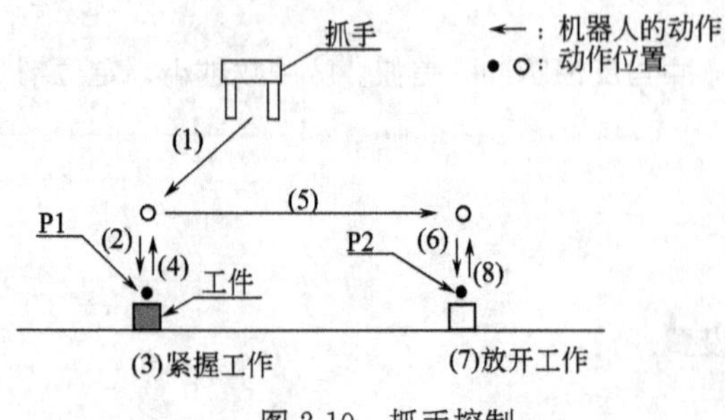

图 2-10　抓手控制

HOpen 打开抓手。

HClose 关闭抓手。

Tool　　设置 TOOL 坐标系。

（3）指令样例

HOpen 1′——打开抓手 1

HOpen 2′——打开抓手 2

HClose 1′——关闭抓手 1

HClose 2′——关闭抓手 2

Tool （0，0，95，0，0，0）……设置新的

TOOL 坐标系

（4）程序样例

本程序对应的运动轨迹如图 2-10 所示。

```
1 Tool(0,0,95,0,0,0)'——设置新的 TOOL 坐标系原点。 距离机械法兰面 Z 轴 95mm
2 Mvs P1,- 50
3 Ovrd 50'
4 Mvs P1'
5 Dly 0.5'
6 HClose 1'——抓手 1 闭合
7 Dly 0.5'
8 Ovrd 100'
9 Mvs,- 50'
10 Mvs P2,- 50'
11 Ovrd 50'
12 Mvs P2'
13 Dly 0.5'
14 HOpen 1'——抓手 1 张开
15 Dly 0.5'
16 Ovrd 100'
17 Mvs,- 50'
18 End
```

2.2.9 PALLET（码垛）指令

（1）功能

PALLET 指令也翻译为“托盘指令”“码垛指令”，实际上是一个计算矩阵方格中各“点位中心”（位置）的指令，该指令需要设置“矩阵方格”有几行几列、起点终点、对角点位置、计数方向。因该指令通常用于码垛动作，所以也就被称为“码垛指令”。托盘的定义及类型见图 2-11、图 2-12。

（2）指令格式

Def □ Plt □ <托盘号> □ <起点> □ <终点 A> □ <终点 B> □ [<对角点>] □ <列数 A> □ <行数 B> □ <托盘类型>

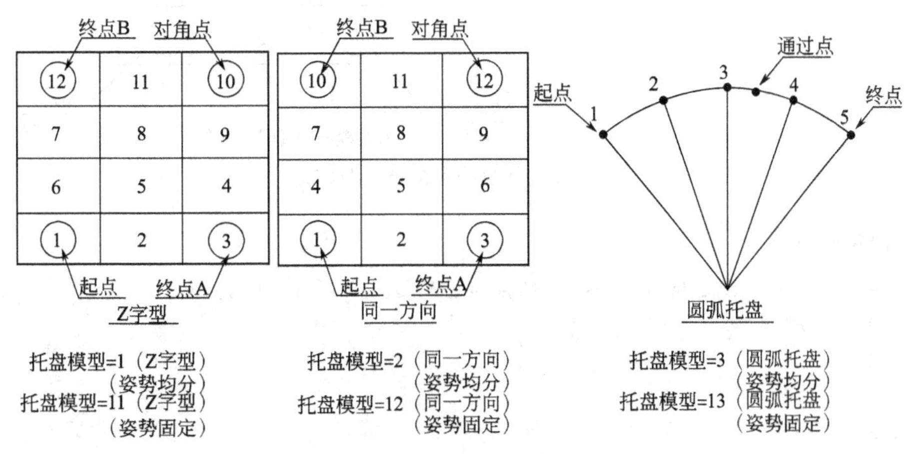

图 2-11　托盘的定义及类型(一)

① Def Plt　定义“托盘结构”指令。

② Plt　指定托盘中的某一点。

③ 托盘号　系统可设置8个托盘。本数据设置第几号托盘。

④ 起点/终点/对角点　如图2-11所示。用“位置点”设置。

⑤ <列数A>　起点与终点A之间列数。

⑥ <行数B>　起点与终点B之间行数。

⑦ <托盘类型>　设置托盘中“各位置点”分布类型。

1=Z字型；2=顺排型；3=圆弧型；11=Z字型；12=顺排型；13=圆弧型。

(3) 指令样例1

```
1 Def Plt 1,P1,P2,P3,□,3,4,1'——3点型托盘定义指令
2 Def Plt 1,P1,P2,P3,P4,3,4,1'——4点型托盘定义指令
```

3点型托盘定义指令——指令中只给出起点、终点A、终点B；

4点型托盘定义指令——指令中给出起点、终点A、终点B、对角点。

(4) 指令样例2

① Def Plt 1，P1，P2，P3，P4，4，3，1′——定义1号托盘。4点定义。4列×3行。Z字型格式

② Def Plt 2，P1，P2，P3，，8，5，2′——定义2号托盘。3点定义。8列×5行。顺排型格式(注意3点型指令在书写时在终点B后有两个“逗号”)

③ Def Plt 3，P1，P2，P3，，5，1，3′——定义3号托盘。3点定义。圆弧型格式(注意3点型指令在书写时在终点B后有两个“逗号”)

④ (Plt 1，5)′——1号托盘第5点

⑤ (Plt 1，M1)′——1号托盘第M1点(M1为变量)

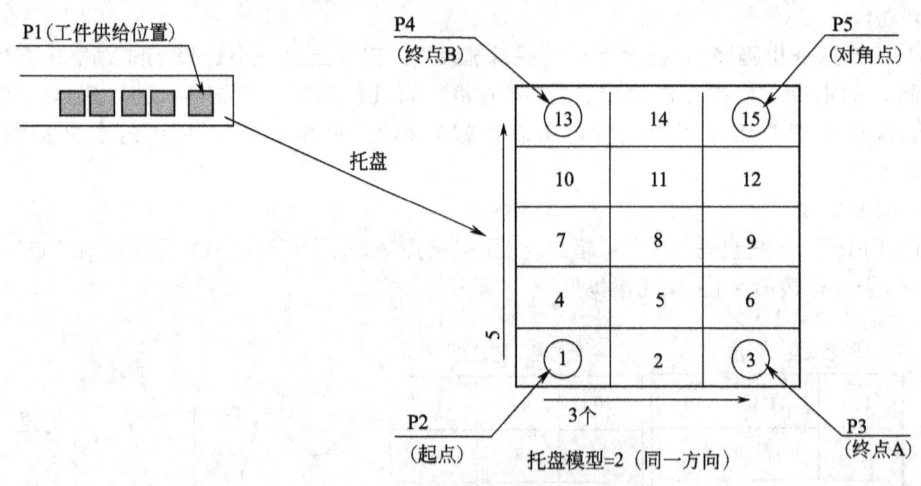

图2-12　托盘的定义及类型(二)

(5) 程序样例1

```
1 P3.A= P2.A'——设定"形位(pose)"P3点A轴角度= P2点A轴角度
2 P3.B= P2.B'
3 P3.C= P2.C'
4 P4.A= P2.A'
5 P4.B= P2.B'
6 P4.C= P2.C'
```

```
7 P5.A= P2.A'
8 P5.B= P2.B'
9 P5.C= P2.C'
10 Def Plt 1,P2,P3,P4,P5,3,5,2'——设定 1 号托盘,3×5 格,顺排型
11 M1= 1'——设置 M1 变量
12 * LOOP'——循环指令 LOOP
13 Mov P1,- 50'
14 Ovrd 50'
15 Mvs P1'
16 HClose 1'——1# 抓手闭合
17 Dly 0.5'
18 Ovrd 100'
19 Mvs,- 50'
20 P10= (Plt 1,M1)'——定义 P10 点为 1 号托盘"M1"点,M1 为变量
21 Mov P10,- 50'
22 Ovrd 50'
23 Mvs P10'——运行到 P10 点
24 HOpen 1'——打开抓手 1
25 Dly 0.5'
26 Ovrd 100'
27 Mvs,- 50'
28 M1= M1+ 1'——M1 做变量运算
29 If M1 <= 15 Then * LOOP'——循环指令判断条件。如果 M1 小于等于 15,则继续循环。根据此循环完成对托盘 1 所有"位置点"的动作
30 End'
```

(6) 程序样例 2

形位(pose) 在±180°附近的状态。

```
1 If Deg(P2.C) < 0 Then GoTo* MINUS'如果 P2 点 C 轴角度小于 0 就跳转到 Level MINUS 行
2 If Deg(P3.C) <- 178 Then P3.C = P3.C+ Rad(+ 360)'——如果 P3 点 C 轴角度小于- 178°就指令 P3 点 C 轴加 360°
3 If Deg(P4.C) <- 178 Then P4.C = P4.C+ Rad(+ 360)'——如果 P4 点 C 轴角度小于- 178°就指令 P4 点 C 轴加 360°
4 If Deg(P5.C) <- 178 Then P5.C= P5.C+ Rad(+ 360)'——如果 P5 点 C 轴角度小于- 178°就指令 P5 点 C 轴加 360°
5 GoTo * DEFINE'——跳转到 Level DEFINE 行
6 * MINUS'——Level MINUS
7 If Deg(P3.C) >+ 178 Then P3.C= P3.C- Rad(+ 360)'——如果 P3 点 C 轴角度大于 178°就指令 P3 点 C 轴减 360°
8 If Deg(P4.C) >+ 178 Then P4.C= P4.C- Rad(+ 360)'——如果 P4 点 C 轴角度大于 178°就指令 P4 点 C 轴减 360°
9 If Deg(P5.C) >+ 178 Then P5.C= P5.C- Rad(+ 360)'——如果 P5 点 C 轴角度大于 178°就指令 P5 点 C 轴减 360°
10 * DEFINE'——程序分支标志 DEFINE□
11 Def Plt 1,P2,P3,P4,P5,3,5,2'——定义 1# 托盘。3×5 格。顺排型
12 M1= 1'——M1 为变量
```

```
13 * LOOP'——循环指令  Level LOOP□
14 Mov P1,- 50
15 Ovrd 50'
16 Mvs P1'
17 HClose 1'——1 号抓手闭合
18 Dly 0.5'
19 Ovrd 100'
20 Mvs,- 50'
21 P10= (Plt 1□M1)'——定义 P10 点(为 1 号托盘中的 M1 点。 M1 为变量)
22 Mov P10,- 50'
23 Ovrd 50'
24 Mvs P10'
25 HOpen 1'——打开抓手 1
26 Dly 0.5'
27 Ovrd 100'
28 Mvs,- 50'
29 M1= M1+ 1'——变量 M1 运算
30 If M1 <= 15 Then * LOOP'——循环判断条件,如果 M1 小于等于 15,则继续循环。 执行 15 个点的抓取动作
31 End'
```

2.3 程序结构指令

2.3.1 无条件跳转指令

GoTo——无条件跳转。

On GoTo——对应于指定的变量值进行相应行的跳转(1，2，3，4，…)。

2.3.2 根据条件执行程序分支跳转的指令

(1) 功能

本指令是根据“条件” 执行“程序分支跳转” 的指令，是改变程序流程的基本指令。

(2) 指令格式 1

If＜判断条件式＞Then＜流程 1＞□ [Else＜流程 2＞]

① 这种指令格式是在程序一行里书写的判断-执行语句。如果“条件成立” 就执行 Then 后面的程序指令。如果“条件不成立” 执行 Else 后面的程序指令。

② 指令例句 1

```
10 If M1 > 10 Then * L100'——如果 M1 大于 10,则跳转到* L100 行
11 If M1 > 10 Then GoTo * L20 Else GoTo * L30'——如果 M1 大于 10,则跳转到* L20 行,否则跳转到* L30 行
```

(3) 指令格式 2

如果判断-跳转指令的处理内容较多，无法在一行程序里表示，就使用指令格式 2。

If＜判断条件式＞

Then

＜流程 1＞

Else

<流程 2>]

EndIf

如果“条件成立”则执行 Then 后面一直到 Else 的程序行。

如果“条件不成立”则执行 Else 后面到 EndIf 的程序行。EndIf 用于表示流程 2 的程序结束。

① 指令例句 1

```
10 If M1 > 10 Then'——如果 M1 大于 10,则
11M1= 10
12 Mov P1
13 Else'——否则
14M1= - 10
15Mov P2
16 EndIf
```

② 指令例句 2　多级 If…Then…Else…EndIf 嵌套。

```
30 If M1 > 10 Then'——(第 1 级判断-执行语句)
31 If M2 > 20 Then'——(第 2 级判断-执行语句)
32 M1= 10
33 M2= 10
34 Else
35 M1= 0
36 M2= 0
37 EndIf'——(第 2 级判断-执行语句结束)
38 Else
39 M1= - 10
40 M2= - 10
41 EndIf'——(第 1 级判断-执行语句结束)
```

③ 指令例句 3　在对 Then 及 Else 的流程处理中，以 Break 指令跳转到 EndIf 的下一行。从 If Then EndIf 的流程中跳转出来(不要使用 GoTo 指令跳转)。

```
30 If M1 > 10 Then'——(第 1 级判断-执行语句)
31 If M2 > 20 Then Break'——如果 M2 > 20 就跳转出本级判断执行语句(本例中为 39 行)
32 M1= 10
33 M2= 10
34 Else
35 M1= - 10
36 If M2 > 20 Then Break'——如果 M2 > 20 就跳转出本级判断执行语句(本例中为 39 行)
37 M2= - 10
38 EndIf
39 If M_BrkCq= 1 Then Hlt
40 Mov P1
```

(4) 说明

① 多行型指令 If…Then…Else…EndIf 必须书写 EndIf，不得省略，否则无法确定“流程 2”的结束位置。

② 不要使用 GoTo 指令跳转到本指令之外。

③ 嵌套多级指令最大为 8 级。

④ 在对 Then 及 Else 的流程处理中，以 Break 指令跳转到 EndIf 的下一行。

2.4 外部输入输出信号指令

2.4.1 输入信号

输入信号需要从外部硬配线的开关给出，当然也可以由 PLC 控制(外部输入输出信号是由外部 IO 信号卡接入的)。在机器人的自动程序中，只能够检测输入信号的状态。实际上不能够直接从程序中指令输入信号的动作。

相关的工作状态变量为：

M _ In——开关型接口，表示某一“位” 的 ON/OFF。

M _ Inb——数字型接口。表示 8 个“位” 的 ON/OFF。

M _ Inw——数字型接口。表示 16 个“位” 的 ON/OFF。

用于检测这些输入信号状态的指令有 Wait 指令。其功能是检测输入信号，如果输入信号＝ON，就可进入程序下一行。也经常用输入信号的状态(ON/OFF) 作为判断条件。

Wait M _ In(1) ＝1

M1＝M _ Inb(20)

M1＝M _ Inw(5)

2.4.2 输出信号

与对输入信号的控制不同，可以从机器人的自动程序中直接控制输出信号的 ON/OFF，这是很重要的。

(1) 指令格式

```
M_Out □ M_Outb □ M_Outw □ M_DOut
```

(2) 样例

```
Clr 1'——输出信号全部= OFF
M_Out(1)= 1'——输出信号(1)= ON
M_Outb(8)= 0'——输出信号(8)~输出信号(15)(共 8 位)= OFF
M_Outw(20)= 0'——输出信号(20)~输出信号(35)(共 16 位)= OFF
M_Out(1)= 1 Dly 0.5'——输出信号(1)= ON,0.5s(相当于输出脉冲)
M_Outb(10)= &H0F'——指令输出端子 10~17 的状态为:输出端 10~13= ON;输出端 14~17=
OFF;(相当于用十六进制数给输出信号赋值)
M_Out□M_Outb□M_Outw□M_DOut
```

也可以作为状态信号，这是输出信号的特点。

2.5 通信指令

(1) 指令格式

Open——通信口＝ON。

Close——通信口＝OFF。

Print＃——以 ASCII 码输出数据，结束码 CODE 为 CR。

Input＃——接收 ASCII 码数据文件，结束码 CODE 为 CR。

On Com GoSub——根据外部通信口输入数据，调用子程序。

Com On——允许根据外部通信口输入数据进行“插入处理”。

Com Off——不允许根据外部通信口输入数据进行“插入处理”。

Com Stop——停止根据外部通信口输入数据进行“插入处理”。

（2）指令例句

```
Open"COM1□"As# 1'——开启通信口 COM1 并将从通信口 COM1 传入的文件作为 1# 文件
Close# 1'——关闭 1 号文件
Close'——关闭全部文件
Print# 1□"TEST"'——输出字符串"TEST"到 1# 文件
Print# 2□"M1= "□M1'——输出字符串"M1= "到 2# 文件。例:如果 M1= 1,则输出"M1= 1"
+ CR
PRINT# 3,P1'——输出 P1 点数据到 3 号文件。例:如果 P1 点数据为 X= 123.7,Y= 238.9,Z=
33.1,A= 19.3,B= 0,C= 0,FL1= 1,FL2= 0,则输出数据为"(123.7,238.9,33.1,19.3,0,0)(1,0)"
+ CR
Print# 1,M5,P5'——输出变量 M5 和 P5 点数据到 1# 文件。例句:如果 M5= 8,P5 为 X= 123.7、Y
= 238.9、Z= 33.1、A= 19.3、B= 0、C= 0、FL1= 1、FL2= 0
则输出数据为:"8,(123.7,238.9,33.1,19.3,0,0)(1,0)"+ CR
Input# 1,M3'——输入接收指令。指定输入的数据= M3。例:如果输入数据= "8"+ CR,则 M3
= 8
Input# 1,P10'——输入接收指令。指定输入的位置数据= P10。例:如果输入数据为"(123.7,
238.9,33.1,19.3,0,0)(1,0)"+ CR,则 P10 为(X= 123.7,Y= 238.9,Z= 33.1,A= 19.3,B= 0,C= 0,
FL1= 1,FL2= 0)
Input# 1,M8,P6'——输入接收指令。指定输入的数据代入 M8 和位置点 P6。例:如果输入数据
为"7,(123.7,238.9,33.1,19.3,0,0)(1,0)"+ CR
则 M8= 7,P6 为(X= 123.7,Y= 238.9,Z= 33.1,A= 19.3,B= 0,C= 0,FL1= 1,FL2= 0)
On Com(2)GoSub * RECV'——根据从外部通信口 COM2 输入指令调用子程序* RECV
Com(1)On'——允许通信口 COM1 工作
Com(2)Off'——关闭 COM2 通信口
Com(1)Stop'——停止 COM1 通信口的工作(保留其状态)
```

以下各节对通信指令进行详细解释。

2.5.1 Open——通信启动指令

（1）指令格式

Open,“<通信口名或文件名>”［For<模式>］As［♯］<文件号码>。

（2）术语说明

① <通信口名或文件名>　指定通信口或“文件名称”。

② <模式>　有 Input/Output/Append 模式（省略即为随机模式）。

③ <文件号码>　设置文件号（1～8）。

（3）程序样例（指定通信口）

```
1 Open"COM1:"As# 1'——开启通信口 COM1。从通信口 COM1 传入的文件作为 1# 文件使用
2 Mov P_01
3 Print# 1,P_Curr'——将"P_C Curr(当前位置)输出,假设以"(100.00,200.00,300,00,400.
00)(7,0)"格式输出
4 Input# 1,M1,M2,M3'——以 ASCII 码格式接收从通信口 CM1 传入的 101.00,202.00,303.00"外
部数据
```

```
5 P_01.X= M1'——对 P_01.点的 X 赋值
6 P_01.Y= M2'——对 P_01.点的 Y 赋值
7 P_01.C= Rad(M3)'——对 P_01.点的 C 赋值
8 Close'——关闭通信口
9 End
```

(4) 程序样例(指定通信口)

```
1 Open"temp.txt"For Append As# 1'——打开文件名为 temp.txt 的文件,Append 模式,指定temp.txt 为 1# 文件
2 Print# 1,"abc"'——输出字符串"abc"到 1# 文件
3Close# 1'——关闭 1# 文件
```

通信口的通信方式可以用参数设置，参见图 2-13。

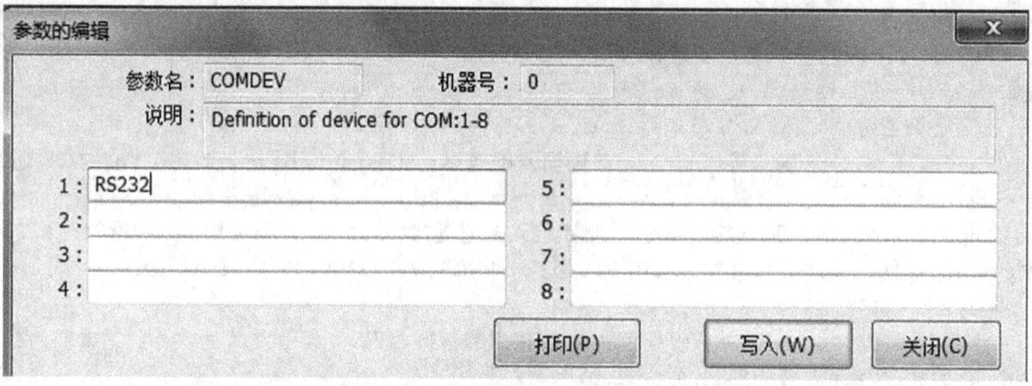

参数的编辑

参数名：COMDEV　机器号：0

说明：Definition of device for COM:1-8

1：RS232　2：　3：　4：　5：　6：　7：　8：

打印(P)　写入(W)　关闭(C)

图 2-13　用参数设置通信口的通信方式

本参数设置了通信口 COM1～COM8 的通信方式。例如：COM1 通信口的通信方式为 RS232。

2.5.2　Print——输出字符串指令

(1) 指令格式

Print □ #<文件号> □ [<式 1>] ... [<式 2>]

① <文件号>　即 Open 指令指定的“文件号”。

② <式>　数值表达式、位置表达式、字符串表达式。

(2) 指令例句

输出信息到文件“temp. txt”。

```
1 Open"temp.txt"For APPEND As# 1'——将文件"temp.txt"视作 1# 文件
2 MDATA= 150'
3 Print# 1,"* * * Print TEST* * * "'——输出字符串"* * * Print TEST* * * "
4 Print# 1'——输出换行符
5 Print# 1,"MDATA= ",MDATA'——输出字符串"MDATA= ",随后输出 MDATA 的值(150)
6 Print# 1'——输出换行符
7 Print# 1,"* * * * * * * * * * * * * * * * * "'——输出字符串"* * * * * * * * * * * * * * * * * * * * * * * * * * * * * *"
8 End
'——□□□□□
```

```
输出结果
* * * Print TEST* * *
MDATA= 150
* * * * * * * * * * * * * * * *
```

注意

当指令中没有表达式时，输出换行符。

2.5.3 Input——从指定的文件中接收数据，接收的数值为ASCII码

(1) 指令格式

Input □ ＃＜文件号＞ □［＜输入数据名＞］... ［＜输入数据名＞］

＜输入数据名＞——输入的数据被存放的位置。以变量表示。

(2) 样例

```
1 Open"temp.txt"For Input As# 1'——将"temp.txt"文件视作# 1文件打开
2 Input# 1,CABC$ '——接收1# 文件传送过来的数据(从开始到换行符为止),CABC$ = "接收到的数据"
10 Close# 1
```

2.5.4 On Com GoSub指令

(1) 功能

如果从通信端口有插入指令输入，就跳转到指定的子程序。

(2) 指令格式

On □ Com［(＜文件号＞)］□ GoSub □＜跳转行标记＞

(3) 例句

```
1 Open"COM1:"As# 1'
2 On Com(1)GoSub * RECV'
3 Com(1)On'——允许插入(区间生效)
4 ''这中间如果插入条件= ON,就跳转到RECV标记的子程序
11'
12 Mov P1
13 Com(1)Stop'——从P1移动到P2点停止插入
14 Mov P2
15 Com(1)On'——允许插入
16 ''这中间如果插入条件= ON,就跳转到RECV标记的子程序
26'
27 Com(1)Off'——禁止插入
28 Close# 1
29 End

40 * RECV'——标签
41 Input# 1,M0001'——接收数据存放到M0001、P0001
42 Input# 1,P0001
50 Return 1
```

2.5.5 Com On/Com Off/Com Stop

① Com On 允许插入(类似于中断区间指定)。

② Com Off 禁止插入。

③ Com Stop 插入暂停(插入动作暂停，但继续接收数据，待 Com On 指令后，立即执行“插入程序”)。

2.6 运算指令

2.6.1 位置数据运算（乘法）

位置数据运算的乘法运算实际是变换到 TOOL 坐标系的过程。在下例中，“P100＝P1 * P2”，P1 点相当于 TOOL 坐标系中的原点。P2 是 TOOL 坐标系中的坐标值。如图 2-14。注意 P1、P2 点的排列顺序。顺序不同，意义也不一样。

乘法运算就是在 TOOL 坐标系中的“加法运算”。除法运算就是在 TOOL 坐标系中的“减法运算”。由于乘法运算经常使用在“根据当前点位置计算下一点的位置”，所以特别重要，使用者需要仔细体会。

```
1 P2= (10,5,0,0,0,0)(0,0)
2 P100= P1* P2
3 Mov P1
4 Mvs P100
P1= (200,150,100,0,0,45)(4,0)
```

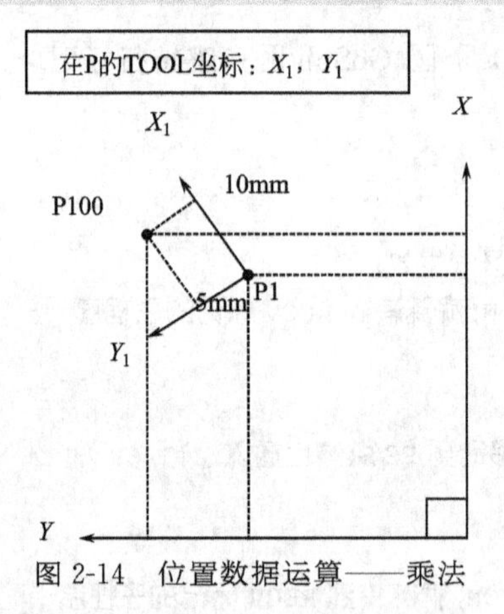

图 2-14　位置数据运算——乘法

2.6.2 位置数据运算（加法）

加法运算是以机器人基本坐标系为基准，以 P1 为起点，P2 点为坐标值进行的加法运算。如图 2-15 所示。

```
1 P2= (5,10,0,0,0,0)(0,0)
2 P100= P1+ P2
3 Mov P1
4 Mvs P100
P1= (200,150,100,0,0,45)(4,0)
```

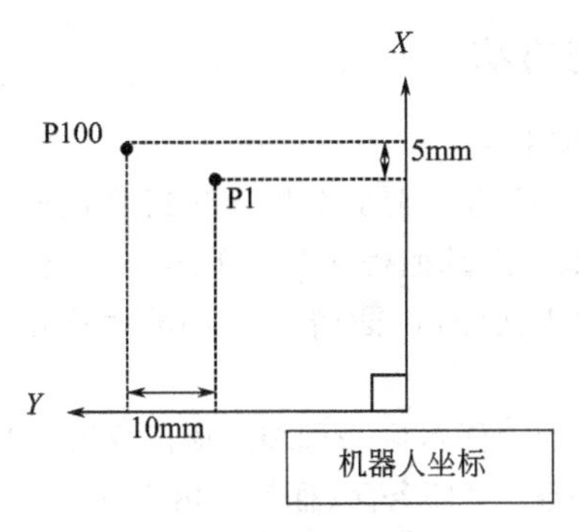

图 2-15 位置数据运算——加法

因此从本质上来说，位置数据的乘法与加法的区别在于各自依据的坐标系不同，但都是以第 1 点为基准，第 2 点作为绝对值增量进行运算。

2.7 多任务处理

2.7.1 多任务定义

多任务是指系统可以同时执行多个程序。理论上可以同时执行的程序达到 32 个，出厂设置为 8 个。在系统中有一个程序存放区，该存放区分为 32 个任务区(也翻译为“插槽”，相当于一个档案柜有很多抽屉)，每一个任务区存放一个程序。在软件中可以对每一程序设置“程序名”“循环运行条件”“启动条件”“优先运行行数”。如图 2-16 所示。

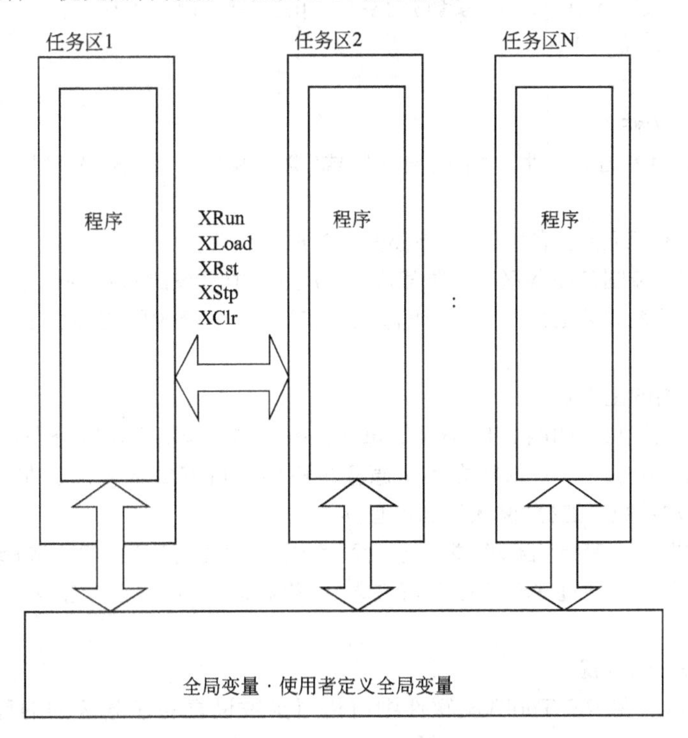

图 2-16 程序的存放区域

以参数 TASKMAX 设置多任务运行的“最大程序数”。

2.7.2 设置多程序任务的方法

(1) 任务区内程序的设置和启动

① 如果同时运行的都是运动程序，则多个程序运行会造成混乱。所以将“运动程序”置于“第1任务区(插槽1)”。其他“数据运算型程序”置于第2～7区。

② 程序的启动。可以在“第1任务区(插槽1)”内的程序通过指令启动其他任务区内的“程序”。相关指令如下：

XLoad——XLoad 2,“10”：指定任务区号和装入该任务区的“程序号”。

XRun——XRun 2：启动运行2号任务区(插槽)内程序。

XStp——XStp 2：停止执行2号任务区(插槽)内程序。

③ 样例程序。在图2-16中，各任务区程序之间可以通过“用户基本程序”、“全局变量”、“用户定义的全局变量”进行信息交换，这样也是实现各程序启动停止的方法和渠道。

a. 任务区1程序

```
1 M_00= 0'——M_00为"全局变量"
2 * L2 If M_00= 0 Then * L2'——对M_00进行判断
3 M_00= 0'——设置M_00= 0
4 Mov P1
5 Mov P2
100 GoTo * L2
```

b. 任务区2程序(信号及变量程序)

```
1 If M_In(8) < > 1 Then * L4'——对输入信号8进行判断,如果不等于1则跳到* L4
2 M_00= 1'——设置M_00= 1这个变量被任务区1的程序作为判断条件
3 M_01= 2'——设置M_01= 2
4 * L4
```

④ 程序的启动条件

a. 可以设置程序的启动条件为“上电启动”或“遇报警启动”。“START”信号为同时启动各任务区内程序。

b. 可以对每个任务区(插槽)设置“外部信号”进行启动。

在使用外部信号控制各任务区时，如果在2～7插槽中设置的程序为运动程序，则在发出相关的启动信号后，系统立即报警——“未取得操作权”。如果设置的程序为数据运算程序，则不报警。

(2) 各任务区内的工作状态

各任务区内的工作状态如图2-17所示。每一任务区的工作状态可以分为：

①“可选择程序状态”——本状态表示原程序已经运行完成或复位。在此状态下可以通过“指令XLOAD”或“参数”选择“装入”新的程序。

②“待机状态”——等待“启动”指令启动程序或“复位指令”回到“可选择程序状态”。

③“运行状态”——通过XSTP指令可进入“待机状态”。通过程序循环结束可进入“可选择程序状态”。

(3) 对多任务区的设置

① 设置程序名　在RT ToolBox软件中可通过参数设置各任务区内的程序名，如图2-18所示。

② 同时启动信号　通过外部信号可以对各任务区进行“启动”“停止”。“START”信号为同时启动各任务区内程序。

可选择
程序
（PSA）
启动
XRUN
程序复位
XRST
循环停止
运行中
（RUN）
待机中
（WAI）
停止
XSTP
启动
XRUN

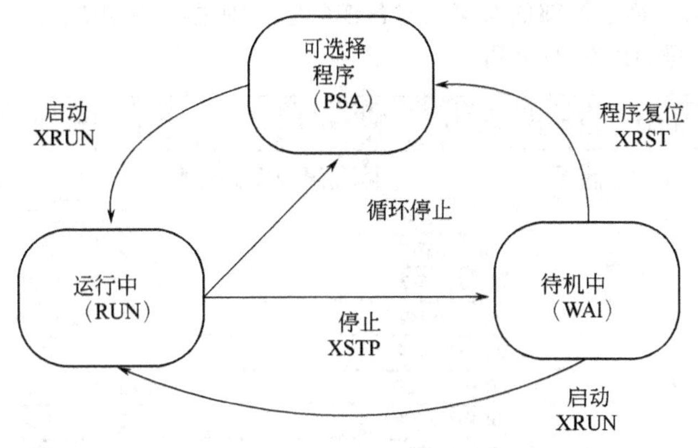

图 2-17　任务区内的工作状态及其转换

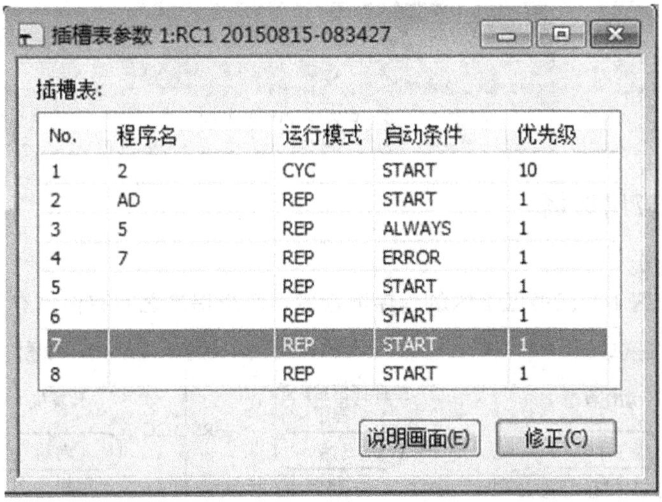

插槽表参数 1:RC1 20150815-083427
插槽表:
No. 程序名 运行模式 启动条件 优先级
1 2 CYC START 10
2 AD REP START 1
3 5 REP ALWAYS 1
4 7 REP ERROR 1
5 REP START 1
6 REP START 1
7 REP START 1
8 REP START 1
说明画面(E)
修正(C)

图 2-18　在 RT ToolBox 软件中通过参数进行的设置

③ 分别启动信号　通过外部信号可以对各任务区分别进行“启动”“停止”。S1START～SnSTART 分别为启动各任务区的信号。如图 2-19 所示。

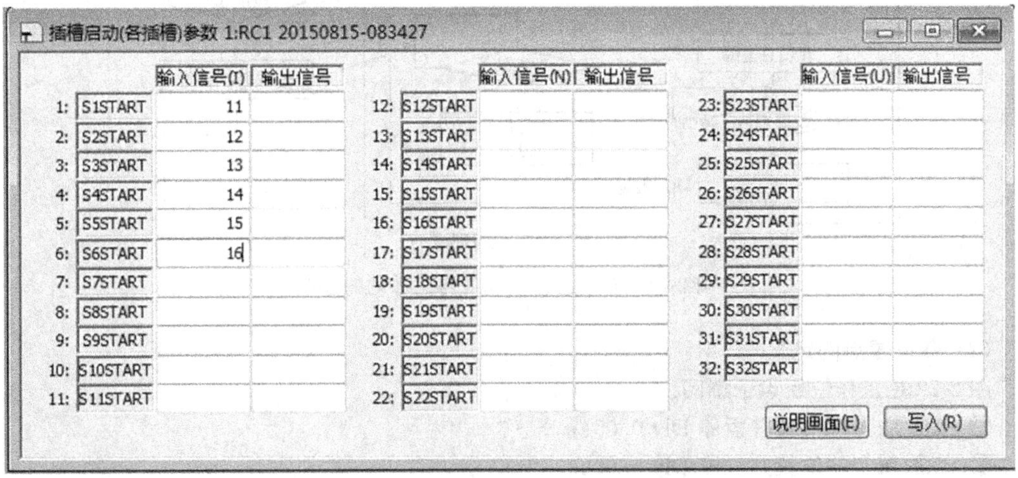

插槽启动(各插槽)参数 1:RC1 20150815-083427
输入信号(I) 输出信号
1: S1START 11
2: S2START 12
3: S3START 13
4: S4START 14
5: S5START 15
6: S6START 16
7: S7START
8: S8START
9: S9START
10: S10START
11: S11START
输入信号(N) 输出信号
12: S12START
13: S13START
14: S14START
15: S15START
16: S16START
17: S17START
18: S18START
19: S19START
20: S20START
21: S21START
22: S22START
输入信号(U) 输出信号
23: S23START
24: S24START
25: S25START
26: S26START
27: S27START
28: S28START
29: S29START
30: S30START
31: S31START
32: S32START
说明画面(E)
写入(R)

图 2-19　各任务区的“启动信号”

④ 分别停止信号　通过外部信号可以对各任务区分别进行“停止”。S1STOP～S*n*STOP 分别为各任务区的停止信号。如图 2-20 所示。

图 2-20　各任务区的“停止信号”

2.7.3　多任务应用案例

（1）程序流程图

图 2-21 为任务区 1 和任务区 2 内的程序流程图，两个程序之间有信息交流。

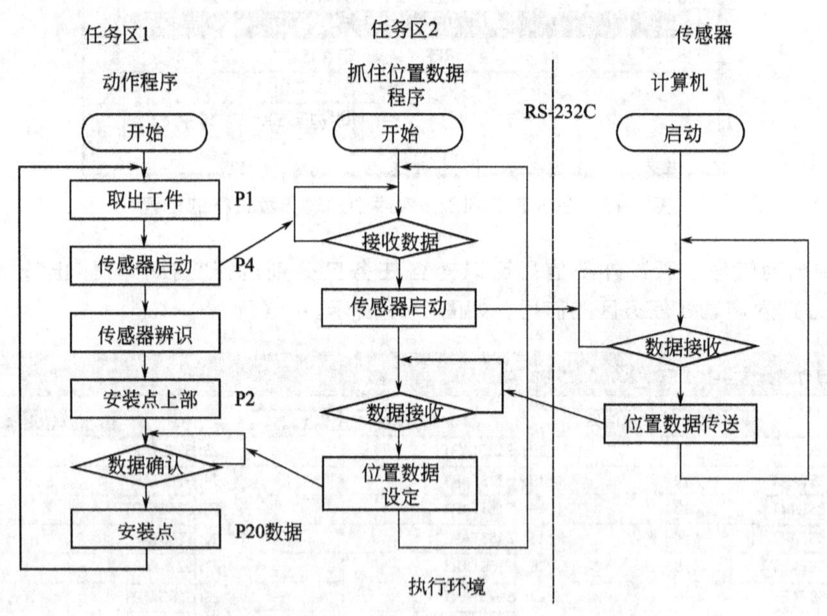

图 2-21　在任务区 1 和任务区 2 内的程序

（2）各位置点的定义

图 2-22 是工作位置点示意图。

① P1 抓取工件位置并暂停 Dly 0.05s；

② P2 放置工件位置并暂停 Dly 0.05s；

③ P3 视觉系统前位置 Cnt 连续轨迹运行；

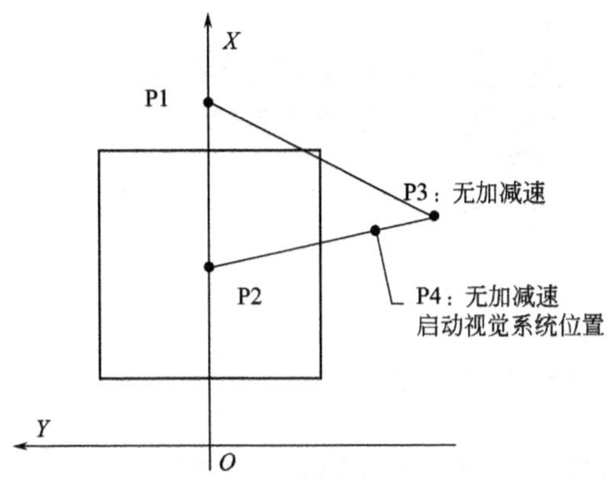

图 2-22　工作位置点示意图

④ P4 视觉系统快门位置 Cnt 连续轨迹运行；

⑤ P _ 01 视觉系统测量得到的(补偿) 数据；

⑥ P20 在 P2 点的基础上加上了“视觉系统(补偿) 数据”的新工件位置点。

(3) 任务区 1 内的程序

```
1 Cnt 1'——指令连续运行
2 Mov P2,10'——移动到 P2 点+ 10mm 位置
3 Mov P1,10'——移动到 P1 点+ 10mm 位置
4 Mov P1'——移动到 P1 点位置
5 M_Out(10)= 0'——指令输出信号(10)= OFF
6 Dly 0.05'——暂停 0.05s
7 Mov P1,10'——移动到 P1 点+ 10mm 位置
8 Mov P3'——移动到 P3 点位置——准备照相
9 Spd 500'——设置速度= 500mm/s
10 Mvs P4'——移动到 P4 点位置——进行照相
11 M_02# = 0'——设置(M_01= 1/M_02= 0,用作为程序 2 的启动条件)
12 M_01# = 1'——对程序 2 发出读数据请求
13 Mvs P2,10'——移动到 P2 点+ 10mm 位置
14 * L2:If M_02# = 0 Then GoTo * L2'——判断程序 2 的数据处理是否完成,M_02= 1 表示程序 2
的数据处理完成
15 P20= P2* P_01'——定义 P20 的位置= P2 与 P_01 乘法运算
16 Mov P20,10'——移动到 P20 点+ 10mm 位置
17 Mov P20'——移动到 P20 点位置
18 M_Out(10)= 1'——指令输出信号(10)= ON
19 Dly 0.05'——暂停 0.05s
20 Mov P20,10'——移动到 P20 点+ 10mm 位置
21 Cnt 0'——解除连续轨迹运行功能
22 End'——程序 1 结束
```

(4) 获取位置数据

程序名 2 （任务区 2 内的程序）

```
1 * L1:If M_01# = 0 Then GoTo * L1'——检测程序 1 是否发出读位置数据请求,如果 M_01= 1 就
执行以下读位置数据程序
2 Open"COM1:"As# 1'——打开通信口 1,执行 1# 文件
```

```
3 Dly M_03# '——暂停
4 Print# 1,"SENS"'——发出"SENS"指令,通知"视觉系统"
5 Input# 1,M1,M2,M3'——接收视觉系统传送的数据
6 P_01.X= M1'——M1 为 X 轴数据
7 P_01.Y= M2'——M2 为 Y 轴数据
8 P_01.Z= 0.0'
9 P_01.A= 0.0'
10 P_01.B= 0.0'
11 P_01.C= Rad(M3) '——M3 为 C 轴数据
12 Close'——关闭通信口
13 M_01# = 0'——设置 M_01= 0,表示数据读取及处理完成
14 M_02# = 1'——设置 M_02= 1,表示数据读取及处理完成
15 End'
```

在上例程序中，用全局变量 M _ 01，M _ 02 进行程序 1 和程序 2 的信息交换，是编程技巧之一。

第 3 章

编程指令详细说明

目前常用的机器人编程语言是 MELFA-BASIC V。本章对机器人使用的编程指令进行详细解释，并提供一些编程案例。本章按指令功能对编程指令进行编排，这样可以方便读者对编程指令的理解。在 3.8 节按编程指令的起始字母进行列表，这方便了使用者的查阅。在实际使用 RT ToolBox 软件进行编程时，软件提供了“编程模板”功能，可以直接查阅这些指令的标准书写格式。

3.1 动作控制指令

表 3-1 为动作控制指令一览表。

表 3-1 动作控制指令一览表

序号	指令名称	简要说明
1	Mov(Move)	关节插补
2	Mvs(Move S)	直线插补
3	Mvr(Move R)	圆弧插补
4	Mvr2(Move R2)	2 点圆弧插补 2
5	Mvr3(Move R3)	圆弧插补 3
6	Mvc(Move C)	真圆插补
7	Mva(Move Arch)	圆弧连接型插补
8	Mv Tune(Move Tune)	工作模式选择
9	Ovrd(Override)	设置速度倍率
10	Spd(Speed)	设置直线、圆弧插补速度
11	JOvrd(J Override)	设置关节插补速度
12	Cnt(Continuous)	连续轨迹运行指令
13	Accel(Accelerate)	设置加减速倍率
14	Cmp Jnt(Comp Joint)	设置关节型柔性伺服控制
15	Cmp Pos(Composition Posture)	设置直角坐标型柔性伺服控制
16	Cmp Tool(Composition Tool)	设置 TOOL 坐标型柔性伺服控制
17	Cmp Off(Composition OFF)	柔性伺服控制无效
18	CmpG(Composition Gain)	设置柔性伺服控制增益
19	Mxt(Move External)	读取（以太网）连接的外部设备绝对位置数据进行直接移动
20	Oadl(Optimal Acceleration)	设置最佳加减速模式
21	LoadSet(Load Set)	设置抓手及工件条件

续表

序号	指令名称	简要说明
22	Prec (Precision)	设置高精度模式
23	Torq(Torque)	设置各轴的转矩限制
24	JRC(Joint Roll Change)	旋转轴坐标值转换指令
25	Fine(Fine)	设置定位精度
26	Fine J(Fine Joint)	设置关节轴定位精度
27	Fine P(Fine Pause)	以直线距离设置定位精度
28	Servo(Servo)	伺服电机电源的 ON/OFF
29	Wth(With)	附随指令
30	WthIf(With If)	附随指令

3.1.1 Mov (Move) ——关节插补

(1) 功能

Mov (Move) ——从“起点(当前点)”向“终点”做关节插补运行(以各轴等量旋转的角度实现插补运行)，简称为“关节插补”(插补就是各轴联动运行)。

(2) 指令格式

Mov □ <终点> □ [，<近点>] [轨迹类型<常数 1>，<常数 2>] [<附随语句>]

(3) 例句

```
Mov (Plt 1,10),100 Wth M_Out(17)= 1
```

说明：Mov 语句是关节插补。从起点到终点，各轴等量旋转实现插补运行。其运行轨迹因此无法准确描述(这是相对直线插补其轨迹是一直线而言)。

①“终点”指“目标点”。

②“近点”指接近“终点”的一个点。

在实际工作中，往往需要快进到终点的附近位置(快进)，再运动到终点。“近点”在“终点”的 Z 轴方向位置。根据符号确定是上方或下方。使用近点设置，是一种快速定位的方法。

③“类型常数”用于设置运行轨迹。

常数 1=1，绕行；常数 1=0，捷径运行。

“绕行”是指按示教轨迹，可能大于 180°轨迹运行。“捷径”指按最短轨迹，即小于 180°轨迹运行。

④ 附随语句。

Wth、IFWITH，指在执行本指令时，同时执行其他的指令。

(4) 样例程序

```
Mov P1'——移动到 P1 点
Mov P1+ P2'——移动到 P1+ P2 的位置点
Mov P1* P2'——移动到 P1* P2 位置点
Mov P1,-50'——移动到 P1 点上方 50mm 的位置点
Mov P1 Wth M_Out(17)= 1'——向 P1 点移动同时指令输出信号(17)= ON
Mov P1 WthIf M_In(20)= 1,Skip'——向 P1 移动的同时,如果输入信号(20)= ON,就跳到下一行
Mov P1 Type 1,0'——指定运行轨迹类型为"捷径型"
```

图 3-1 中的移动路径及程序如下：

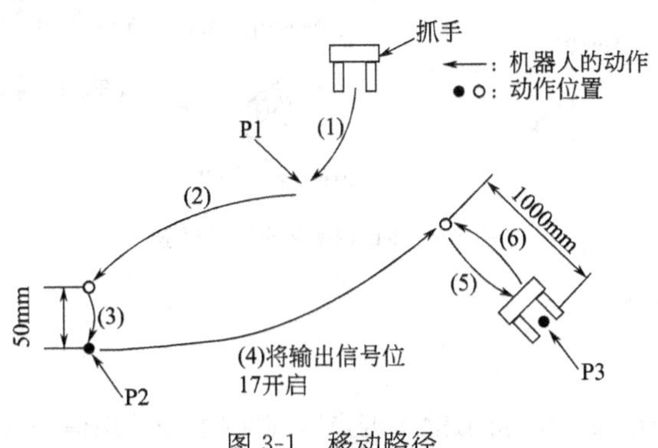

图 3-1 移动路径

```
    1 Mov P1'——移动到 P1 点
    2 Mov P2,-50'——移动到 P2 点上方 50mm 位置点
    3 Mov P2'——移动到 P2 点
    4 Mov P3,-100,Wth M_Out(17)= 1'——移动到 P3 点上方 100mm 位置点,同时指令输出信号(17)
= ON
    5 Mov P3' ——移动到 P3 点
    6 Mov P3 □-100'——移动到 P3 点上方 100mm 位置点
    7 End'
```

注意

近点位置以 TOOL 坐标系的 Z 轴方向确定。

3.1.2 Mvs (Move S)

（1）功能

本指令为直线插补指令，从起点向终点做插补运行，运行轨迹为“直线”。

（2）指令格式 1

Mvs □ ＜终点＞ □，＜近点距离＞，[＜轨迹类型常数 1＞，＜插补类型常数 2＞] [＜附随语句＞]

（3）指令格式 2

Mvs □ ＜离开距离＞ □ [＜轨迹类型常数 1＞，＜插补类型常数 2＞] [＜附随语句＞]

（4）对指令格式的说明

① ＜终点＞——目标位置点

② ＜近点距离＞——以 TOOL 坐标系的 Z 轴为基准，到“终点” 的距离(实际是一个“接近点”)，往往用做快进、工进的分界点。

③ ＜轨迹类型常数 1＞——常数 1=1，绕行；常数 1=0，捷径运行。

④ 插补类型：常数=0，关节插补；常数=1，直角插补；常数=2，通过特异点。

⑤ 在指令格式 2 中的＜离开距离＞以 TOOL 坐标系的 Z 轴为基准，离开“终点” 的距离(这是便捷指令)。

如图 3-2 所示。

（5）指令例句 1

向终点做直线运动。

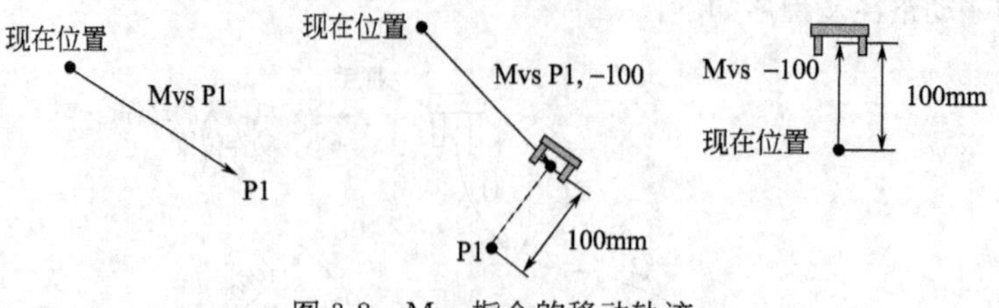

图 3-2 Mvs 指令的移动轨迹

```
1 Mvs P1
```

(6) 指令例句 2

向“接近点”做直线运动，实际到达“接近点”，同时指令输出信号（17）＝ON。

```
1 Mvs P1,-100.0 Wth M_Out(17)= 1
```

(7) 指令例句 3

向终点做直线运动（终点＝P4＋P5,“终点”经过加运算），实际到达“接近点”，同时如果输入信号(18)＝ON，则指令输出信号（20）＝ON

```
1Mvs P4+ P5,50.0 WthIf M_In(18)= 1,M_Out(20)= 1
```

(8) 指令例句 4

从当前点沿 TOOL 坐标系 Z 轴方向移动 100mm。

```
Mvs,-100
```

参见图 3-2。

(9) 关于特异点的说明

在图 3-3 中从“形位(pose) A”到“形位(pose) C”无法直接以“直线插补”到达，需要通过“形位(pose) B”到达。

“形位(pose) A”的结构标志为“NONFLIP(下)”。在“形位(pose) C”的结构标志为“FLIP(上)”。

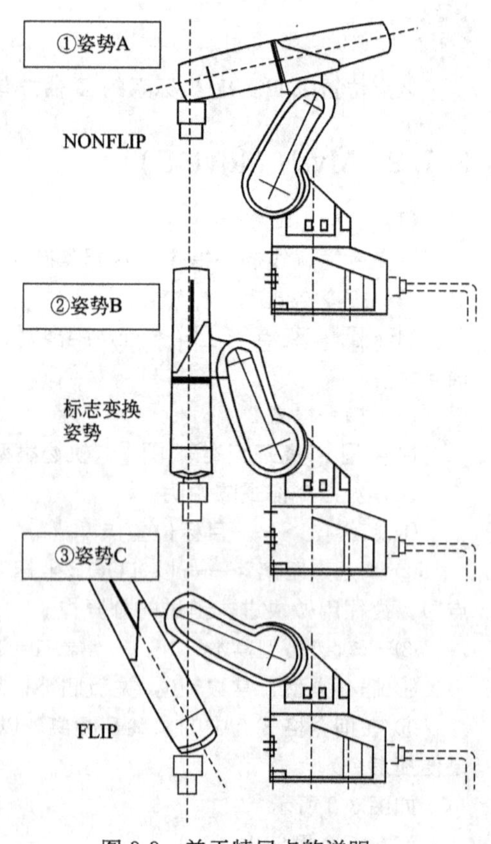

图 3-3 关于特异点的说明

3.1.3 Mvr (Move R)

(1) 功能

本指令为三维圆弧插补指令，需要指定“起点”和圆弧中的“通过点”和“终点”。运动轨迹是一段圆弧。如图 3-4 所示。

(2) 指令格式

Mvr □ <起点> ，<通过点>，<终点> □ <轨迹类型 1>，<插补类型> □附随语句

① <起点>——圆弧的起点。

② <通过点>——圆弧中的一个点。

③ <终点>——圆弧的终点。

④ <轨迹类型 1>——规定运行轨迹是“捷径”还是“绕行”。捷径＝0，绕行＝1。

⑤ <插补类型>——规定“等量旋转”或“3 轴直

交”或“通过特异点”。等量旋转=0，3轴直交=1，通过特异点=2。

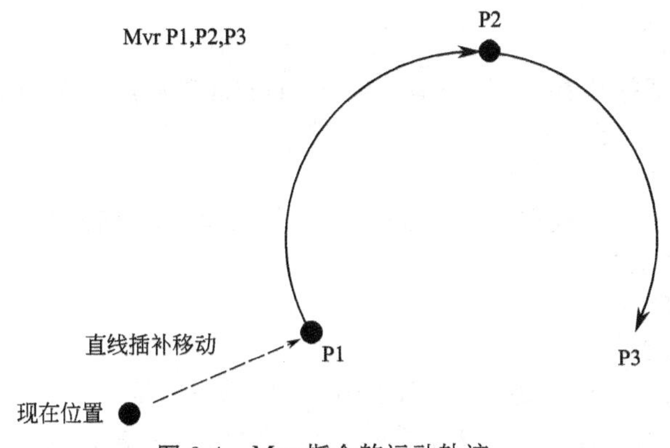

图 3-4　Mvr 指令的运动轨迹

（3）指令例句

```
2 Mvr P1,J2,P3'——圆弧插补
3 Mvr P1,P2,P3 Wth M_Out(17)= 1'——圆弧插补,同时指令输出信号(17)= ON
4 Mvr P3,(Plt 1,5),P4 WthIf M_In(20)= 1,M_Out(21)= 1'——圆弧插补,同时如果输入信号
(20)= 1,则输出信号(21)= ON
```

3.1.4　Mvr2 (Move R2)

（1）功能

本指令是2点圆弧插补指令，需要指定起点、终点和参考点。运动轨迹是一段只通过起点和终点的圆弧。不实际通过参考点(参考点的作用只用于构成圆弧轨迹)，如图3-5所示。

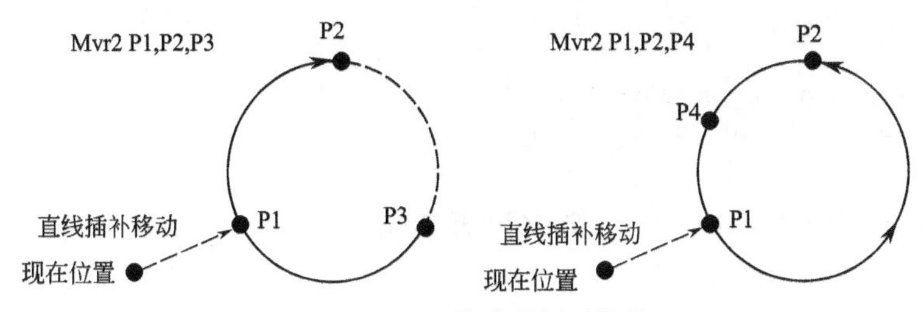

图 3-5　Mvr2 指令的运动轨迹

（2）指令格式

Mvr2 □ <起点>，<终点>，<参考点> □轨迹类型，插补类型 □附随语句

说明：

① 轨迹类型：常数1=1，绕行；常数1=0，捷径运行。

② 插补类型：常数=0，关节插补；常数=1，直角插补；常数=2，通过特异点。

（3）指令例句

```
1 Mvr2 P1,P2,P3
2 Mvr2 P1,J2,P3
3 Mvr2 P1,P2,P3 Wth M_Out(17)= 1
4 Mvr2 P3,(Plt 1,5),P4 WthIf M_In(20)= 1,M_Out(21)= 1
```

3.1.5 Mvr3 (Move R3)

(1) 功能

本指令是三点圆弧插补指令，需要指定起点、终点和圆心点，运动轨迹是一段只通过起点和终点的圆弧。如图 3-6 所示。

(2) 指令格式

Mvr3 □ <起点>，<终点>，<圆心点> □轨迹类型，插补类型 □附随语句

① 起点——圆弧起点；

② 终点——圆弧终点；

③ 圆心点——圆心；

④ 轨迹类型：常数 1=1，绕行；常数 1=0，捷径运行。

⑤ 插补类型：常数=0，关节插补；常数=1，直角插补；常数=2，通过特异点。

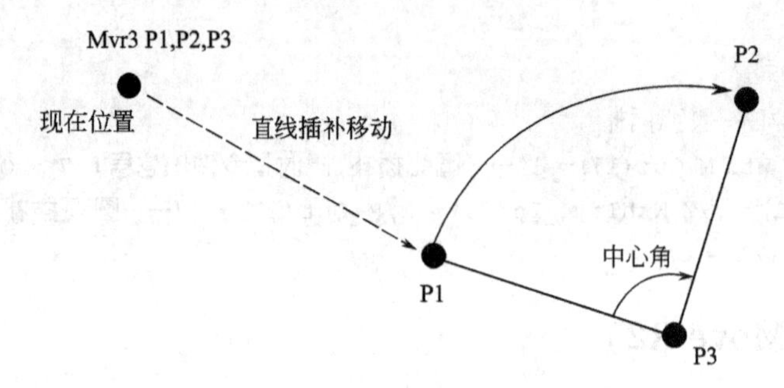

图 3-6 Mvr3 指令的运动轨迹

(3) 指令例句

```
1 Mvr3 P1,P2,P3
2 Mvr3 P1,J2,P3
3 Mvr3 P1,P2,P3 Wth M_Out(17)= 1
4 Mvr3 P3,(Plt 1,5),P4 WthIf M_In(20)= 1,M_Out(21)= 1
```

3.1.6 Mvc (Move C)——三维真圆插补指令

(1) 功能

本指令的运动轨迹是一完整的真圆，需要指定起点和圆弧中的两个点。运动轨迹如图 3-7 所示。

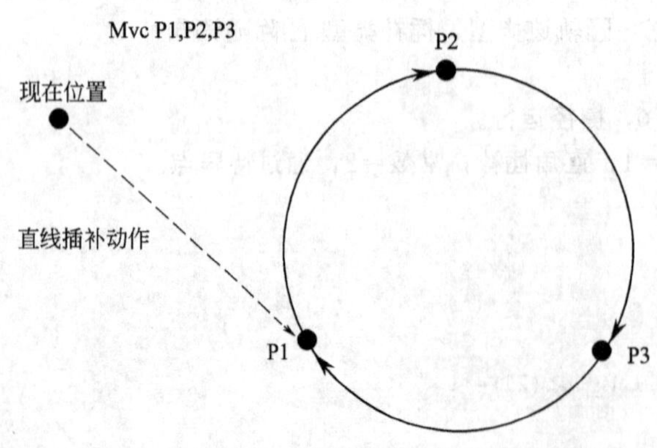

图 3-7 Mvc——三维真圆插补指令的运行轨迹

(2) 指令格式

Mvc □ <起点>，<通过点 1>，<通过点 2> □附随语句

① <起点>，<通过点 1>，<通过点 2>——是圆弧上的 3 个点。

② <起点>——真圆的“起点”和“终点”。

(3) 运动轨迹

从“当前点”开始到“P1”点，是直线轨迹。真圆运动轨迹为<P1>—<P2>—<P3>—<P1>。

（4）指令例句

```
1 Mvc P1,P2,P3'——真圆插补
2 Mvc P1,J2,P3'——真圆插补
3 Mvc P1,P2,P3 Wth M_Out(17)= 1'——真圆插补同时输出信号(17)= ON
4 Mvc P3,(Plt 1,5),P4 WthIf M_In(20)= 1,M_Out(21)= 1'——真圆插补同时如果输入信号(20)
= 1,则输出信号(21)= ON
```

（5）说明

① 本指令的运动轨迹由指定的 3 个点构成完整的真圆。

② 圆弧插补的“形位”为起点“形位”，通过其余 2 点的“形位”不计。

③ 从“当前点”开始到“P1”点，是直线插补轨迹。

3.1.7 Mva (Move Arch) ——过渡连接型圆弧插补指令

（1）功能

本指令也是关节插补型指令。插补的轨迹从起点到“目标点”为圆弧（如图 3-8 所示）。圆弧的形状可以由参数或 Def Arch 指令预先设置，使用本指令指定圆弧编号即可。

（2）指令格式

Mva <目标点>，<弧形编号>

<弧形编号>——1～4，由 Def Arch 指令定义。

（3）指令例句

```
1 Def Arch 1,5,5,20,20'——定义弧形并编号
2 Ovrd 100,20,20'
3 Accel 100,100,50,50,50,50'
4 Mov P0'
5 Mva P1,1'——向 P1 点做弧形插补。 弧形编号= 1
6 Mva P2,2'——向 P2 点做弧形插补,弧形编号= 2
```

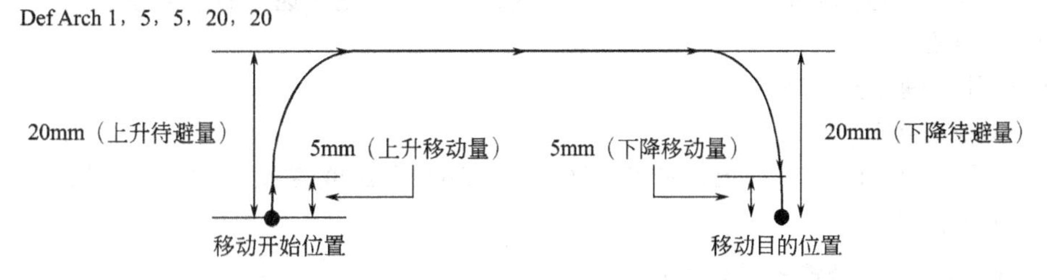

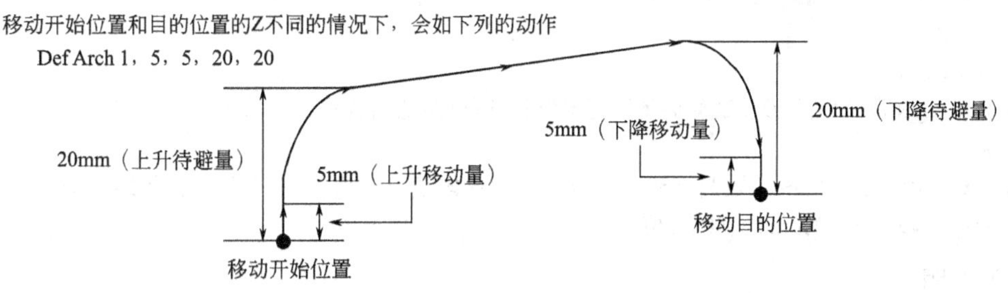

图 3-8 圆弧插补的轨迹

（4）说明

① 参看 Def Arch 指令。

② 本指令的轨迹是从起点沿“Z 轴”弧形上升，到达“目标点”上方后，沿弧形下降到“目标点”。其他点位不当则无法运行。

③ 如果没有使用 Def Arch 指令，则以参数预置的轨迹运行。

3.1.8 Mv Tune (Move Tune)

MvTune——最佳动作模式选择指令。

(1) 功能

在本指令下，可以选择标准模式、高速定位模式、轨迹优先模式和抑制振动模式。

(2) 指令格式

MvTune □ <工作模式>

① <工作模式>＝1——标准模式。

② <工作模式>＝2——高速定位模式。

③ <工作模式>＝3——轨迹优先模式。

④ <工作模式>＝4——抑制振动模式。

(3) 指令例句

```
LoadSet 1,1'
MvTune 2'——设置高速定位模式
Mov P1'
Mvs P1'
MvTune 3'——设置轨迹优先模式
Mvs P3'
```

3.1.9 Ovrd (Override)

Ovrd——速度倍率设置指令。

(1) 功能

本指令用于设置速度倍率，也就是设置速度的百分数，是调速的最常用指令。

(2) 指令格式 1

Ovrd □ <速度倍率>

(3) 指令格式 2

Ovrd □ <速度倍率> <上升段速度倍率> <下降段速度倍率>对应 MVa 指令

(4) 指令例句

```
1 Ovrd 50'——设置速度倍率= 50%
2 Mov P1
3 Mvs P2
4 Ovrd M_NOvrd'——设置速度倍率为初始值(一般设置初始值= 100% 。)
5 Mov P1
6 Ovrd 30,10,10'——设置速度倍率= 30% 。 上升段速度倍率= 10% ,下降段速度倍率= 10%
7 Mva P3,3'——带弧形运动的定位
```

(5) 说明

① 速度倍率与插补类型无关。速度倍率总是有效。

② 最大速度倍率为 100%。超出报警。

③ 初始值一般设置 100%。

④ 总的速度倍率＝操作面板上倍率×程序中速度倍率。

⑤ 程序结束 END 或程序复位后，返回初始倍率。

3.1.10 Spd (Speed)

Spd（Speed）——速度设置指令。

（1）功能

本指令设置直线插补、圆弧插补时的速度，也可以设置最佳速度控制模式，以 mm/s 为单位设置。

（2）指令格式

Spd □ ＜速度＞

Spd □ M _ NSpd（最佳速度控制模式）

＜速度＞——单位 mm/s。

（3）指令例句

```
1 Spd 100'——设置速度= 100mm/s
2 Mvs P1
3 Spd M_NSpd'——设置初始值(最佳速度控制模式)
4 Mov P2
5 Mov P3
6 Ovrd 80'——速度倍率= 80%
7 Mov P4
Ovrd 100'——速度倍率= 100%
```

（4）说明

① 实际速度＝操作面板倍率×程序速度倍率×Spd。

② M _ NSpd 为初始速度设定值(通常为 10000)。

3.1.11 JOvrd (J Override)

JOvrd——设置关节轴旋转速度的倍率。

（1）功能

本指令用于设置以关节轴方式运行时的速度倍率。

（2）指令格式

JOvrd □ ＜速度倍率＞

（3）指令例句

```
1 JOvrd 50'——设置关节轴运行速度倍率= 50%
2 Mov P1
3 JOvrd M_NJOvrd'——设置关节轴运行速度倍率为初始值
```

3.1.12 Cnt (Continuous)

Cnt（Continuous）——连续轨迹运行。

（1）功能

连续轨迹运行是指机器人控制点在运行通过各位置点时，不做每一点的加减速运行，而是以一条连续的轨迹通过各点。如图 3-9 所示。

（2）指令格式

Cnt □ ＜1/0＞ [，＜数值 1＞] [，＜数值 2＞]

说明：

<1/0>　Cnt 1——连续轨迹运行。

Cnt 0——连续轨迹运行无效。

<数值 1>——过渡圆弧尺寸 1。

<数值 2>——过渡圆弧尺寸 2。

在连续轨迹运行，通过“某一位置点”时，其轨迹不实际通过位置点，而是一过渡圆弧，此过渡圆弧轨迹由指定的数值构成，如图 3-10 所示。

图 3-9　连续轨迹运行时的运行轨迹和速度曲线

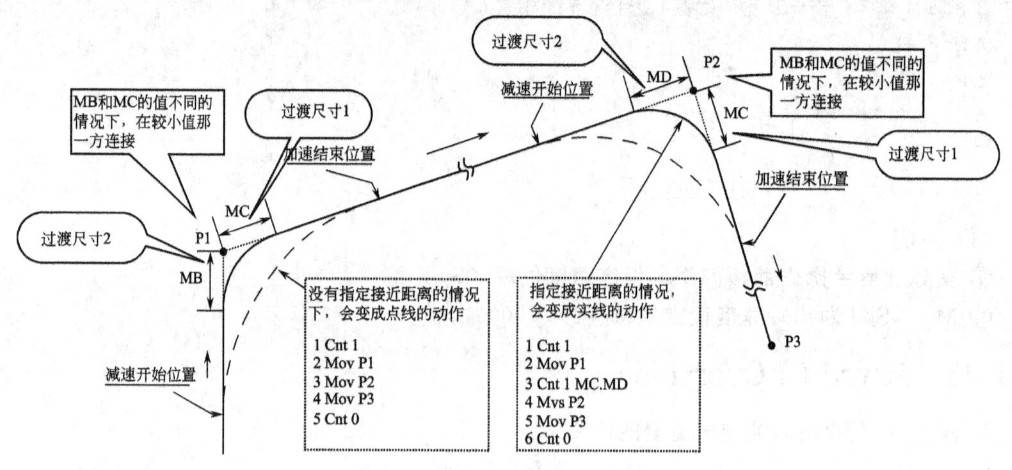

图 3-10　连续运行轨迹及过渡尺寸

(3) 程序样例

```
1 Cnt 0'——连续轨迹运行无效
2 Mvs P1'——移动到 P1 点
3 Cnt 1'——连续轨迹运行有效
4 Mvs P2'——移动到 P2 点
5 Cnt 1,100,200'——指定过渡圆弧数据 100mm/200mm
6 Mvs P3'——移动到 P3 点
7 Cnt 1,300'——指定过渡圆弧数据 300mm/300mm
8 Mov P4'——移动到 P4 点
9 Cnt 0'——连续轨迹运行无效
10 Mov P5'——移动到 P5 点
```

(4) 说明

① 从 Cnt1 到 Cnt0 的区间为连续轨迹运行有效区间。

② 系统初始值为：Cnt0(连续轨迹运行无效)；

③ 如果省略“数值 1”“数值 2”的设置，其过渡圆弧轨迹如图 3-10 中虚线所示，圆弧起始点

为“减速开始点”。圆弧结束点为“加速结束点”。

3.1.13 Accel (Accelerate)

Accel——设置加减速阶段的“加减速度的倍率”。

(1) 功能

设置加减速阶段的“加减速度的倍率”(注意不是速度倍率)。

(2) 指令格式

Accel<加速度倍率>，<减速度倍率>，<圆弧上升加减速度倍率>，<圆弧下降加减速度倍率>

(3) 指令格式说明

① <加减速度倍率>——用于设置加减速度的“倍率”。

② <圆弧上升加减速度倍率>——对于 Mva 指令，用于设置圆弧段加减速度的“倍率”。

(4) 指令例句

```
1 Accel 50,100'——假设标准加速时间= 0.2s,则加速度阶段倍率= 50% ,即 0.4s。 减速度阶段倍率= 100% ,即 0.2s
2 Mov P1
3 Accel 100,100'——假设标准加速时间= 0.2s,则加速度阶段倍率= 100% ,即 0.2s。 减速度阶段倍率= 100% ,即 0.2s
4 Mov P2
5 Def Arch 1,10,10,25,25,1,0,0'——定义圆弧
6 Accel 100,100,20,20,20,20'——设置圆弧上升下降阶段加减速度倍率
7 Mva P3,1
```

3.1.14 Cmp Jnt (Comp Joint)

Cmp Jnt (Comp Joint) ——指定关节轴进入“柔性控制状态”。

(1) 功能

本指令用于指定关节轴进入“柔性控制状态”。

(2) 指令格式

Cmp □ Jnt □ <轴号>

<轴号>——轴号用一组二进制编码指定。&B000000 对应 654321 轴。

(3) 指令例句

```
1 Mov P1
2 Cmp G 0.0,0.0,1.0,1.0,,,,'——指定柔性控制度
3 Cmp Jnt,&B11'——指定 J1 轴 J2 轴进入柔性控制状态
4 Mov P2
5 HOpen 1
6 Mov P1
7 Cmp Off'——返回常规状态
```

3.1.15 Cmp Pos (Composition Posture)

Cmp Pos

(1) 功能

本指令以直角坐标系为基准，指定伺服轴(*CBAZYX*) 进入“柔性控制工作模式”。

(2) 指令格式

Cmp □ Pos，<轴号>

<轴号>——轴号用一组二进制编码指定。&B000000 对应 *CBAZYX* 轴。

(3) 指令例句

```
1 Mov P1'
2 CmpG 0.5,0.5,1.0,0.5,0.5,,,'
3 Cmp Pos,&B011011'——设置 X,Y,A,B 轴进入"柔性控制模式"
4 Mvs P2'
5 M_Out(10)= 1'
6 Dly 1.0'
7 HOpen 1'
8 Mvs,-100'
9 Cmp Off'——返回常规状态
```

3.1.16 Cmp Tool (Composition Tool)

Cmp Tool

(1) 功能

以 TOOL 坐标系为基准，指令伺服轴(*CBAZYX*) 进入“柔性控制工作模式”。

(2) 指令格式

Cmp □ Tool，<轴号>

<轴号>——轴号用一组二进制编码指定。&B000000 对应 *CBAZYX* 轴。

(3) 指令例句

```
1 Mov P1 '
2 CmpG 0.5,0.5,1.0,0.5,0.5,,,'
3 Cmp Tool,&B011011'——指定 TOOL 坐标系中的 X,Y,A,B 轴进入"柔性控制工作模式"
4 Mvs P2'
5 M_Out(10110)= 1'
6 Dly 1.0'
7 HOpen 1'
8 Mvs,-100'
9 Cmp Off'——返回常规状态
```

3.1.17 Cmp Off (Composition Off)

Cmp Off——解除机器人柔性控制工作模式。

(1) 功能

本指令用于解除机器人柔性控制工作模式。

(2) 指令格式

Cmp □ Off

(3) 指令例句

```
1 Mov P1'
2 CmpG 0.5,0.5,1.0,0.5,0.5,,,'
3 Cmp Pos,&B011011'——X,Y,A,B 轴进入"柔性控制工作模式"
4 Mvs P2'
5 M_Out(10110)= 1'
```

```
6 Dly 0.5'
7 HOpen 1'
8 Mvs,-100'
9 Cmp Off'——"机器人柔性控制工作模式"= OFF
```

3.1.18 CmpG (Composition Gain)

CmpG（Composition Gain）——设置柔性控制时各轴的增益。

（1）功能

本指令用于设置柔性控制时各轴的“柔性控制增益”。

（2）指令格式

① 直角坐标系。

CmpG □ [＜X 轴增益＞] □ [＜Y 轴增益　＞] □ [＜Z 轴增益　＞] □ [＜A 轴增益　＞] □ [＜B 轴增益　＞] □ [＜C 轴增益　＞]

② 关节型。

CmpG □ [＜J1 轴增益＞] □ [＜J2 轴增益　＞] □ [＜J3 轴增益　＞] □ [＜J4 轴增益　＞] □ [＜J5 轴增益　＞] □ [＜J6 轴增益　＞]

③ 说明。

[＜＊＊轴增益＞]——用于设置各轴的“柔性控制增益”。常规状态＝1。以“柔性控制增益＝1”为基准进行设置。

（3）指令例句

```
CmpG ,,0.5,,,,,'——设置 Z 轴的柔性控制增益= 0.5,省略设置的轴用逗号分隔
```

（4）说明

① 以指令位置与实际位置为比例，像弹簧一样产生作用力(实际位置越接近指令位置，作用力越小)。Cmp G 就相当于弹性常数。

② 指令位置与实际位置之差可以由状态变量“M _ CmpDst”读出，可用变量“M _ CmpDst”判断动作(例如 PIN 插入）是否完成。

③ 柔性控制增益调低时，动作位置精度会降低，因此必须逐步调整确认。

④ 各型号机器人可以设置的最低“柔性控制增益”如表 3-2 所示。

表 3-2　各型号机器人可以设置的最低“柔性控制增益”

机型	Cmp Pos、Cmp Tool 时	Cmp Jnt 时
RH-F 系列	0.20，0.20，0.20，0.20，0.20，0.20	0.01，0.01，0.20，0.01，1.00，1.00
RV-F 系列	0.01，0.01，0.01，0.01，0.01，0.01	不可使用

3.1.19 Mxt (Move External)

Mxt——(每隔规定标准时间）读取(以太网）连接的外部设备绝对位置数据进行直接移动的指令。

（1）功能

本指令功能为(每隔规定标准时间）读取(以太网）连接的外部设备绝对位置数据进行直接移动。

（2）指令格式

Mxt＜文件编号＞ □ ＜位置点数据类型＞ [□ ＜滤波时间＞]

① ＜文件编号＞——设置(等同于外部设备的）文件号。

② <位置点数据类型>

0：直交坐标点；

1：关节坐标点；

2：脉冲数据。

③ <滤波时间>——设置滤波时间。

（3）指令例句

```
10 Open "ENET: 192.168.0.2" AS # 1'——指定 IP 地址 192.168.0.2 设备(传过来的数据)作为 1 # 文件
20 Mov P1'
30 Mxt 1,1,50'——在实时控制中,从 1# 文件读取数据,读取的数据为关节坐标。滤波时间 50 ms
40 Mov P1'
50 Hlt
```

3.1.20 Oadl (Optimal Acceleration)

Oadl（Optimal Acceleration）——对应抓手及工件条件，选择最佳加减速模式的指令。

（1）功能

本指令根据对应抓手及工件条件，选择最佳加减速时间。所以也称为最佳加减速模式选择指令。

（2）指令格式

Oadl □ <On/Off>

① Oadl On 最佳加减速模式＝ON。

② Oadl Off 最佳加减速模式＝OFF。

（3）指令例句

```
1 Oadl On'——最佳加减速模式= ON
2 Mov P1'
3 LoadSet 1'——设置抓手及工件类型
4 Mov P2'
5 HOpen 1'
6 Mov P3'
7 HClose 1'
8 Mov P4'
9 Oadl Off'——最佳加减速模式= OFF
```

3.1.21 LoadSet (Load Set)

LoadSet（Load Set）——设置抓手、工件的工作条件。

（1）功能

在实用的机器人系统配置完毕后，抓手及工件的重量，大小和重心位置通过参数已经设置完毕(如图 3-11 所示)。本指令用于选择不同的抓手编号及工件编号。

（2）指令格式

LoadSet □ <抓手编号> □ <工件编号>

① <抓手编号>——0～8。对应参数 HNDDAT0～8。

② <工件编号>——0～8。对应参数 WRKDAT0～8。

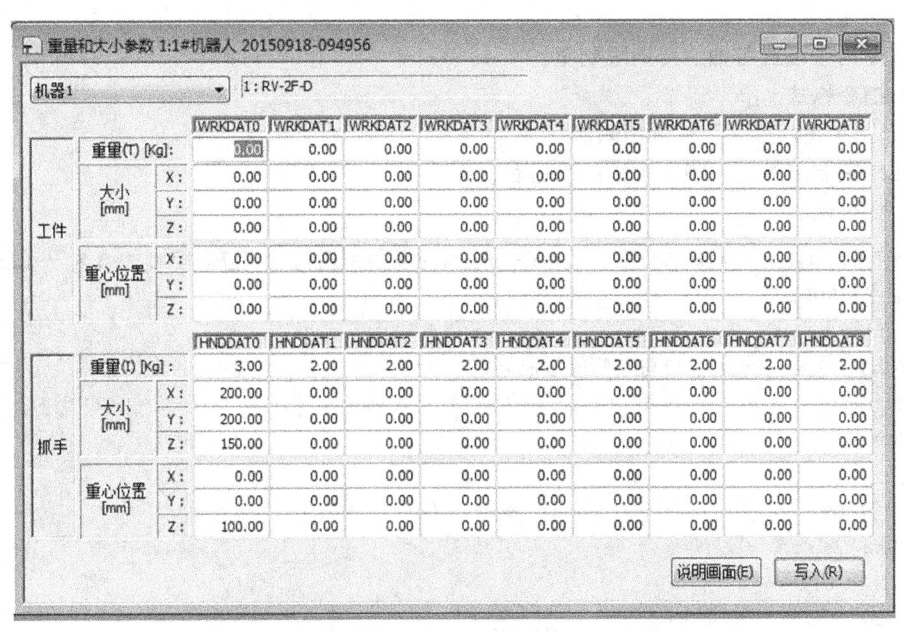
重量和大小参数 1:1#机器人 20150918-094956

机器1 | 1:RV-2F-D

			WRKDAT0	WRKDAT1	WRKDAT2	WRKDAT3	WRKDAT4	WRKDAT5	WRKDAT6	WRKDAT7	WRKDAT8
工件	重量(T) [Kg]:		0.00	0.00	0.00	0.00	0.00	0.00	0.00	0.00	0.00
	大小 [mm]	X:	0.00	0.00	0.00	0.00	0.00	0.00	0.00	0.00	0.00
		Y:	0.00	0.00	0.00	0.00	0.00	0.00	0.00	0.00	0.00
		Z:	0.00	0.00	0.00	0.00	0.00	0.00	0.00	0.00	0.00
	重心位置 [mm]	X:	0.00	0.00	0.00	0.00	0.00	0.00	0.00	0.00	0.00
		Y:	0.00	0.00	0.00	0.00	0.00	0.00	0.00	0.00	0.00
		Z:	0.00	0.00	0.00	0.00	0.00	0.00	0.00	0.00	0.00
			HNDDAT0	HNDDAT1	HNDDAT2	HNDDAT3	HNDDAT4	HNDDAT5	HNDDAT6	HNDDAT7	HNDDAT8
抓手	重量(T) [Kg]:		3.00	2.00	2.00	2.00	2.00	2.00	2.00	2.00	2.00
	大小 [mm]	X:	200.00	0.00	0.00	0.00	0.00	0.00	0.00	0.00	0.00
		Y:	200.00	0.00	0.00	0.00	0.00	0.00	0.00	0.00	0.00
		Z:	150.00	0.00	0.00	0.00	0.00	0.00	0.00	0.00	0.00
	重心位置 [mm]	X:	0.00	0.00	0.00	0.00	0.00	0.00	0.00	0.00	0.00
		Y:	0.00	0.00	0.00	0.00	0.00	0.00	0.00	0.00	0.00
		Z:	100.00	0.00	0.00	0.00	0.00	0.00	0.00	0.00	0.00

说明画面(E) 写入(R)

图 3-11　使用参数对抓手及工件重量和重心位置进行设置

(3) 指令例句

```
1 Oadl ON
2 LoadSet 1,1'——选择 1 号抓手 HNDDAT1 及 1 号工件 WRKDAT1
3 Mov P1
4 LoadSet 0,0'——选择 0 号抓手 HNDDAT0 及 0 号工件 WRKDAT0
5 Mov P2
6 Oadl Off
```

3.1.22　Prec (Precision)

Prec (Precision) ——选择高精度模式有效或无效，用以提高轨迹精度。

(1) 功能

本指令选择高精度模式有效或无效，用以提高轨迹精度。

(2) 指令格式

Prec □ <On/Off>

Prec On——高精度模式有效。

Prec Off——高精度模式无效。

(3) 指令例句

```
1 Prec On'——高精度模式有效
2 Mvs P1
3 Mvs P2
4 Prec Off'——高精度模式无效
5 Mov P1
```

3.1.23　Torq (Torque)

Torq (Torque) ——转矩限制指令。

(1) 功能

本指令用于设置各轴的转矩限制值。

(2) 指令格式

Torq □ ＜轴号＞ □ ＜转矩限制率＞

＜转矩限制率＞——额定转矩的百分数。

(3) 指令例句

```
1 Def Act 1,M_Fbd> 10 GoTo * SUB1,S'——如果实际位置与指令位置差 M_Fbd 大于 10mm ,则跳转到子程序* SUB1
2 Act 1= 1
3 Torq 3,10 '——设置 J3 轴的转矩限制倍率= 10%
4 Mvs P1
5 Mov P2
…
100* SUB1
101 Mov P_Fbc
102 M_Out(10)= 1
103 End
```

3.1.24 JRC (Joint Roll Change)

JRC (Joint Roll Change) ——旋转轴坐标值转换指令。

(1) 功能

本指令功能是将指定旋转轴坐标值加/减 360°后转换为当前坐标值 [用于原点设置或不希望当前轴受到形位(pose) 标志 FLG2 的影响]。

(2) 指令格式

JRC ＜ [＋] ＜数据＞/-＜数据＞/ 0＞ [＜轴号＞]

① [＋] ＜数据＞——以参数 JRCQTT 设定的值为单位增加或减少的"倍数"。如果未设置参数 JRCQTT，则以 360°为单位。例如"＋2" 就是增加 720°。"－3" 就是减 1080°。

② 如果＜数据＞＝0，则以参数 JRCORG 设置的值，再做原点设置(只能用于"用户定义轴")。

③ ＜轴号＞——指定轴号 [如果省略轴号，则为"J4 轴"(水平机器人 RH-F) 或"J6 轴"(垂直机器人 RVH-F)]。

(3) 指令例句

```
1 Mov P1'——移动到 P1 点,J6 轴向正向旋转
2 JRC + 1'——将 J6 轴当前值加 360°
3 Mov P1'
4 JRC + 1'——将 J6 轴当前值加 360°
5 Mov P1'
6 JRC -2'——将 J6 轴当前值减 720°
```

(4) 说明

① 本指令只改变对象轴的坐标值，对象轴不运动(可以用于设置原点或其他用途)。

② 由于对象轴的坐标值改变，所以需要预先改变对象轴的动作范围，对象轴的动作范围可设置在－2340°～ ＋2340°。

③ 优先轴为机器人前端的旋转轴。

④ 未设置原点时系统会报警。

⑤ 执行本指令时，机器人会停止。

⑥ 使用 JRC 指令时务必设置下列参数：

a. JRCEXE=1，JRC 指令生效。

b. 用参数 MEJAR 设置对象轴动作范围。

c. 用参数 JRCQTT 设置 JRC 1/−1（JRC n/−n）的动作“单位”。

d. 用参数 JRCORG 设置 JRC 0 时的原点位置。

3.1.25 Fine (Fine)

Fine——定位精度。

(1) 功能

定位精度用脉冲数表示，即指令脉冲与反馈脉冲的差值。脉冲数越小，定位精度越高。

(2) 指令格式

Fine □<脉冲数>，<轴号>

(3) 说明

<脉冲数>——表示定位精度，用常数或变量设置。

<轴号>——设置轴号。

(4) 程序样例

```
1 Fine 300'——设置定位精度为 300 脉冲。 全轴通用
2 Mov P1
3 Fine 100,2'——设置第 2 轴定位精度为 100 脉冲
4 Mov P2
5 Fine 0,5'——定位精度设置无效
6 Mov P3
7 Fine10 0'——定位精度设置为 100 脉冲
8 Mov P4
```

3.1.26 Fine J (Fine Joint)

Fine J——设置关节轴的旋转定位精度。

(1) 功能

本指令设置关节轴的旋转定位精度。

(2) 指令格式

Fine □ <定位精度> □ J [□ <轴号>]

(3) 指令例句

```
1 Fine 1,J'——设置全轴定位精度 1°
2 Mov P1
3 Fine 0.5,J,2'——设置 2 轴定位精度 0.5°
4 Mov P2
5 Fine 0,J,5'——设置 5 轴定位精度无效
6 Mov P3
7 Fine 0,J'——设置全轴定位精度无效
8 Mov P4
```

3.1.27 Fine P——以直线距离设置定位精度

（1）功能

本指令以直线距离设置定位精度。

（2）指令格式

Fine □ <直线距离>，P

（3）指令例句

```
1 Fine 1,P'——设置定位精度为直线距离 1mm
2 Mov P1
3 Fine 0,P'——定位精度无效
4 Mov P2
```

3.1.28 Servo（Servo）——指令伺服电源的 ON/OFF

（1）功能

本指令用于使机器人各轴的伺服 ON/OFF。

（2）指令格式

Servo <On/Off> <机器人编号>

（3）指令例句

```
1 Servo On'——伺服= ON
2 * L20:If M_Svo< > 1 GoTo * L20'——等待伺服= ON
3 Spd M_NSpd
4 Mov P1
5 Servo Off'——伺服= OFF
```

3.1.29 Wth（With）——在插补动作时附加处理的指令

（1）功能

本指令为附加处理指令。附加在插补指令之后，不能单独使用。

（2）指令例句

```
Mov P1 Wth M_Out(17)= 1 Dly M1+ 2'
```

（3）说明

① 附加指令与插补指令同时动作。

② 附加指令动作的优先级如下：

Com> Act> WthIf（Wth）

3.1.30 WthIf（With If）

WthIf——在插补动作中带有附加条件的附加处理的指令。

（1）功能

本指令也是附加处理指令，只是带有“判断条件”。

（2）指令格式

Mov P1 WthIf □ <判断 条件> □ <处理>

<处理>——处理的内容有赋值、Hlt、Skip。

(3) 指令例句

```
Mov P1 WthIf M_In(17)= 1,Hlt
Mvs P2 WthIf M_RSpd> 200,M_Out(17)= 1 Dly M1+ 2
Mvs P3 WthIf M_Ratio> 15,M_Out(1)= 1
```

3.1.31 CavChk On——“防碰撞功能” 是否生效

(1) 功能

本指令用于设置“防碰撞功能” 是否生效。

(2) 指令格式

CavChk □ <On/Off> [, <机器人 CPU 号> [, NOErr]]

<On/Off>——On:“防碰撞” 停止功能=On; Off:“防碰撞” 停止功能=Off。

<机器人 CPU 号>——设置机器人编号。

[NOErr] ——检测到“干涉” 时不报警。

参照: 1.4.7 节碰撞检测功能。

3.1.32 ColLvl (ColLevel)——设置碰撞检测量级

(1) 功能

本指令用于设置碰撞检测量级。

(2) 指令格式

ColLvl □ [<J1 轴>] □ [<J2 轴>] □ [<J3 轴>] □ [<J4 轴>] [<J5 轴>] □ [<J6 轴>]

<J1-J6 轴>] ——设置各轴碰撞检测量级。

(3) 指令例句

```
1 ColLvl 80,80,80,80,80,80,,'——设置各轴碰撞检测量级
2 ColChk On'——碰撞检测有效
3 Mov P1
4 ColLvl ,50,50,,,,,'——设置 J2,J3 轴碰撞检测量级
5 Mov P2
6 Dly 0.2'
7 ColChk Off'——碰撞检测无效
8 Mov P3
```

3.2 程序控制流程相关的指令

表 3-3 为程序流程相关指令一览表。

表 3-3 程序流程相关指令一览表

序号	指令名称	简要说明
1	Rem(Remarks)	指令(')
2	If…Then…Else…EndIf(If Then Else)	条件分支
3	Select Case(Select Case)	多选 1 指令
4	GoTo(Go To)	跳转指令
5	GoSub (Return)(Go Subroutine)	调用子程序指令

续表

序号	指令名称	简要说明
6	Reset Err(Reset Error)	报警复位指令
7	CallP(Call P)	调用子程序指令
8	FPrm(FPRM)	子程序内定义自变量指令
9	Dly(Delay)	计时指令
10	Hlt(Halt)	程序暂停指令
11	On …GoSub (ON Go Subroutine)	根据条件调用子程序指令
11	On…GoTo(On Go To)	根据条件跳转到某程序分支指令
12	For - Next(For-next)	循环指令
13	While - WEnd(While End)	根据条件执行循环的指令
14	Open(Open)	开启通信口或文件指令
15	Print(Print)	输出数据指令
16	Input(Input)	输入数据指令
17	Close(Close)	关闭通信口或文件指令
18	ColChk(Col Check)	碰撞检测功能有效/无效指令
19	On Com GoSub(ON Communication Go Subroutine)	根据外部通信口信息调用子程序指令
20	Com On/Com Off/Com Stop (Communication ON/OFF/STOP)	开启/关闭/停止外部通信口指令
21	HOpen/HClose(Hand Open/Hand Close)	抓手的开闭指令
22	Error(error)	报警指令
23	Skip(Skip)	动作中的跳转指令
24	Wait(Wait)	等待指令
25	Clr(Clear)	清零指令
26		
27		
28		

3.2.1 Rem (Remarks)

Rem (Remarks) ——标记字符串。

(1) 功能

本指令用于使标记字符串成为“指令注释”。

(2) 指令格式

Rem □ <指令>

(3) 指令例句

```
1 Rem * * * MAIN PROGRAM* * *
2' * * * MAIN PROGRAM* * *
3 Mov P1'
```

3.2.2 If…Then…Else…EndIf (If Then Else)

（1）功能

本指令用于根据“条件”执行“程序分支跳转”的指令，是改变程序流程的基本指令。

（2）指令格式 1

If <判断条件 式> Then <流程 1> □ [Else <流程 2>]

① 这种指令格式是在程序一行里书写的判断-执行语句。如果“条件成立”就执行 Then 后面的程序指令。如果“条件不成立”就执行 Else 后面的程序指令。

② 指令例句 1。

```
10 If M1> 10 Then * L100'——如果 M1 大于 10,则跳转到 * L100 行
11 If M1> 10 Then GoTo * L20 Else GoTo * L30'——如果 M1 大于 10,则跳转到 * L20 行,否则跳转到 * L30 行
```

（3）指令格式 2

如果本指令的处理内容较多，无法在一行程序里表示，就使用指令格式 2。

If<判断条件式>

Then

<流程 1>

Else

<流程 2>]

EndIf

如果“条件成立”则执行 Then 开始一直到 Else 的程序行。

如果“条件不成立”则执行 Else 开始到 EndIf 的程序行。EndIf 用于表示流程 2 的程序结束。如图 3-12 所示。

① 指令例句 1

```
10 If M1> 10 Then'——如果 M1 大于 10,则
11M1= 10
12 Mov P1
13 Else'——否则
14M1= - 10
15Mov P2
16 EndIf
```

② 指令例句 2　多级 If…Then…Else…EndIf 嵌套。

```
30 If M1> 10 Then'——(第 1 级判断-执行语句)
31 If M2>  20 Then'——(第 2 级判断-执行语句)
32 M1 =  10
33 M2 =  10
34 Else
35 M1 =  0
36 M2 =  0
37 EndIf'——(第 2 级判断-执行语句结束)
38 Else
39 M1 = - 10
400 M2 = - 10
410 EndIf'——(第 1 级判断-执行语句结束)
```

③ 指令例句 3　在对 Then 及 Else 的流程处理中，以 Break 指令跳转到 EndIf 的下一行(不要使用 GoTo 指令跳转)。如图 3-13 所示。

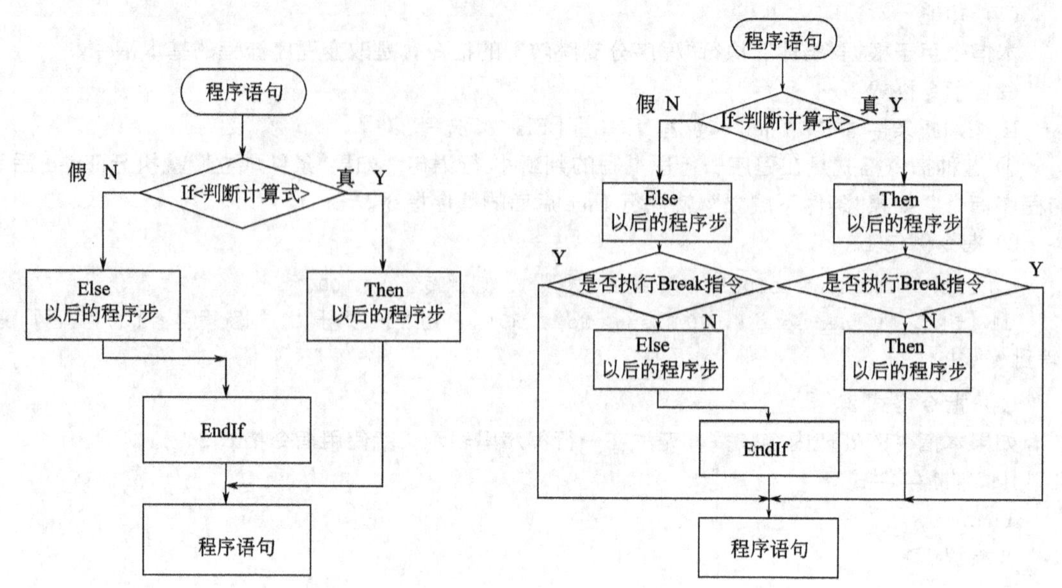

图 3-12　If…Then…Else…EndIf 指令的程序流程　　图 3-13　If…Then…Else 指令中使用 Break 指令的流程

```
30 If M1> 10 Then'——(第 1 级判断-执行语句)
31 If M2>  20 Then Break'——如果 M2> 20 就跳转出本级判断执行语句(本例中为 39 行)
32 M1 =  10
33 M2 =  10
34 Else
35 M1 =  - 10
36 If M2>  20 Then Break'——如果 M2>  20 就跳转出本级判断执行语句(本例中为 39 行)
37 M2 = - 10
38 EndIf
39 If M_BrkCq= 1 Then Hlt
40 Mov P1
```

(4) 说明

① 多行型指令 If…Then…Else…EndIf 必须书写 EndIf，不得省略，否则无法确定“流程 2”的结束位置。

② 不要使用 GoTo 指令跳转到本指令之外。

③ 嵌套多级指令最大为 8 级。

④ 在对 Then 及 Else 的流程处理中，以 Break 指令跳转到 EndIf 的下一行。

3.2.3　Select Case (Select Case)

Select Case——根据不同的状态选择执行不同的程序块。

(1) 功能

本指令用于根据不同的条件选择执行不同的程序块。如图 3-14 所示。

(2) 指令格式

Select □ ＜条件＞

Case □ <计算式>
[<处理>]
Break
Case □ <计算式>
[<处理>]
Break
Default
[<处理>]
Break
End □ Select

<条件>——数值表达式。

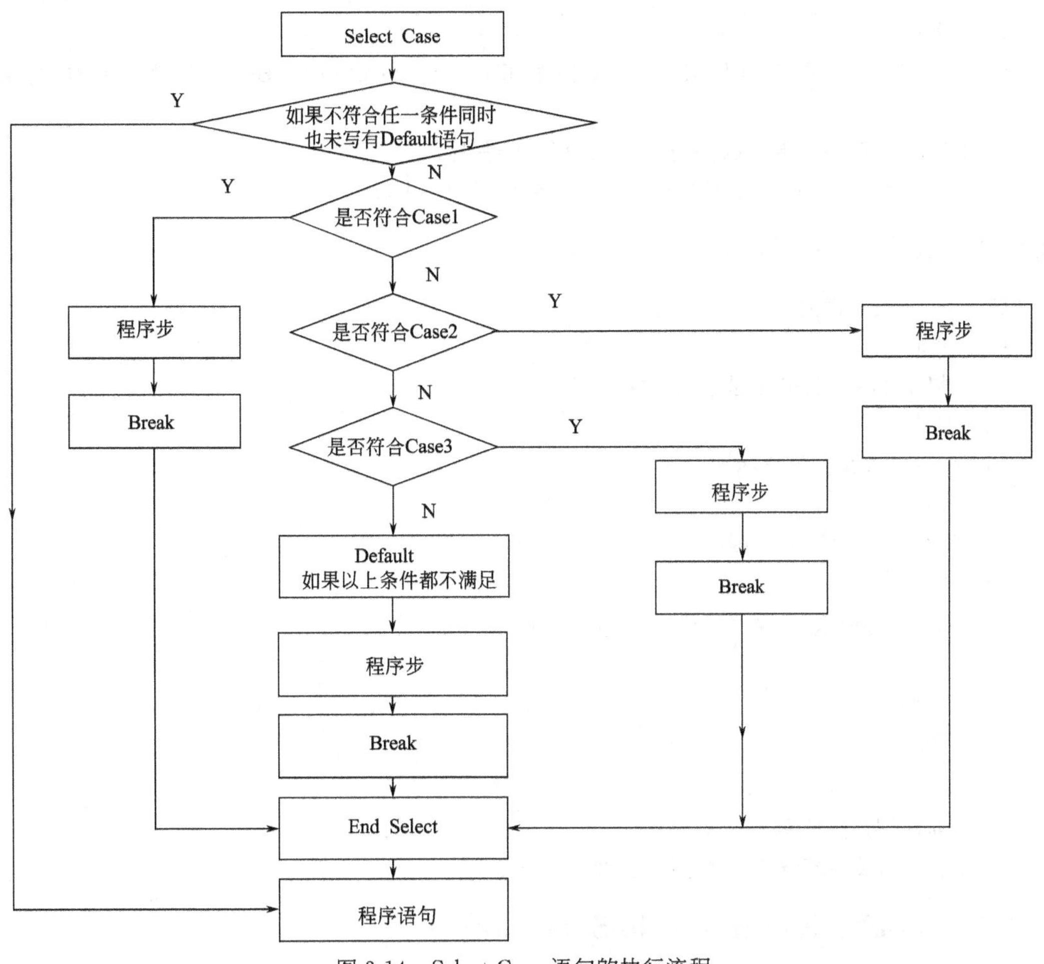

图 3-14　Select Case 语句的执行流程

(3) 指令例句

```
1 Select MCNT
2 M1= 10'——此行不执行
3 Case Is < =  10'——如果 MCNT< = 10
```

```
4 Mov P1
5 Break
6 Case 11'——如果 MCNT= 11 OR MCNT= 12
7 Case 12
8 Mov P2
9 Break
10 Case 13 To 18'——如果 13< =  MCN< = 18
11 Mov P4
12 Break
13 Default'——除上述条件以外
14 M_Out(10)= 1
15 Break
16 End Select
```

(4) 说明

① 如果"条件"的数据与某个 Case 的数据一致，则执行到 Break 行然后跳转到 End Select 行。

② 如果条件都不符合，就执行 Default 规定的程序。

③ 如果没有 Default 指令规定的程序，就跳到 End Select 下一行。

3.2.4 GoTo (Go To)

GoTo——无条件跳转。

(1) 功能

无条件的跳转到指定的程序分支标记行。

(2) 格式

GoTo □ <程序分支标记>

(3) 术语

<程序分支标记>标记程序分支

(4) 指令样例

```
10 GoTo * LBL'跳转到有 * LBL 标记的程序行
:
100 * LBL
101 Mov P1
```

说明：

① 必须在程序分支处写标记符号。

② 无程序分支处标记符，执行时会发生报警。

3.2.5 GoSub (Return) (Go Subroutine)

GoSub (Return) (Go Subrouine) ——调用指定"标记"的子程序。

(1) 功能

本指令为调用子程序指令。子程序前有"*"标志。在子程序中必须要有返回指令——Return。这种调用方法与 CallP 指令的区别是：GoSub 指令指定的"子程序"写在"同一程序"内。用"标签"标定"起始行"，以"Return"作为子程序结束并返回"主程序"。而 CallP 指令调用的程序可以是一个独立的程序。

(2) 指令格式

GoSub <子程序标签>

(3) 指令例句

```
10 GoSub * LBL
11  End
…
100 * LBL
101 Mov P1
102 Return'——务必写 Return 指令
```

(4) 说明

① 子程序结束务必写 Return 指令，不能使用 GoTo 指令。

② 在子程序中还可使用 GoSub 指令，可以使用 800 段。

3.2.6 Reset Err (Reset Error)

Reset Err (Reset Error) ——报警复位。

(1) 功能

本指令用于使报警复位。

(2) 指令格式

Reset Err

(3) 指令例句

```
1 If M_Err= 1 Then Reset Err'——如果有 M_Err 报警发生，就将报警复位
```

3.2.7 CallP (Call P)

CallP——调用子程序指令。

(1) 功能

本指令用于调用子程序。

(2) 指令格式及说明

Call P [程序名] [自变量 1] [自变量 2]

① [程序名] ——被调用的“子程序” 名字。

② [自变量 1] [自变量 2] ——设置在子程序中使用的变量，类似于“局部变量”，只在被调用的子程序中有效。

(3) 指令例句 1

调用子程序时同时指定“自变量”。

```
1 M1= 0
2 CallP "10" ,M1,P1,P2'——调用"10"号子程序,同时指定 M1,P1,P2 为子程序中使用的变量
3 M1= 1
4 CallP "10" ,M1,P1,P2'——调用"10"号子程序,同时指定 M1,P1,P2 为子程序中使用的变量
10 CallP "10",M2,P3,P4'——调用"10"号子程序,同时指定 M2,P3,P4 为子程序中使用的变量
15 End

"10"子程序
1 FPrm M01,P01,P02'——规定与主程序中对应的"变量"
2 If M01< > 0 Then GoTo * LBL1
```

```
3 Mov P01
4 * LBL1
5 Mvs P02
6 End'——结束(返回主程序)
```

注：在主程序第 1 步，第 4 步调用子程序时，“10” 子程序变量 M01，P01，P02 与主程序指定的变量 M1，P1，P2 相对应。

在主程序第 10 步调用子程序时，“10” 子程序变量 M01，P01，P02 与主程序指定的变量 M2，P3，P4 相对应。

主程序与子程序的关系如图 3-15 所示。

（4）指令例句 2

调用子程序时不指定“自变量”。

```
1 Mov P1
2 CallP "20"'——调用"20"号子程序
3 Mov P2
4 CallP "20"'——调用"20"号子程序
5 End
"20"子程序
1 Mov P1'——子程序中的 P1 与主程序中的 P1 不同
2 Mvs P002
3 M_Out(17)= 1
End'
```

（5）说明

① 子程序以 End 结束并返回主程序。如果没有 End 指令，则在最终行返回主程序。

② CallP 指令指定自变量时，在子程序一侧必须用 FPrm 定义自变量。而且数量类型必须相同，否则发生报警。

③ 可以执行 8 级子程序调用。

④ TOOL 数据在子程序中有效。

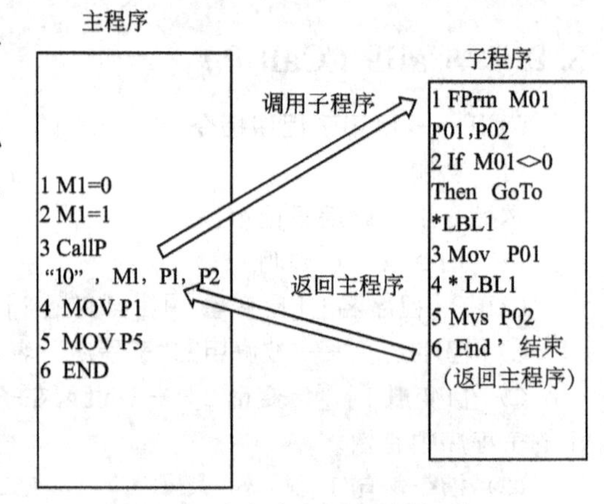

图 3-15 主程序与子程序的关系

3.2.8 FPrm (FPRM)

FPrm——定义子程序中使用“自变量”。

（1）功能

从主程序中调用子程序指令时，如果规定有自变量，就用本指令使主程序定义的“局部变量”在子程序中有效。

（2）指令格式

FPrm ＜假设自变量＞ ＜假设自变量＞

（3）指令例句

```
< 主程序>
1 M1= 1
2 P2= P_Curr
3 P3= P100
```

```
4 CallP "100",M1,P2,P3'——调用子程序 "100",同时指定了变量 M1,P2,P3
子程序"100"
1 FPrm M1,P2,P3'——指令从主程序中定义的变量有效
2 If M1= 1 Then GoTo * LBL
3 Mov P1
4 * LBL
5 Mvs P2
6 End'
```

3.2.9 Dly (Delay)

Dly (Delay) ——暂停指令(延时指令)。

(1) 功能

本指令用于设置程序中的"暂停时间"，也作为构成"脉冲型输出" 的方法。

(2) 指令格式

① 程序暂停型。

Dly <暂停时间>

② 设定输出信号＝ON 的时间(构成脉冲输出)。

M _ Out (1) ＝1 Dly <时间>

(3) 指令例句 1

```
1 Dly 30'——程序暂停时间 30s
```

(4) 指令例句 2

设定输出信号＝ON 的时间(构成脉冲输出)。

```
1 M_Out(17)= 1 Dly 0.5'——输出端子(17)= ON 时间为 0.5s
2 M_Outb(18)= 1 Dly 0.5'——输出端子(18)= ON 时间为 0.5s
```

3.2.10 Hlt (Halt)

Hlt (Halt) ——暂时停止程序指令。

(1) 功能

本指令为暂停执行程序，程序处于待机状态。如果发出再启动信号，从程序的下一行启动。本指令在分段调试程序时常用。

(2) 指令格式

Hlt

(3) 指令例句 1

```
1Hlt'——无条件暂停执行程序
```

(4) 指令例句 2

满足某一条件时，执行暂停。

```
100 If M_In(18)= 1 Then Hlt'——如果输入信号(18)= ON,则暂停
200 Mov P1 WthIf M_In(17)= 1,Hlt'——在向 P1 点移动过程中,如果 输入信号(17)= ON,则暂停
```

(5) 说明

① 在 HLT 暂停后，重新发出启动信号，程序从下一行启动执行。

② 如果是在附随语句中发生的暂停，重新发出启动信号后，程序从中断处启动执行。

3.2.11 On…GoTo (On Go To)

On …GoTo——不同条件下跳转到不同程序分支处的指令。

(1) 功能

本指令是根据不同条件跳转到不同程序分支处的指令。判断条件是计算式，可能有不同的计算结果，根据不同的计算结果跳转到不同程序分支处。本指令与 On … GoSub 指令的区别是：On … GoSub 是跳转到子程序。On …GoTo 指令是跳转到某一程序行。如图 3-16 所示。

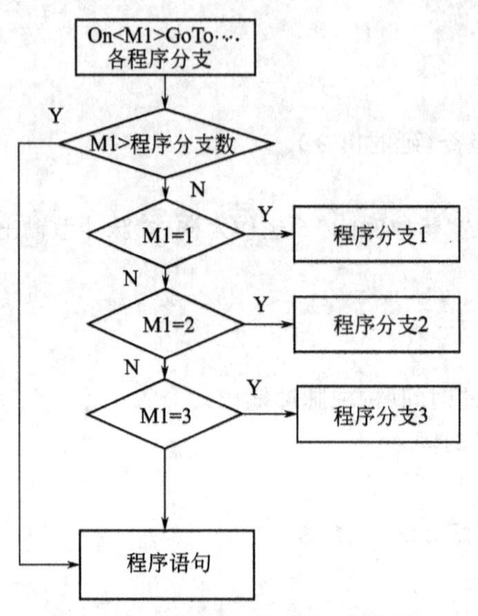

图 3-16 On…GoTo 指令的流程

(2) 指令格式

On □ ＜条件计算式＞ □ GoTo＜程序行标签 1＞ ＜程序行标签 2＞

(3) 指令例句

```
On M1 GoTo * ABC1,* LJMP,* LM1_345,* LM1_345,* LM1_345,* L67,* L67
'如果 M1= 1,就跳转到* ABC1 行
如果 M1= 2,就跳转到*  LIMP 行
如果 M1= 3,M1= 4,M1= 5 就跳转到* LM1_345 行
如果 M1= 6,M1= 7,就跳转到*  L167 行
11 MOV P500'——M1 不等于 1~7 就跳转到本行
100 * ABC1
101 MOV P100'
102 '…….
110 MOV P200'
111 * LJMP
112 MOV P300'
113 '…….
170 * L67
171 MOV P600''
172 '…….
200 * LM1_345
201 'MOV P400'
```

```
202 '…….
```

3.2.12 On…GoSub (On Go Subroutine)

(1) 功能

根据不同的条件调用不同的子程序。

(2) 格式

On □ <式> □GoSub □ [<子程序标记>] [, [<子程序标记>]] ...

(3) 用语

① <式 >　　　数值运算式(作为判断条件)。

② <子程序标记>　记述子程序标记名。最大数为 32。

(4) 样例

根据 M1 数值（1～7）调用不同的子程序。

```
(M1 = 1,调用子程序 ABC1; M1 = 2,调用子程序 Lsub; M1= 3、4、5,调用子程序 LM1_345; M1=
6、7,调用子程序 L67)
1 M1 = M_Inb(16) And &H7
2 On M1 GoSub * ABC1,* Lsub,* LM1_345,* LM1_345,* LM1_345,* L67,* L67(注意,有 7 个子程序)
100 * ABC1
101 'M1= 1 时的程序处理
102 Return          '务必以 Return 返回主程序
121 * Lsub
122 'M1= 2 时的程序处理
123 Return        '务必以 Return 返回主程序
170 * L67
171 ' M1= 6,M1= ,7 时的程序处理
172 Return        '务必以 Return 返回主程序
200 * LM1_345
201 'M1= 3、M1= 4、M1= 5 时的子程序
202 Return    '务必以 Return 返回主程序
```

(5) 说明

① 以<数值运算式>的值决定调用某个子程序。

例如：<数值运算式>的值＝2，即调用第 2 号记述的子程序。

② <数值运算式>的值大于<调用子程序>个数时，就跳转到下一行。例如<数值运算式>的值＝5，<调用子程序>＝3 个的情况下，会跳转到下一行。

③ 子程序结束处必须写 Return，以返回主程序。

图 3-17 所示为 On…Go Sub 指令的流程。

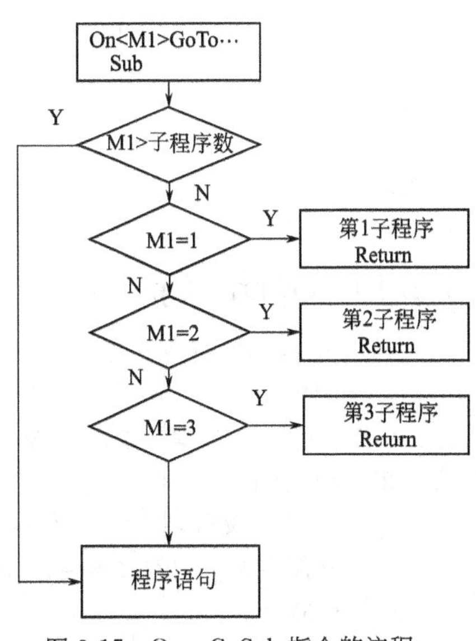

图 3-17　On…GoSub 指令的流程

3.2.13 While…WEnd (While End)

While … WEnd (While End) ——循环指令。

(1) 功能

本指令为循环动作指令。如果满足循环条件，则循环执行 While 至 WEnd 之间的动作。如果不满足则跳出循环。

(2) 指令格式

While □ <循环条件>

处理动作

WEnd

<循环条件>——数据表达式。

(3) 指令例句

如果 M1 在－5～5 之间，则循环执行。

```
1 While (M1> = -5) And (M1< = 5) '——如果 M1 在- 5~5 之间,则循环执行
2 M1= - (M1+ 1) '——循环条件处理
3 M_Out(8)= M1 '
4WEnd '——循环结束指令
End '
```

本指令的循环过程如图 3-18 所示。

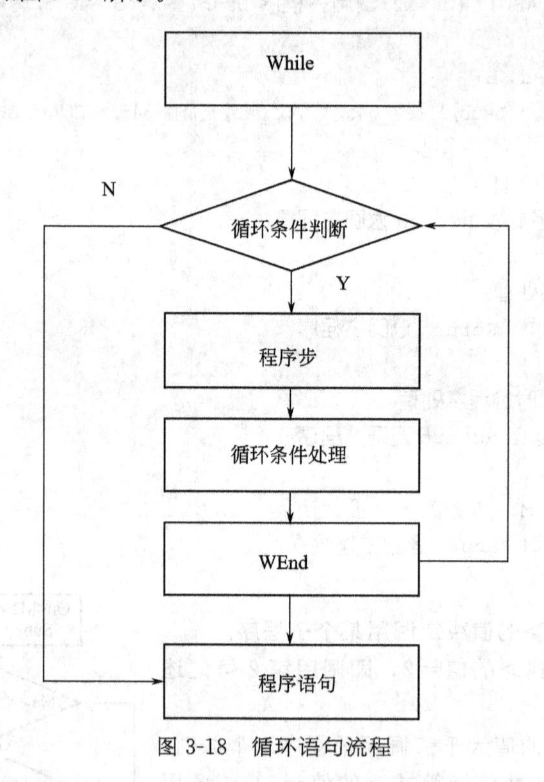

图 3-18 循环语句流程

3.2.14 Open (Open)

Open——打开文件指令。

(1) 功能

本指令为“启用”某一文件指令。

(2) 指令格式

Open □ " <文件名> " □ [For <模式>] □As □ [#] <文件号码>

① <文件名> 记叙文件名。如果使用“通信端口”则为“通信端口名”。

② <模式>

Input——输入模式(从指定的文件里读取数据)。

Ouput——输出模式。

Append——搜索模式。

“省略”——如果省略模式指定，则为“搜索模式”。

(3) 指令例句 1(通信端口类型)

```
1 Open "COM1:" As # 1'——指定 1# 通信口 COMDEV 1(内的文件)作为# 1 文件
2 Mov P_01
3 Print # 1,P_Curr'——将当前值 "(100.00,200.00,300,00,400.00)(7,0)" 输出到# 1 文件
4 Input # 1,M1,M2,M3'——读取# 1 文件中的数据"101.00,202.00,303.00"到 M1,M2,M3
5 P_01.X= M1
6 P_01.Y= M2
7 P_01.C= Rad(M3) '
8 Close'——关闭所有文件
End
```

(4) 指令例句 2 (文件类型)

```
1 Open "temp.txt" For Append As # 1'——将名为“ temp.txt ”的文件定义为# 1 文件
2 Print # 1,"abc"'——在# 1 文件上写"abc"
3 Close # 1'——关闭# 1 文件
```

3.2.15 Print (Print)

Print——输出数据指令。

(1) 功能

本指令为向指定的文件输出数据。

(2) 指令格式

Print □ #<文件号> □<数据式 1>，<数据式 2>，<数据式 3>

<数据式>——可以是数值表达式，位置表达式，字符串表达式。

(3) 指令例句 1

```
1 Open "temp.txt" For APPEND As # 1'——将 "temp.txt" 文件视作#  1 文件开启
2 MDATA= 150 '——设置 MDATA=  150
3 Print # 1,"* * * Print TEST* * * "'——向# 1 文件 输出字符串"* * * Print TEST* * * "
4 Print # 1'——输出 “换行符”
5 Print # 1,"MDATA= ",MDATA'——输出字符串"MDATA= "之后,接着输出 MDATA 的具体数据 150
6 Print # 1'——输出 “换行符”
7 Print # 1,"* * * * * * * * * * * * * * * * * * " '输出字符串 "* * * * * * * * * * * * *
* * * * * * * * * * * * * *
8 End
输出结果如下:
* * * Print TEST* * *
MDATA= 150
* * * * * * * * * * * * * * * *
```

(4) 说明

① Print 指令后为“空白”，即表示输出换行符。注意其应用。

② 字符串最大为 14 字符。

③ 多个数据以逗号分隔时，输出结果的多个数据有空格。

④ 多个数据以分号分割时，输出结果的多个数据之间无空格。

⑤ 以双引号标记“字符串”。

⑥ 必须输出换行符。

（5）指令例句 2

```
1 M1= 123.5
2 P1= (130.5,-117.2,55.1,16.2,0.0,0.0)(1,0)
3 Print # 1,"OUTPUT TEST" ,M1 ,P1'——以逗号分隔
```

输出结果：数据之间有空格。

```
OUTPUT TEST 123.5 (130.5,-117.2,55.1,16.2,0.0,0.0)(1,0)
```

（6）指令例句 3

```
3 Print # 1,"OUTPUT TEST"; M1 ; P1'——以分号分隔
```

输出结果：数据之间无空格。

OUTPUT TEST 123.5（130.5，－117.2，55.1，16.2，0.0，0.0）（1，0）

（7）指令例句 4

在语句后面加逗号或分号，不会输出换行结果。

```
3 Print # 1,"OUTPUT TEST",'——以逗号结束
4 Print # 1,M1;'——以分号结束
5 Print # 1,P1
```

输出结果：

OUTPUT TEST 123.5（130.5，－117.2，55.1，16.2，0.0，0.0）（1，0）

3.2.16 Input（Input）

Input——文件输入指令。

（1）功能

从指定的文件读取“数据” 的指令，读取的数据为 ASCII 码。

（2）指令格式

Input □ ＃<文件编号> <输入数据存放变量> [□ <输入数据存放变量>] ...

① <文件编号>——指定被读取数据的文件号。

② <输入数据存放变量>——指定读取数据存放的变量名称。

（3）指令例句

```
1 Open "temp.txt" For Input As # 1'——指定文件 "temp.txt"为 1# 文件
2 Input # 1,CABC$ '——读取 1 # 文件：读取时从"起首"到"换行"为止的数据被存放到变量"
CABC$ "(全部为 ASCII 码)
…
10 Close # 1'——关闭 1# 文件
```

（4）说明

如果文件 1# 的数据为 PRN MELFA，125.75，（130.5，－117.2，55.1，16.2，0，0）（1，0）CR

指令：1　Input ＃1，C1＄，M1，P1

则：C1＄＝MELFA

M1＝125.75

P1＝（130.5，－117.2，55.1，16.2，0，0）（1，0）

3.2.17 Close (Close)

Close——关闭文件。

(1) 功能

将指定的文件(及通信口) 关闭。

(2) 指令格式

Close □ [#] <文件号> [□ [# <文件号>]

(3) 指令例句

```
1 Open "temp.txt" For Append As # 1'——将文件 temp.txt 作为 1# 文件打开
2 Print # 1,"abc"'——在 1# 文件中写入 "abc"
3 Close # 1'——关闭 1# 文件
```

3.2.18 ColChk (Col Check)

ColChk (Col Check) ——指令碰撞检测功能有效无效。

(1) 功能

本指令用于设置碰撞检测功能有效无效。碰撞检测功能指检测机器人手臂及抓手与周边设备是否发生碰撞，如果发生碰撞立即停止，减少损坏。

(2) 指令格式

ColChk □ On [□ NOErr] /Off

① On 碰撞检测功能有效。检测到碰撞发生时，立即停机，并发出 1010 报警。同时伺服＝OFF。

② Off 碰撞检测功能无效。

③ NOErr 检测到碰撞发生时，不报警。

(3) 指令例句 1

检测到碰撞发生时，报警。

```
1 ColLvl 80,80,80,80,80,80,,'——设置碰撞检测量级
2 ColChk On'——碰撞检测功能有效
3 Mov P1
4 Mov P2
5 Dly 0.2'——等待动作完成。 也可以使用定位精度指令 Fine
6 ColChk Off'——碰撞检测功能无效
7 Mov P3
```

(4) 指令例句 2

检测到碰撞发生时，使用中断处理。

```
1 Def Act 1,M_ColSts(1)= 1 GoTo * HOME,S'——如果检测到碰撞发生,跳转到"HOME"行
2 Act 1= 1
3 ColChk On,NOErr'——碰撞检测功能= ON
4 Mov P1
5 Mov P2 '
6 Mov P3
7 Mov P4
8 ColChk Off'——碰撞检测功能= OFF
```

```
9 Act 1= 0
100 * HOME '
101 ColChk Off'——碰撞检测功能= OFF
102 Servo On '
103 PESC= P_ColDir(1)* (-2) '
104 PDST= P_Fbc(1)+ PESC '
105 Mvs PDST '
106 Error 9100 '
```

（5）说明

① 碰撞检测是指机器人移动过程中，实际转矩超出理论转矩达到一定量级后，则判断为“碰撞”，机器人紧急停止。

图 3-19 中有理论转矩和实际检测到的转矩。如果实际检测到的转矩大于“设置的转矩值”，就报警。

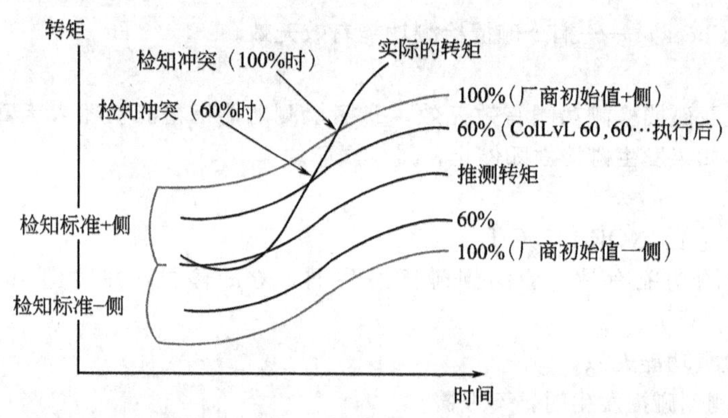

图 3-19 “实际转矩”与“设置的检测转矩量级”之间的关系

② 碰撞检测功能可以用参数 Col 设置。

3.2.19 On Com GoSub (ON Communication Go Subroutine)

On Com GoSub（ON Communication Go Subroutine）——如果有来自通信口的指令则跳转执行某子程序。

（1）功能

本指令的功能是：如果有来自通信口的指令则跳转执行某子程序。

（2）指令格式

On □ Com＜文件号＞GoSub ＜程序行标签＞

（3）指令例句

```
1 Open "COM1:" As # 1'——指令"COM1:"作为# 1 文件
2 On Com(1) GoSub * RECV'——如果 1# 文件有中断指令就跳转到子程序* RECV
3 Com(1) On'——指令 1# 口插入指令生效(区间)
4 '
…..'(如果此区间有从 1# 口发出的中断指令,则跳转到 标记 RECV 行)
11 '
12 Mov P1
13 Com(1) Stop'——指令 1# 口插入指令暂停
14 Mov P2
```

```
15 Com(1) On'——指令 1# 口插入指令生效(区间)
16 '
….'(如果此区间有从 1# 口发出的中断指令,则跳转到 标记 RECV 行)
26 '
27 Com(1) Off' ——指令 1# 口插入指令无效(区间)
28 Close # 1'——关闭 1# 文件
29 End
…..
40 * RECV'——子程序起始行标签
41 Input # 1,M0001'
42 Input # 1,P0001
50 Return 1' ——子程序结束
```

3.2.20 Com On/Com Off/Com Stop (Communication ON/OFF/STOP)

(1) 功能

设置从外部通信口传送到机器人一侧的"插入指令"有效无效(相当于划分中断程序的有效区间)。

(2) 指令格式

Com ＜文件号＞ On——"插入指令"有效。

Com ＜文件号＞ Off——"插入指令"无效。

Com ＜文件号＞ Stop——"插入指令"暂停。

3.2.21 HOpen/HClose (Hand Open/Hand Close)

HOpen/HClose (Hand Open/Hand Close) ——抓手打开/关闭指令。

(1) 功能

本指令为抓手的 ON/OFF 指令。控制抓手的 ON/OFF，实质上是控制某一输出信号的 ON/OFF，所以在参数上要设置与抓手对应的输出信号。

(2) 指令格式

HOpen □ ＜抓手号码＞

HClose □ ＜抓手号码＞

(3) 指令例句

```
1 HOpen 1'——指令抓手 1= ON
2 Dly 0.2'
3 HClose 1'——指令抓手 1= OFF
4 Dly 0.2'
5 Mov PUP
```

3.2.22 Error (Error)

Error——发出报警信号的指令。

(1) 功能

本指令用于在程序中发出报警指令。

(2) 指令格式

Error ＜报警编号＞

（3）指令例句 1

```
1 Error 9000
```

（4）指令例句 2

```
4 If M1 < >  0 Then * LERR'——如果 M1 不等于 0 ,则跳转到 * LERR 行
…
14 * LERR
15 MERR= 9000+ M1* 10'——根据 M1 计算报警号
16 Error MERR '
17 End
```

3.2.23 Skip (Skip)

Skip——跳转指令。

（1）功能

本指令的功能是中断执行当前的程序行，跳转到下一程序行。

（2）指令格式

Skip

（3）指令例句

```
1 Mov P1 WthIf M_In(17)= 1,Skip'——如果执行 Mov P1 的过程中 M_In(17)= 1,则中断 Mov P1
的执行,跳到下一程序行
2 If M_SkipCq= 1 Then Hlt'——如果发生了 Skip 跳转,则程序暂停
```

3.2.24 Wait (Wait)

Wait（Wait）——等待指令。

（1）功能

本指令功能为等待条件满足后执行下一段指令。这是常用指令。

（2）指令格式

Wait □ ＜数值变量＞=＜常数＞

＜数值变量＞——数值型变量；常用的有输入输出型变量。

（3）指令例句 1　信号状态

```
1 Wait M_In(1)=  1'——与 * L10:If M_In(1)= 0 Then GoTo * L10 功能相同
2 Wait M_In(3)= 0
```

（4）指令例句 2　多任务区状态

```
3 Wait M_Run(2)= 1'——等待任务区 2 程序启动
```

（5）指令例句 3　变量状态

```
Wait M_01= 100'——如果变量"M_01= 100",就执行下一行
```

3.2.25 Clr (Clear)

Clr（Clear）——清零指令。

（1）功能

本指令用于对输出信号、局部变量、外部变量及数据“清零”。

（2）指令格式

Clr □ ＜TYPE＞

<TYPE>——清零类型。

① <TYPE>=1 输出信号复位。

② <TYPE>=2 局部变量及数组清零。

③ <TYPE>=3 外部变量及数组清零。但公共变量不清零。

(3) 指令例句 1　类型 1

```
Clr 1'——将输出信号复位
```

(4) 指令例句 2　类型 2

```
Dim MA(10)
Def Inte IVAL
Clr 2'——MA(1)~MA(10)及变量 IVA 及程序内局部变量清零
```

(5) 指令例句 3　类型 3

```
Clr 3'——外部变量及数组清零
```

(6) 指令例句 4　类型 0

```
Clr 0'——同时执行类型 1~3 清零
```

3.2.26 END——程序段结束指令

(1) 功能

END 指令在主程序内表示程序结束。在子程序内表示子程序结束并返回主程序。

(2) 指令格式

END

(3) 指令例句

```
1 Mov P1
2 GoSub * ABC
3 End'——主程序结束
…
10 * ABC
11 M1= 1
12 Return
```

(4) 说明

① 如果需要程序中途停止并处于中断状态，应该使用"HLT" 指令。

② 可以在程序中多处编制"END" 指令。也可以在程序的结束处不编制"END" 指令。

3.2.27 For □ Next——循环指令

(1) 功能

本指令为循环指令。

(2) 指令格式

For<计数器> = <初始值> To<结束值> Step <增量>

Next<计数器>

① <计数器>——循环判断条件。

② Step <增量>——每次循环增加的数值。

(3) 指令例句（求 1～10 的和）

```
1 MSUM= 0'——设置"MSUM= 0"
```

```
2 For M1= 1 To 10'——设置 M1 从 1~10 为循环条件 。 单步增量= 1
3 MSUM= MSUM+ M1'——计算公式
4 Next M1
```

(4) 说明

① 循环嵌套为 16 级。

② 跳出循环不能使用 GoTo 语句；使用 LOOP 语句。

3.2.28 Return——子程序/中断程序结束及返回

(1) 功能

本指令是子程序结束及返回指令。

(2) 指令格式

Return <返回程序行指定方式>

Return ——子程序结束及返回。

<返回程序行指定方式>——0，返回到中断发生的“程序步”；1，返回到中断发生的“程序步”的下一步。

(3) 指令例句 1(子程序调用)

```
1 ' * * * MAIN PROGRAM* * *
2 GoSub * SUB_INIT'——跳转到子程序* SUB_INIT 行
3 Mov P1
…
100 ' * * * SUB INIT* * * '
101 * SUB_INIT'——子程序标记
102 PSTART= P1
103 M100= 123
104 Return 1'——返回到“子程序调用指令”的下一行(即第 3 步)
```

(4) 指令例句 2(中断程序调用)

```
1 Def Act 1,M_In(17)= 1 GoSub * Lact'——定义 Act 1 对应的中断程序
2 Act 1= 1 '
…
10 * Lact '
11 Act 1= 0 '
12 M_Timer(1)= 0 '
13 Mov P2 '
14 Wait M_In(17)= 0 '
15 Act 1= 1 '
16 Return 0'——返回到发生“中断”的单步
```

(5) 说明

以 GoSub 指令调用子程序，必须以 Return 作为子程序的结束。

3.2.29 Label（ 标签、 指针 ）

(1) 功能

“标签”用于为程序的分支处做标记，属于程序结构流程用标记。

（2）指令例句

```
1 * SUB1'——* SUB1 即是“标签”
2 If M1= 1 Then GoTo * SUB1
3 * LBL1:If M_In(19)= 0 Then GoTo * LBL1'——* LBL1 即是标签
```

3.3 定义指令

表 3-4 为定义指令一览表。

表 3-4 定义指令一览表

序号	指令	说明
1	Dim(Dim)	定义数组
2	Def Plt(Define Pallet)	定义 Pallet 指令
3	Plt(Pallet)	Pallet 指令
4	Def Act(Define Act)	定义中断程序
5	Act(Act)	中断程序动作有效区间标志
6	Def Arch(Define Arch)	定义 Mva 指令的圆弧形状
7	Def Jnt(Define Joint)	定义关节位置变量
8	Def Pos(Define Position)	定义直交位置变量
9	Def Inte/Def Long/Def Float/Def Double (Define Integer/Long/Float/Double)	定义整数、实数变量
10	Def Char(Define Character)	定义字符串变量
11	Def IO(Define IO)	定义 I/O 信号变量
12	Def FN(Define Function)	定义函数
13	Tool(Tool)	设置 TOOL 坐标系
14	Base(Base)	设定基本坐标系
15	Title(Title)	

3.3.1 Dim (Dim)

Dim——定义数组。

（1）功能

本指令用于定义“数据组”——“一组同类型数据变量”，可以到 3 维数组。

（2）指令格式

Dim <变量名>(<数据个数>，<数据个数>，<数据个数>)，<变量名>(<数据个数>，<数据个数>，<数据个数>)

（3）指令例句

```
1 Dim PDATA(10)'——定义 PDATA 为"位置点变量数组",该数组内有"PDATA1"～"PDATA10"共 10 个"位置点变量"
2 Dim MDATA# (5)'——定义 MDATA# 为双精度实数型变量组,该数组内有"MDATA# 1"～"MDATA# 5"共 5 个变量
3 Dim M1% (6)'——定义 M1% 为整数型变量组,该数组内有"M1% 1"～"M1% 6"共 6 个变量
4 Dim M2!(4) '——定义 M2! 为单精度实数数型变量组,该数组内有"M2! 1"～"M2! 4"共 4 个变量
```

```
5 Dim M3&(5) '——定义 M3& 为长精度整数型变量组,该数组内有"M3&1"~"M3&5"共 5 个变量
6 Dim CMOJI(7) '——定义 CMOJI 为"字符串变量数组",该数组内有"CMOJI1"~"CMOJI7"共 7 个"字符串变量"
```

3.3.2 Def Plt (Define Pallet)

(1) 功能

Pallet 指令也翻译为"托盘指令"、"码垛指令"，实际上是一个计算矩阵方格中各"点位中心"（位置）的指令，该指令需要设置"矩阵方格" 有几行几列、起点终点、对角点位置、计数方向。因该指令通常用于码垛动作，所以也就被称为"码垛指令"。

(2) 指令格式

Def □ Plt □ <托盘号> □ <起点> □ <终点 A> □ <终点 B> □
[<对角点>] □ <列数 A> □ <行数 B> □ <托盘类型>

① Def Plt——定义"托盘结构" 指令。

② Plt——指定托盘中的某一点。

(3) 指令样例 1

如图 3-20 所示。

```
1 Def Plt 1,P1,P2,P3,□,3,4,1 '——3 点型托盘定义指令
2 Def Plt 1,P1,P2,P3,P4,3,4,1'——4 点型托盘定义指令
```

3 点型托盘定义指令——指令中只给出起点、终点 A、终点 B。

4 点型托盘定义指令——指令中给出起点、终点 A、终点 B、对角点。

① 托盘号——系统可设置 8 个托盘。本数据设置第几号托盘。

② 起点/终点/对角点——如图 3-20 所示，用"位置点" 设置。

③ <列数 A>——起点与终点 A 之间列数。

④ <行数 B>——起点与终点 B 之间行数。

⑤ <托盘类型>——设置托盘中"各位置点" 分布类型。

1＝Z 字型；2＝顺排型；3＝圆弧型；11＝Z 字型；12＝顺排型；13＝圆弧型。

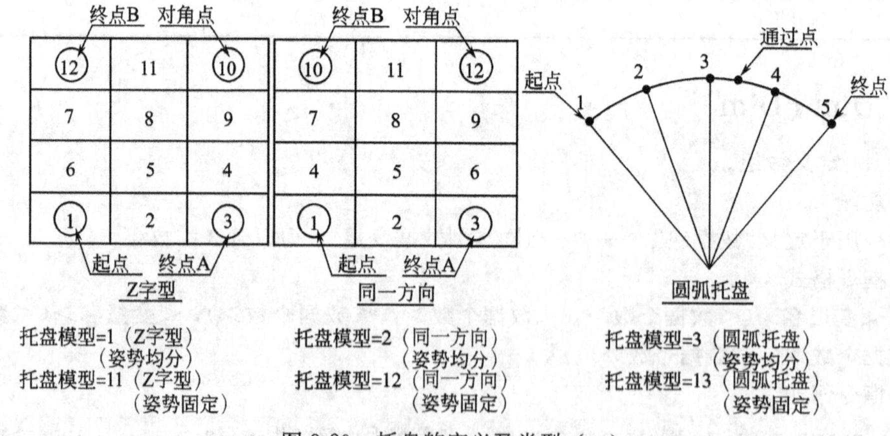

图 3-20 托盘的定义及类型（一）

(4) 指令样例 2

如图 3-21 所示。

① Def Plt 1，P1，P2，P3，P4，4，3，1

定义 1 号托盘，4 点定义，4 列×3 行，Z 字型格式。

② Def Plt 2，P1，P2，P3，，8，5，2

定义 2 号托盘，3 点定义，8 列×5 行，顺排型格式（注意 3 点型指令在书写时在终点 B 后有两个逗号）。

③ Def Plt 3，P1，P2，P3，，5，1，3

定义 3 号托盘，3 点定义，圆弧型格式(注意 3 点型指令在书写时在终点 B 后有两个逗号)。

④ (Plt 1，5)

1 号托盘第 5 点。

⑤ (Plt 1，M1)

1 号托盘第 M1 点(M1 为变量)。

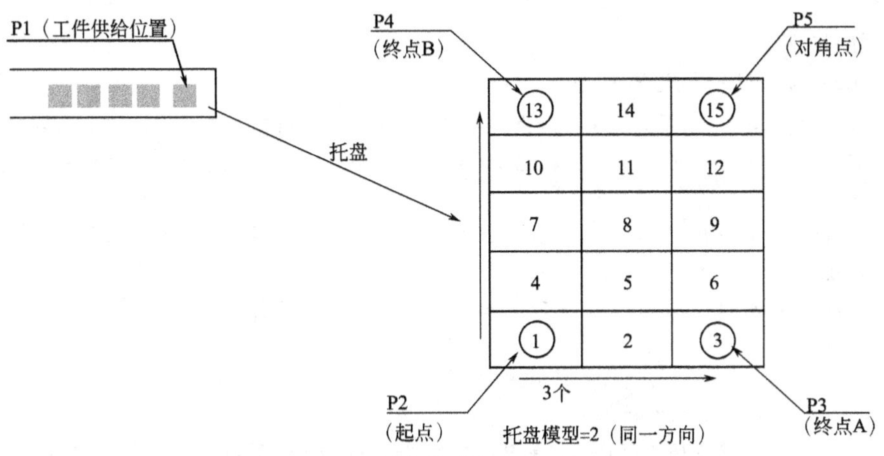

图 3-21　托盘的定义及类型(二)

(5) 程序样例 1

```
1 P3.A= P2.A'——设定"形位(pose)"P3点 A 轴角度= P2点 A 轴角度
2 P3.B= P2.B'
3 P3.C= P2.C'
4 P4.A= P2.A'
5 P4.B= P2.B'
6 P4.C= P2.C'
7 P5.A= P2.A'
8 P5.B= P2.B'
9 P5.C= P2.C'
10 Def Plt 1,P2,P3,P4,P5,3,5,2 '——设定 1 号托盘,3×5 格,顺排型
11 M1= 1'——设置 M1 变量
12 * LOOP'——循环指令 LOOP
13 Mov P1,- 50 '
14 Ovrd 50'
15 Mvs P1'
16 HClose 1'——1#抓手闭合
17 Dly 0.5'
18 Ovrd 100'
19 Mvs,-50 '
20 P10= (Plt 1,M1) '——定义 P10点为 1 号托盘"M1"点,M1 为变量
21 Mov P10,-50 '
```

```
22 Ovrd 50'
23 Mvs P10'——运行到 P10 点
24 HOpen 1'——打开抓手 1
25 Dly 0.5'
26 Ovrd 100'
27 Mvs,-50 '
28 M1= M1+ 1'——M1 做变量运算
29 If M1< = 15 Then * LOOP'——循环指令判断条件。 如果 M1 小于等于 15,则继续循环。 根据此循环完成对托盘 1 所有"位置点"的动作
30 End'
```

(6) 程序样例 2

形位(pose) 在±180°附近的状态。

```
1 If Deg(P2.C)< 0 Then GoTo* MINUS'——如果 P2 点 C 轴角度小于 0 就跳转到 Level MINUS 行
2 If Deg(P3.C)< -178 Then P3.C = P3.C+ Rad(+ 360) '——如果 P3 点 C 轴角度小于 - 178° 就指令 P3 点 C 轴加 360°
3 If Deg(P4.C)< -178 Then P4.C = P4.C+ Rad(+ 360) '——如果 P4 点 C 轴角度小于 - 178° 就指令 P4 点 C 轴加 360°
4 If Deg(P5.C)< -178 Then P5.C= P5.C+ Rad(+ 360) '——如果 P5 点 C 轴角度小于 - 170° 就指令 P5 点 C 轴加 360°
5 GoTo * DEFINE'——跳转到 Level DEFINE 行
6 * MINUS'——Level MINUS
7 If Deg(P3.C)>  + 178 Then P3.C = P3.C-Rad(+ 360) '——如果 P3 点 C 轴角度大于 178° 就指令 P3 点 C 轴减 360°
8 If Deg(P4.C)>  + 178 Then P4.C = P4.C-Rad(+ 360)  '——如果 P4 点 C 轴角度大于 178° 就指令 P4 点 C 轴减 360°
9 If Deg(P5.C)>  + 178 Then P5.C = P5.C-Rad(+ 360)  '——如果 P5 点 C 轴角度大于 178° 就指令 P5 点 C 轴减 360°
10 * DEFINE'——程序分支标志 DEFINE □
11 Def Plt 1,P2,P3,P4,P5,3,5,2 '——定义 1# 托盘,3×5 格,顺排型
12 M1= 1'——M1 为变量
13 * LOOP'——循环指令 Level LOOP □
14 Mov P1,-50
15 Ovrd 50'
16 Mvs P1'
17 HClose 1'——1 号抓手闭合
18 Dly 0.5'
19 Ovrd 100'
20 Mvs,-50 '
21 P10= (Plt 1 □M1) '——定义 P 10 点(为 1 号托盘中的 M1 点。 M1 为变量)
22 Mov P10,-50 '
23 Ovrd 50'
24 Mvs P10'
25 HOpen 1'——打开抓手 1
26 Dly 0.5'
27 Ovrd 100'
```

```
28 Mvs,-50 '
29 M1= M1+ 1——' 变量 M1 运算
30 If M1< = 15 Then * LOOP'——循环判断条件,如果 M1 小于等于 15,则继续循环。 执行 15 个点的抓取动作
31 End'
```

3.3.3 Plt (Pallet)

(1) 功能

计算托盘(矩阵) 内各格子点位置。

(2) 格式 Plt □ <托盘号码> ，<格子点号码>

(3) 术语

① < 托盘号码> ——选择在 Def Plt 指令中设置的号码，以变量或常数指定。

② < 格子点号码>——设置托盘内的格子号码，以变量或常数指定。

(4) 样例

```
1 Def Plt 1,P1,P2,P3,P4,4,3,1    '定义 1# 托盘
2 '
3 M1= 1  'M1(计数器 )初始化
4 * LOOP
5 Mov PICK,50   '向取工件位置上空 50mm 移动
6 Ovrd 50
7 Mvs PICK
8 HClose 1      '抓手闭
9 Dly 0.5    '抓手闭后等待 0.5s
10 Ovrd 100
11 Mvs,50 '往现在位置上空 50mm 移动
12 PLACE =  Plt 1,M1 '计算第 M1 号的位置
13 Mov PLACE,50   '向 PLACE 位置上空 50mm 移动
14 Ovrd 50
15 Mvs PLACE
16 HOpen 1 '抓手开
17 Dly 0.5
18 Ovrd 100
19 Mvs,50   '往现在位置上空 50mm 移动
20 M1= M1+ 1    '计数器加算
21 If M1 < = 12 Then * LOOP      '计数在范围内的话,从 * LOOP 开始循环处理
22 Mov PICK,50
```

说明：

① 以 Def Plt 指令定义托盘的格子点位置。

② 托盘号码最多可以同时 1～8，8 个同时定义。

③ 请注意格子点的位置会依据 Def Plt 定义的指定方向而有所不同。

④ 设置超过最大格子点号码会发生报警。

⑤ 将托盘的格子点作为移动指令的“目标位置” 时，在下例中，如果没有用括号括起，会发生报警。

Mov (Plt 1，5)

3.3.4 Def Act (Define Act)

Def Act——“中断程序”。

(1) 功能

本指令用于定义“中断程序”，定义执行中断程序的条件及中断程序的动作。

(2) 指令格式及说明

Def Act <中断程序级别> <条件> <执行动作> <类型>

① <中断程序级别>——设置中断程序的级别(中断程序号)。

② <条件>——是否执行“中断程序”的判断条件。

③ <执行动作>——中断程序动作内容。

④ <类型>——中断程序的执行时间点，也就是主程序的停止类型：

省略：停止类型 1，以100%速度倍率正常停止。

S：停止类型 2，以最短时间，最短距离减速停止。

L：停止类型 3，执行完当前程序行后才停止。

(3) 指令例句

```
1 Def Act 1,M_In(17)= 1 GoSub * L100'——定义 ACT1 中断程序为：如果输入信号(17)= ON,则跳转到子程序 * L100
2 Def Act 2,MFG1 And MFG2 GoTo * L200'——定义 ACT2 中断程序：如果"MFG1 与 MFG2"的"逻辑AND"运算= 真,则跳转到子程序 * L200
3 Def Act 3,M_Timer(1)> 10500 GoSub * LBL'——定义 ACT3 中断程序为：如果计时器时间大于10500ms 则跳转到子程序 * LBL
10 * L100:M_Timer(1)= 0'——计时器 M_Timer(1)设置= 0
11 Act 3= 1 '——Act 3 动作区间有效
12 Return 0
:
20 * L200:Mov P_Safe
21 End
:
30 * LBL
31 M_Timer(1)= 0'——计时器 M_Timer(1)设置= 0
32 Act 3= 0'——Act 3 动作区间无效
32 Return 0
```

(4) 说明

① 中断程序从“跳转起始行”到“Return”结束；

② 中断程序级别以号码 1～8 表示，数字越小越优先，如 ACT1 优先于 ACT2；

③ 执行中断程序时，主程序的停止类型如图 3-22、图 3-23 所示。

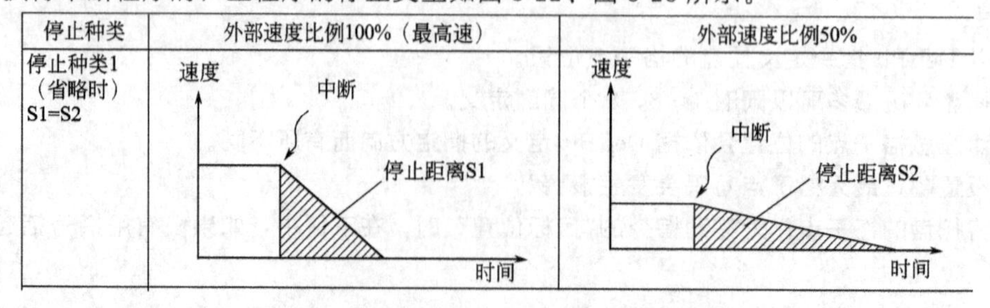

停止种类
外部速度比例100%（最高速）
外部速度比例50%
停止种类1
（省略时）
S1=S2
速度
中断
停止距离S1
时间
速度
中断
停止距离S2
时间

图 3-22 停止类型 1(停止过程中的行程相同)

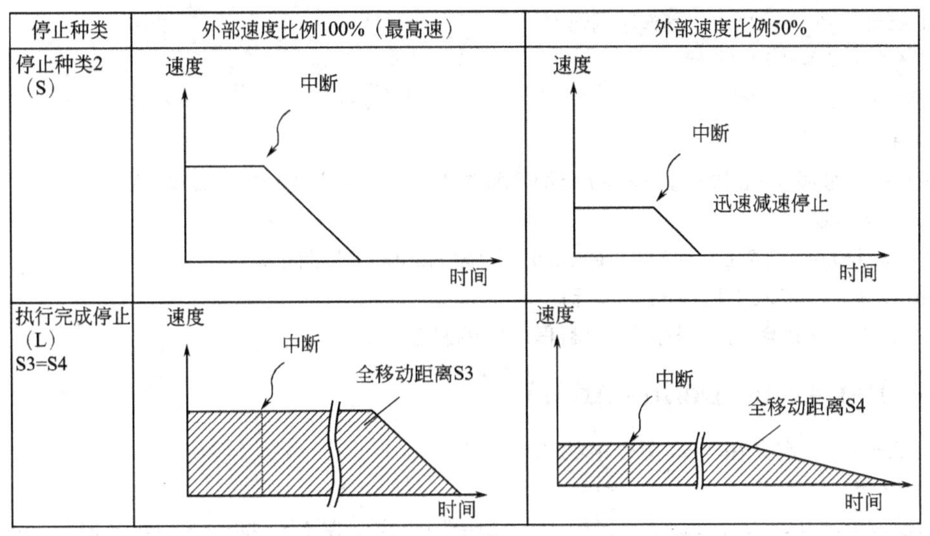

图 3-23　停止类型 2(以最短时间，最短距离减速停止）和
停止类型 3(执行完主程序当前行后，再执行中断程序）

3.3.5　Act (Act)

Act——设置“(被定义的）中断程序”的有效工作区间。

（1）功能

Act 指令有两重意义：

① Act1～Act8 是“中断程序”的程序级别标志。

② Act n=1 Act n=0 划出了中断程序 Act n 的生效区间。

（2）指令格式

Act □ ＜被定义的程序级别标志＞=＜1＞——中断程序可执行区间起始标志。

Act □ ＜被定义的程序级别标志＞=＜0＞——中断程序可执行区间结束标志。

指令格式说明：

＜被定义的程序级别标志＞——设置中断程序的“程序级别标志”。

（3）指令例句 1

```
1 Def Act 1,M_In(1)= 1 GoSub * INTR'——定义 Act1 对应的"中断程序"
2 Mov P1
3 Act 1= 1'——"ACT1 定义的中断程序"动作区间生效
4 Mov P2
5 Act 1= 0'——"ACT1 定义的中断程序"动作区间无效
10 * INTR'
11 If M_In(1)= 1 GoTo * INTR'——M_IN(1) (LOOP)
12 Return 0'
```

（4）指令例句 2

```
1 Def Act 1,M_In(1)= 1 GoSub * INTR'——定义"ACT1"对应的"中断程序"
2 Mov P1
3 Act 1= 1'——"ACT1"动作区间生效
4 Mov P2
10 * INTR
```

```
11 Act 1= 0'——"Act1"动作区间无效
12 M_Out(10)= 1'
Return 1'
```

(5) 说明

① Act 0 为最优先状态。程序启动时即为"Act 0＝1" 状态。如果"Act 0＝0"，则"Act 1～8＝1" 也无效。

② 中断程序的结束(返回) 由"Return 1" 或"Return 0" 指定。

Return 1——转入主程序的下一行；

Return 0——跳转到主程序中"中断程序" 的发生行。

3.3.6 Def Arch (Define Arch)

Def Arch——定义在 Mva 指令下的弧形形状。

(1) 功能

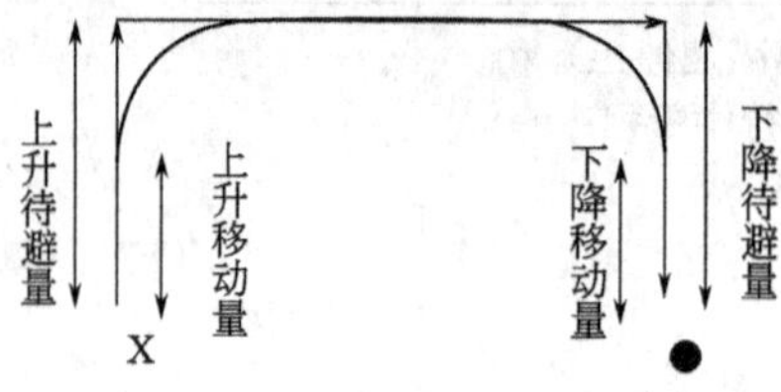

图 3-24 Mva 运行轨迹各部示意图

本指令用于定义在 Mva 指令下的弧形形状。如图 3-24 所示。

(2) 指令格式

Def Arch <弧形编号> [<上升移动量>] [<下降移动量>] [<上升待避量>] [<下降待避量>] [<插补形式>] [<插补类型 1> □ <插补类型 2>]

(3) 说明

① Mva 是"圆弧过渡插补指令"；其弧形形状可以由本指令定义。各参数示意如表 3-5 所示。

② 插补类型：设置直线插补或关节插补。直线插补＝1，关节插补＝0。

③ 插补类型 1：移动路径，远路径/捷径选择，远路径＝1，捷径＝0。

④ 插补类型 2：3 轴直交/等量旋转选择，3 轴直交＝1，等量旋转＝0。

如果未指定弧形编号，则使用初始值，初始值可以用参数设置，如表 3-6 所示。

表 3-5 参数与弧形编号及数值

参数名	弧形号码	上升移动量/mm	下降移动量/mm	上升待避量/mm	下降待避量/mm
ARCH1S	1	0.0	0.0	30.0	30.0
ARCH2S	2	10.0	10.0	30.0	30.0
ARCH3S	3	20.0	20.0	30.0	30.0
ARCH4S	4	30.0	30.0	30.0	30.0

表 3-6 参数与弧形编号插补类型

垂直多关节机器人(RV-SQ/SD 系列)					水平多关节机器人(RH-SDH 系列)				
参数名	弧形号码	插补形式	插补种类 1	插补种类 2	参数名	弧形号码	插补形式	插补种类 1	插补种类 2
ARCH1T	1	1	0	0	ARCH1T	1	0	0	0
ARCH2T	2	1	0	0	ARCH2T	2	0	0	0
ARCH3T	3	1	0	0	ARCH3T	3	0	0	0
ARCH4T	4	1	0	0	ARCH4T	4	0	0	0

(4) 指令例句

```
1 Def Arch 1,5,5,20,20
2 Mva P1,1'——以弧形编号 Arch1 定义的轨迹运行
3 Dly 0.3
4 Mva P2,2'——没有定义弧形编号 Arch2 时,以初始值运行
5 Dly 0.3
```

3.3.7 Def Jnt (Define Joint)

Def Jnt (Define Joint) ——定义关节型变量。

(1) 功能

常规的关节型变量是以“J”为起首字母，如果不是以“J”为起首字母的关节型变量，就使用本指令定义。

(2) 指令格式

Def □ Jnt □ ＜关节变量名＞ [＜关节变量名＞] …

(3) 指令例句

```
1 Def Jnt SAFE '——定义"退避点 SAFE"为关节型变量
2 Mov J1 '
3 SAFE = (-50,120,30,300,0,0,0,0) '——设置退避点数据
4 Mov SAFE'——移动到"退避点"
```

3.3.8 Def Pos (Define Position)

Def Pos (Define Position) ——定义直交型变量。

(1) 功能

本指令用于将变量定义为直交型。常规直交型变量以“P”起首。若是定义非“P”起首的直交型变量则使用本指令。

(2) 指令格式

Def □ Pos ＜位置变量名＞，＜位置变量名＞

(3) 指令例句

```
1 Def Pos WORKSET'——定义 WORKSET 为"直交型变量"
2 Mov P1 '
3 WORKSET= (250,460,100,0,0,-90,0,0)(0,0) '——定义 WORKSET 具体数据
4 Mov WORKSET'——移动到"WORKSET"点
```

3.3.9 Def Inte/Def Long/Def Float/Def Double

Def Inte/Def Long/Def Float/Def Double——定义变量的数值类型。

(1) 功能

定义变量为数值型变量并指定精度(如单精度、双精度等)。

(2) 指令格式

Def □ Inte □ ＜数值变量名＞ □ [□ ＜数值变量名＞] …

Def □ Long □＜数值变量名＞ □ [□ ＜数值变量名＞] …

Def □ Float □ ＜数值变量名＞ □ [□ ＜数值变量名＞] …

Def □ Double □ ＜数值变量名＞ □ [□ ＜数值变量名＞] …

(3) 指令例句 1：定义整数型变量

```
1 Def Inte WORK1,WORK2'——定义变量 WORK1,WORK2 为整数型变量
2 WORK1 =  100'——WORK1=  100
3 WORK2 =  10.562'——WORK2 =  11
WORK2 =  10.12'——WORK2 =  10
```

（4）指令例句 2：定义长精度整数型变量

```
1 Def Long WORK3
2 WORK3 =  12345
```

（5）指令例句 3：定义单精度型实数变量

```
1 Def Float WORK4
2 WORK4 =  123.468'——WORK4= 123.468000
```

（6）指令例句 4：定义双精度型实数变量

```
1 Def Double WORK5'
2 WORK5 =  100/3'——WORK5 =  33.333332061767599
```

（7）说明

① 以 Inte 定义的变量为整数型，范围：－32768 ～ ＋32767 □。

② 以 Long 定义的变量为长整数型，范围：－2147483648 ～ 2147483647。

③ 以 Float 定义的变量为单精度型实数，范围：±3.40282347e＋38。

④以 Double 定义的变量为单精度型实数，范围：±1.7976931348623157e＋308 □。

3.3.10 Def Char (Define Character)

Def Char（Define Character）——对字符串类型的变量进行定义。

（1）功能

本指令用于定义不是“C”为起首字母的“字符串类型”的变量。“C”起首的“字符串类型”变量不需定义。

（2）指令格式

Def □ Char □ ＜字符串＞ □ ［ □ ＜字符串＞］ …

＜字符串＞——需要定义为 变量的“字符串”。

（3）指令例句

```
1 Def Char MESSAGE'——定义 MESSAGE 为字符串变量
2 MESSAGE =  "WORKSET" '——将 "WORKSET"代入 MESSAGE
```

CMSG ＝"ABC"　CMSG 也是字符串变量，但“CMSG”以“C”为起首字母，所以无须定义。

（4）说明

① 字符串变量最大 16 个字符。

② 本指令可定义多个字符串。

3.3.11 Def IO (Define IO)

Def IO（Define IO）——定义输入输出变量。

（1）功能

本指令用于定义输入输出变量。常规的输入输出变量用 M _ In，M _ Out/8 、M _ Inb，M _ Outb/16 、M _ Inw，M _ Outw 表示，除此之外，还需要使用更特殊范围的输入输出信号，就使用本指令。

(2) 指令格式

Def IO <输入输出变量名> = <指定信号类型> <输入输出编号> [<Mask 信息>]

① <输入输出变量名>——设置变量名称。

② <指定信号类型>——指定“位 (1bit)”,“字节 (8bit)”,“字符 (16bit)” 其中一个。

③ <输入输出编号>——指定“输入输出信号” 编号。

④ <Mask 信息>——特殊情况使用。

(3) 指令例句 1

```
1 Def IO PORT1 = Bit,6'——定义变量 PORT1 为"bit"型变量。 对应输出地址编号= 6
10 PORT1 = 1'——指令输出信号(6)= ON
20 PORT1 = 0'——指令输出信号(6)= OFF 。
21 M1 = PORT1'——将输出信号 6 的状态赋予 M 1
```

(4) 指令例句 2

将 PORT2 以字节的形式处理。Mask 信息指定为十六进制 0F。

```
1 Def IO PORT2 = Byte,5,&H0F'——定义 PORT2 为字节型变量,对应输出信号地址编号为"5"
10 PORT2 = &HFF'——定义输出信号(5) ~ (12)= ON
20 M2 = PORT2'——将输出信号 PORT2 的状态赋予 M2 □
```

(5) 指令例句 3

```
1 Def IO PORT3 = Word,8,&H0FFF'——定义 PORT3 为字符型变量,对应输出信号地址编号为"8"
10 PORT3 = 9'——输出信号(8) ~ (11)= ON
20 M3 = PORT3'——将输出信号 PORT3 的状态赋予 M3
```

3.3.12 Def FN (Define Function)

Def FN (Define Function) ——定义任意函数。

(1) 功能

本指令用于定义任意函数。

(2) 指令格式

Def □ FN<识别文字><名称> [(<自变量> [□ <自变量>] …)] =<函数计算式>

(3) 说明

① <识别文字>——用于识别函数分类的文字。

M——数值型。

C——字符串型。

P——位置型。

J——关节型。

② <名称>——需要定义的函数“名称”。

③ <自变量>——函数中使用的自变量。

④ <函数计算式>——函数计算方法。

(4) 指令例句

```
1 Def FN M Ave(ma,mb)= (ma+ mb)/2'——定义一个数值型函数。 函数名称"Ave",有两个自变
量。 函数计算是求平均值
2 MDATA1= 20
3 MDATA2= 30
4 MAVE= FNMAve(MDATA1,MDATA2)'——将 20 和 30 的平均值 25 代入变量 MAVE
```

```
5 Def FNpAdd(PA,PB)= PA+ PB'——定义一个位置型函数。函数名称"Add",有两个自变量位置点。函数计算是位置点加法运算
6 P10= FNpAdd(P1,P2)'——将运算后的位置点代入 P10
```

(5) 说明

FN+<名称> 会成为函数名称，例：

数值型函数 FNMMAX 以 M 为识别符。

字符串函数 FNCAME$ 以 C 为识别符（在语句后面以 $ 记述）。

3.3.13 Tool (Tool)

Tool（Tool）——TOOL 数据的指令。

(1) 功能

本指令用于设置 TOOL 的数据，适用于双抓手的场合，TOOL 数据包括抓手长度、机械 I/F 位置、形位(pose)。

(2) 指令格式

Tool □ <Tool 数据>

<Tool 数据>——以位置点表达的 Tool 数据。

(3) 指令例句 1

直接以数据设置：

```
1 Tool (100,0,100,0,0,0)'——设置一个新的 Tool 坐标系。新坐标系原点 X= 100mm,Z=100mm(实际上变更了"控制点")
2 Mvs P1
3 Tool P_NTool'——返回初始值(机械 IF,法兰面)
```

(4) 指令例句 2

以直角坐标系内的位置点设置：

```
1 Tool PTL01
2 Mvs P1
```

如果 PTL01 位置坐标为(100，0，100，0，0，0，0，0)，则与指令例句 1 相同。

(5) 说明

① 本指令适用于双抓手的场合。每个抓手的“控制点”不同。单抓手的情况下一般使用参数 MEXTL 设置即可。

② 使用 TOOL 指令设置的数据存储在参数 MEXTL 中。

③ 可以使用变量 M _ Tool，将 MEXTL1～4 设置到 Tool 数据中。

3.3.14 Base (Base)

Base——设置一个新的“世界坐标系”。

(1) 功能

本指令通过设置偏置坐标建立一个新的“世界坐标系”。“偏置坐标”为以“世界坐标系”为基准观察到“基本坐标系原点”的坐标值。“世界坐标系”与“基本坐标系”的关系如图 3-25 所示。

(2) 指令格式

Base □ <新原点>'——用新原点表示一个新的“世界坐标系”。

Base □ <坐标系编号>——用“坐标系编号”选择一个新的“世界坐标系”。

0：系统初始坐标系 P _ NBase。P _ NBase=(0，0，0，0，0，0)。

1～8：工件坐标系 1～8。

（3）指令例句 1

```
1 Base (50,100,0,0,0,90)'——以"新原点"设置一个新的"世界坐标系"。这个点是"基本坐标系原点"在新坐标系内的坐标值
2 Mvs P1'
3 Base P2'——以"P2 点"为基点设置一个新的"世界坐标系"
4 Mvs P1'
5 Base 0'——返回初始"世界坐标系"
```

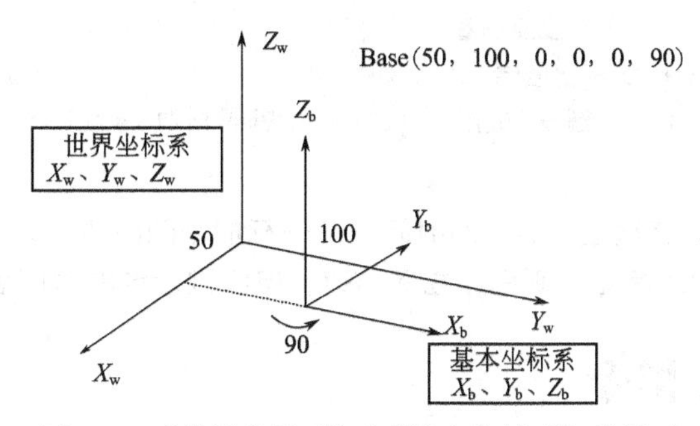

图 3-25 “世界坐标系”与“基本坐标系”的关系

（4）指令例句 2——以“坐标系编号”选择“坐标系”

```
1 Base 1'——选择 1 号坐标系 WK1CORD
2 Mvs P1'
3 Base 2'——选择 2 号坐标系 WK2CORD
4 Mvs P1'
5 Base 0'——选择初始"世界坐标系"
```

（5）说明

① 新原点数据是从“新世界坐标系”观察到“基本坐标系原点”的位置数据，即“基本坐标系”在“新世界坐标系”中位置。

② 使用“当前位置点”建立一“新世界坐标系”时可以使用“Base Inv(P1)”指令(必须对“P1 点”进行逆变换)。

3.3.15 Title (Title)

Title（Title）——以文本形式显示程序内容的指令。

（1）功能

本指令用于以文本形式显示程序内容，在其他计算机软件中的机器人栏目中显示“程序内容”。

（2）指令格式

Title □ ＜文字＞

（3）指令例句

```
1 Title "机器人 Loader Program"
2 Mvs P1
3 Mvs P2
```

3.3.16 赋值指令（代入指令）

（1）功能

本指令用于对变量赋值(代入运算)。

(2) 指令格式 1

<变量名>=<计算式 1>

(3) 指令格式 2

脉冲输出型

<变量名>=<计算式>Dly <计算式 2>

<计算式 1>——数值表达式。

(4) 指令例句

```
10 P100= P1+ P2* 2'——代入位置变量
20 M_Out(10)= 1'——指令输出信号(10)= ON
M_Out(17)= 1 Dly 2.0'——指令输出信号(17)= ON 的时间为 2s
```

(5) 说明

① 脉冲输出型指令，其输出=ON 的时间与下一行指令同时执行。

② 如果下一行为 END 指令，则程序立即结束。但经过设定的时间后，输出信号=OFF。

3.4 多任务相关指令

多任务相关指令见表 3-7。

表 3-7 多任务相关指令

序号	指令	说明
1	XLoad(X Load)	加载程序指令
2	XRun(X Run)	运行程序指令
3	XStp(X Stop)	停止程序指令
4	XRst(X Reset)	程序复位指令
5	XClr(X Clear)	程序清零指令
6	GetM(Get Mechanism)	取得控制权指令
7	RelM(Release Mechanism)	解除控制权指令
8	Priority(Priority)	优先执行指令
9	Reset Err(Reset Error)	报警复位指令

3.4.1 XLoad (X Load) ——加载程序指令

(1) 功能

加载程序。多程序时，选择任务区(task slot) 并加载程序号。

(2) 指令格式

XLoad □ <任务区号> □ <程序号>

(3) 指令例句

```
1 If M_Psa(2)= 0 Then * LblRun '
2 XLoad 2,"10"'——在任务区 2 加载 10 号程序
3 * L30:If C_Prg(2)< > "10" Then GoTo * L30 '
4 XRun 2'——任务区 2 启动运行
5 Wait M_Run(2)= 1 '
```

```
6 * LblRun
```

3.4.2 XRun（X Run）——多任务工作时的程序启动指令

（1）功能

本指令用于在多任务工作时指定“任务区(task slot）号”和“程序号”及“运行模式”。

（2）指令格式

XRun □ <任务区号> □ " <程序名>" □ <运行模式>

<运行模式>——设置程序“连续运行”或“单次运行”。

<运行模式>=0，连续运行。

<运行模式>=1，单次运行。

（3）指令例句 1

```
1 XRun 2,"1"'——指令运行任务区 2 内的 1 号程序。 连续运行模式
2 Wait M_Run(2)= 1'——等待运行任务区 2 内的 1 号程序启动完成
```

（4）指令例句 2

```
1 XRun □3,"2",1 '——指令运行任务区 3 内的 2 号程序。 单次运行模式
2 Wait M_Run(3)= 1'——等待运行任务区 3 内程序启动完成
```

（5）指令例句 3

```
1 XLoad 2,"1"'——在任务区 2 内加载# 1 程序
2 * LBL: If C_Prg(2)< > "1" Then GoTo * LBL'——等待加载完毕
3 XRun 2'——指令运行任务区 2 内程序
```

（6）指令例句 4

```
1 XLoad 3,"2"'——在任务区 3 内加载# 2 程序
2 * LBL:If C_Prg (3)< > "2" Then GoTo * LBL'——等待加载完毕
3 XRun 3,,1'——指令运行任务区 3 内程序.,单次运行模式
```

本指令中,“程序名”必须要用双引号。

3.4.3 XStp（X Stop）——多任务工作时的程序停止指令

（1）功能

本指令为多任务工作时的程序停止指令。需要指定“任务区(task slot）号”。

（2）指令格式

XStp □ <任务区号>

（3）指令例句

```
1 XRun 2 '
10 XStp 2'——任务区 2 内的程序停止
11 Wait M_Wai(2)= 1 '
20 XRun 2 '
```

3.4.4 XRst（X Reset）——复位指令

（1）功能

程序复位指令，用于多任务工作时指令某一任务区程序的复位。

（2）指令格式

XRst □ <任务区号>

(3) 指令例句

```
1 XRun 2'——指令任务区 2 启动
2 Wait M_Run(2)= 1'——等待任务区 2 启动完成
10 XStp 2'——指令任务区 2 停止
11 Wait M_Wai(2)= 1'——等待任务区 2 停止完成
…..
15 XRst 2'——指令任务区 2 内的程序复位
16 Wait M_Psa(2)= 1'——等待任务区 2 内的程序复位完成
……
20 XRun 2 '
21 Wait M_Run(2)= 1 '
```

本指令必须在"程序暂停"状态下执行，在其他状态下执行会报警。

3.4.5 XClr(X Clear)——多程序工作时，解除某任务区（task slot）的程序选择状态

(1) 功能

多程序工作时，解除某任务区(task slot)的程序选择状态。

使该任务区处于可以重新加载程序的状态。

(2) 指令格式

XClr □ <任务区号>

(3) 指令例句

```
1 XRun 2,"1"'——运行任务区 2 内的 1 号程序
10 XStp 2'——停止任务区 2 运行
11 Wait M_Wai(2)= 1'——等待任务区 2 中断启动
12 XRst 2'——解除任务区 2 程序中断 状态
13 XClr 2'——解除任务区 2 程序选择 状态
End
```

3.4.6 GetM(Get Mechanism)

GetM (Get Mechanism) ——指定获取机器人控制权。

(1) 功能

本指令用于指定机器人的控制权。在多任务控制时，在任务区(插槽) 1 以外的程序要执行对机器人控制，或对附加轴作为"用户设备"控制时，使用本指令。

(2) 指令格式

GetM<机器人编号>

<机器人编号>——使用的机器人编号。

(3) 指令例句

```
1 RelM'——解除"机器人控制权"。这样可以从任务区 2 对机器人 1 的任务区 1 程序进行控制
2 XRun 2,"10"'——在任务区 2 选择并运行 10 号程序
3 Wait M_Run(2)= 1'——等待任务区 2 的程序启动
```

任务区 2 内的是 10 号程序。

```
1 GetM 1'——取得 1 号机器人的控制权
2 Servo On'——1 号机器人伺服 ON
```

```
3 Mov P1
4 Mvs P2
5 P3= P_Curr '
6 Servo Off'——1 号机器人伺服 OFF
7 RelM'——解除对 1 号机器人的控制权
End
```

(4) 说明

① 一般执行单任务时在初始状态就获得对机器人 1 的控制权，所以不使用本指令。

② 不能够使多个程序同时获得对机器人 1 的控制权，所以对于任务区 1 以外的程序，要对机器人 1 进行控制必须按以下步骤执行：

a. 在任务区 1 的程序中，解除对机器人 1 的控制权。

b. 在其他任务区的程序中，使用 GetM 1 获得对机器人 1 的控制权。

已经获得对机器人 1 的控制权的程序中，再发 GetM 1 指令会报警。

3.4.7 RelM (Release Mechanism)

RelM (Release Mechanism) ——解除机器控制权。

(1) 功能

在多任务工作时，为了从其他任务区(插槽) 对任务区 1 进行控制，需要"解除" 任务区 1 的控制权。本指令就是"解除控制权指令"。

(2) 指令格式

RelM

(3) 指令例句

先在任务区 1 内解除控制权，再运行任务区 2 的程序，从任务区 2 对任务区 1 的程序进行控制。

```
1 RelM'——解除任务区 1 的控制权
2 XRun 2,"10"'——指令任务区 2 内运行 10 号程序
3 Wait M_Run(2)= 1'——等待任务区 2 程序启动
```

任务区 2 内的是 10 号程序。

```
1 GetM 1'——获取任务区 1 控制权
2 Servo On'——指令做相关动作
3 Mov P1
4 Mvs P2
5 Servo Off '
6 RelM'——解除对任务区 1 的控制权
7 End
```

3.4.8 Priority (Priority) ——优先执行指令

Priority——多任务工作时，指定各任务区程序的执行行数。

(1) 功能

本指令在多任务时使用。指定各任务区(插槽) 内程序的执行行数。

(2) 指令格式

Priority □ <执行行数> [□ <任务区号>]

<执行行数>——设置执行程序的行数；

<任务区号>——任务区号。

(3) 指令例句

① 任务区 1：

```
10 Priority 3 '——指定执行任务区 1 内的程序 3 行(如果省略任务区号,就是指当前任务区)
```

② 任务区 2：

```
10 Priority 4 '——指定执行任务区 2 内的程序 4 行(如果省略任务区号,就是指当前任务区)
```

动作：先执行任务区 1 内程序 3 行，再执行任务区 2 内程序 4 行，循环执行。

3.4.9 Reset Err (Reset Error)

Reset Err (Reset Error) ——报警复位。

(1) 功能

本指令用于使报警复位。

(2) 指令格式

Reset Err

(3) 指令例句

```
1 If M_Err= 1 Then Reset Err'如果有 M_Err 报警发生,就将报警复位
```

3.5 视觉功能相关指令

视觉功能相关指令见表 3-8。

表 3-8 视觉功能相关指令

序号	指令	说明
1	NVOpen(Network vision sensor line open)	连接并注册视觉传感器
2	NVClose(Network vision sensor line close)	关闭视觉通信连接
3	NVLoad(Network vision sensor load)	加载视觉程序
4	NVRun(Network vision sensor run)	运行视觉程序
5	NVPst(Network vision program start)	启动视觉程序并接收信息
6	NVIn(Network vision sensor input)	读取信息指令
7	NVTrg(Network vision sensor trigger)	请求拍照指令
8	EBRead(EasyBuilder read)	读数据指令

3.5.1 NVOpen (Network vision sensor line open) ——连接视觉通信线路

(1) 功能

连接视觉传感器通信线路并登记注册该视觉传感器。

(2) 格式

NVOpen "<通信口编号>" AS #<视觉传感器编号>

(3) 术语

① <通信口编号>(不能省略)　以 OPEN 指令同样的方法设置通信口编号 COM * *，但

不能使用 COM1。COM1 口是操作面板的 RS-232 通信专用口。设置范围 COM2～COM8。

② <视觉传感器编号>(不能省略)　设置与机器人通信口连接的视觉传感器编号。设置范围：1～8。

(4) 样例程序

```
1 If  M_NvOpen(1)< > 1 Then'——判断 1# 视觉传感器是否连接
2 NVOpen "COM2:" AS # 1 '——将视觉传感器连接到 COM2 口并设置为 1# 传感器
3 EndIf
4 Wait M_NvOpen(1)= 1 '——等待 1# 视觉传感器连接完成
```

(5) 说明

① 本指令功能为连接视觉传感器到指定的通信口 COM＊并设置该视觉传感器编号。

② 最多可连接 7 个视觉传感器，视觉传感器的编号要按顺序设置，用逗号分隔。

③ 与 OPEN 指令共同使用时，OPEN 指令使用的通信口号 COM＊＊ 和"文件号"与本指令使用的通信口号 COM＊＊和"视觉传感器编号"要合理分配，不能重复。例如：

```
1 Open "COM1:" AS # 1
2 NVOpen "COM2:" AS # 2
3 NVOpen "COM3:" AS # 3
```

而错误的样例：

```
Open "COM2:" AS # 1
2 NVOpen "COM2:" AS # 2'——< COM2 口> 已经被占用
3 NVOpen "COM3:" AS # 1'——< 视觉传感器编号> 已经被占用
```

在一台机器人控制器和一台视觉传感器的场合，开启的通信线路不能够大于 1。

④ 注册视觉传感器需要"用户名"和"密码"。因此需要在机器人参数［NVUSER］和［NVPSWD］中设置"用户名"和"密码"。用户名和密码可以为 15 个字符。是数字 0～9 及 A～Z 的集合。

T/B(示教器) 仅仅支持大写字母，所以使用 T/B 时 设置用户名和密码必须使用大写字母。

购置的网络视觉传感器的用户名是"admin"。密码是" "。因此参数［NVUSER］和［NVPSWD］的预设值为　［NVUSER］＝" admin"、［NVPSWD］＝" "。

当使用 MELFA-Vision 软件更改用户名和密码时，必须更改参数［NVUSER］和［NVPSWD］。更改参数后断电上电参数生效。

如果连接多个视觉传感器到一个机器人控制器，则所有视觉传感器必须使用同样的用户名和密码。

⑤ 本指令的执行状态可以用 M _ NVOpen 状态变量进行检查。

⑥ 如果在执行本指令时，程序被删除，则立即停止。再启动时，按顺序连接传感器。必须复位机器人程序再启动。

⑦ 在多任务工作时使用本指令，有如下限制：

不同的任务区的程序中，"通信口编号 COM＊＊""视觉传感器编号" 不能相同。

a. 如果使用了相同的 COM＊＊编号，则会出现"attempt was made to open an already open communication file(试图打开已经被开启的一个通信口)" 报警。

如图 3-26 所示在任务区 2 和任务区 3 中都同时指定了 COM2 口，所以报警。

b. 如果设置了同样的"视觉传感器编号" 也会报警。

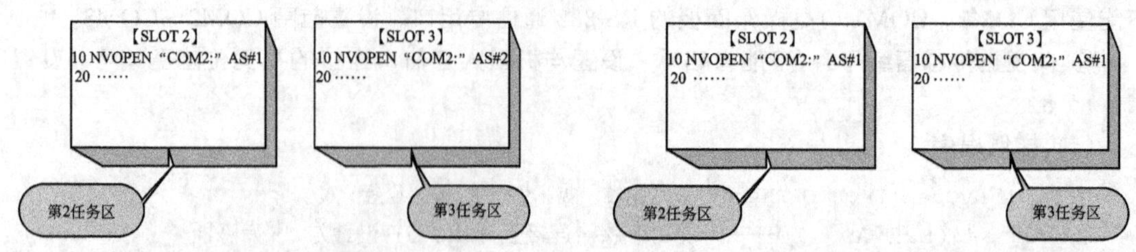

图 3-26　在任务区 2 和任务区 3 中都同时指定了 COM2 口

图 3-27　在任务区 2 和任务区 3 中都指定了 1# 视觉传感器

图 3-27 中，在任务区 2 和任务区 3 中都指定了 1# 视觉传感器，所以报警。

⑧ 不支持启动条件为"Always" 与设置为"连续功能" 的程序(连续功能参见 1.4.9 节)。

⑨ 在构建系统时要注意，一个视觉传感器可以同时连接 3 个机器人，如果连接第 4 个机器人，则第 1 个被切断。

⑩ 调用子程序时，通信连接不会被切断。但是在主程序的 END 指令与复位指令会切断通信连接。

⑪ 如果在执行本指令时，某个中断程序的启动条件成立，则立即执行中断程序。

(6) 报警

① 如果数据类型是错误的，则会出现"syntax error in input command(指令语法错误)" 报警。

② 如果 COM＊＊ 口编号不是 COM2～COM8，则报警。

③ 如果视觉传感器编号不是 1～8，则报警。

3.5.2 NVClose——关断视觉传感器通信线路指令

(1) 功能

关断视觉传感器通信线路。

(2) 格式

NVClose [[#] ＜视觉传感器编号＞ [,[[#] ＜视觉传感器编号＞ ...]

(3) 术语

＜视觉传感器编号＞(不能省略)：指连接到机器人通信口的视觉传感器编号(可能在一个网络上可有多个视觉传感器)。设置范围 1～8。如果有多个传感器，用逗号分隔。

(4) 样例程序

```
1 If M_NvOpen(1)< > 1 Then'——判断 1# 视觉传感器是否联机完成
2 NVOpen "COM2:" AS # 1'——在 COM2 口连接视觉传感器并将其设置为 1# 传感器
3 EndIf
4 Wait M_NvOpen(1)= 1 '——等待 1# 传感器联机通信完成
5 ….
10 NVClose # 1 '——关断 1# 视觉传感器与 COM2 口的通信
```

(5) 说明

① 本指令功能为关断在 NVOpen 指令下的通信连接。

② 如果省略了＜视觉传感器编号＞，则切断所有视觉传感器的通信连接。

③ 如果通信线路已经切断，则转入下一步。

④ 由于可以同时连接 7 个视觉传感器，因此必须按顺序编写＜视觉传感器编号＞，这样可以按顺序关断视觉传感器。

⑤ 如果执行本指令时程序被删除，则继续执行本指令直到本指令处理的工作完成。

⑥ 如果在多任务中使用本指令，在使用本指令的任务中，仅仅需要关闭由 NVOpen 指令打开的通信线路。

⑦ 不支持启动条件为"Always(上电启动)" 和设置为"连续功能" 的程序。

⑧ 如果使用 END 指令，所有由 NVOpen 或 Open 指令开启的连接都会被切断。但是在调用子程序指令下不会关断。

程序复位也会关断通信连接，所以在程序复位和 END 指令下不使用本指令也会关断通信连接。

⑨ 如果在执行本指令时，有某个中断程序的启动条件已经成立，则在执行完本指令后才执行中断程序。

(6) 报警

如果＜视觉传感器编号＞超出 1～8 范围，则会出现"超范围报警(argument out of range)"。

3.5.3 NVLoad (Network vision sensor load)

NVLoad——加载程序指令。

(1) 功能

对于指定的视觉传感器加载指定的视觉程序。

(2) 格式

NVLoad #＜视觉传感器名称＞,"＜视觉程序名称＞"

(3) 术语

＜视觉程序名称＞ 指要加载的视觉程序名称(已经存在的视觉程序名称可以省略)，只可以使用"0"～"9","A"～"Z","a"～"z","－"，以及下划线" _ " 对程序进行命名。

(4) 样例程序

```
1 If M_NvOPen(1)< > 1 Then
2 NVOpen "COM2:" AS # 1     .
3 EndIf
4 Wait M_NvOpen(1)= 1
5 NVLoad # 1,"TEST"'——加载"Test"程序。
6 NVPst # 1, "","E76","J81","L84",0,10   '.
30 NVClose # 1'——关闭通信线路
```

(5) 说明

① 本指令功能为加载指定的程序到指定的视觉传感器。

② 在加载程序到视觉传感器的位置点，本指令将移动到下一步。

③ 如果执行本指令时删除了程序，立即停机。

④ 如果指定的程序名已经被加载，则本指令立即结束不做其他处理。

⑤ 在执行多任务时使用本指令，必须在任务区执行 NVOpen 指令，同时必须用 NVOpen 指令指定传感器编号。

⑥ 不支持启动条件为"Always(上电启动)" 与设置为"连续功能" 的程序。

⑦ 如果在执行本指令时，某个中断程序的启动条件成立，则立即执行中断程序。

3.5.4 NVRun (Network vision sensor run)

NVRun——视觉程序启动指令。

(1) 功能

启动运行指定的程序。

（2）格式

NVRun #＜传感器编号＞," ＜传感器程序名＞"

（3）样例程序

```
1 If M_NvOpen(1)< > 1 Then '——判断 1# 传感器是否联机完成,如果没有联机完成就连接到"COM2:"
2 NVOpen "COM2:" AS # 1 '——将传感器连接到通信口 COM2
3 EndIf
4 Wait M_NvOpen(1)= 1 '——等待联机完成
5 NVRun # 1,"TEST"'——启动运行 "Test" 程序
6 NVIn 1,"TEST","E76","J81","L84",0,10
7 NVClose # 1
```

3.5.5 NVPst (Network vision program start)

NVPst——启动视觉程序获取信息指令。

（1）功能

启动指定的视觉程序并获取信息。从视觉传感器接收的数据存储于机器人控制器作为状态变量。

（2）格式

NVPst #＜视觉传感器编号＞," ＜视觉程序名称＞", " ＜存储识别工件数据量的单元格号＞", " ＜开始单元格编号＞", " ＜结束单元格编号＞",＜类型＞［,＜延迟时间＞］

（3）术语

参见图 3-28。

① ＜视觉传感器编号＞——对使用的视觉传感器设置的编号(不能省略) 设置范围 1～8。

② ＜视觉程序名称＞(不能省略) ——设置视觉程序名称；已经加载的视觉程序可省略。只有"0" ～ "9","A" ～"Z","a" ～"z","－", 以及下划线 " _ " 等字符可以使用。

③ ＜存储识别工件数据量的单元格号＞——指定一个单元格。在这个单元格内存储被识别的工件数量。

设置范围：行 0～399，列 A～Z，例如 A5。

被识别的"工件数" 存储在 M _ NvNum (＊)(＊=1～8)。

④ ＜开始单元格编号＞/＜结束单元格编号＞（不能省略）——指定(电子表格内) 视觉传感器识别信息的存放范围(从起始到结束)。单元格的内容存储在 P _ NvS＊ (30)、M _ NvS＊ (30，10)、C _ NvS＊ (30，10)(＊=1～8) 等变量中。

设置范围：行 0～399，列 A～Z，例如 A5，如图 3-28。

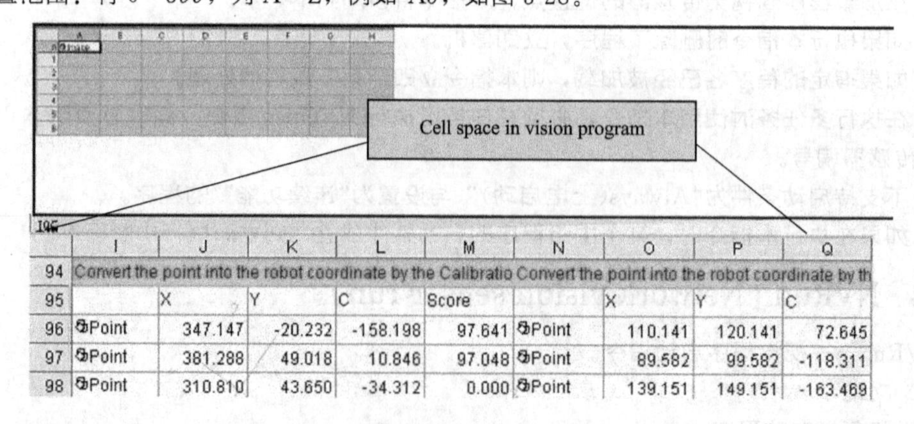

	I	J	K	L	M	N	O	P	Q
94	Convert the point into the robot coordinate by the Calibratio					Convert the point into the robot coordinate by th			
95		X	Y	C	Score		X	Y	C
96	Point	347.147	-20.232	-158.198	97.641	Point	110.141	120.141	72.645
97	Point	381.288	49.018	10.846	97.048	Point	89.582	99.582	-118.311
98	Point	310.810	43.650	-34.312	0.000	Point	139.151	149.151	-163.469

图 3-28 在视觉程序内的电子表格及单元格

但是，当指定的行＝30，列＝10，或单元格总数超过 90 时就会出现“设置的单元格数超出范围”报警。

⑤ ＜数据类型＞（不能省略）——用于设置所获取的数据类型，所获取的数据类型有位置型数据、单精度实数、文本型数据，设置范围 0～7。具体设置见表 3-9。

表 3-9 数据类型设置

设定值	0	1	2	3	4	5	6	7
单元格状态	1 个数据/单元格（每个单元格内放一个数据）				（每个单元格内放 2 个或更多个数据）			
对应使用的状态变量	P_NVS()	M_NVS()	C_NVS()	M_NVS() C_NVS()	P_NVS()	M_NVS()	C_NVS()	M_NVS() C_NVS()
数据类型	位置型数据	单精度实数	文本型	单精度实数 文本型	位置型数据	单精度实数	文本型	单精度实数 文本型

⑥ ＜延迟时间＞——本指令执行的时间。

（4）样例程序

```
1 If M_NvOpen(1)< > 1 Then
2 NVOpen "COM2:" AS # 1
3 EndIf
4 Wait M_NvOpen(1)= 1    .
5 NVPst # 1,"TEST","E76","J81","L84",1,10
'——启动运行"Test" 程序，在 E67 单元格内存放识别工件数量。 识别信息存放区域为 J81～L84，同时该识别信息还存放在机器人状态变量 M_NvS1()
6 '——相关处理程序
7 …
30 NVclose # 1'——关闭通信线路
```

（5）说明

① 指令功能为启动视觉程序并接收识别信息。

② 延迟时间内，直到信息接收完成之前，不要移动到下一步。

注意

在机器人程序停止时，本指令立即被删除。程序重新启动后，继续处理。

③ 果指定的程序已经被加载，本指令无须加载程序而立即执行，可以缩短处理时间。

④ 当在多任务状态下使用本指令，必须使用 NVOpen 指令。

⑤ 果＜Type＞设置为 4～7，则可以提高信息接收的速度。

⑥ 支持启动条件为“Always(上电启动)” 和设置为“连续功能” 的程序。

⑦ 如果在本指令执行过程中，有任一中断程序执行条件成立，则立即执行中断程序。

（6）多通道模式的使用方法

当使用多通道模式时，根据机器人的数量设置＜启动单元格＞ 和＜结束单元格＞以取得信息，同时“数据类型” 设置为 1～3。

下例是 1 个多通道模式的信息处理方法。

如图 3-29 所示，设置＜启动单元格＞ 和＜结束单元格＞为 J96～M98，则给第 1 个机器人的信息存储在视觉程序表格 J97～M98。

	I	J	K	L	M	N	O	P	Q
94	Convert the point into the robot coordinate by the Calibratio					Convert the point into the robot coordinate by th			
95		X	Y	C	Score		X	Y	C
96	Point	347.147	-20.232	-158.198	97.641	Point	110.141	120.141	72.645
97	Point	381.288	49.018	10.846	97.048	Point	89.582	99.582	-118.311
98	Point	310.810	43.650	-34.312	0.000	Point	139.151	149.151	-163.469

图 3-29　视觉程序电子表格信息

传送给第 2 个机器人的信息存储在视觉程序表格 O97～R98。如果在 NVPst 指令中设置＜数据类型＞＝1，则数据被存储在 M _ NvS1 ()，如表 3-10 所示。

表 3-10　M _ NvS1 () 中的实际数据

	列 行	1	2	3	4	5	6	7	8	9
M-NvS1 ()	1	347.147	−20.232	−158.198	97.641	0.0	0.0	0.0	0.0	0.0
	2	381.288	49.018	10.846	97.048	0.0	0.0	0.0	0.0	0.0
	3	310.81	43.65	−34.312	0.0	0.0	0.0	0.0	0.0	0.0
	4	0.0	0.0	0.0	0.0	0.0	0	0	0	0
	5	0.0	0.0	0.0	0.0	0.0	0	0	0	0

例：如果为 2 通道模式，＜启动单元格＞＝J96，＜结束单元格＞＝R98，＜数据类型＞＝1，则存储在 M _ NvS1(30，10)，结果如表 3-11 所示。

表 3-11　2 通道模式中 M _ NvS1() 的数据

	列 行	1	2	3	4	5	6	7	8	9
M-NvS1 ()	1	347.147	−20.232	−158.198	97.641	0.0	110.141	120.141	72.645	97.641
	2	381.288	49.018	10.846	97.048	0.0	89.582	99.582	−118.311	97.048
	3	310.81	43.65	−34.312	0.0	0.0	139.151	149.151	−163.469	95.793
	4	0.0	0.0	0.0	0.0	0.0	0.0	0.0	0.0	0.0
	5	0.0	0.0	0.0	0.0	0.0	0.0	0.0	0.0	0.0

1 台视觉传感器最多可同时连接 3 台机器人控制器，不过本指令在同一时间只能使用一次。本指令可以用于任一机器人控制器。

① 3 台机器人与 1 台视觉传感器构成的跟踪系统实例，如图 3-30 所示。

工作步骤：

a. 3 台机器人，1 台设置为主站，主站使用 NVPst 指令向视觉传感器发出“拍照请求”，视觉传感器启动拍照，当拍照结束后，将数据信息传送到机器人主站。

b. 主站机器人发出“接收通知” 给另外两台机器人(推荐 2 台机器人之间使用 I/O 连接，另 1 台机器人使用以太网连接)。

c. 使用 NVIn 指令，每台机器人可分别接收各自的信息。

② 2 台机器人与 1 台视觉传感器构建系统的样例，如图 3-31 所示。

工作步骤：

a. 当前使用视觉传感器的控制器，首先要检查视觉传感器没有被另一台控制器使用并向另外一台控制器发出“在使用中” 的信号。

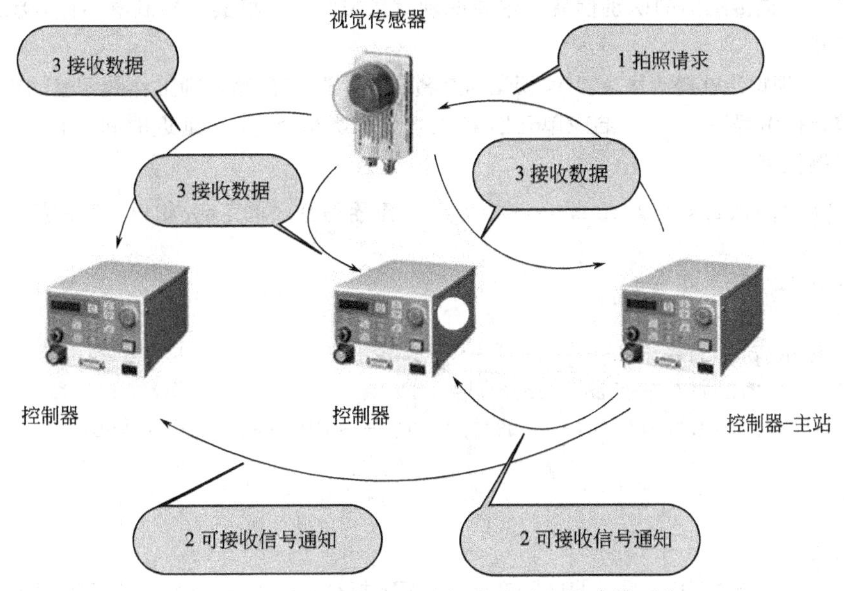

图 3-30　3 台机器人与 1 台视觉传感器构成的系统

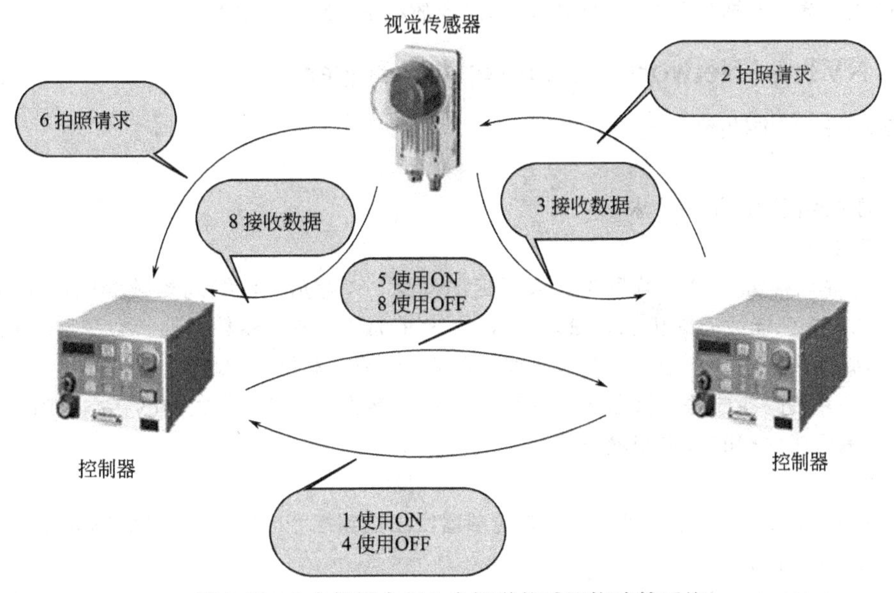

图 3-31　2 台机器人与 1 台视觉传感器构成的系统

b. 向视觉传感器发出“拍照请求”。

c. 当视觉传感器处理完成图像数据后，控制器就接收必要的数据。

d. 控制器关闭“在使用中” 的信号并输出给另外 1 个控制器。

e. 另 1 个控制器执行步骤 a～d。

用这种方法，2 台控制器能够交替使用 1 台视觉传感器。

3.5.6　NVIn (Network vision sensor input)

NVIn——读取信息指令。

(1) 功能

接收来自视觉传感器的识别信息。这些识别信息被保存在机器人控制器中作为状态变量。

（2）格式

NVIn #＜视觉传感器编号＞，"＜视觉程序名称＞"，"＜存储识别工件数据量的单元格号＞"，"＜开始单元格编号＞"，"＜结束单元格编号＞"，＜类型＞［，＜延迟时间＞］

（3）样例程序

```
1 If M_NvOpen(1)< > 1 Then'——判断 1# 传感器是否联机完成,如果没有联机完成,就连接到"COM2:"
2 NVOpen "COM2:" AS # 1        '
3 EndIf
4 Wait M_NvOpen(1)= 1
5 NVRun # 1,"TEST"'——启动 "Test"程序.
6 NVIn # 1,"TEST","E76","J81","L84",0,10'——接收信息并存储在 P_NvS1 (30).
7 …
30 NVClose # 1   '
```

（4）说明

① NVIn 指令与 NVPst 指令的区别在于：NVIn 指令仅仅是一个读取信息的指令。而 NVPst 指令是先启动程序运行再读取信息的指令。NVIn 指令与 NVPst 指令的术语定义完全相同。

② 通过设置＜数据类型＞，将读取的信息存放在 P _ NvS1（30）。

3.5.7 NVTrg (Network vision sensor trigger)

NVTrg——请求拍照指令。

（1）功能

向视觉传感器发出拍照请求。

（2）格式

NVTrg #＜视觉传感器编号＞，＜延迟时间＞，＜存放 1#编码器数据的状态变量＞［，［＜＜存放 2#编码器数据的状态变量＞］［，［＜＜存放 3#编码器数据的状态变量＞］［，［＜＜存放 4#编码器数据的状态变量＞］［，［＜＜存放 5#编码器数据的状态变量＞］
［，［＜存放 6#编码器数据的状态变量＞］［，［＜＜存放 7#编码器数据的状态变量＞］［，［＜＜存放 8#编码器数据的状态变量＞］

（3）术语

① ＜Delay time＞ 延迟时间——从向传感器发出拍照指令到编码器数据被读出的时间。

设置范围 0～150ms。

② ＜存放 N#编码器数据的状态变量＞——指定一个双精度变量。这个变量存储从外部编码器 n 读出的数据。n 为 1～8。

（4）样例程序

```
1 If M_NvOpen(1)< > 1 Then
2 NVOpen "COM2:" AS # 1
3 EndIf
4 Wait M_NvOpen(1)= 1
5 NVRun # 1,"TEST"

6 NVTrg     # 1,15,M1# ,M2#  '——请求 1# 视觉传感器拍照并在 15ms 后将编码器 1 和编码器 2 的值存储在变量 M1# 和 M2# 中
```

3.5.8 EBRead (EasyBuilder read)

EBRead (EasyBuilder read) ——读数据指令(康奈斯专用)。

(1) 功能

读出指定视觉传感器的数据。这些数据被存储在指定的变量中。本指令专用于康奈斯公司的 EB 软件制作的视觉程序。

(2) 格式

EBRead ＃＜视觉传感器编号＞，[＜标签名称＞]，＜变量 1＞ [，＜变量 1 2＞] … [，＜延迟时间＞]

(3) 术语

＜-视觉程序名＞ ——指定视觉程序名。读出该程序内存储的数据。如果省略视觉程序名，则要在参数 EBRDTAG 内设置。初始值为：" Job. Robot. FormatString"。

＜变量＞——读出的数据存储在变量中。

＜延迟时间＞——设置范围 1～32767s。

(4) 样例程序

```
100 If M_NvOpen(1)< > 1 Then
110   NVOpen "COM2:" As # 1
120 End If
130 Wait M_NvOpen(1)= 1
140 NVLoad # 1,"TEST"     '
150 NVRun # 1,"TEST"     '
160 EBRead # 1,,MNUM,PVS1,PVS2 '——读出程序名为"Job.Robot.FormatString"内的数据。这些数据存储在指定的变量中
170……
⋮
300 NVClose # 1     '
```

(5) 说明

① 本指令用于读取数据。

② 数据存储在指定的变量中。

③ 变量用逗号分隔，数据按变量排列的顺序存储。因此读出数据的类型要与指定变量的类型相同。

④ 当指定变量为位置型变量时，存储的数据为 X、Y、C，而其他各轴的值为“0”，C 值的单位为弧度。

⑤ 当指定的变量数少于接收数据时，接收的数据仅仅存储在指定的变量中。

⑥ 当指定的变量数多于接收数据时，多出的数据部分不上传。

⑦ 如果省略“视觉程序名称” 则默认为参数 EBRDTAG 的初始值：" Job. Robot. FormatString"。

⑧ 在延迟时间内不要移动到下一步，必须等到数据读出完成。注意，如果机器人程序停止，本指令立即被删除，需要用重启指令继续执行本指令。

⑨ 多任务时必须使用 NVOpen 指令和 NVRun 指令，在相关的任务区程序内指定视觉传感器的编号。

⑩ 不支持启动条件为上电启动和连续功能的程序。

⑪ 如果执行本指令时，某一中断程序的条件成立，则立即执行中断程序。待中断程序执行完毕后再执行本指令。

⑫ 为了缩短生产时间，可以在执行 NVRun 指令和 EBRead 后执行其他动作。

⑬ 如果在执行 NVRun 指令后立即执行 EBRead 指令，必须设置参数 NVTRGTMG =1。

如果参数 NVTRGTMG =出厂值，则在执行 NVRun 指令后的下一个程序无须等待视觉程序的处理完成即可执行。

⑭ 如果在 NVRun 和 EBRead 之间，程序停止，则执行 NVRun 指令和 EBRead 指令的结果可能不同。

（6）指令样例

变量值——执行 EBRead 指令的变量如下：

① 如果视觉程序的内容是 10，则：

a. 执行“EBRead ＃1，" Pattern _ 1. Number _ Found"，MNUM 指令后

MNUM=10

b. 执行“EBRead ＃1，" Pattern _ 1. Number _ Found"，CNUM”

CNUM=10

② 如果执行视觉程序 Job. Robot. FormatString 的内容为：

2，125.75，130.5，－117.2，55.1，0，16.2，

a. 执行“EBRead ＃1，，MNUM，PVS1，PVS2” 后

MNUM=2

PVS1. X=125.75　PVS1. Y=130.5　PVS1. C=－117.2

PVS2. X=55.1　PVS2. Y=0，　PVS2. C=16.2

其他轴数据=0

注意

PVS1，PVS2 是位置型变量，所以读出的数据为位置点数据。

b. 执行“EBRead ＃1，，MNUM，MX1，MY1，MC1，MX2，MY2，MC2” 后

MNUM=2

MX1=125.75　MY1=130.5　MC1=－117.2

MX2=55.1　MY2=0　MC2=16.2

注意

MX1，MY1，MC1 是数据型变量，所以读出的数据为数字。

c. 执行“EBRead ＃1，，CNUM，CX1，CY1，CC1，CX2，CY2，CC2” 后

CNUM=" 2"

CX1=" 125.75"　CY1=" 130.5"　CC1=" －117.2"

CX2=" 55.1"　CY2=" 0"　CC2=" 16.2"

注意

CX1，CY1，CC1 是字符串型变量，所以读出的数据为“字符串”。

③ 如果执行视觉程序 Job. Robot. FormatString 的内容为

2，125.75，130.5

则执行“EBRead ＃1，，MNUM，PVS1” 后

MNUM=2

PVS1. X=125.75　PVS1. Y=130.5

其他轴数据=0。

3.6 视觉追踪功能指令

视觉追踪功能指令如表 3-12 所示。

表 3-12 视觉追踪功能指令一览表

指令名称	功 能
TrBase	设置追踪工作的工件坐标系原点和编码器编号
TrClr	对追踪数据缓存区清零
Trk	启动及结束 追踪模式
TrOut	输出信号并读编码器数据
TrRd	从追踪数据缓存区读工件数据
TrWrt	向追踪数据缓存区写工件数据

3.6.1 TrBase 指令

(1) 功能

TrBase (tracking base) 追踪基本指令用于设定追踪(示教) 操作中的工件坐标系原点和使用的编码器编号。

(2) 格式

TrBase <参考点位置数据> [,<编码器编号>]

(3) 术语说明

<原点位置>——追踪工作中的原点位置。

<编码器编号>——使用编码器的编号(连接到控制器的通道号)。

(4) 指令样例

```
1 TrBase P0 '以 P0 为工件坐标系原点
2 TrRd P1,M1,MKIND '
3 Trk On,P1,M1 '
4 Mvs P2 '
5 HClose 1 '
6 Trk Off '
```

(5) 说明

本指令用于指定追踪(示教) 操作中工件坐标系的原点以及编码器编号。如果没有标写编码器编号则为预置值“1”。在控制器中设置有参考点位置及编码器编号的初始值，使用 TrBase 或 Trk 指令可以改变初始值。

参考点的初始值= P _ Zero，编码器编号初始值=1。

3.6.2 TrClr——追踪缓存区数据清零指令

(1) 功能

追踪缓存区数据清零指令用于清除追踪缓存区中的数据。

(2) 格式

TrClr [<缓存区编号>]

(3) 术语

[<缓存区序号>] 追踪数据缓存区的序号。设置范围1～4。

(4) 样例

```
1 TrClr 1 '清除 1# 追踪缓存区内的数据
2 * LOOP
3 If M_In(8)= 0 Then GoTo * LOOP '
4 M1# = M_Enc(1) '
5 TrWrt P1, M1# , MK '
```

(5) 说明

① 清除存储在追踪缓存区内的数据。

② 在追踪程序初始化时使用本指令。

3.6.3 Trk——追踪功能指令

(1) 功能

Trk On，则机器人进入追踪模式工作，追踪传送带运行。如果 Trk Off，就停止追踪。

(2) 格式

Trk On [，<测量位置数据> [，[<编码器数值>] [，[<参考点数据>] [，[<编码器编号>]]]]]

Trk Off

(3) 术语

① <测量位置数据>（可省略）：设置由传感器检测到的工件位置。

② <编码器数据>（可省略）：设置当检测到工件时编码器的数值。

③ <参考点位置数据->（可省略）：设置追踪模式中使用的原点。如果省略，则使用 TrBase 指令设置的原点。其初始值＝ P-Zero。

④ <编码器编号>（可省略）。

(4) 指令样例

```
1 TrBase P0 '
2 TrRd P1,M1,MKIND '读出追踪缓存区数据
3 Trk On,P1,M1 ' 追踪启动。 位置数据= P1,编码器数据= M1
4 Mvs P2 ' P2 是抓取工件的位置
5 HClose 1 '抓手 1= ON
6 Trk Off '追踪模式结束
```

说明：追踪工作以 检测点的“工件位置” 和检测点动作时的“编码器数值” 为基础进行追踪。

3.6.4 TrOut——输出信号和读取编码器数值指令

(1) 功能

指定一个输出信号＝ON 并读取编码器数值。

(2) 格式

TrOut <输出信号编号(地址) >，<存储编码器1数值的变量> [，[<存储编码器2数值的变量]

[，[<存储编码器3数值的变量>] [，[<存储编码器4数值的变量>]

[，[<存储编码器5数值的变量>] [，[<存储编码器6数值的变量]

[，[<存储编码器7数值的变量>] [，[<存储编码器8数值的变量>]]]]]]]]

（3）样例

```
1 * LOOP1
2 If M_In(10) < > 1 GoTo * LOOP1 '检查外部信号(光电开关)是否动作。没有动作就继续等待(如果光电开关= ON,就执行下一步)
3 TrOut 20, M1# , M2# '指定输出信号(20)= ON,同时指定编码器 1 的数据存储在 M1# 变量,编码器 2 的数据存储在 M2# 变量。存储过程与输出信号= ON 同步
4 * LOOP2
5 If M_In(21) < > 1 GoTo * LOOP2 '如果 M_In(21)= 1,则
6 M_Out(20)= 0 '设置 M_Out(20)= 0
```

（4）说明

① 本指令用于指令视觉系统计算被追踪工件的位置。

② 本指令可以在输出计算指令的同时获取由编码器测量的工件位置信息。

③ 因为通用输出信号是可以保持的。因此，在确认已经获取视觉系统信息后，必须使用 M _ Out变量使通用用输出信号＝OFF。

3.6.5 TrRd——读追踪数据指令

（1）功能

从数据缓存区中读位置追踪数据以及编码器数据。

（2）格式

TrRd ＜位置数据＞［，＜编码器数据＞］［，［＜工件类型数＞］［，［＜缓存区序号＞］［，＜编码器编号＞］］］］

（3）术语

① ＜位置数据＞（不能够省略）：设置一个变量——本变量用于存储从缓存区中读出的工件位置。

② ＜编码器数值＞（可省略）：设置一个变量——本变量用于存储从缓存区中读出的编码器数值。

③ ＜工件类型数量＞（可省略）：设置一个变量——本变量用于存储从缓存区中读出的工件类型数。

④ ＜缓存区序号＞（可省略）：设置被读出数据的缓存区序号。如果设置为 1 则可省略。设置范围 1～4。

与参数［TRBUF］相关。

⑤ ＜编码器编号＞（可省略）：设置一个变量——本变量用于存储从缓存区中读出的编码器编号。

（4）指令样例

① 追踪操作程序

```
1 TrBase P0 '
2 TrRd P1,M1,MK '读数据指令。位置数据存储在 P1,编码器数据存储在 M1,工件类型数量存储在 MK
3 Trk On,P1,M1 '追踪启动。工件检测点位置= P1,同时的编码器数据为 M1
4 Mvs P2 '
5 HClose 1 '
6 Trk Off '追踪操作结束
```

② 传感器数据接收程序

```
1 * LOOP
2 If M_In(8)= 0 Then GoTo * LOOP ' M_In(8)是光电开关检测信号
3 M1# = M_Enc(1) '
4 TrWrt P1, M1# ,MK '
```

（5）说明

① 本指令读出由 TrWrt 指令写入指定缓存区的各数据：工件位置、编码器数值、工件类型数等。

② 如果执行本指令时，在指定的缓存区内没有数据，则发出报警。报警号 2540。

3.6.6 TrWrt——写追踪数据指令

（1）功能

在追踪操作中，将位置数据、编码器数值写入数据缓存区中。

（2）格式

TrWrt <位置数据>［，<编码器数值>］［，［<工件类型数>］［，［<缓存区序号>］［，<编码器编号>］］］］

（3）术语

① <位置数据>（不能省略）：指定由传感器检测的位置数据。

② <编码器数值>（可省略）：编码器数值指在工件被检测到的位置点的编码器数值。获取的编码器数值存储在 M _ Enc（）状态变量中并通常由 TrOut 指令指定。

③ <工件类型数量>（可省略）：指定工件类型数量。设置范围 1～65535。

④ <缓存区序号>（可省略）：指定数据缓存区序号。设置=1 时，可以省略。设置范围 1～4。

⑤ <编码器编号>（可省略）：设置外部编码器编号。如果与缓存区序号相同，则可省略。

（4）指令样例

① 追踪操作程序

```
1 TrBase P0 '
2 TrRd P1,M1,MKIND '
3 Trk On,P1,M1 '
4 Mvs P2 '
5 HClose 1 '
6 Trk Off '
```

② 传感器程序

```
1 * LOOP
2 If M_In(8)= 0 Then GoTo * LOOP '如果光电开关的输入信号(8)= OFF,就反复循环等待。否则
3 M1# = M_Enc(1) '如果光电开关输入信号(8)= ON,就将此时的编码器数据赋予 M1#
4 TrWrt P1, M1# ,MK ' 同时将此点位的工件数据 P1、编码器数据 M1# 和工件类型数写入缓存区
```

（5）说明

① 本指令将测量点(检测开关=ON）的工件位置数据，编码器数值、工件类型数和编码器编号写入数据缓存区。

② 除工件位置(机器人坐标值）外的其他参数可省略。

③ 用参数“TRCWDST”设置工件间隔距离，如果工件在间隔之内，就被视为同一工件。即使数据被写入 2 次或 2 次以上，也只有一个数据被存储在缓存区。因此使用 TrRd 指令只会读出 1 个数据。

3.7 其他指令

3.7.1 ChrSrch (Character Search) ——查找“字符串” 编号

(1) 功能

本指令用于在指定的一组字符串范围内检索指定的字符串，检索的结果是指定的字符串的编号。

(2) 指令格式及说明

ChrSrch □ <字符串组编号> □ <检索字符串内容> □ <存放位置>

① <字符串组（起始）编号>——设置作为检索范围的“字符串组”。

② <检索字符串内容>——设置检索的“字符串”。

③ <存放位置>——检索结果(字符串号) 存放的位置。

(3) 指令例句

```
1 Dim C1$ (10) '——定义 10 组字符串
2 C1$ (1)= "ABCDEFG"
3 C1$ (2)= "MELFA"
4 C1$ (3)= "BCDF"
5 C1$ (4)= "ABD"
6 C1$ (5)= "XYZ"
7 C1$ (6)= "MELFA"
8 C1$ (7)= "CDF"
9 C1$ (8)= "机器人 "
10 C1$ (9)= "FFF"
11 C1$ (10)= "BCD"
12 ChrSrch C1$ (1), "机器人 ", M1'——M1= 8; 从 C1$ (1)起,检索字符串" 机器人 "。 检索的结果代入 M1(该字符串编号= 8)
13 ChrSrch C1$ (1), "MELFA", M2 ' M2= 2'——从 C1$ (1)起,检索字符串" MELFA "。 检索的结果代入 M2(该字符串编号= 2)
```

3.8 附录——以起首字母排列的指令

序号	指令代号	指令功能	参考章节
A 起首字母			
1	Accel	设置加减速阶段的“加减速度的倍率”	3.1.13
2	Act	设置“（被定义的）中断程序”的有效工作区间	3.3.5
B 起首字母			
3	Base	设置一个新的“世界坐标系”	3.3.14
C 起首字母			
4	CallP	调用子程序指令	3.2.7
5	ChrSrch	查找“字符串”编号	3.7.1

续表

序号	指令代号	指令功能	参考章节
6	CavChk On	“防碰撞功能”是否生效	3.1.31
7	Close	关闭文件	3.2.17
8	Clr	清零指令	3.2.25
9	Cmp Jnt	指定关节轴进入“柔性控制状态”	3.1.14
10	Cmp Pos	以直角坐标系为基准，指定伺服轴（CBAZYX）进入“柔性控制状态”	3.1.15
11	Cmp Tool	以TOOL坐标系为基准，指令设定的伺服轴（CBAZYX）进入“柔性控制状态”	3.1.16
12	Cmp Off	关闭机器人柔性控制状态	3.1.17
13	CmpG	设置柔性控制时各轴的增益	3.1.18
14	Cnt	连续轨迹运行	3.1.12
15	ColChk	指令碰撞检测功能有效无效	3.2.18
16	ColLvl	设置碰撞检测量级	3.1.32
17	Com On/Com Off/Com Stop	设置从外部通信口传送到机器人一侧的“插入指令”有效无效	3.2.20
D起首字母			
18	Def Act	定义“中断程序”	3.3.4
19	Def Arch	定义在Mva指令下的弧形形状	3.3.6
20	Def Char	对字符串类型的变量进行定义	3.3.10
21	Def FN	定义任意函数	3.3.12
22	Def Float/Def Double/Def Inte/Def Long	定义变量的数值类型	3.3.9
23	Def IO	定义输入输出变量	3.3.11
24	Def Jnt	定义关节型变量	3.3.7
25	Def Plt	定义码垛指令	3.3.2
26	Def Pos	定义直交型变量	3.3.8
27	Dim	定义数组	3.3.1
28	Dly	暂停指令（延时指令）	3.2.9
E起首字母			
29	END	程序段结束指令	3.2.26
30	Error	发出报警信号的指令	3.2.22
31	EBRead	视觉读数据指令（康奈斯专用）	3.5.8
F起首字母			
32	Fine	设置定位精度	3.1.25
33	Fine J	以关节轴的旋转精度设置定位精度	3.1.26
34	Fine P	以直线距离设置定位精度	3.1.27

续表

序号	指令代号	指令功能	参考章节
35	For □ Next	循环指令	3.2.27
36	FPrm	定义子程序中使用“自变量”	3.2.8
G 起首字母			
37	GetM	指定获取机器人控制权的指令	3.4.6
38	GoSub	调用指定“标记”的子程序	3.2.5
39	GoTo	无条件转移（分支）指令	3.2.4
H 起首字母			
40	Hlt	暂时停止程序指令	3.2.10
41	HOpen/HClose	抓手打开/关闭指令	3.2.21
I 起首字母			
42	If…Then…Else…EndIf		3.2.2
43	Input	文件输入指令	3.2.16
J 起首字母			
44	JOvrd	设置关节轴旋转速度的倍率	3.1.11
45	JRC	旋转轴坐标值转换指令	3.1.24
L 起首字母			
46	LoadSet	设置抓手、工件的工作条件	3.1.21
M 起首字母			
47	Mov	从“当前点”向“目标点”做关节插补运行	3.1.1
48	Mva	从“起点”向“终点”做弧形插补运行	3.1.7
49	Mvc	三维真圆插补指令	3.1.6
50	Mvr2	三维圆弧插补指令	3.1.4
51	Mvr3	三维圆弧插补指令	3.1.5
52	Mvs	直线插补指令	3.1.2
53	MvTune	最佳动作模式选择指令	3.1.8
54	Mxt	（每隔规定标准时间）读取（以太网）连接的外部设备绝对位置数据进行直接移动的指令	3.1.19
N 起首字母			
55	NVOpen	连接视觉传感器通信线路并登记注册该视觉传感器	3.5.1
56	NVClose	关断视觉传感器通信线路指令	3.5.2
57	NVLoad	加载程序指令	3.5.3
58	NVRun	视觉程序启动指令	3.5.4
59	NVPst	启动视觉程序获取信息指令	3.5.5
60	NVIn	读取信息指令	3.5.6
61	NVTrg	请求拍照指令	3.5.7

续表

序号	指令代号	指令功能	参考章节
O 起首字母			
62	Oadl	对应抓手及工件条件,选择最佳加减速模式的指令	3.1.20
63	On Com GoSub	如果有来自通信口的指令则跳转执行某子程序	3.2.19
64	On □ GoSub	不同条件下调用不同子程序的指令	3.2.5
65	On □GoTo	不同条件下跳转到不同程序分支处的指令	3.2.12
66	Open	打开文件指令	3.2.14
67	Ovrd	速度倍率设置指令	3.1.9
P 起首字母			
68	Plt	码垛指令	3.3.3
69	Prec	选择高精度模式有效或无效。 用以提高轨迹精度	3.1.22
70	Print	输出数据指令	3.2.15
71	Priority	多任务工作时，指定各任务区程序的执行行数	3.4.8
R 起首字母			
72	RelM	解除机器人控制权。 在多任务跨任务区时使用	3.4.7
73	Rem	标记字符串	3.2.1
74	Reset Err	报警复位	3.4.9
75	Return	子程序/中断程序结束及返回	3.2.28
S 起首字母			
76	Select Case	根据不同的状态选择执行不同的程序块	3.2.3
77	Servo	指令伺服电源的 ON/OFF	3.1.28
78	Skip	跳转指令	3.2.23
79	Spd	速度设置指令	3.1.10
T 起首字母			
80	Title	以文本形式显示程序内容的指令	3.3.15
81	Tool	TOOL 数据的指令	3.3.13
82	Torq	转矩限制指令	3.1.23
83	TrBase	追踪基本指令	3.6.1
84	TrClr	追踪区数据清零	3.6.2
85	Trk	追踪功能	3.6.3
86	TrOut	输出信号和读取编码器数值指令	3.6.4
87	TrRd	读追踪数据指令	3.6.5
88	TrWrt	写追踪数据指令	3.6.6
W 起首字母			
89	Wait	等待指令	3.2.24

续表

序号	指令代号	指令功能	参考章节
90	While □ WEnd（While End）	循环条件指令	3.2.13
91	Wth	在插补动作时附加处理的指令	3.1.29
92	WthIf	在插补动作带有附加条件的附加处理的指令	3.1.30
X 起首字母			
93	XClr	多程序工作时，解除某任务区（task slot）的程序选择状态	3.4.5
94	XLoad	加载程序	3.4.1
95	XRst	复位指令	3.4.4
96	XRun	多任务工作时的程序启动指令	3.4.2
97	XStp	多任务工作时的程序停止指令	3.4.3

第 4 章

机器人状态变量

机器人的工作状态(如“当前位置” 等) 是可以用变量的形式表示的。实际上每一种工业控制器都有表示自身工作状态的功能。如数控系统用“X 接口” 表示工作状态。所以机器人的状态变量就是表示机器人的“工作状态” 的数据，在实际应用中极为重要，本章详细解释各机器人状态变量的定义、功能和使用方法。

4.1 C-J 状态变量

4.1.1 C_ Date——当前日期 (年/月/日)

(1) 功能

变量 C _ Date 表示当前时间，以年月日方式表示。

(2) 格式

＜字符串变量＞= C _ Date

(3) 例句

```
C1$ = C_Date(假设当前日期是 2015/9/28)
则 C1$ = "2015/9/28"
```

4.1.2 C_ Maker——制造商信息

(1) 功能

C _ Maker 为制造商信息。

(2) 格式

＜字符串变量＞=C _ Maker

(3) 例句

```
C1$ = C_Maker(假设制造商信息为"COPYRIGHT2007……")
则 C1$ = "COPYRIGHT2007……"
```

4.1.3 C_ Mecha——机器人型号

(1) 功能

C _ Mecha 为机器人型号。

(2) 格式

＜字符串变量＞= C _ Mecha ＜机器人号码＞

＜机器人号码＞——设置机器人号码。设置范围 1～3。

(3) 例句

```
C1$ = C_Mecha(1) (假设机器人型号为"RV- 12SQ")
则 C1$ = "RV- 12SQ",即 1# 机器人型号为"RV- 12SQ"。
```

4.1.4 C_ Prg——已经选择的程序号

(1) 功能

C _ Prg 为已经选择的程序号。

(2) 格式

<字符串变量>= C _ Prg <任务区号>

<任务区号>——设置任务区(插槽) 号。

(3) 例句

```
C1$ = C_Prg(1)(假设任务区 1 内的程序号为"10")
则 C1$ = 10。
```

4.1.5 C_ Time——当前时间(以 24 小时显示时/分/秒)

(1) 功能

变量 C _ Time 为以时分秒方式表示的当前时间。

(2) 格式

<字符串变量>=C _ Time

(3) 例句

```
C1$ = C_Time(假设当前时间是"01/05/20")
则 C1$ = "01/05/20"。
```

4.1.6 C_ User——用户参数“USERMSG” 所设置的数据

(1) 功能

C _ User 为在用户参数“USERMSG” 所设置的数据。

(2) 格式

<字符串变量>= C _ User

(3) 例句

```
C1$ = C_User(假设用户参数"USERMSG"所设置的数据为 HANJIE)
则
C1$ = HANJIE
```

4.1.7 J_ Curr——各关节轴的当前位置数据

(1) 功能

J _ Curr 是以各关节轴的旋转角度表示的“当前位置” 数据，在编写程序是经常使用的重要数据。

(2) 格式

<关节型变量>= J _ Curr <机器人编号>

<关节型变量>——注意要使用“关节型的位置变量”，J 开头。

<机器人编号>——设置范围 1～3。

(3) 例句

```
J1= J_Curr'——设置 J1 为关节型当前位置点
```

4.1.8 J_ColMxl——碰撞检测中“推测转矩”与“实际转矩”之差的最大值

（1）功能

J_ColMxl 为碰撞检测中各轴的“推测转矩”与“实际转矩”之差的最大值。如图 4-1 所示，用于反映实际出现的最大转矩，从而对应保护措施。

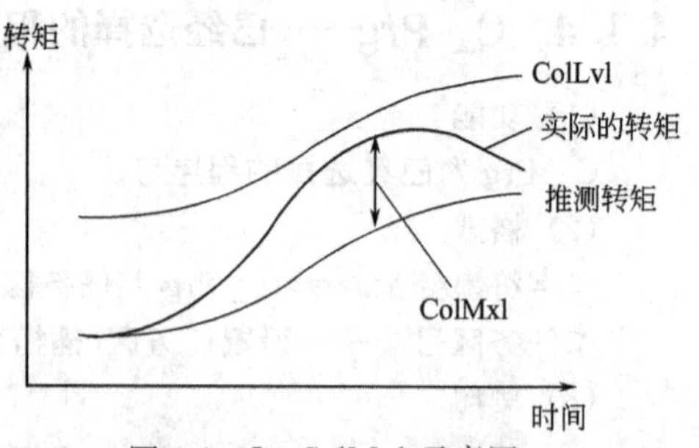

图 4-1 J_ColMxl 示意图

（2）格式

<关节型变量>＝J_ColMxl <机器人编号>

<关节型变量>——注意要使用“关节型的位置变量”，J 开头。

<机器人编号>——设置范围 1～3。

（3）例句

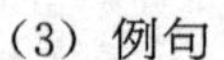

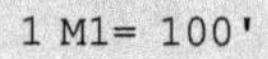

```
1 M1= 100'
2 M2= 100
3 M3= 100
4 M4= 100
5 M5= 100
6 M6= 100
7 * LBL
8 ColLvl M1,M2,M3,M4,M5,M6,,'——设置各轴碰撞检测级别
9 ColChk On'—— 碰撞检测开始
10 Mov P1
……
50 ColChk Off'—— 碰撞检测结束
51 M1= J_ColMxl(1).J1+ 10'——将实际检测到的 J1 轴碰撞检测值+ 10 赋予 M1 l
52 M2= J_ColMxl(1).J2+ 10'——实际检测到的 J2 轴碰撞检测值+ 10 赋予 M2
53 M3= J_ColMxl(1).J3+ 10
54 M4= J_ColMxl(1).J4+ 10
55 M5= J_ColMxl(1).J5+ 10
56 M6= J_ColMxl(1).J6+ 10
57 GoTo * LBL
```

（4）应用案例

从 P1 点到 P2 点移动过程中，自动设置碰撞检测级别的程序。如图 4-2 所示。

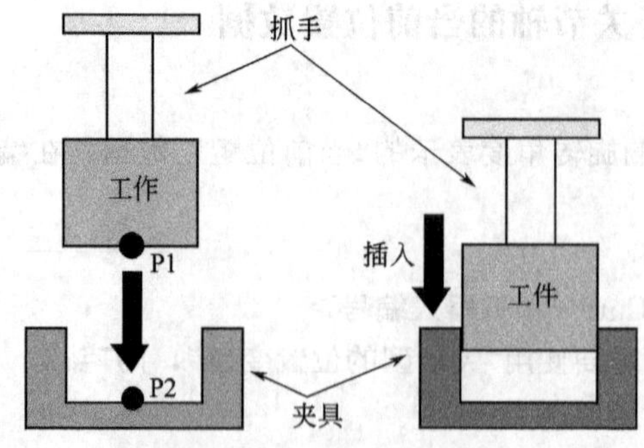

图 4-2 自动设置碰撞检测级别

```
’ * * * * * * * * * * 调用自动设置检测(量级) 子程序 * * * * * * * * * *
’ GoSub * LEVEL ’ 调用自动设置检测(量级) 子程序
’ HLT
’ * * * * * * * * * * * * * * * * * * * * * * * * * * * * * * * * * * * * *
* MAIN        主程序
Oadl ON’—— 最佳加减速度控制=ON
LoadSet 2, 2’——在任务区 2 中加载 2 号程序
Collvl M_01, M_02, M_03, M_04, M_05, M_06,,’——设置各轴碰撞检测级别
Mov PHOME’——回工作基点
Mov P1
Dly 0.5
ColChk ON’—— 碰撞检测开始
Mvs P2
Dly 0.5
ColChk OFF’——碰撞检测结束
Mov PHOME
End
’ * LEVEL FIX(碰撞检测量级自动设置子程序) * *
* LEVEL
Mov PHOME
M1=0’——J1 轴检测 量级初始设定
M2=0’——J2 轴检测 量级初始设定
M3=0’——J3 轴检测 量级初始设定
M4=0’——J4 轴检测 量级初始设定
M5=0’——J5 轴检测 量级初始设定
M6=0’——J6 轴检测 量级初始设定
ColLvl 500, 500, 500, 500, 500, 500,,’——设置各轴碰撞检测量级 Level=500%
For MCHK=1 To 10’——循环处理(由于测量误差的偏差范围较大，所以做多次检测，取最大值)
Dly 0.3
Mov P1
Dly 0.3
Colhk ON’——碰撞检测开始
Mvs P2
Dly 0.3
ColChk OFF’——碰撞检测结束
If M1<J_ColMxl (1) .J1 Then M1=J_ColMxl (1) .J1
If M2<J_ColMxl (1) .J2 Then M2=J_ColMxl (1) .J2
If M3<J_ColMxl (1) .J3 Then M3=J_ColMxl (1) .J3
If M4<J_ColMxl (1) .J4 Then M4=J_ColMxl (1) .J4
If M5<J_ColMxl (1) .J5 Then M5=J_ColMxl (1) .J5
If M6<J_ColMxl (1) .J6 Then M6=J_ColMxl (1) .J6
’——将实际检测到的数据赋予 M1～M6
```

Next MCHK'——下一循环。经过 10 次循环后，实际检测到的最大数据赋予 M1～M6

M _ 01=M1+10'——设置检测量级为"全局变量"

M _ 02=M2+10

M _ 03=M3+10

M _ 04=M4+10

M _ 05=M5+10

M _ 06=M6+10

ColLvl M _ 01，M _ 02，M _ 03，M _ 04，M _ 05，M _ 06,,'——将实际检测量级经过处理后，设置为新的检测量级

Mvs P1

Mov PHOME

RETURN

'**

4.1.9 J_ ECurr——当前编码器脉冲数

（1）功能

J _ ECurr 为各轴编码器发出的"脉冲数"。

（2）格式

<关节型变量>= J _ ECurr <机器人编号>

<关节型变量>——注意要使用"关节型的位置变量"，J 开头。

<机器人编号>——设置范围 1～3。

（3）例句

1 JA=J _ ECurr（1）'——JA 为各轴脉冲值

2 MA=JA. J1'—— MA 为 J1 轴脉冲值

4.1.10 J_ Fbc/J_ AmpFbc——关节轴的当前位置/关节轴的当前电流值

（1）功能

① J _ Fbc 是以编码器实际反馈脉冲表示的关节轴当前位置。

② J _ AmpFbc 表示关节轴的当前电流值。

（2）格式

① <关节型变量>=J _ Fbc <机器人编号>

② <关节型变量>= J _ AmpFbc <机器人编号>

<关节型变量>——注意要使用"关节型的位置变量"，J 开头。

<机器人编号>——设置范围 1～3。

（3）例句

```
1 J1= J_Fbc'J1 = 以编码器实际反馈脉冲表示的关节轴当前位置
2 J2= J_AmpFbc'J2 = 各轴当前电流值
```

4.1.11 J_ Origin——原点位置数据

（1）功能

J _ Origin 为原点的关节轴数据。多用于"回原点"功能。

（2）格式

<关节型变量>=J _ Origin <机器人编号>

<关节型变量>——注意要使用“关节型的位置变量”，J开头。

<机器人编号>——设置范围1～3。

(3) 例句

```
J1= J_Origin(1)'——J1= 关节轴数据表示的原点位置
```

4.2 M开头的状态变量

4.2.1 M_ Acl/M_ DAcl/M_ NAcl/M_ NDAcl/M_ AclSts

(1) 功能

① M _ Acl——当前加速时间比率(%)。

② M _ DAcl——当前减速时间比率(%)。

③ M _ NAcl——加速时间比率初始值（100%）。

④ M _ NDAcl—减速时间比率初始值（100%）。

⑤ M _ AclSts——当前位置的加减速状态。

(0=停止，1=加速中，2=匀速中，3=减速中)

(2) 格式

① <数值型变量>= M _ Acl <数式>

② <数值型变量>= M _ DAcl <数式>

③ <数值型变量>= M _ NAcl <数式>

④ <数值型变量>= M _ NDAcl <数式>

⑤ <数值型变量>= M _ AclSts <数式>

<数值型变量>——必须使用“数值型变量”。

<数式>——表示任务区号。省略时为#1任务区。

(3) 例句

```
1 M1= M_Acl'—— M1= 任务区 1 的当前加速时间比率
2 M1= M_DAcl(2)'——M1= 任务区 2 的当前减速时间比率
3 M1= M_NAcl'——M1= 任务区 1 的初始加速时间比率
4 M1= M_NDAcl(2)——M1= 任务区 2 的初始减速时间比率
M1= M_AclSts(3)'——M1= 任务区 3 的当前加减速工作状态
```

(4) 说明

① 加减速时间比率=(初始加减速时间/实际加减速时间) ×100%。以初始加减速时间=100%。

实际加减速时间=初始加减速时间/加减速时间比率。

② M _ AclSts——当前位置的加减速状态。

M _ AclSts=0——停止。

M _ AclSts=1——加速中。

M _ AclSts=2——匀速中。

M _ AclSts=3——减速中。

4.2.2 M_ BsNo——当前基本坐标系编号

(1) 功能

M _ BsNo为当前使用的“世界坐标系” 编号。机器人使用的是“世界坐标系”。“工件坐标系”

是世界坐标系的一种。机器人系统可设置8个工件坐标系。

M _ BsNo就是系统当前使用的坐标系编号。基本坐标系编号由参数MEXBSNO设置。

(2) 格式

<数值型变量>=M _ BsNo <机器人号码>

(3) 例句

```
1 M1= M_BsNo'——M1= 机器人 1当前使用的坐标系编号
2 If M1= 1 Then'——如果当前坐标系编号= 1,就执行 MOV P1
3 Mov P1
4 Else'——否则,就执行 MOV P2
5 Mov P2
6 EndIf
```

(4) 说明

M _ BsNo=0—— 初始值。由P _ Nbase确定的坐标系。

M _ BsNo=1～8 工件坐标系。由参数WK1CORD ～ WK8CORD设置的坐标系。

M _ BsNo=－1——这种状态下，表示由Base指令或参数MEXBS设置坐标系。

4.2.3 M_ BrkCq——Break指令的执行状态

(1) 功能

用于检测是否执行了Break指令。

M _ BrkCq为是否执行了Break指令的检测结果。

M _ BrkCq=1，执行了Break指令；

M _ BrkCq=0，未Break指令。

(2) 格式

<数值型变量>=M _ BrkCq <数式>

<数式>——任务区号。省略时为任务区#1。

(3) 例句

```
1 While M1< > 0'——如果 M1< > 0 就做循环
2 If M2= 0 Then Break'——如果 M2= 0 就执行 Break 指令
3 WEnd
4 If M_BrkCq= 1 Then Hlt'——如果已经执行了 Break 指令就暂停
```

4.2.4 M_ BTime——电池可工作时间

(1) 功能

M _ BTime为电池可工作时间。

(2) 格式

<数值型变量>=M _ BTime

(3) 例句

```
1 M1= M_BTime'——M1 为电池可工作时间
```

4.2.5 M_ CavSts——发生干涉的机器人CPU号

(1) 功能

M _ CavSts为发生干涉的检测确认状态。

M _ CavSts＝1～3，已经检测到干涉。

M _ CavSts＝0，未检测到干涉。

（2）例句

```
Def Act 1,M_CavSts< 机器人号码> < > 0 GoTo * LCAV,S
< 机器人号码> ——1 ~ 3 。 省略时= 1。
如果* * # 机器人检测到“干涉”，就跳转到“* LCAV,S”行。
```

4.2.6 M_ CmpDst——伺服柔性控制状态下指令值与实际值之差

（1）功能

M _ CmpDst 为在伺服柔性控制状态下指令值与实际值之差。

（2）格式

＜数值型变量＞＝ M _ CmpDst ＜机器人号码＞

＜机器人号码＞——1～3 。省略时＝1。

（3）例句

```
1 Mov P1
2 CmpG 0.5,0.5,1.0,0.5,0.5, , ,'——柔性控制设置
3 Cmp Pos, &B00011011 '
4 Mvs P2
5 M_Out(10)= 1
6 Mvs P1
7 M1= M_CmpDst(1)'——M1 = 为伺服柔性控制状态下指令值与实际值之差
8 Cmp Off'——柔性控制结束
```

4.2.7 M_ CmpLmt——伺服柔性控制状态下指令值是否超出限制

（1）功能

M _ CmpLmt 表示在伺服柔性控制状态下指令值是否超出限制。

M _ CmpLmt＝1：　超出限制。

M _ CmpLmt＝0：　没有超出限制。

（2）格式

M _ CmpLmt（机器人号码 ）＝1

M _ CmpLmt（机器人号码 ）＝0

＜机器人号码＞——1～3 。省略时＝1。

（3）例句

```
1 Def Act 1, M_CmpLmt(1)= 1 GoTo * LMT'——定义：如果 1# 机器人 的指令值超出限制，就跳转
到* LMT
2'
3'
10 Mov P1
11 CmpG 1,1,0,1,1,1,1,1'——设置柔性控制
12 Cmp Pos, &B100'——柔性控制有效
13 Act 1= 1'—— 中断程序有效区间
14 Mvs P2'
15'
100 * LMT'—— 中断程序
```

```
101 Mvs P1'
102 Reset Err'—— 报警复位
103 Hlt'暂停
```

4.2.8 M_ ColSts——碰撞检测结果

(1) 功能

M _ ColSts 为碰撞检测结果。

M _ ColSts＝1：检测到碰撞；

M _ ColSts＝0：未检测出碰撞。

(2) 格式

M _ ColSts（机器人号码）＝1

M _ ColSts（机器人号码）＝0

＜机器人号码＞——1～3 。省略时＝1。

(3) 例句

```
1 Def Act 1,M_ColSts(1)= 1 GoTo * HOME,S'—— 如果检测到碰撞，就跳转到* HOME,S
2 Act 1= 1'——中断有效区间
3 ColChk On,NOErr'—— 碰撞检测生效（非报警状态）
4 Mov P1
5 Mov P2'
6 Mov P3
7 Mov P4
8 Act 1= 0'—— 中断无效
100 * HOME'—— 中断程序标记
101 ColChk Off'——碰撞检测无效
102 Servo On'
103 PESC= P_ColDir(1)* (- 2)'
104 PDST= P_Fbc(1)+ PESC'
105 Mvs PDST'——运行到“待避点”
106 Error 9100
```

4.2.9 M_ Cstp——检测程序是否处于“循环停止中”

(1) 功能

M _ Cstp 表示程序的“循环工作状态”。

M _ Cstp＝1：程序处于“循环停止中”；

M _ Cstp＝0：其他状态。

(2) 格式

＜数值变量＞＝M _ Cstp

(3) 例句

```
1 M1= M_Cstp
在程序自动运行中，如果在操作面板上按下"END"。 系统进入"循环停止中"状态，M_Cstp= 1。
```

4.2.10 M_ Cys——检测程序是否处于“循环中”

(1) 功能

M _ Cys 表示程序的“循环工作状态”。

M _ Cys ＝1：程序处于“循环中”；

M _ Cys ＝0：其他状态。

（2）格式

＜数值变量＞= M _ Cys

（3）例句

```
1 M1= M_Cys
```

4.2.11 M_ DIn/M_ DOut——读取/写入 CCLINK 远程寄存器的数据

（1）功能

M _ DIn/M _ DOut 用于向 CCLINK 定义的远程寄存器数据读取或写入数据。

（2）格式

＜数值变量＞= M _ DIn ＜数式 1＞

＜数值变量＞= M _ DOut＜数式 2＞

＜数式 1＞——CCLINK 输入寄存器(6000)。

＜数式 2＞——CCLINK 输入寄存器(6000)。

（3）例句

```
1 M1= M_DIn(6000)' ——M1= CC- Link 输入寄存器(6000)的数值
2 M1= M_DOut(6000)' ——M1= CC- Link 输出寄存器(6000)的数值
3 M_DOut(6000)= 100'——设定 CC- Link 输出寄存器(6000)= 100
```

4.2.12 M_ Err/M_ ErrLvl/M_ ErrNo——报警信息

（1）功能

M _ Err/M _ ErrLvl/M _ ErrNo 用于表示是否有报警发生及报警等级。

① M _ Err——是否发生报警。

M _ Err= 0，无报警；M _ Err= 1，有报警。

② M _ ErrLvl——报警等级，0～6 级。

M _ ErrLvl=0 无报警；

M _ ErrLvl=1 警告；

M _ ErrLvl=2 低等级报警；

M _ ErrLvl=3 高等级报警；

M _ ErrLvl=4 警告 1；

M _ ErrLvl=5 低等级报警 1；

M _ ErrLvl=6 高等级报警 1。

③ M _ ErrNo——报警代码。

（2）格式

＜数值变量＞= M _ Err

＜数值变量＞= M _ ErrLvl

＜数值变量＞= M _ ErrNo

（3）例句

```
1 * LBL: If M_Err= 0 Then * LBL'——如果有报警发生，则停留在本程序行
2 M2= M_ErrLvl'——M2 = 报警级别 Level
3 M3= M_ErrNo'——M3= 报警号
```

4.2.13 M_ Exp——自然对数

（1）功能

M _ Exp＝自然对数的底(2.71828182845905)。

（2）例句

```
M1= M_Exp'—— M1= 2.71828182845905
```

4.2.14 M_ Fbd——指令位置与反馈位置之差

（1）功能

M _ Fbd 为指令位置与反馈位置之差。

（2）格式

＜数值变量＞＝M _ Fbd(机器人编号)

（3）例句

```
1 Def Act 1,M_Fbd> 10 GoTo * SUB1,S'—— 如果偏差大于 10mm，则跳转到* SUB1
2 Act 1= 1'——中断区间有效
3 Torq 3,10'——设置 J3 轴的转矩限制在 10% 以下
4 Mvs P1'
5 End
10 * SUB1
11 Mov P_Fbc'——使实际位置与指令位置相同
12 M_Out(10)= 1'
13 End
```

（4）说明

误差值为 XYZ 的合成值。

4.2.15 M_ G——重力常数（9.80665）

（1）功能

M _ G＝重力常数（9.80665）。

（2）例句

```
M1=  M_G'——M1= 重力常数(9.80665)
```

4.2.16 M_ HndCq——抓手输入信号状态

（1）功能

M _ HndCq 为抓手输入信号状态。

（2）格式

＜数值变量＞＝M _ HndCq＜数式＞

＜数式＞——抓手输入信号编号 1～8，即输入信号 900～907。

（3）例句

```
1 M1= M_HndCq(1)
```

（4）说明

M _ HndCq（1）＝输入信号 900。

4.2.17 M_ In/M_ Inb/M_ In8/M_ Inw/M_ In16——输入信号状态

(1) 功能

这是一类输入信号状态，是最常用的状态信号。

M _ In——位信号

M _ Inb/M _ In8——以“字节”为单位的输入信号。

M _ Inw/M _ In16——以“字”为单位的输入信号。

(2) 格式

① <数值变量>= M _ In <数式>

② <数值变量>= M _ Inb <数式>或 M _ In8 <数式>

③ <数值变量>= M _ Inw <数式>或 M _ In16 <数式>

(3) 说明

<数式>——输入信号地址。输入信号地址的范围定义：

① 0 ～ 255：通用输入信号；

② 716 ～ 731：多抓手信号；

③ 900 ～ 907：抓手输入信号；

④ 2000 ～ 5071：PROFIBUS 用；

⑤ 6000 ～ 8047：CC-Link 用。

(4) 例句

```
1 M1% = M_In(10010) '——M1 = 输入信号 10010 的值(1 或 0)
2 M2% = M_Inb(900) '——M2 = 输入信号 900~907 的 8 位数值
3 M3% = M_Inb(10300) And &H7'——M3 =  10300~10307 与 H7 的逻辑和运算值
4 M4% = M_Inw(15000) '——M4= 输入 15000~15015 构成的数据值(相当于一个 16 位的数据寄存器)
```

4.2.18 M_ In32——存储 32 位外部输入数据

(1) 功能

M _ In32 为外部 32 位输入数据的信号状态。

(2) 格式

<数值变量>= M _ In32 <数式>

(3) 说明

<数式>——输入信号地址。

输入信号地址的范围定义：

① 0 ～ 255：通用输入信号；

② 716 ～ 731：多抓手信号；

③ 900 ～ 907：抓手输入信号；

④ 2000 ～ 5071：PROFIBUS 用；

⑤ 6000 ～ 8047：CC-Link 用。

(4) 例句

```
1 * ack_wait
2 If M_In(7)= 0 Then * ack_check'
3 M1&= M_In32(10000) '——M1 = 由输入信号 10000~10031 组成的 32 位数据
4 P1.Y= M_In32(10100)/1000'——P1.Y= 从外部输入信号 10100~10131 组成的数据除以 1000
的值。 这是将外部数据定义为"位置点"数据的一种方法
```

4.2.19 M_ JOvrd/M_ NJOvrd/M_ OPovrd/M_ Ovrd/M_ NOvrd——速度倍率值

（1）功能

表示当前速度倍率的状态变量。

① M _ JOvrd——关节插补运动的速度倍率。

② M _ NJOvrd——关节插补运动速度倍率的初始值(100%)。

③ M _ OPovrd——操作面板的速度倍率值。

④ M _ Ovrd——当前速度倍率值(以 OVERD 指令设置的值)。

⑤ M _ NOvrd——速度倍率的初始值(100%)。

（2）格式

① <数值变量>= M _ JOvrd <数式>

② <数值变量>= M _ NJOvrd <数式>

③ <数值变量>= M _ OPovrd <数式>

④ <数值变量>= M _ Ovrd <数式>

⑤ <数值变量>= M _ NOvrd <数式>

<数式>——任务区号，省略时为 1。

（3）例句

```
1 M1= M_Ovrd'
2 M2= M_NOvrd'
3 M3= M_JOvrd'
4 M4= M_NJOvrd'
5 M5= M_OPOvrd'
6 M6= M_Ovrd(2)'——任务区 2 的当前速度倍率
```

4.2.20 M_ Line——当前执行的程序行号

（1）功能

M _ Line 为当前执行的程序行号(会经常使用)。

（2）格式

<数值变量>= M _ Line <数式>

<数式>——任务区号，省略时为 1。

（3）例句

```
1 M1= M_Line(2)'——M1= 任务区 2 的当前执行程序行号
```

4.2.21 M_ LdFact——各轴的负载率

（1）功能

负载率是指实际载荷与额定载荷之比(实际电流与额定电流之比)，因 M _ LdFact 表示了实际工作负载，所以经常使用。

（2）格式

<数值变量>= M _ LdFact <轴号>

<数值变量>——负载率(0～100%)。

<轴号>——各轴轴号。

（3）例句

```
1 Accel 100,100'——设置加减速时间= 100%
2 * Label
3 Mov P1
4 Mov P2
5 If M_LdFact(2)> 90 Then'——如果 J2 轴的负载率大于 90% ，则
6 Accel 50,50'——将加速度降低到原来的 50%
M_SetAdl(2)= 50'
8 Else 否则
9 Accel 100,100'——将加速度调整到原来的 100%
10 EndIf
11 GoTo * Label
```

(4) 说明

如果负载率过大则必须延长加减速时间或改变机器人的工作负载。

4.2.22 M_ Mode——操作面板的当前工作模式

(1) 功能

M _ Mode 表示操作面板的当前工作模式。

M _ Mode=1：MANUAL(手动)。

M _ Mode=2：AUTO(自动)。

(2) 格式

<数值变量>= M _ Mode

(3) 例句

```
1 M1= M_Mode'——M1= 操作面板的当前工作模式
```

4.2.23 M_ On/M_ Off

(1) 功能

M _ On/M _ Off 表示 一种 ON/OFF 状态。

M _ On=1，M _ Off=0。

(2) 格式

<数值变量>= M _ On

<数值变量>= M _ Off

(3) 例句

```
1 M1= M_On' M1= 1
2 M2= M_Off' M2= 0
```

4.2.24 M_ Open——被打开文件的状态

(1) 功能

M _ Open 表示被指定的文件已经开启或未被开启的状态。

M _ Open=1 指定的文件已经开启。

M _ Open=－1 未指定的文件。

(2) 格式

<数值变量>= M _ Open(文件号码)

(文件号码) ——设置范围 1～8。省略时为 1。

(3) 例句

```
1 Open "temp.txt" As# 2'——将"temp.txt"设置为# 2文件
2 * LBL:If M_Open(2)< > 1 Then GoTo * LBL'——如果 2# 文件尚未打开，则在本行反复运行。也是等待 2# 文件打开
```

4.2.25 M_ Out/M_ Outb/M_ Out8/M_ Outw/M_ Out16——输出信号状态（指定输出或读取输出信号状态）

(1) 功能

输出信号状态。

① M_Out——以"位"为单位的输出信号状态；

② M_Outb/M_Out8——以"字节(8位)"为单位的输出信号数据；

③ M_Outw/M_Out16——以"字(16位)"为单位的输出信号数据。

这是最常用的变量之一。

(2) 格式

① M_Out（<数式1>）=<数值2>

② M_Outb（<数式1>）或 M_Out8（<数式1>） =<数值3>

③ M_Outw（<数式1>）或 M_Out16（<数式1>） =<数值4>

④ M_Out（<数式1>）=<数值2>dly <时间>

<数值 变量>=M_Out（<数式1>）

(3) 说明

<数式1>——用于指定输出信号的地址。输出信号的地址范围分配如下：

① 10000 ～ 18191：多CPU共用软元件。

② 0 ～ 255：外部I/O信号。

③ 716 ～ 723：多抓手信号。

④ 900 ～ 907：抓手信号。

⑤ 2000 ～ 5071：PROFIBUS用信号。

⑥ 6000 ～ 8047：CC-Link用信号。

⑦ <数值2>，<数值3>，<数值4>：输出信号输出值，可以是常数、变量、数值表达式。

⑧ <数值2>设置范围：0或1。

⑨ <数值3>设置范围：－128 ～＋127。

⑩ <数值4>设置范围：－32768～＋32767。

⑪ <时间>——设置输出信号=ON的时间。单位：秒。

(4) 例句

```
1 M_Out(902)= 1'——指令输出信号(902)= ON
2 M_Outb(10016)= &HFF'——指令输出信号 10016～10023 的 8位= ON
3 M_Outw(10032)= &HFFFF'——指令输出信号 10032～10047 的 16位= ON
4 M4= M_Outb(10200) And &H0F'—— M4=(输出信号 10200～10207)与 H0F 的逻辑和
```

(5) 说明

输出信号与其他状态变量不同。输出信号是可以对其进行"指令"的变量而不仅仅是"读取其状态"的变量。实际上更多的是对输出信号进行设置，指令输出信号=ON/OFF。

4.2.26 M_ Out32——向外部输出或读取 32bit 的数据

(1) 功能

M _ Out32 用于指令外部输出信号状态(指定输出或读取输出信号状态)。

M _ Out32 是 以“32 位” 为单位的输出信号数据。

(2) 格式

M _ Out32 ＜ 数式 1＞=＜ 数值 ＞

＜ 数值 变量＞= M _ Out32＜ 数式 1＞

＜ 数式 1＞——用于指定输出信号的地址。输出信号的地址范围分配如下：

① 10000 ～ 18191：多 CPU 共用软元件；

② 0 ～ 255：外部 I/O 信号；

③ 716 ～ 723：多抓手信号；

④ 900 ～ 907：抓手信号；

⑤ 2000 ～ 5071：PROFIBUS 用信号；

⑥ 6000 ～ 8047：CC-Link 用信号。

＜ 数值 ＞设置范围 ：－2147483648 ～ ＋2147483647 (&H80000000～&H7FFFFFFF)

(3) 例句

```
1 M_Out32(10000)= P1.X *  1000'——将 P1.X *  1000 代入
10000~10031 的 32 位中
2 * ack_wait
3 If M_In(7)= 0 Then * ack_check'
4 P1.Y= M_In32(10100)/1000'——将 M_In32(10100)构成的 32 位数据除以 1000 后代入 P1.Y
```

4.2.27 M_ PI——圆周率

(1) 功能

M _ PI 表示圆周率。

(2) 格式

M _ PI=3.14159265358979

(3) 例句

```
M1= M_PI' M1=  3.14159265358979
```

4.2.28 M_ Psa——任务区的程序是否为可选择状态

(1) 功能

M _ Psa 表示任务区是否处于程序可选择状态。

M _ Psa=1：可选择程序。

M _ Psa=0：不可选择程序。

(2) 格式

＜数值 变量＞= M _ Psa＜ 数式 ＞

＜数式 ＞ ——任务区号：1～32。省略时为 1。

(3) 例句

```
1 M1= M_Psa(2)'——M1= 任务区 2 的程序选择状态
```

4.2.29 M_ Ratio——（在插补移动过程中）当前位置与目标位置的比率

（1）功能

M_Ratio 为(在插补移动过程中）当前位置与目标位置的比率。

（2）格式

<数值 变量>= M_Ratio < 数式 >

<数式 > ——任务区号：1～32。省略时为当前任务区号。

（3）例句

```
1 Mov P1 WthIf M_Ratio> 80, M_Out(1)= 1'——如果在向 P1 的移动过程中,当前位置与目标位置
的比率大于 80% ,则指令输出信号(1)= ON
```

4.2.30 M_ RDst——（在插补移动过程中）距离目标位置的“剩余距离”

（1）功能

M_RDst 为(在插补移动过程中）距离目标位置的“剩余距离”。M_RDst 多用于在特定位置需要动作时用。

（2）格式

<数值 变量>= M_RDst< 数式 >

<数式 > ——任务区号：1～32。省略时为当前任务区号。

（3）例句

```
1 Mov P1 WthIf M_RDst< 10, M_Out(10)= 1'——如果在向 P1 的移动过程中,"剩余距离"< 10mm,
则指令输出信号(10)= ON
```

4.2.31 M_ Run——任务区内程序执行状态

（1）功能

M_Run 为任务区内程序的执行状态。

M_Run=1：程序在执行中。

M_Run=0：其他状态。

（2）格式

<数值 变量>= M_Run< 数式 >

<数式 > ——任务区号：1～32。省略时为当前任务区号。

（3）例句

```
1 M1= M_Run(2)'——M1= 任务区 2 内的程序执行状态
```

4.2.32 M_ SetAdl——设置指定轴的加减速时间比例（注意不是状态值）

（1）功能

M_SetAdl 用于设置指定轴的加减速时间比例(注意不是状态值)。

（2）格式

M_SetAdl(轴号码) =< 数值 变量>

<数值 变量>——以%为单位。设置范围 1%～100%。初始值为参数 JADL 值。

（3）例句

```
1 Accel 100,50'——设置加减速比例
2 If M_LdFact(2)> 90 Then'——J2 如果 J2 轴的负载率> 90% ,则
```

```
    3 M_SetAdl(2)= 70'——设置 J2 轴加减速比例= 70%
    4 EndIf'——加速为 70% (= 100% ×70% ), 减速为 35% (= 50% ×70% )。因为在第 1 行设置了
加减速比例"Accel 100,50"
    5 Mov P1
    6 Mov P2
    7 M_SetAdl(2)= 100'——设置 J2 轴加减速比例= 100%
    8 Mov P3'——加速为 100% , 减速为 50%
    9 Accel 100,100'
    10 Mov P4
```

4.2.33 M_ SkipCq—— Skip 指令的执行状态

(1) 功能

M _ SkipCq 即在已执行的程序中，检测是否已经执行了 Skip 指令。

M _ SkipCq=1：已经执行 Skip 指令；

M _ SkipCq=0：未执行 Skip 指令。

(2) 格式

<数值 变量>= M _ SkipCq < 数式 >

<数式 > ——任务区号：1～32。省略时为当前任务区号。

(3) 例句

```
    1 Mov P1 WthIf M_In(10)= 1,Skip'——在向 P1 移动过程中，如果 M_In(10)= 1，则执行 Skip，
跳向下一行
    2 If M_SkipCq= 1 Then GoTo * Lskip'——如果 M_SkipCq= 1，则跳转到 * Lskip 行
    10 * Lskip
```

4.2.34 M_ Spd/M_ NSpd/M_ RSpd——插补速度

(1) 功能

M _ Spd——当前设定速度。

M _ NSpd——初始速度(最佳速度控制)。

M _ RSpd——当前指令速度。

(2) 格式

<数值 变量>= M _ Spd < 数式 >

<数值 变量>= M _ NSpd < 数式 >

<数值 变量>= M _ RSpd < 数式 >

<数式 > ——任务区号：1～32。省略时为当前任务区号。

(3) 例句

```
    1 M1= M_Spd'——M1 = 当前设定速度
    2 Spd M_NSpd'——设置为最佳速度模式
    M_RSpd 为当前指令速度。多用于多任务和 Wth、WthIf 指令中。
```

4.2.35 M_ Svo——伺服电源状态

(1) 功能

M _ Svo 为伺服电源状态。

M _ Svo=1：伺服电源=ON。

M _ Svo=0：伺服电源=OFF。

（2）格式

<数值 变量>=M _ Svo < 数式 >

<数式 > ——任务区号：1～32。省略时为当前任务区号。

（3）例句

```
1 M1= M_Svo(1)'——M1= 伺服电源状态
```

4.2.36 M_ Timer——计时器（以 ms 为单位）

（1）功能

M _ Timer 为计时器(以 ms 为单位)，可以计测机器人的动作时间。

（2）格式

<数值 变量>=M _ Timer < 数式 >

<数式 > ——计时器序号：1～8 。不能省略括号。

（3）例句

```
1 M_Timer(1)= 0'——计时器清零。(从当前点计时)
2 Mov P1
3 Mov P2
4 M1= M_Timer(1)'——从当前点—P1—P2 所经过的时间(假设计时时间= 5.432s，则 M1=
5432ms)
5 M_Timer(1)= 1.5'——设置 M_Timer(1)= 1.5
M_Timer 可以作为状态型函数,对某一过程进行计时,计时以 ms 为单位。 也可以被设置,设置时以 s
为单位
```

4.2.37 M_ Tool——设定或读取 TOOL 坐标系的编号

（1）功能

M _ Tool 是双向型变量，既可以设置也可以读取。M _ Tool 用于设定或读取 TOOL 坐标系的编号。

（2）格式

<数值 变量>=M _ Tool<机器人编号 >

M _ Tool<机器人编号 >=< 数式 >

<机器人编号 >——1～3 。省略时为 1。

<数式 > ——TOOL 坐标系序号：1～4。

（3）例句 1——设置 TOOL 坐标系

```
1 Tool(0,0,100,0,0,0)'——设置 TOOL 坐标系原点(0,0,100,0,0,0)并写入参数 MEXTL
2 Mov P1
3 M_Tool= 2'——选择当前 TOOL 坐标系为 2# TOOL 坐标系(由 MEXTL2 设置的坐标系)
4 Mov P2
```

（4）例句 2——设置 TOOL 坐标系

```
1 If M_In(900)= 1 Then'——如果 M_In(900)= 1 则
2 M_Tool= 1'——选择 TOOL1 作为 TOOL 坐标系
3 Else
```

```
4 M_Tool= 2'——选择 TOOL2 作为 TOOL 坐标系
5 EndIf
6 Mov P1
```

参数 MEXTL1、MEXTL2、MEXTL3、MEXTL4 用于设置 TOOL 坐标系 1～4。M _ Tool 可以选择这些坐标系，也表示了当前正在使用的坐标系。

4.2.38 M_ Uar——机器人任务区域编号

(1) 功能

机器人系统可以定义 16 个用户任务区，M _ Uar 为机器人当前任务区域编号。

M _ Uar 可以视作 16bit 数据寄存器。某一位 bit＝ON，即表示进入对应的“任务区”。

(2) 格式

<数值 变量>= M _ Uar <机器人编号 >

<机器人编号 >——1～3 。省略时为 1。

(3) 例句

```
1 M1 = M_Uar(1) AND &H0004'——对用户任务区 3 的检测
2 If M1< > 0 Then M_Out(10)= 1'——如果 M1 不等于 0(进入了用户任务区 3)，则指令 M_Out(10)
= 1
```

4.2.39 M_ Uar32——机器人任务区域状态

(1) 功能

机器人系统可以定义 32 个用户任务区，M _ Uar32 为机器人当前任务区域编号。

M _ Uar32 可以视作 32bit 数据寄存器。某一位 bit＝ON，即表示进入对应的“任务区”。

(2) 格式

<数值 变量>= M _ Uar32 <机器人编号 >

<机器人编号 >——1～3 。省略时为 1。

(3) 例句

```
1 Def Long M1
2 M1& = M_Uar32(1) AND &H00080000'——检测机器人是否进入"任务区 20"
3 If M1&< > 0 Then M_Out(10)= 1'——如果 M1& 不等于 0(进入了用户任务区 20)，则指令 M_Out
(10)= 1
```

4.2.40 M_ UDevW/ M_ UDevD——多 CPU 之间的数据读取及写入指令

(1) 功能

M _ UDevW/ M _ UDevD 为多 CPU 之间的数据读取及写入指令。在一控制系统内有“通用 CPU” 和“机器人控制 CPU” 时，在多个 CPU 之间必须进行信息交换。在进行信息交换时，需要指定 CPU 号和公用软元件起始地址号。

M _ UDevW——以“字(16bit)” 为单位进行读写。

M _ UDevD——以“双字(32bit)” 为单位进行读写。

(2) 格式 1——读取格式

<数值 变量>= M _ UDevW <起始输入输出地址 > <共有内存地址 >

<数值 变量>= M _ UDevD <起始输入输出地址 > <共有内存地址 >

(3) 格式 2——写入格式

M _ UDevW <起始输入输出地址 > <共有内存地址 >=< 数值 >

M _ UDevD <起始输入输出地址 > <共有内存地址 >=< 数值>

① <起始输入输出地址 >——指定 CPU 单元的输入输出地址号。

以十六进制表示 CPU 单元的起始输入输出地址号。以十六进制表示时为：&H3E0～&H3E3 。十进制为：992 ～ 995。

1#机： &H3E0(十进制 为 992)

2#机：&H3E1(十进制 为 993)

3#机：&H3E2(十进制 为 994)

4#机：&H3E4(十进制 为 995)

② <共有内存地址 >——指多个 CPU 之间可以共同使用的内存地址。

范围如下(十进制)：

M _ UDevW：10000～ 24335。

M _ UDevD：10000～ 24334。

③ < 数值 >——设置写入数据的范围。

M _ UDevW：－32768 ～ 32767 (&H8000 ～ &H7FFF)

M _ UDevD：－2147483648 ～2147483647

(&H80000000～ &H7FFFFFFF)

(4) 例句

```
1 M_UDevW(&H3E1, 10010)= &HFFFF'——在 2 # CPU 的 10010 内写入数据 &HFFFF(十六进制)
2 M_UDevD(&H3E1, 10011)= P1.X *  1000'——在 2 # CPU 的 10011/10012 内写入数据“P1.X * 1000”
3 M1% = M_UDevW(&H3E2, 10001) And &H7'—— M1% = M_UDevW(&H3E2, 10001)低 3 位值
```

4.2.41 M_ Wai——任务区内的程序执行状态

(1) 功能

M _ Wai 表示任务区内的程序执行状态。

M _ Wai=1：程序为中断执行状态。

M _ Wai=0：中断以外状态。

(2) 格式

<数值 变量>= M _ Wai <机器人编号 >

<机器人编号 >——1～3 。省略时为 1。

(3) 例句

```
1 M1= M_Wai(1)'
```

4.2.42 M_ Wupov——预热运行速度倍率

(1) 功能

M _ Wupov 为预热运行速度倍率。

(2) 格式

<数值 变量>= M _ Wupov <机器人编号 >

<机器人编号 >——1～3 。省略时为 1。

(3) 例句

```
1 M1= M_Wupov(1)'
```

4.2.43 M_ Wuprt——在预热运行模式时距离预热模式结束的时间（秒）

(1) 功能

在预热运行模式时距离预热模式结束的时间(秒)。

(2) 格式

＜数值 变量＞= M _ Wuprt ＜机器人编号＞

＜机器人编号＞——1～3 。省略时为 1。

(3) 例句

```
1 M1= M_Wuprt (1)'
```

4.2.44 M_ Wupst——从解除预热模式到重新进入预热模式的时间

(1) 功能

从解除预热模式到重新进入预热模式的时间。

(2) 格式

＜数值 变量＞= M _ Wupst ＜机器人编号＞

＜机器人编号＞——1～3 。省略时为 1。

(3) 例句

```
1 M1= M_Wupst'
```

4.2.45 M_ XDev/M_ XDevB/M_ XDevW/M_ XDevD——PLC 输入信号数据

(1) 功能

在多 CPU 工作时，读取 PLC 输入信号数据。

① M _ XDev——以“位”为单位的输入信号状态；

② M _ XDevB ——以“字节(8 位)”为单位的输入信号数据；

③ M _ XDevW ——以“字(16 位)”为单位的输入信号数据；

④ M _ XDevD——以“双字(32 位)”为单位的输入信号数据。

(2) 格式

① ＜数值变量＞=M _ XDev(PLC 输入信号地址)

② ＜数值变量＞=M _ XDevB(PLC 输入信号地址)

③ ＜数值变量＞=M _ XDevW(PLC 输入信号地址)

④ ＜数值变量＞=M _ XDevD(PLC 输入信号地址)

(3) PLC 输入信号地址——设置范围以十六进制表示如下：

① M _ XDev ：&H0～ &HFFF (0 ～ 4095)

② M _ XDevB：&H0 ～ &HFF8 (0～ 4088)

③ M _ XDevW：&H0 ～ &HFF0 (0 ～ 4080)

④ M _ XDevD：&H0 ～ &HFE0 (0 ～ 4064)

(4) 例句

```
1 M1% = M_XDev(1)'——M1 = PLC 输入信号 1 (1~0)
2 M2% = M_XDevB(&H10)'——M2 = PLC 输入信号  10 起 8 位的值
3 M3% = M_XDevW(&H20) And &H7'——M3 = PLC 输入信号 20 起(十六进制)低 3 位值
4 M4% = M_XDevW(&H20)'——M4 = PLC 输入信号  20 起十六位数值
```

```
5 M5&= M_XDevD(&H100)'——M5 = PLC 输入信号 100 起 32 位数值
6 P1.Y= M_XDevD(&H100)/1000
```

4.2.46 M_ YDev/M_ YDevB/M_ YDevW/M_ YDevD—— PLC 输出信号数据

(1) 功能

在多 CPU 工作时，设置或读取 PLC 输出信号数据(可写可读)。

① M _ YDev——以"位"为单位的输出信号状态。

② M _ YDevB ——以"字节(8 位)"为单位的输出信号数据。

③ M _ YDevW ——以"字(16 位)"为单位的输出信号数据。

④ M _ YDevD——以"双字(32 位)"为单位的输出信号数据。

(2) 格式 1——读取

① <数值变量>＝M _ YDev(PLC 输出信号地址)

② <数值变量>＝M _ YDevB(PLC 输出信号地址)

③ <数值变量>＝M _ YDevW(PLC 输出信号地址)

④ <数值变量>＝M _ YDevD(PLC 输出信号地址)

(3) 格式 2——设置

① M _ YDev(PLC 输出信号地址) ＝数值

② M _ YDevB(PLC 输出信号地址) ＝数值

③ M _ YDevW(PLC 输出信号地址) ＝数值

④ M _ YDevD(PLC 输出信号地址) ＝数值

(4) PLC 输出信号地址——设置范围以十六进制表示如下：

① M _ YDev ：&H0～ &HFFF (0 ～ 4095)

② M _ YDevB：&H0 ～ &HFF8 (0～ 4088)

③ M _ YDevW：&H0 ～ &HFF0 (0 ～ 4080)

④ M _ YDevD：&H0 ～ &HFE0 (0 ～ 4064)

(5) < 数值 >——设置写入数据的范围

① M _ YDev：1 或 0；

② M _ YDevB：－128～127；

③ M _ YDevW：－32768 ～ 32767 (&H8000 ～ &H7FFF)；

④ M _ UDevD：－2147483648 ～2147483647 (&H80000000 ～ &H7FFFFFFF)。

(6) 例句

```
1 M_YDev(1)= 1'——设置 PLC 输出信号(1) = ON
2 M_YDevB(&H10)= &HFF'——设置 PLC 输出信号(10～17) = ON
3 M_YDevW(&H20)= &HFFFF'——设置 PLC 输出信号(20～41) = ON
4 M_YDevD(&H100)= P1.X* 1000'——设置 PLC 输出 100(H10 = P1.X * 1000)
5 M1% = M_YDevW(&H20) And &H7'
```

4.3 P 开头状态变量

4.3.1 P_ Base/P_ NBase——基本坐标系偏置值

(1) 功能

P _ Base——当前基本坐标系偏置值。即从当前世界坐标系观察到的“基本坐标系原点”的数据。

P _ NBase——基本坐标系初始值=(0，0，0，0，0，0)(0，0) 当世界坐标系与基本坐标系一致时，即为初始值。

（2）格式

① < 位置 变量>= P _ Base <机器人编号 >

② < 位置 变量>= P _ NBase

< 位置 变量>——以 P 开头，表示“位置点”的变量。

<机器人编号 >——1～3 。省略时为 1。

（3）例句

```
1 P1= P_Base'——P1 = 当前"基本坐标系"在"世界坐标系"中的位置
2 Base P_NBase'——以基本坐标系的初始位置为"当前世界坐标系"
```

4.3.2 P_ CavDir——机器人发生干涉碰撞时的位置数据

（1）功能

P _ CavDir 为机器人发生干涉碰撞时的位置数据，是读取专用型数据。P _ CavDir 是检测到碰撞发生后，自动退避时确定方向所使用的“位置点数据”(为避免事故而回退的数据)。

（2）格式

<位置 变量>= P _ CavDir <机器人编号 >

<位置 变量>——以 P 开头，表示“位置点”的变量。

<机器人编号 >——1～3 。省略时为 1。

（3）例句

```
Def Act 1,M_CavSts< > 0 GoTo * Home,S'——定义如果发生"干涉"后的"中断程序"
Act 1= 1'——中断区间有效
CavChk On,0,NOErr'——设置干涉回避功能有效
Mov P1'——移动到 P1 点
Mov P2'——移动到 P2 点
Mov P3'——移动到 P3 点
* Home'——程序分支标志
CavChk Off'——设置干涉回避功能无效
M_CavSts= 0'——干涉状态清零
MDist= Sqr(P_CavDir.X* P_CavDir.X+ P_CavDir.Y* P_CavDir.Y+ P_CavDir.Z* P_CavDir.
Z)'——求出移动量的比例(求平方根运算)
PESC= P_CavDir(1)* (- 50)* (1/MDist)'——生成待避动作的移动量，从干涉位置回退 50mm
PDST= P_Fbc(1)+ PESC'——生成待避位置
Mvs PDST'——移动到 PDST 点
Mvs PHome'——回待避位置
```

4.3.3 P_ ColDir——机器人发生干涉碰撞时的位置数据

本变量功能及使用方法与 P _ CavDir 相同。

4.3.4 P_ Curr——当前位置 (X，Y，Z，A，B，C，L1，L2) (FL1，FL2)

（1）功能

P _ Curr 为“当前位置”，这是最常用的变量。

(2) 格式

<位置 变量>= P _ Curr <机器人编号 >

<位置 变量>——以 P 开头，表示“位置点” 的变量。

<机器人编号 >——1~3 。省略时为 1。

(3) 例句

```
1 Def Act 1,M_In(10)= 1 GoTo * LACT'
2 Act 1= 1'
3 Mov P1
4 Mov P2
5 Act 1= 0'
100 * LACT
101 P100= P_Curr'——读取当前位置。 P100= 当前位置
102 Mov P100,- 100'——移动到 P100 近点- 100 的位置
103 End
```

4.3.5 P_ Fbc——以伺服反馈脉冲表示的当前位置 (X, Y, Z, A, B, C, L1, L2) (FL1, FL2)

(1) 功能

P _ Fbc 是以伺服反馈脉冲表示的当前位置（X，Y，Z，A，B，C，L1，L2）(FL1，FL2)。

(2) 格式

<位置 变量>= P _ Fbc <机器人编号 >

<机器人编号 >——1~3 ，省略时为 1。

(3) 例句

```
1 P1= P_Fbc
```

4.3.6 P_ Safe——待避点位置

(1) 功能

P _ Safe 是由参数 JSAFE 设置的“待避点位置”。

(2) 格式

<位置 变量>= P _ Safe <机器人编号 >

<机器人编号 >——1~3 ，省略时为 1。

(3) 例句

```
1 P1= P_Safe'——设置 P1 点为"待避点位置"
```

4.3.7 P_ Tool/P_ NTool——TOOL 坐标系数据

(1) 功能

P _ Tool 为 TOOL 坐标系数据。P _ NTool 为 TOOL 坐标系初始数据（0，0，0，0，0，0，0，0）(0，0)。

(2) 格式

① < 位置 变量>= P _ Tool <机器人编号 >

② < 位置 变量>= P _ NTool

＜机器人编号 ＞——1～3 ，省略时为 1。

(3) 例句

```
1 P1= P_Tool'—— P1 = 当前使用的 TOOL 坐标系的偏置数据
```

4.3.8 P_ WkCord——设置或读取当前“工件坐标系” 数据

(1) 功能

P _ WkCord 用于设置或读取当前“工件坐标系” 数据，是双向型变量。

(2) 格式 1——读取

＜位置 变量＞= P _ WkCord ＜工件坐标系编号 ＞

(3) 格式 2——设置

P _ WkCord ＜工件坐标系编号 ＞=＜工件坐标系数据＞

＜工件坐标系编号 ＞——设置范围 1～8。

＜工件坐标系数据＞——位置点类型数据，为从“基本坐标系” 观察到的“工件坐标系原点”的位置数据。

(4) 例句

```
1 PW= P_WkCord(1)'—— PW= 1 # 工件坐标系原点(WK1CORD)数据
2 PW.X= PW.X+ 100'
3 PW.Y= PW.Y+ 100'
4 P_WkCord(2)= PW'—— 设置 2# 工件坐标系(WK2CORD)
5 Base 2'—— 以 2# 工件坐标系为基准运行
6 Mov P1
设定工件坐标系时，结构标志无意义。
```

4.3.9 P_ Zero——零点 [(0, 0, 0, 0, 0, 0, 0, 0) (0, 0)]

(1) 功能

P _ Zero 为“零点”。

(2) 格式——读取

＜位置 变量＞=P _ Zero ＞

(3) 例句

```
1 P1= P_Zero'——P1= (0,0,0,0,0,0,0,0)(0,0)
P_Zero 一般在将位置变量初始化时使用。
```

第 5 章

编程指令中使用的函数

在机器人的编程语言中，提供了大量的运算函数，这样就大大提高了编程的便利性。本章详细介绍这些运算函数的用法。这些运算函数按英文字母顺序排列，便于学习和查阅。在学习本章时，应该先通读一遍，然后根据编程需要，重点研读需要使用的指令。

5.1 A起首字母

5.1.1 Abs——求绝对值

(1) 功能

Abs 为求绝对值函数。

(2) 格式

＜数值变量＞＝Abs＜数式＞

(3) 例句

```
1 P2.C= Abs(P1.C)'——将 P1 点 C 轴数据求绝对值后赋予 P2 点 C 轴
2 Mov P2
3 M2= 100
M1= Abs(M2)'——将 M2 求绝对值后赋值到 M1
```

5.1.2 Align

(1) 功能

Align——将当前位置形位(pose) 轴(A, B, C) 数据变换为最接近的“直交轴” 数据(0, ±90, ±180)。只是坐标数据变换，不实际移动。

(2) 格式

＜位置变量＞＝Align＜位置＞

(3) 例句

```
1 P1= P_Curr
2 P2= Align(P1)
3 Mov P2
```

图 5-1 是将 B 轴数据转换成 90°的例子。

5.1.3 Asc——求字符串的 ASCII 码

(1) 功能

用于求字符串的 ASCII 码。

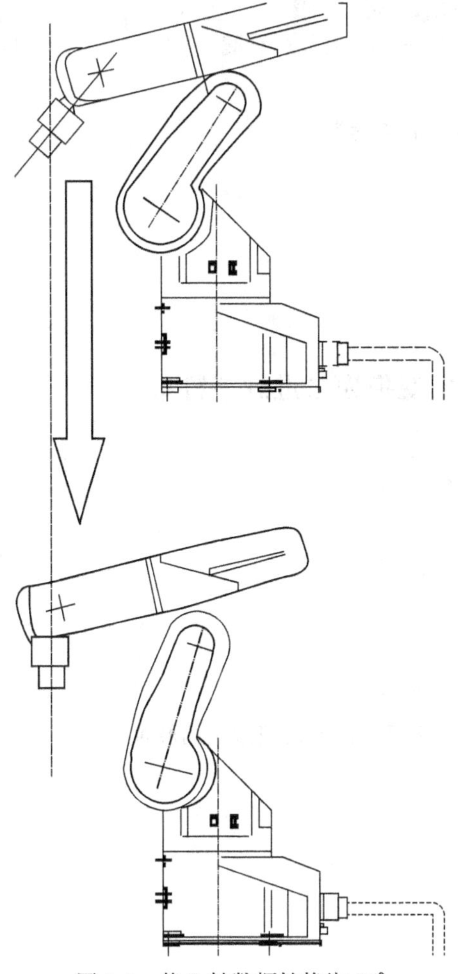

图 5-1　将 B 轴数据转换为 90°

(2) 格式

<数值变量>＝Asc<字符串>

(3) 例句

```
M1= Asc("A")'——M1= &H41
```

5.1.4　Atn/Atn2——（余切函数）计算余切

(1) 功能

Atn/Atn2 为(余切函数）计算余切。

(2) 格式

①<数值变量>＝Atn<数式>

②<数值变量>＝Atn2<数式 1>，<数式 2>

<数式>——ΔY/ΔX。

<数式 1>——ΔY。

<数式 2>——ΔX。

(3) 例句

```
1 M1= Atn(100/100) '——M1= π/4 弧度
2 M2= Atn2(-100, 100) '——M1= -π/4 弧度
```

（4）说明

根据数据计算余切，单位为“弧度”。

Atn 范围在－π/2～π/2。

Atn2 范围在－π～π。

5.2 B 起首字母

5.2.1 Bin$ ——将数据变换为二进制字符串

（1）功能

Bin $ 将数据变换为二进制字符串。

（2）格式

＜字符串变量＞＝Bin $ ＜数式＞

（3）例句

```
1 M1= &B11111111
2 C1$ = Bin$ (M1)   (C1$ = 11111111)
```

说明：如果数据是小数，则四舍五入为整数后再转换。

5.3 C 起首字母

5.3.1 CalArc

（1）功能

CalArc 用于当指定的 3 点构成一个圆弧时，求出圆弧的半径、中心角和圆弧长度。

（2）格式

＜数值变量 4＞＝CalArc(＜位置 1＞，＜位置 2＞，＜位置 2＞，

＜数值变量 1＞，＜数值变量 2＞，＜数值变量 3＞，＜位置变量 1＞)

（3）说明

①＜位置 1＞——圆弧起点；

②＜位置 2＞——圆弧通过点；

③＜位置 3＞——圆弧终点；

④＜数值变量 1＞——计算得到的“圆弧半径(mm)”；

⑤＜数值变量 2＞——计算得到的“圆弧中心角(deg)”；

⑥＜数值变量 1＞——计算得到的“圆弧长度(mm)”；

⑦＜位置变量 1＞——计算得到的“圆弧中心坐标(位置型，ABC＝0)”；

⑧＜数值变量 4＞——函数计算值。

a. ＜数值变量 4＞＝1：可正常计算；

b. ＜数值变量 4＞＝1：给定的 2 点为同一点，或 3 点在一直线上；

c. ＜数值变量 4＞＝2：给定的 3 点为同一点。

（4）例句

```
1 M1= CalArc(P1,P2,P3,M10,M20,M30,P10)
2 If M1< > 1 Then End'——如果各设定条件不对,就结束程序
3 MR= M10'——将"圆弧半径"代入"MR"
4 MRD= M20'——将"圆弧中心角"代入"MRD"
5 MARCLEN= M30'——将"圆弧长度"代入"MARCLEN"
   PC= P10'——将"圆弧中心坐标"代入"PC"
```

5.3.2 Chr$ ——将 ASCII 码变换为“字符”

(1) 功能

Chr $ 用于将 ASCII 码变换为“字符”。

(2) 格式

<字符串变量>=Chr $ (<数式>)

(3) 例句

```
1 M1= &H40
2 C1$ = Chr$ (M1+ 1)'——C1$ = "A"
```

5.3.3 CInt——将数据四舍五入后取整

(1) 功能

CInt 用于将数据四舍五入后取整。

(2) 格式

<数值变量>=CInt(<数据>)

(3) 例句

```
1 M1= CInt(1.5)'——M1= 2
2 M2= CInt(1.4)'——M2= 1
3 M3= CInt(- 1.4)'——M3= - 1
4 M4= CInt(- 1.5)'——M4= - 2
```

5.3.4 CkSum——进行字符串的“和校验” 计算

(1) 功能

CkSum 的功能为进行字符串的“和校验” 计算。

(2) 格式

<数值变量>= * CkSum(<字符串>, <数式 1>, <数式 2>)

(3) 说明

<字符串>——指定进行“和校验” 的字符串。

<数式 1>——指定进行“和校验” 的字符串的起始字符。

<数式 2>——指定进行“和校验” 的字符串的结束字符。

(4) 例句

```
1 M1= CkSum("ABCDEFG",1,3)'——对本字符串的第 1~3 字符进行"和校验"计算。 M1 的计算结
果为:&H41("A")+ &H42("B")+ &H43("C")= &HC6
```

5.3.5 Cos——余弦函数 (求余弦)

(1) 功能

Cos 为余弦函数。

（2）格式

<数值变量>＝Cos(<数据>)

（3）例句

```
1 M1= Cos(Rad(60))
```

（4）说明

①角度单位为“弧度”。

②计算结果范围：－1～1。

5.3.6 Cvi——对字符串的起始 2 个字符的 ASCII 码转换为整数

（1）功能

对字符串的起始 2 个字符的 ASCII 码转换为整数。

（2）格式

<数值变量>＝Cvi(字符串>)

（3）例句

```
1 M1= Cvi("10ABC")'——M1= &H3031
```

（4）说明

主要用于简化外部数据的处理。

5.3.7 Cvs——将字符串的起始 4 个字符的 ASCII 码转换为单精度实数

（1）功能

将字符串的起始 4 个字符的 ASCII 码转换为单精度实数。

（2）格式

<数值变量>＝Cvs(字符串)

（3）例句

```
M1= Cvs("FFFF")'——M1= 12689.6
```

5.3.8 Cvd——将字符串的起始 8 个字符的 ASCII 码转换为双精度实数

（1）功能

将字符串的起始 8 个字符的 ASCII 码转换为双精度实数。

（2）格式

<数值变量>＝Cvd(字符串)

（3）例句

```
1 M1= Cvd("FFFFFFFF")'——M1= + 3.52954E+ 30
```

5.4 D 起首字母

5.4.1 Deg——将角度单位从弧度 rad 变换为度 deg

（1）功能

将角度单位从弧度 rad 变换为度 deg。

（2）格式

<数值变量>=Deg(<数式>)

(3) 例句

```
1 P1= P_Curr
2 If Deg(P1.C)< 170OrDeg(P1.C)> -150Then* NOErr1'——如果 P1.C 的度数(deg)小于 170 度或大于-150 度(deg),则跳转到* NOErr1
3 Error 9100
4* NOErr1
```

5.4.2 Dist——求 2 点之间的距离（mm）

(1) 功能

求 2 点之间的距离(mm)。

(2) 格式

<数值变量>=Dist(<位置 1>，<位置 2>)

(3) 例句

```
1 M1= Dist(P1,P2)'——M1 为 P1 与 P2 点之间的距离
```

说明：J 关节点无法使用本功能。

5.5 E 起首字母

5.5.1 Exp——计算 e 为底的指数函数

(1) 功能

计算 e 为底的指数函数。

(2) 格式

<数值变量>=Exp(<数式>)

(3) 例句

```
1 M1= Exp(2)'——M1= e2
```

5.5.2 Fix——计算数据的整数部分

(1) 功能

计算数据的整数部分。

(2) 格式

<数值变量>=Fix(<数式>)

(3) 例句

```
1 M1= Fix(5.5)'——M1= 5
```

5.5.3 Fram——建立坐标系

(1) 功能

由给定的 3 个点构建一个坐标系标准点。常用于建立新的工件坐标系。

(2) 格式

<位置变量 4>=Fram(<位置变量 1>，<位置变量 2>，<位置变量 3>)

①<位置变量 1>——新平面上的“原点”。

②<位置变量 2>——新平面上的“X 轴上的一点”。

③<位置变量 3>——新平面上的“Y 轴上的一点”。

④<位置变量 4>——新坐标系基准点。

(3) 例句

```
1 Base P_NBase'——初始坐标系
2 P10= Fram(P1,P2,P3)'——求新建坐标系(P1,P2,P3)原点 P10 在世界坐标系中的位置
3 P10= Inv(P10)'——转换
4 Base P10'——BaseP10 为新建世界坐标系
```

5.6 H 起首字母

5.6.1 Hex$ ——将十六进制数据转换为“字符串”

(1) 功能

Hex $ 用于将数据(−32768～32767) 转换为十六进制“字符串” 格式。

(2) 格式

<字符串变量>＝Hex $ (<数式>，<输出字符数>)

(3) 例句

```
10 C1$ = Hex$ (&H41FF)'——C1$ = "41FF"
20 C2$ = Hex$ (&H41FF,2)'——C2$ = "FF"
```

(4) 说明

<输出字符数>指从右边计数的字符。

5.7 I 开头

5.7.1 Int——计算数据最大值的整数

(1) 功能

用于计算数据最大值的整数。

(2) 格式

<数值变量>＝Int(<数式>)

(3) 例句

```
1 M1= Int(3.3)'——M1= 3
```

5.7.2 Inv——对位置数据进行“反向变换”

(1) 功能

对位置数据进行“反向变换”。

Inv 指令可用于根据当前点建立新的“工件坐标系”，如图 5-2。在视觉功能中，也可以用于计算偏差量。

(2) 格式

<位置变量>＝Inv<位置变量>

(3) 例句

```
1P1= Inv(P1)
```

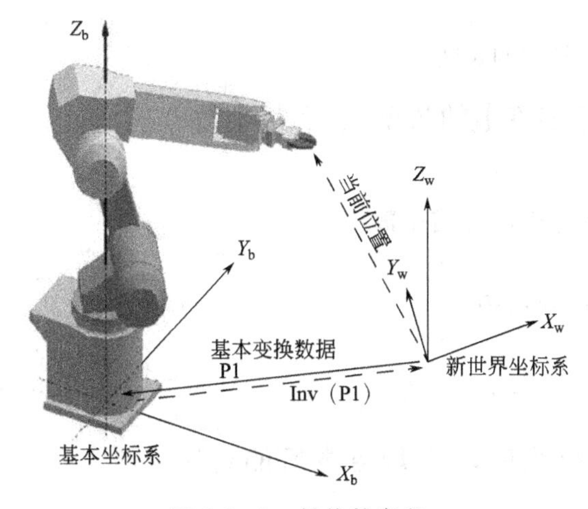

图 5-2　Inv 转换的意义

（4）说明

①在原坐标系中确定一点 P1；

②如果希望以 P1 点作为新坐标系的原点，则使用指令 Inv 进行变换，即“P1＝InvP1”，则以 P1 为原点建立了新的坐标系。注意图中 Inv(P1）的效果。

5.8　J 起首字母

5.8.1　JtoP——将关节位置数据转成“直角坐标系数据”

（1）功能

JtoP 用于将关节位置数据转成“直角坐标系数据”。

（2）格式

＜位置变量＞＝JtoP＜关节变量＞

（3）例句

```
1 P1= JtoP(J1)
```

（4）说明

注意 J1 为关节变量；P1 为位置型变量。

5.9　L 起首字母

5.9.1　Left$ ——按指定长度截取字符串

（1）功能

Left $ 用于按指定长度截取字符串。

（2）格式

＜字符串变量＞＝Left $ ＜字符串＞，＜数式＞

＜数式＞——用于指定截取的长度。

（3）例句

```
1 C1$ = Left$ ("ABC",2) '——C1$ = AB
```

（4）说明

从左边截取<数式>指定的长度。

5.9.2 Len——计算字符串的长度（字符个数）

（1）功能

Len 用于计算字符串的长度(字符个数)。

（2）格式

<数值变量>＝Len<字符串>

（3）例句

```
1 M1= Len("ABCDEFG") '——M1= 7
```

5.9.3 Ln——计算自然对数（以 e 为底的对数）

（1）功能

Ln 用于计算自然对数(以 e 为底的对数)。

（2）格式

<数值变量>＝Ln<数式>

（3）例句

```
1 M1= Ln(2) '——M1= 0.693147
```

5.9.4 Log——计算常用对数（以 10 为底的对数）

（1）功能

Log 用于计算常用对数(以 10 为底的对数)。

（2）格式

<数值变量>＝Log<数式>

（3）例句

```
1 M1= Log(2) '——M1= 0.301030
```

5.10 M 起首字母

5.10.1 Max——计算最大值

（1）功能

Max 用于求出一组数据中最大值。

（2）格式

<数值变量>＝Max(<数式 1>，<数式 2>，<数式 3>)

（3）例句

```
1 M1= Max(2,1,3,4,10,100) '——M1= 100
```

这一组数据中最大的数是 100。

5.10.2 Mid$ ——根据设定求字符串的部分长度的字符

（1）功能

根据设定求字符串的部分长度的字符。

（2）格式

<字符串变量>＝Mid $ <字符串>，<数式 2>，<数式，3>

<数式 2>——用于指定被截取字符串长度的起始位置。

<数式 3>——用于指定截取的长度。

（3）例句

```
1 C1$ = Mid$ ("ABCDEFG",3,2)'——C1$ = "CD"
```

从指定字符串“ABCDEFG” 的第 3 位起，截取 2 位字符。

5.10.3 Min——求最小值

（1）功能

Min 用于求出一组数据中最小值。

（2）格式

<数值变量>＝Min(<数式 1>，<数式 2>，<数式 3>)

（3）例句

```
1 M1= Min(2,1,3,4,10,100)'——M1= 1
```

这一组数据中最小的数是 1。

5.10.4 Mirror$ ——字符串计算

（1）功能

Mirror $ 的计算过程如下：

①将指定的字符串转换成 ASCII 码；

②将 ASCII 码转换成二进制数；

③将二进制数取反；

④将取反后的二进制数转换为 ASCII 码；

⑤将 ASCII 码转换为字符。

（2）格式

<字符串变量>＝Mirror $ <字符串>

（3）例句

```
1 C1$ = Mirror$ ("BJ")
```

（4）说明

①“BJ” ＝&H42，&H4A(将指定的字符串转换成 ASCII 码)；

②＝&B01000010，&B01001010(将 ASCII 码转换成二进制数)；

③＝&H52，&H42＝&B01010010，&B01000010(将各二进制数的 bigstring 反转后转换成 ASCII 码)；

④C1 $ ＝“RB”(将 ASCII 码转换为字符)。

5.10.5 Mki$ ——字符串计算

（1）功能

Mki $ 用于将整数的值转换为两个字符的字符串。

（2）格式

<字符串变量>＝Mki $ <数式>

（3）例句

```
1 C1$ = Mki$ (20299)'——C1$ = "OK"
2 M1= Cvi(C1$ )'——M1= 20299
```

5.10.6 Mks$ ——字符串计算

（1）功能

Mks $ 用于将单精度数转换为 4 个字符的字符串。

（2）格式

<字符串变量>＝Mks $ <数式>

（3）例句

```
1 C1$ = Mks$ (100.1)
2 M1= Cvs(C1$ )'——M1= 100.1
```

5.10.7 Mkd$ ——字符串计算

（1）功能

Mkd $ 用于将双精度数转换为 8 个字符的字符串。

（2）格式

<字符串变量>＝Mkd $ <数式>

（3）例句

```
1 C1$ = Mks$ (10000.1)
2 M1= Cvs(C1$ )'——M1= 10000.1
```

5.11 P 起首字母

5.11.1 PosCq——检查给出的位置点是否在允许动作区域内

（1）功能

PosCq 用于检查给出的位置点是否在允许动作范围区域内。

（2）格式

<数值变量>＝PosCq<位置变量>

<位置变量>——可以是直交型也可以是关节型位置变量。

（3）例句

```
1 M1= PosCq(P1)
```

（4）说明

如果 P1 点在动作范围以内，M1＝1；

如果 P1 点在动作范围以外，M1＝0。

5.11.2 PosMid——求出 2 点之间做直线插补的中间位置点

（1）功能

PosMid 用于求出 2 点之间做直线插补的中间位置点。

（2）格式

<位置变量>＝PosCq<位置变量 1>，<位置变量 1>，<数式 1>，<数式 1>

<位置变量 1>——直线插补起点。
<位置变量 2>——直线插补终点。
(3) 例句

```
1 P1= PosMid(P2,P3,0,0) '——P1 点为 P2、P3 点的中间位置点
```

5.11.3 PtoJ——将直角型位置数据转换为关节型数据

(1) 功能
PtoJ 用于将直角型位置数据转换为关节型数据。
(2) 格式
<关节位置变量>=PtoJ<直交位置变量>
(3) 例句

```
1 J1= PtoJ(P1)
```

(4) 说明
J1 为关节型位置变量，P1 为直交型位置变量。

5.12 R 起首字母

5.12.1 Rad——将角度单位（deg）转换为弧度单位（rad）

(1) 功能
Rad 用于将角度单位(deg) 转换为弧度单位(rad)。
(2) 格式
<数值变量>=PtoJ<数式>
(3) 例句

```
1 P1= P_Curr
2 P1.C= Rad(90)
3 Mov P1
```

(4) 说明
常常用于对位置变量中“形位(pose)(A/B/C)” 的计算和三角函数的计算。

5.12.2 Rdfl1——将形位（pose）结构标志用字符“R” /“L”，“A” /“B”，“N” /“F” 表示

(1) 功能
Rdfl1 用于将形位(pose) 结构标志用字符“R” /“L”,“A” /“B”,“N” /“F” 表示。
(2) 格式
<字符串变量>=Rdfl1(<位置变量>，<数式>)
<数式>——指定取出的结构标志。
<数式>=0，取出“R” /“L”。
<数式>=1，取出“A” /“B”。
<数式>=1，取出“N” /“F”。
(3) 例句

```
1 P1= (100,0,100,180,0,180)(7,0)'——P1 的结构 flag7(&B111)= RAN
2 C1$ = Rdfl1(P1,1)'——C1$ = A
```

5.12.3 Rdfl2——求指定关节轴的“旋转圈数”

(1) 功能

Rdfl2 用于求指定关节轴的“旋转圈数”，即求结构标志 FL2 的数据。

(2) 格式

<设置变量>＝Rdfl2(<位置变量>，<数式>)

<数式>——指定关节轴。

(3) 例句

```
1 P1= (100,0,100,180,0,180)(7,&H00100000)'
2 M1= Rdfl2(P1,6)'——M1= 1
```

(4) 说明

①取得的数据范围：－8～7。

②结构标志 FL2 由 32bit 构成。旋转圈数为－1～8 时，显示形式为 F—8。

在 FL2 标志中　FL2＝00000000 中，bit 对应轴号 87654321。每 1bit 位的数值代表旋转的圈数。正数表示正向旋转的圈数。旋转圈数为－1～8 时，显示形式为 F—8。

例：

J6 轴旋转圈数＝＋1 圈，则 FL2＝00100000(旋转圈数：－2－10＋1＋2)。

J6 轴旋转圈数＝－1 圈，则 FL2＝00F00000(旋转圈数：E，F0＋1＋2)。

5.12.4 Rnd——产生一个随机数

(1) 功能

Rnd 用于产生一个随机数。

(2) 格式

<数值变量>＝Rnd(<数式>)

<数式>——指定随机数的初始值。

<数值变量>——数据范围 0.0～1.0。

(3) 例句

```
1 DimMRND(10)'
2 C1= Right$ (C_Time,2)'——C1= "me"
3 MRNDBS= Cvi(C1)'
4 MRND(1)= Rnd(MRNDBS)'
5 ForM1= 2 To 10'
6 MRND(M1)= Rnd(0)
7 Next M1
```

5.12.5 Right$ ——从字符串右端截取“指定长度” 的字符串

(1) 功能

Right $ 用于从字符串右端截取“指定长度” 的字符串。

(2) 格式

<字符串变量>＝Right $ <字符串>，<数式>

<数式>用于指定截取的长度

(3) 例句

```
1 C1$ = Right$ ("ABCDEFG",3)'——C1$ = "EFG"
```

(4) 说明

从右边截取<数式>指定长度的字符串。

5.13 S起首字母

5.13.1 Setfl1——变更指定“位置点”的“形位(pose)结构标志FL1”

(1) 功能

变更指定“位置点”的“形位(pose)结构标志FL1”。

(2) 格式

<位置变量>=Setfl1<位置变量>，<字符串>

<字符串>——设置变更后的FL1标志。

“R”/“L”：设置Right/Left。

“A”/“B”：设置Above/Below。

“N”/“F”：设置Nonflip/Flip。

(3) 例句

```
10 Mov P1
20 P2= Setfl1(P1,"LBF")'——将P1点的结构标志FL1改为"LBF"
30 Mov P2
```

这一功能可以用于改变坐标系后，要求用原来的形位(pose)结构工作时，保留形位(pose)结构FL1的场合。

FL1标志以数字表示的样例如图5-3所示。

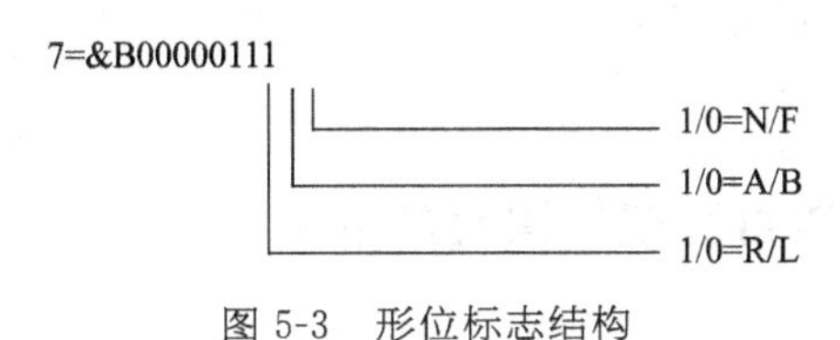

图5-3 形位标志结构

5.13.2 Setfl2——变更指定“位置点”的“形位(pose)结构标志FL2”

(1) 功能

变更指定“位置点”的“形位(pose)结构标志FL2”。

(2) 格式

<位置变量>=Setfl2<位置变量>，<数式1>，<数式，2>

<数式1>——设置轴号1～8。

<数式1>——设置旋转圈数－8～7。

(3) 例句

```
10 Mov P1
20 P2= Setfl2(P1,6,1)'——设置P1点J6轴旋转圈数= 1
30 Mov P2
```

(4) 说明

各轴实际旋转角度与FL2标志的对应关系如图5-4所示。

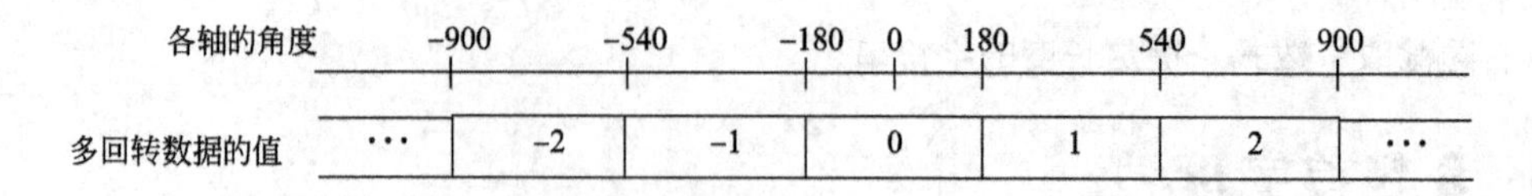

图 5-4　各轴实际旋转角度与 FL2 标志的对应关系

5.13.3　SetJnt——设置各关节变量的值

（1）功能

SetJnt 用于设置“关节型位置变量”。

（2）格式

<关节型位置变量>＝SetJnt<J1 轴>，<J2 轴>，<J3 轴>，<J4 轴>，<J5 轴>，<J6 轴>,<J7 轴>，<J8 轴><J1 轴>～<J2 轴>：单位为弧度(rad)。

（3）例句

```
1 J1= J_Curr
2 For M1= 0To60Step10
3 M2= J1.J3+ Rad(M1)
4 J2= SetJnt(J1.J1,J1.J2,M2)'——只使 J3 轴每次增加 10rad,J4 轴以后为相同的值
5 Mov J2
6 Next M1
7 M0= Rad(0)
8 M90= Rad(90)
9 J3= SetJnt(M0,M0,M90,M0,M90,M0)
10 Mov J3
```

5.13.4　SetPos——设置直交型位置变量数值

（1）功能

设置直交型位置变量数值。

（2）格式

<位置变量>＝SetPos<X 轴>，<Y 轴>，<Z 轴>，<A 轴>，<B 轴>，<C 轴>，<L1 轴>，<L2 轴>

<X 轴>～<Z 轴>：单位为 mm。

<A 轴>～<C 轴>：单位为弧度(rad)。

（3）例句

```
1 P1= P_Curr
2 For M1= 0 To 100 Step 10
3 M2= P1.Z+ M1
4 P2= SetPos(P1.X,P1.Y,M2)'——Z 轴数值每次增加 10mm。 A 轴以后各轴数值不变
5 Mov P2
6 Next M1
```

可以用于以函数方式表示运动轨迹的场合。

5.13.5 Sgn——求数据的符号

（1）功能

求数据的符号。

（2）格式

＜数值变量＞＝Sgn＜数式＞

（3）例句

```
1 M1= -12
2 M2= Sgn(M1)'——M2= -1
```

（4）说明

①＜数式＞＝正数，＜数值变量＞＝1；

②＜数式＞＝0，＜数值变量＞＝0；

③＜数式＞＝负数，＜数值变量＞＝－1。

5.13.6 Sin——求正弦值

（1）功能

求正弦值。

（2）格式

＜数值变量＞＝Sin＜数式＞

（3）例句

```
1 M1= Sin(Rad(60))'——M1= 0.86603
```

（4）说明

＜数式＞的单位为弧度。

5.13.7 Sqr——求平方根

（1）功能

求平方根。

（2）格式

＜数值变量＞＝Sqr＜数式＞

（3）例句

```
1 M1= Sqr(2)'——M1= 1.41421
```

5.13.8 Strpos——在字符串里检索“指定的字符串” 的位置

（1）功能

Strpos 用于在字符串里检索“指定的字符串” 的位置。

（2）格式

＜数值变量＞＝Strpos＜字符串 1＞，＜字符串 2＞

＜字符串 1＞——基本字符串。

＜字符串 2＞——被检索的字符串。

（3）例句

```
1 M1= Strpos("ABCDEFG","DEF")'——M1= 4。"DEF"在字符串 1 中出现的位置是 4
```

5.13.9 Str$ ——将数据转换为十进制字符串

（1）功能

Str $ 用于将数据转换为十进制形式的字符串。

（2）格式

<字符串变量>＝Str $ <数式>

（3）例句

```
1 C1$ = Str$ (123) '——C1$ = "123"
```

5.14 T 起首字母

5.14.1 Tan——求正切

（1）功能

求正切。

（2）格式

<数值变量>＝Tan<数式>

（3）例句

```
1 M1= Tan(Rad(60)) '——M1= 1.73205
```

说明：<数式>的单位为弧度。

5.15 V 起首字母

5.15.1 Val——将字符串转换为数值

（1）功能

将字符串转换为数值。

（2）格式

<数值变量>＝Val<字符串>

<字符串>——字符串形式可以是十进制、二进制(&B)、十六进制(&H)。

（3）例句

```
1 M1= Val("15")
2 M2= Val("&B1111")
3 M3= Val("&HF")
```

在上例中，M1、M2、M3 的数值相同。

5.16 Z 起首字母

5.16.1 Zone——检查指定的位置点是否进入指定的区域

（1）功能

Zone 用于检查指定的位置点是否进入指定的区域。如图 5-5 所示。

(2) 格式

<数值变量>=Zone<位置1>，<位置2>，<位置3>

①<位置1>——检测点。

②<位置2>，<位置3>——构成指定区域的空间对角点。

③<位置1>，<位置2>，<位置3>为直交型位置点P。

④<数值变量>=1：<位置1>点进入指定的区域。

⑤<数值变量>=0：<位置1>点没有进入指定的区域。

(3) 例句

```
1 M1= Zone(P1,P2,P3)
2 If M1= 1 Then MovP_Safe Else End
```

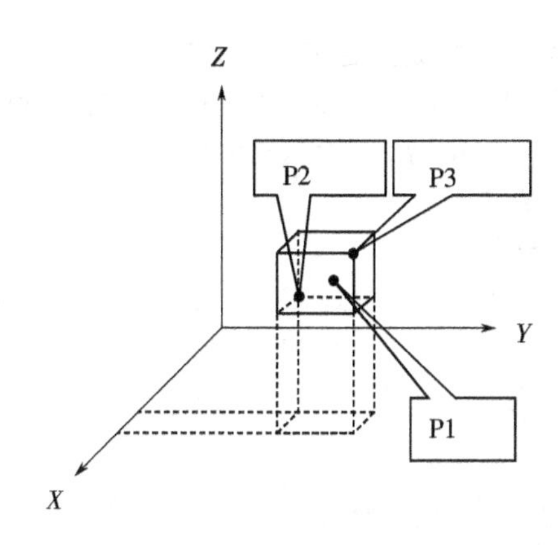

图5-5 指定的位置点是否进入指定的位置区域

5.16.2 Zone2——检查指定的位置点是否进入指定的区域（圆筒型）

(1) 功能

Zone2用于检查指定的位置点是否进入指定的(圆筒型）区域。如图5-6所示。

(2) 格式

<数值变量>=Zone2<位置1>，<位置2>，<位置3>，<数式>

①<位置1>——被检测点。

②<位置2>，<位置3>——构成指定圆筒区域的空间点。

③<数式>——两端半球的半径。

④<位置1>，<位置2>，<位置3>为直交型位置点P。

⑤<数值变量>=1：<位置1>点进入指定的区域。

⑥<数值变量>=0：<位置1>点没有进入指定的区域。

Zone2只用于检查指定的位置点是否进入指定的(圆筒型）区域，不考虑“形位(pose)”。

(3) 例句

```
1 M1= Zone2(P1,P2,P3,50)
2 If M1= 1 Then Mov P_Safe Else End
```

5.16.3 Zone3——检查指定的位置点是否进入指定的区域（长方体）

(1) 功能

检查指定的位置点是否进入指定的区域(长方体)。如图5-7所示。

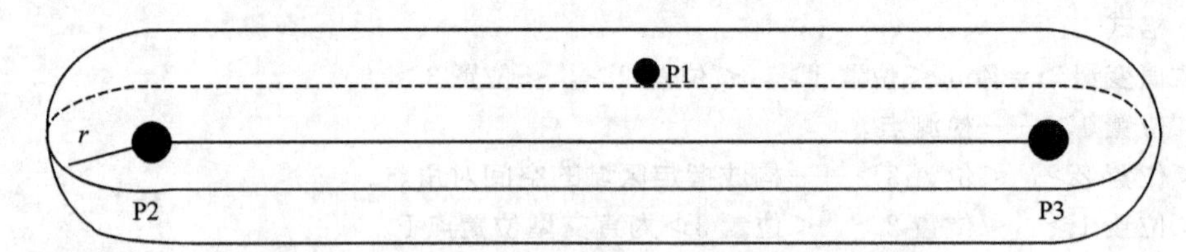

图 5-6　指定的位置点是否进入指定的位置区域

（2）格式

<数值变量>＝Zone3<位置 1>，<位置 2>，<位置 3>，<位置 4>，<数式 W>，<数式 H>,<数式 L>

①<位置 1>——检测点。

②<位置 2>，<位置 3>——构成指定区域的空间点。

③<位置 4>——与<位置 2>，<位置 3>共同构成指定平面的点。

④<位置 1>，<位置 2>，<位置 3>为直交型位置点 P。

⑤<数式 W>——指定区域宽。

⑥<数式 H>——指定区域高。

⑦<数式 L>——（以<位置 2>，<位置 3>为基准）指定区域长。

⑧<数值变量>＝1：<位置 1>点进入指定的区域。

⑨<数值变量>＝0：<位置 1>点没有进入指定的区域。

（3）例句

```
1 M1= Zone3(P1,P2,P3,P4,100,100,50)
2 If M1= 1 Then Mov P_Safe Else End
```

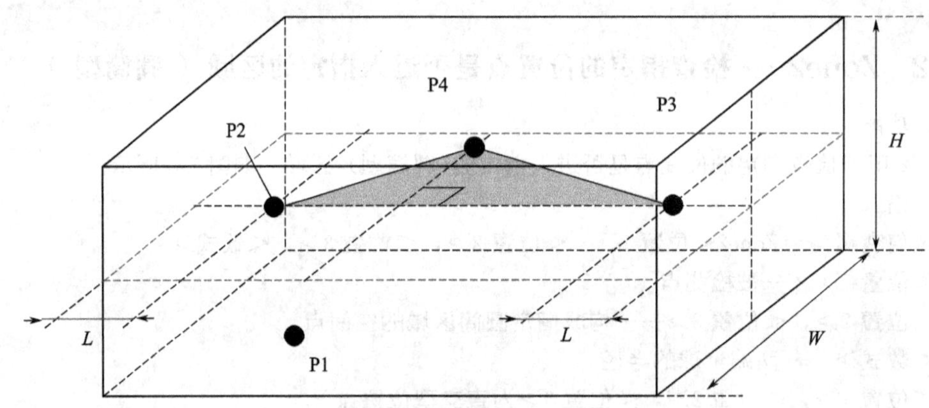

图 5-7　指定的位置点是否进入指定的位置区域

第 6 章

参数功能及设置

在机器人的实际应用中，控制系统提供了大量的参数。为了赋予机器人不同的性能，就要设置不同的参数，或者对同一参数设置不同的数值。参数设置是实际应用机器人的主要工作。因此，必须对参数的功能、设置范围、设置方法有明确的认识，参数设置可以通过软件进行，也可以用示教单元设置参数，因此本章在介绍参数的功能和设置方法时，结合 RTToolBox 软件的画面进行说明，简单明了。读者也可以结合第 8 章节进行阅读。读者可先通读本章，然后重点研读要使用的参数。

6.1 参数一览表

由于参数很多，为了便于学习及使用，将所有参数进行了分类。机器人应用的参数可分为：
①“动作型参数”；
②“程序型参数”；
③“操作型参数”；
④“专用输入输出信号参数”；
⑤“通信及现场网络参数”。
本节先列出“参数一览表”，便于使用时参阅。

6.1.1 动作型参数一览表

动作型参数一览表见表 6-1。

表 6-1 动作型参数一览表

序号	参数类型	参数符号	参数名称	参数功能
1	动作	MEJAR	动作范围	用于设置各关节轴旋转范围
2	动作	MEPAR	各轴在直角坐标系行程范围	设置各轴在直角坐标系内的行程范围
3	动作	Useprog	用户设置的原点	用户自行设置的原点
4	动作	MELTEXS	机械手前端行程限制	用于限制机械手前端对基座的干涉
5	动作	JOGJSP	JOG 步进行程和速度倍率	设置关节轴的 JOG 的步进行程和速度倍率
6	动作	JOGPSP	JOG 步进行程和速度倍率	设置以直角坐标系表示的 JOG 的步进行程和速度倍率

续表

序号	参数类型	参数符号	参数名称	参数功能
7	动作	MEXBS	基本坐标系偏置	设置“基本坐标系原点”在“世界坐标系”中的位置（偏置）
8	动作	MEXTL	标准工具坐标系“偏置”（TOOL坐标系也称为抓手坐标系）	设置“抓手坐标系原点”在“机械IF坐标系”中的位置（偏置）
9	动作	MEXBSNO	世界坐标系编号	设置世界坐标系编号
10	动作	AREA * AT	报警类型	设置报警类型
	动作	USRAREA	报警输出信号	设置输出信号
11	动作	AREASP *	空间的一个对角点	设置“用户定义区”的一个对角点
12	动作	AREA * CS	基准坐标系	设置“用户定义区”的“基准坐标系”
13	动作	AREA * ME	机器人编号	设置机器人“编号”
14	动作	SFC * AT	平面限制区有效无效选择	设置平面限制区有效无效
15	动作	SFC * P1 SFC * P2 SFC * P3	构成平面的三点	设置构成平面的三点
16	动作	SFC * ME	机器人编号	设置机器人“编号”
17	动作	JSAFE	退避点	设置一个应对紧急状态的退避点
18	动作	MORG	机械限位器基准点	设置机械限位器原点
19	动作	MESNGLSW	接近特异点是否报警	设置接近特异点是否报警
20	动作	JOGSPMX	示教模式下JOG速度限制值	设置示教模式下JOG速度限制值
21	动作	WK*n*CORD *n*：1～8	工件坐标系	设置工件坐标系
22	动作	WK*n*WO	工件坐标系原点	
23	动作	WK*n*WX	工件坐标系 *X* 轴位置点	
24	动作	WK*n*WY	工件坐标系 *Y* 轴位置点	
25	动作	RETPATH	程序中断执行JOG动作后的返回形式	设置程序中断执行JOG动作后的返回形式
26	动作	MEGDIR	重力在各轴方向上的投影值	设置重力在各轴方向上的投影值
27	动作	ACCMODE	最佳加减速模式	设置上电后是否选择最佳加减速模式
28	动作	JADL	最佳加减速倍率	设置最佳加减速倍率
29	动作	CMPERR	伺服柔性控制报警选择	设置伺服柔性控制报警选择
30	动作	COL	碰撞检测	设置碰撞检测功能
31	动作	COLLVL	碰撞检测级别	1%～500%
32	动作	COLLVLJG	JOG运行时的碰撞检测级别	1%～500%

续表

序号	参数类型	参数符号	参数名称	参数功能
33	动作	WUPENA	预热运行模式	
34	动作	WUPAXIS 设置	预热运行对象轴 bit ON 对象轴 bit OFF 非对象轴	
35	动作	WUPTIME 设置	预热运行时间 单位：分（1~60）	
36	动作	WUPOVRD	预热运行速度倍率	
37	动作	HIOTYPE	抓手用电磁阀输入信号源型/漏型选择	
38	动作	HANDTYPE	设置电磁阀单线圈/双线圈及对应的外部信号	

6.1.2 程序型参数一览表

程序型参数一览表见表 6-2。

表 6-2 程序型参数一览表

序号	参数类型	参数符号	参数名称	参数功能
1	程序	SLT *	任务区内的程序名、运行模式、启动条件、执行程序行数	用于设置每一任务区内的程序名、运行模式、启动条件、执行程序行数
2	程序	TASKMAX	多任务个数	设置同时执行程序的个数
3	程序	SLOTON	程序选择记忆	设置已经选择的程序是否保持
4	程序	CTN	继续运行功能	
5	程序	PRGMDEG	程序内位置数据旋转部分的单位	
6	程序	PRGGBL	程序保存区域大小	
7	程序	PRGUSR	用户基本程序名称	
8	程序	ALWENA	特殊指令允许执行选择	选择一些特殊指令是否允许执行
9	程序	JRCEXE	JRC 指令执行选择	设置 JRC 指令是否可以执行
10	程序	JRCQTT	JRC 指令的单位	设置 JRC 指令的单位
11	程序	JRCORG	JRC 指令后的原点	设置 JRC 0 时的原点位置
12	程序	AXUNT	附加轴使用单位选择	设置附加轴的使用单位
13	程序	UER1 ~ UER20	用户报警信息	编写用户报警信息
14	程序	RLNG	机器人使用的语言	设置机器人使用的语言
15	程序	LNG	显示用语言	设置显示用语言
16	程序	PST	程序号选择方式是用外部信号选择程序的方法	在“START”信号输入的同时，使“外部信号选择的程序号”有效
17	程序	INB	“STOP”信号改“B 触点”	可以对“STOP”“STOP1”“SKIP”信号进行修改

续表

序号	参数类型	参数符号	参数名称	参数功能
18	程序	ROBOTERR	EMGOUT 对应的报警类型和级别	设置“EMGOUT”报警接口对应的报警类型和级别

6.1.3 操作型参数一览表

操作型参数一览表见表 6-3。

表 6-3 操作型参数一览表

序号	参数符号	参数名称及功能	出厂值
1	BZR	设置报警时蜂鸣器音响 OFF/ON	1（ON）
2	PRSTENA	程序复位操作权 设置“程序复位操作”是否需要操作权	0（必要）
3	MDRST	随模式转换进行程序复位	0（无效）
4	OPDISP	操作面板显示模式	
5	OPPSL	操作面板为“AUTO”模式时的程序选择操作权	1（OP）
6	RMTPSL	操作面板的按键为“AUTO”模式时的程序选择操作权	0（外部）
7	OVRDTB	示教单元上改变速度倍率的操作权选择（不必要=0，必要=1）	1（必要）
8	OVRDMD	模式变更时的速度设定	
9	OVRDENA	改变速度倍率的操作权（必要=0，不必要=1）	0（必要）
10	ROMDRV	切换程序的存取区域	
11	BACKUP	将 RAM 区域的程序复制到 ROM 区	
12	RESTORE	将 ROM 区域的程序复制到 RAM 区	
13	MFINTVL	维修预报数据的时间间隔	
14	MFREPO	维修预报数据的通知方法	
15	MFGRST	维修预报数据的复位	
16	MFBRST	维修预报数据的复位	
17	DJNT	位置回归相关数据	
18	MEXDTL	位置回归相关数据	
19	MEXDTL1～5	位置回归相关数据	
20	MEXDBS	位置回归相关数据	
21	TBOP	是否可以通过示教单元进行程序启动	

6.1.4 专用输入输出信号参数一览表

专用输入输出信号参数一览表见表 6-4。

表 6-4　专用输入输出信号参数一览表

序号	参数类型	参数符号	参数名称	参数功能
1	输入	AUTOENA	可自动运行	“自动使能”信号
2		START	启动	程序启动信号。在多任务时，启动全部任务区内的程序
3		STOP	停止	停止程序执行。在多任务时，停止全部任务区内的程序。STOP 信号地址是固定的
4		STOP2	停止	功能与 STOP 信号相同。但输入信号地址可改变
5		Slotinit	程序复位	解除程序中断状态，返回程序起始行。对于多任务区，指令所有任务区内的程序复位。但对以 ALWAYS 或 ERROR 为启动条件的程序除外
6		Errrset	报错复位	解除报警状态
7		Cycle	单（循环）运行	选择停止“程序连续循环”运行
8		Srvoff	伺服 OFF	指令全部机器人伺服电源＝OFF
9		Srvon	伺服 ON	指令全部机器人伺服电源＝ON
10		IOENA	操作权	外部信号操作有效
11	SAFEPOS	回退避点	“回退避点”启动信号 退避点由参数设置	
12	OUTRESET	输出信号复位	“输出信号复位”指令信号。复位方式由参数设置	
13	MELOCK	机械锁定	程序运动，机器人机械不动作	
14	信号	PRGSEL	选择程序号	用于确认已经选择的程序号
15		OVRDSEL	选择速度倍率	用于确认已经选择的程序倍率
16		PRGOUT	请求输出程序号	请求输出程序号
17		LINEOUT	请求输出程序行号	请求输出程序行号
18		ERROUT	请求输出报警号	请求输出报警号
19		TMPOUT	请求输出控制柜内温度	请求输出控制柜内温度
20		IODATA	数据输入信号端地址	用一组输入信号端子表示选择的程序号或速度倍率（8421 码） 表示输出状态也是同样方法
21	信号	JOGENA	选择 JOG 运行模式	JOGENA＝0　无效 JOGENA＝1　有效
22		JOGM	选择 JOG 运行的坐标系	JOGM＝0/1/2/3/4 关节/直交/圆筒/3 轴直交/工具
23		JOG＋	JOG＋指令信号	设置指令信号的起始/结束地址信号（8 轴）

续表

序号	参数类型	参数符号	参数名称	参数功能
24		JOG－	JOG－指令信号	设置指令信号的起始/结束地址信号（8 轴）
25		JOGNER	JOG 运行时不报警	在 JOG 运行时即使有故障也不发报警信号
26	SnSTART	各任务区程序启动信号（共 32 区）	设置各任务区程序启动信号地址	
27		SnSTOP	各任务区程序停止信号（共 32 区）	设置各任务区程序停止信号地址
28		SnSRVON	各机器人伺服 ON	设置各机器人伺服 ON
29		SnSRVOFF	各机器人伺服 OFF	设置各机器人伺服 OFF
30		SnMELOCK	（各机器人）机械锁定	设置（各机器人）机械锁定信号
31		MnWUPENA	各机器人预热运行模式选择	设置各机器人预热运行模式

6.1.5 通信及现场网络参数一览表

通信及现场网络参数一览表见表 6-5。

表 6-5 通信及现场网络参数一览表

序号	参数符号	参数名称	参数功能
1	COMSPEC	RT Tool Box2 通信方式	选择控制器与 RT Tool Box2 软件的通信模式
2	COMDEV	通信端口分配设置	
3	NETIP	控制器的 IP 地址	192.168.0.20
4	NETMSK	子网掩码	255.255.255.0
5	NETPORT	端口号码	
6	CPRCE11 CPRCE12 CPRCE13 CPRCE14 CPRCE15 CPRCE16 CPRCE17 CPRCE18 CPRCE19		
7	NETMODE		
8	NETHSTIP		
9	MXTTOUT		

6.2 动作参数详解

为了使读者更清楚参数的意义和设置，本节结合“RT ToolBox”软件的使用进一步解释各参数的功能。

(1) MEJAR

类型	参数符号	参数名称	功能
动作	MEJAR	动作范围	用于设置各轴行程范围（关节轴旋转范围）
参见图 6-1			

(2) MEPAR

类型	参数符号	参数名称	功能
动作	MEPAR	各轴在直角坐标系行程范围	设置各轴在直角坐标系内的行程范围
参见图 6-1			

(3) 用户设置的原点 USEPROG

类型	参数符号	参数名称	功能
动作	USEPROG	用户设置的原点	用户自行设置的原点
用户设置的关节轴原点。 以初始原点为基准，参见图 6-1			

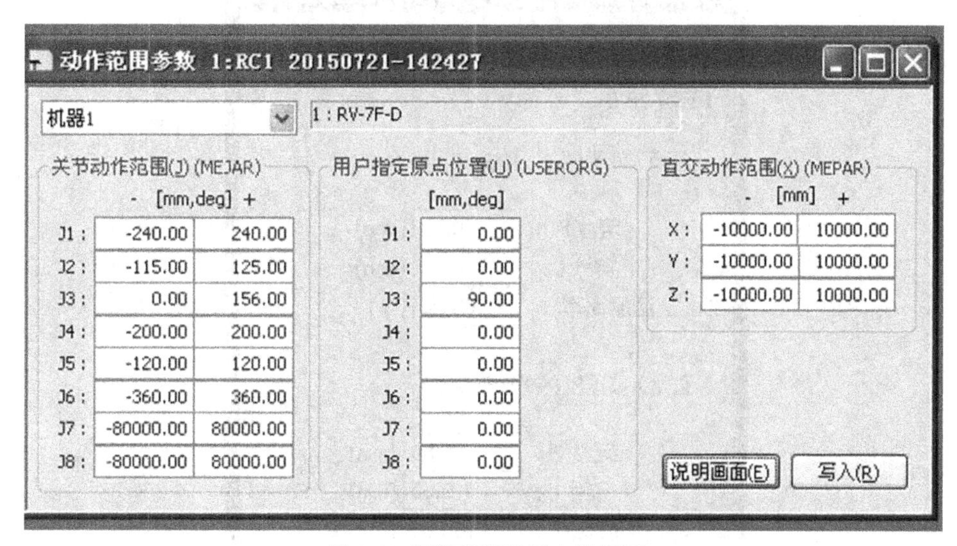

图 6-1　行程范围及原点的设置

(4) MELTEXS

类型	参数符号	参数名称	功能
动作	MELTEXS	机械手前端行程限制	用于限制机械手前端对基座的干涉
设置	MELTEXS=0，限制无效；MELTEXS=1，限制有效		

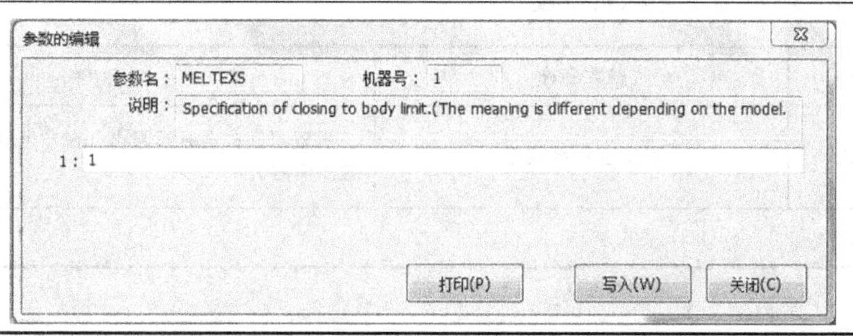

（5）JOGJSP

类型	参数符号	参数名称	功能
动作	JOGJSP	JOG步进行程和速度倍率	设置关节轴的JOG的步进行程和速度倍率
在JOG模式下，每按一次JOG按键，（轴）移动一个“定长距离”，就称为“步进”。参见图6-2			

（6）JOGPSP

类型	参数符号	参数名称	功能
动作	JOGPSP	JOG步进行程和速度倍率	设置以直角坐标系表示的JOG的步进行程和速度倍率
参数JOGPSP与JOGJSP可用于示教时的精确动作，步进行程越小，调整越精确。参见图6-2			

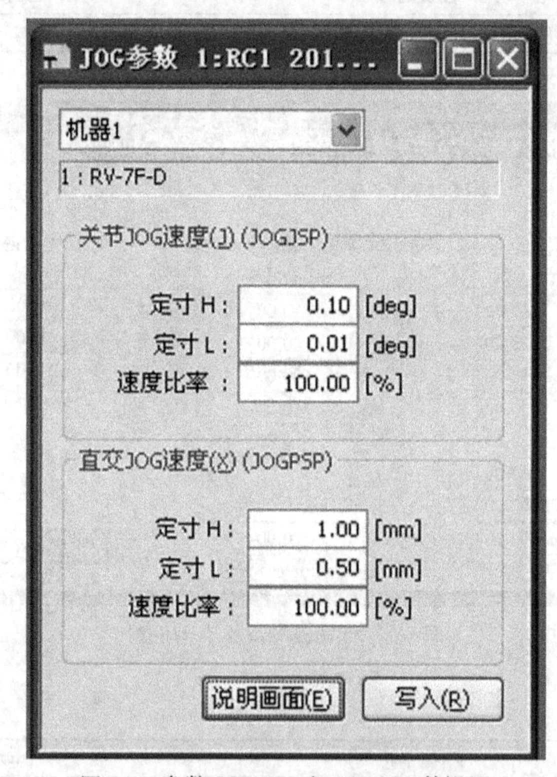

图6-2 参数JOGPSP与JOGJSP的设置

（7） MEXBS——基本坐标系偏置

类型	参数符号	参数名称	功能
动作	MEXBS	基本坐标系偏置	设置“基本坐标系原点”在“世界坐标系”中的位置（偏置）
设置	参见图6-3		

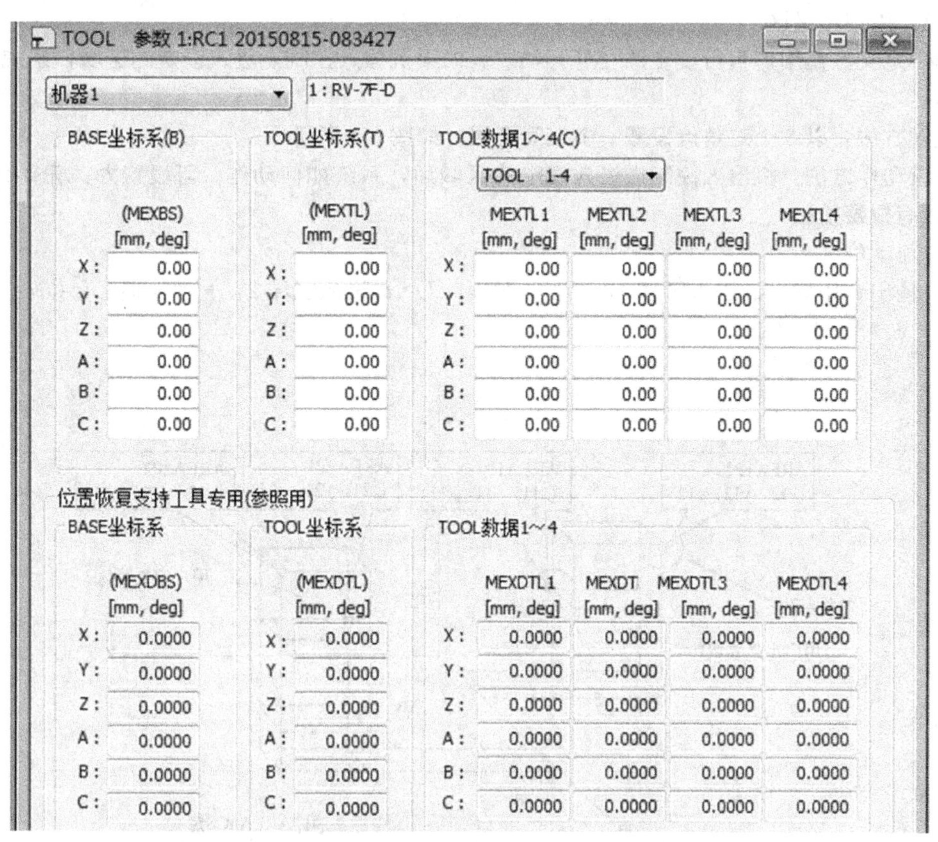

图 6-3　基本坐标系偏置和 TOOL 坐标系偏置的设置

（8）MEXTL

类型	参数符号	参数名称	功能
动作	MEXTL	标准工具坐标系“偏置”（TOOL 坐标系也称为抓手坐标系）	设置“抓手坐标系原点”在“机械 IF 坐标系”中的位置（偏置）
设置	参见图 6-3		

（9）工具坐标系偏置(16 个)

类型	参数符号	参数名称	功能
动作	MEXTL1～16	TOOL 坐标系偏置	设置 TOOL 坐标系。可设置 16 个，互相切换
参见图 6-3			

（10）世界坐标系编号

类型	参数符号	参数名称	功能
动作	MEXBSNO	世界坐标系编号	设置世界坐标系编号
设置	MEXBSNO＝0，初始设置；MEXBSNO＝1～8，工件坐标系 如果是由 Base 指令设置“世界坐标系”或直接设置为“标准世界坐标系”时，在读取状态下，MEXBSNO＝－1		
这样“工件坐标系”也可以理解为“世界坐标系”			

(11）用户定义区

用户定义区是用户自行设定的“空间区域”。如果机器人控制点进入设定的区域，系统会做相关动作。

设置方法：以 2 个对角点设置一个空间区域，如图 6-4 所示。

设置动作方法：机器人控制点进入设定的区域后，系统如何动作。可设置为：无动作/有输出信号/有报警输出。

0：无动作。

1：输出专用信号。进入区域 1，＊＊＊信号＝ON；进入区域 2，＊＊＊信号＝ON；进入区域 3，＊＊＊信号＝ON。

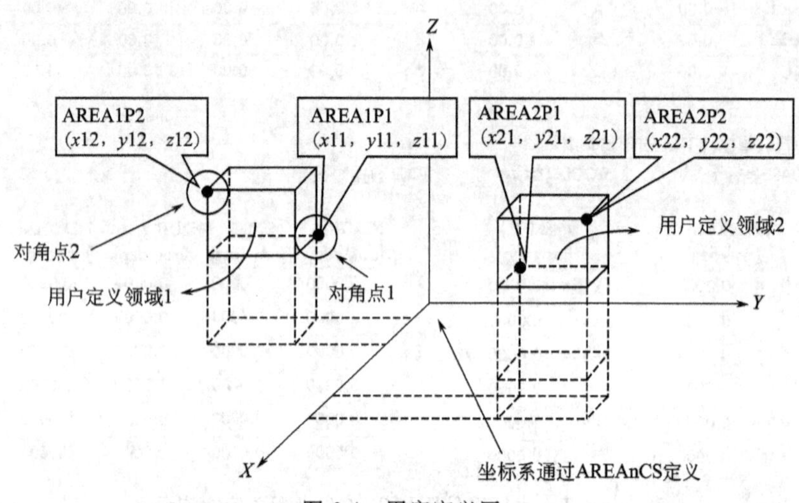

图 6-4　用户定义区

(12）AREA＊AT

类型	参数符号	参数名称	功能
动作	AREA＊AT	报警类型	设置报警类型
设置	AREA＊AT=0，无报警；AREA＊AT=1，信号输出。 AREA＊AT=2，报警输出		
如图 6-5 所示			

(13）USRAREA

类型	参数符号	参数名称	功能
动作	USRAREA	报警输出信号	设置输出信号
设置	设置最低位和最高位的输出信号（如 27～30）		
如图 6-5 所示			

(14）AREASP＊

类型	参数符号	参数名称	功能
动作	AREASP＊	空间的一个对角点	设置“用户定义区”的一个对角点
设置			
如图 6-5 所示			

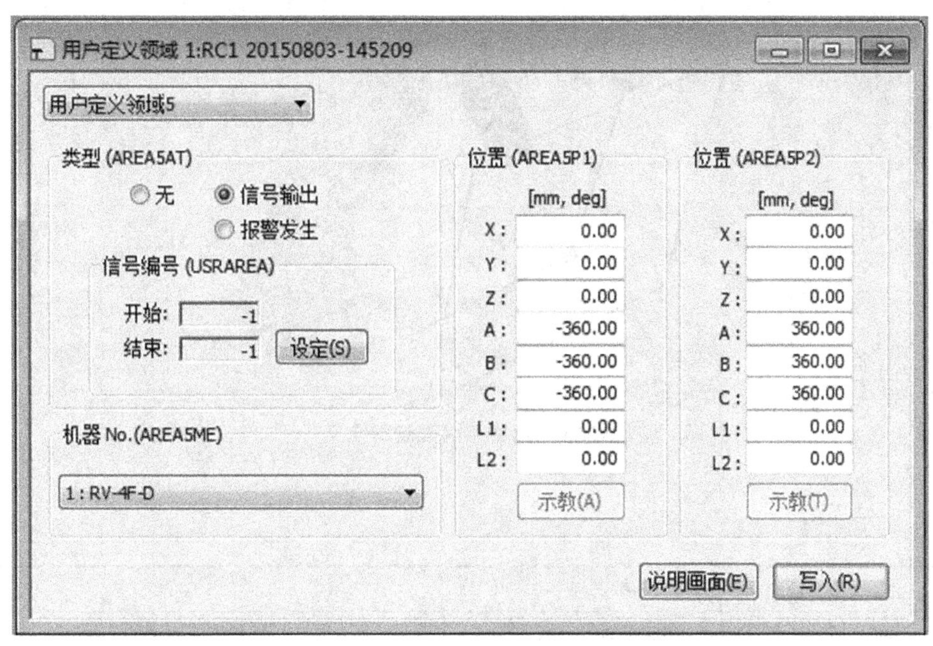

图 6-5　用户定义区的参数设置

（15）AREA＊CS

类型	参数符号	参数名称	功能
动作	AREA＊CS	基准坐标系	设置“用户定义区”的“基准坐标系”
设置	AREA＊CS=0，世界坐标系，AREA＊CS=1，基本坐标系		
本参数用于选择设置“用户定义区”的“坐标系”，可以选择“世界坐标系”，“基本坐标系”			

（16）AREA＊ME

类型	参数符号	参数名称	功能
动作	AREA＊ME	机器人编号	设置机器人“编号”
设置	AREA＊ME=0，无效；AREA＊ME=1，机器人 1（常设）；AREA＊ME=2，机器人 2；AREA＊ME=3，机器人 3		

（17）自由平面限制 SFCNP1

自由平面限制是设置行程范围的一种方法。以任意设置的平面为界设置限制范围(在平面的前面或后面)，如图 6-6 所示，由参数 SFCnAT 设置。

由 3 点构成一个任意平面，以这个任意平面为界限，限制机器人的动作范围。可以设置 8 个任意平面，可以规定机器人的动作范围是在原点一侧还是不在原点一侧。如图 6-6 所示。

（18）SFC＊AT

类型	参数符号	参数名称	功能
动作	SFC＊AT	平面限制区有效无效选择	设置平面限制区有效无效
设置	SFC＊AT=0，无效；SFC＊AT=1，可动作区在原点一侧；SFC＊AT=－1，可动作区在无原点一侧		
参见图 6-7			

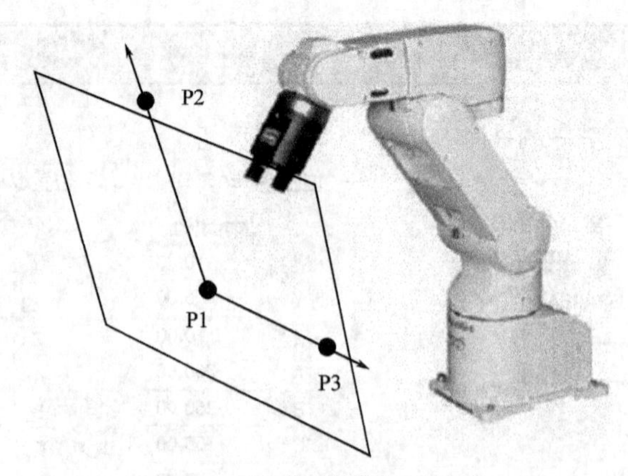

图 6-6　自由平面限制的定义

（19）SFC＊P1

类型	参数符号	参数名称	功能
动作	SFC＊P1 SFC＊P2 SFC＊P3	构成平面的三点	设置构成平面的三点
设置	参见图 6-7		

（20）SFC＊ME

类型	参数符号	参数名称	功能
动作	SFC＊ME	机器人编号	设置机器人“编号”
设置	SFC＊ME＝1，机器人 1；SFC＊ME＝2，机器人 2；SFC＊ME＝3，机器人 3		
参见图 6-7			

（21）退避点

类型	参数符号	参数名称	功能
动作	JSAFE	退避点	设置一个应对紧急状态的退避点
设置	以关节轴的“度数”为单位（deg）进行设置		
参见图 6-8			

操作时，可用示教单元定好退避点位置。如果通过外部信号操作，则必须分配好退避点启动信号。如图 6-9 所示。输入信号 23 为退避点启动信号。

具体操作步骤为：

①选择自动状态；

②伺服＝ON；

③启动回退避点信号。

（22）MORG——机械限位器原点

自由平面限制 1:RC1 20150803-145209
自由平面限制1
属性 (SFC1AT)
无效
有效(机器人原点坐标侧)
有效(没有机器人原点坐标侧)
机器号 (SFC1ME)
1 : RV-4F-D
位置 (SFC1P1)
位置 (SFC1P2)
位置 (SFC1P3)
[mm]
X : 0.00
Y : 0.00
Z : 0.00
示教(C)
示教(T)
示教(A)
说明画面(E)
写入(R)

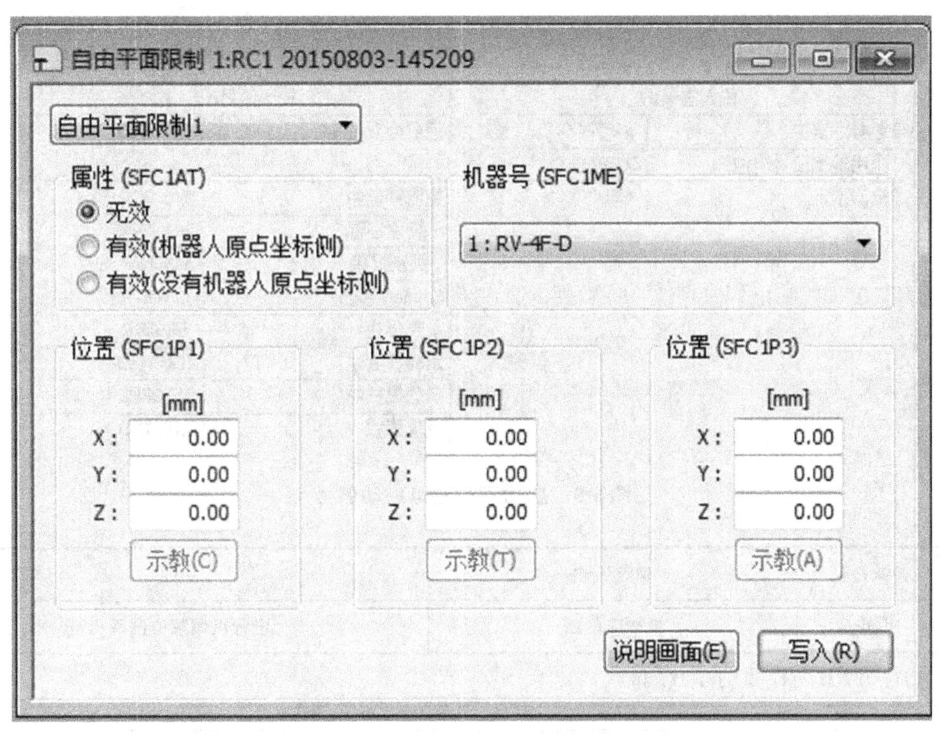

图 6-7　自由平面限制的参数设置

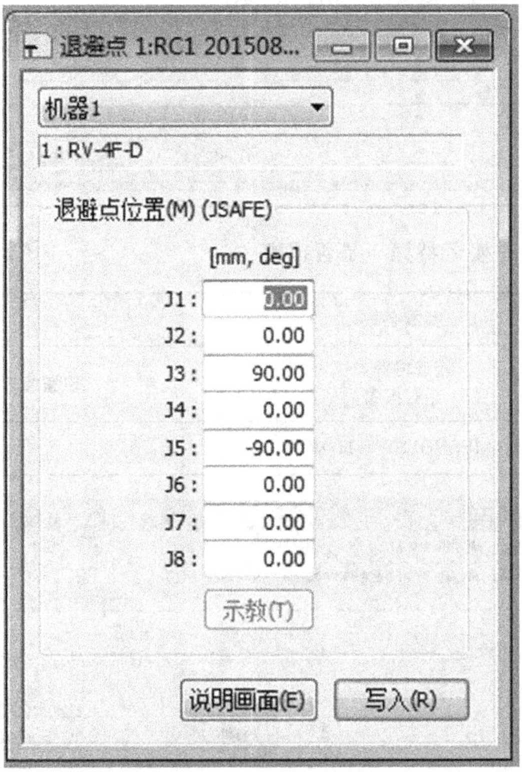

退避点 1:RC1 201508...
机器1
1 : RV-4F-D
退避点位置(M) (JSAFE)
[mm, deg]
J1 : 0.00
J2 : 0.00
J3 : 90.00
J4 : 0.00
J5 : -90.00
J6 : 0.00
J7 : 0.00
J8 : 0.00
示教(T)
说明画面(E)
写入(R)

图 6-8　退避点的设置

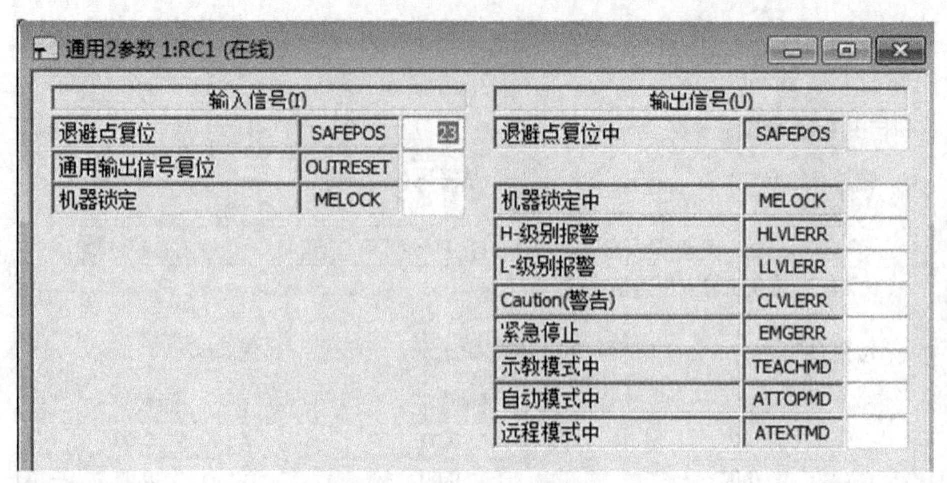

图 6-9　启动回退避点启动信号

类型	参数符号	参数名称	功能
动作	MORG	机械限位器	设置机械限位器原点
设置	（J1，J2，J3，J4，J5，J6，J7，J8）		

参数的编辑

参数名：MORG　机器号：1

说明：Mechanical stopper origin (Joint coordinate)

1：243.00　5：121.00

2：-116.00　6：0.00

3：158.00　7：0.00

4：203.00　8：0.00

打印(P)　写入(W)　关闭(C)

（23）MESNGLSW——接近特异点是否报警

类型	参数符号	参数名称	功能
动作	MESNGLSW	接近特异点 是否报警	设置接近特异点是否报警
设置	MESNGLSW＝0，无效；MESNGLSW＝1，有效		

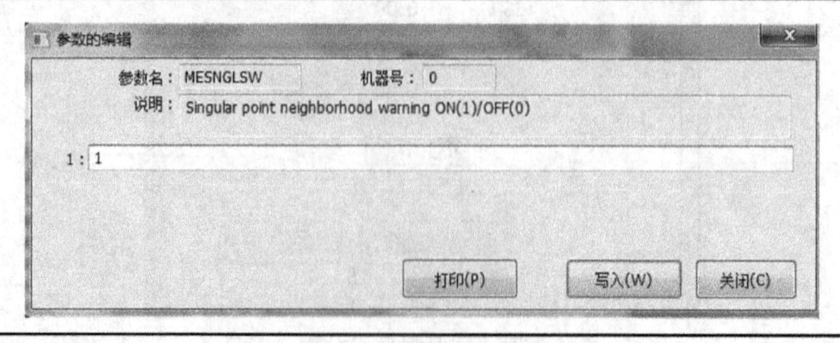

（24）示教模式下 JOG 速度限制值——JOGSPMX

类型	参数符号	参数名称	功能
动作	JOGSPMX	示教模式下 JOG 速度限制值	设置示教模式下 JOG 速度限制值
设置			

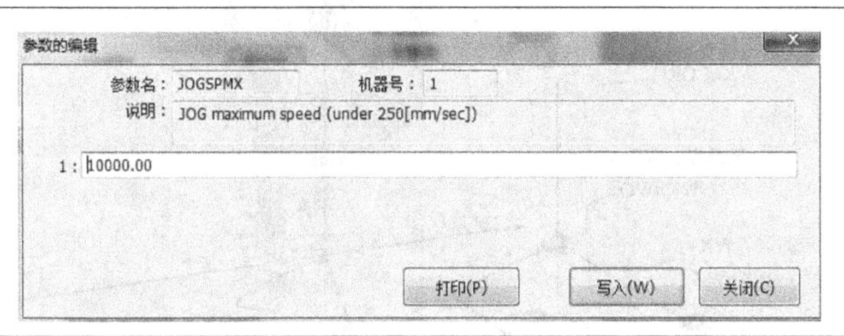

（25）工件坐标系

类型	参数符号	参数名称	功能
动作	WKnCORD n：1～8	工件坐标系	设置工件坐标系
	WKnWO	工件坐标系原点	
	WKnWX	工件坐标系 X 轴位置点	
	WKnWY	工件坐标系 Y 轴位置点	
设置	可设置 8 个工件坐标系 参看图 6-10		

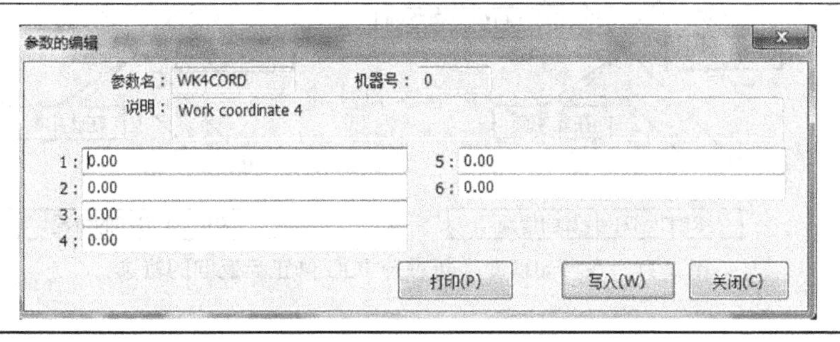

设置工件坐标系要注意：

①工件坐标系的 X 轴、Y 轴方向最好要与“基本坐标系”一致。

②工件坐标系原点只保证 $X/Y/Z$ 轴坐标，不能满足 ABC 角度。

（26）RETPATH——程序中断执行 JOG 动作后的返回形式

类型	参数符号	参数名称	功能
动作	RETPATH	程序中断执行 JOG 动作后的返回形式	设置程序中断执行 JOG 动作后的返回形式
设置	RETPATH＝0，无效；RETPATH＝1，以关节插补返回；RETPATH＝2，以直交插补返回		

在程序执行过程中，可能遇到不能满足工作要求的程序段，需要在线修改，系统提供了在中断后用 JOG 方式修改的功能。本参数设置在 JOG 修改完成后返回原自动程序的形式。

图 6-11 是一般形式。图 6-12 是在“连续轨迹运行 CNT 模式” 下的返回轨迹。

（27）重力方向

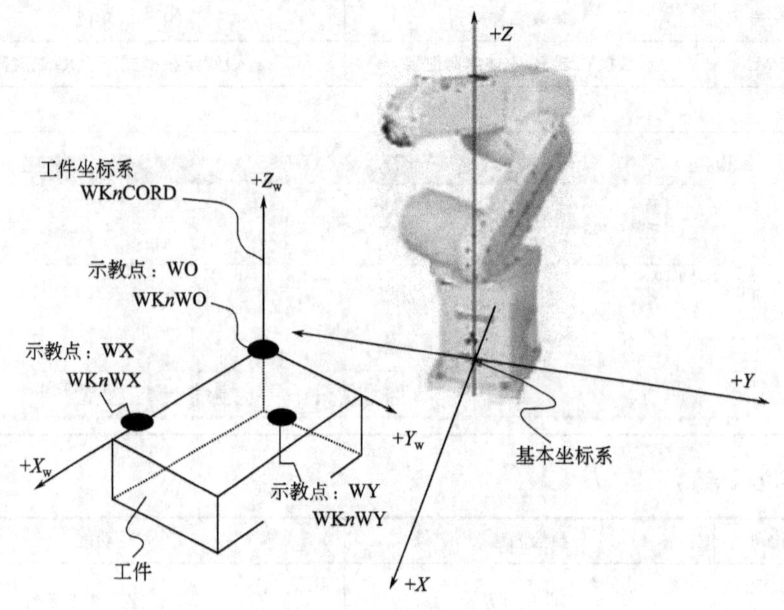

图 6-10 工件坐标系设置示意图

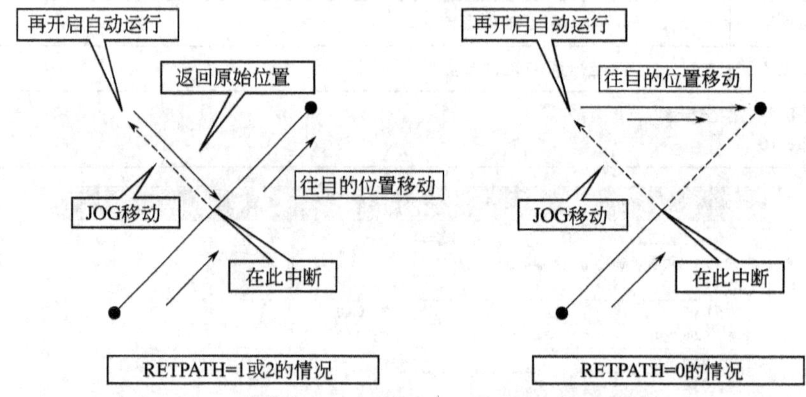

图 6-11 在自动程度中断进行 JOG 修正后返回的轨迹

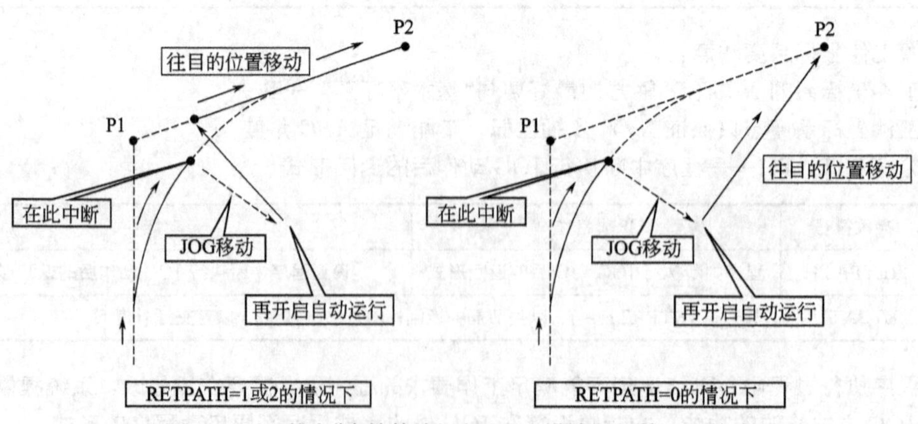

图 6-12 工件在“连续轨迹运行 CNT 模式” 下的返回轨迹

类型	参数符号	参数名称	功能
动作	MEGDIR	重力在各轴方向上的投影值	设置重力在各轴方向上的投影值
设置			
参见图 6-13			

由于安装方位的影响，重力加速度在各轴的投影值不同，如图 6-13，所以要分别设置。

安装姿势	设定值 （安装姿势，X 轴的重力加速度， Y 轴的重力加速度，Z 轴的重力加速度）
放置地板（标准）	（0.0，0.0，0.0，0.0）
壁挂	（1.0，0.0，0.0，0.0）
垂吊	（2.0，0.0，0.0，0.0）
任意的姿势 *1	（3.0，* * *，* * *，* * *）

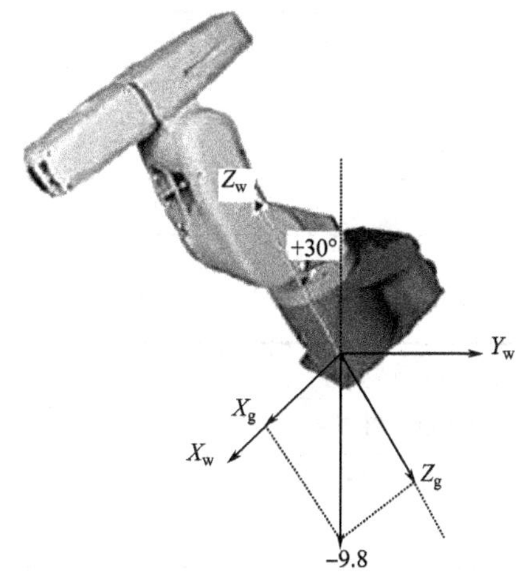

图 6-13　重力在各轴方向上的投影

以图 6-13 倾斜 30°为例：

X 轴重力加速度(X_g) $=9.8\times\sin30°=4.9$

Z 轴重力加速度(Z_g) $=9.8\times\cos30°=8.5$

因为 Z 轴与重力方向相反，所以为-8.5。

Y 轴重力加速度(Y_g) $=0.0$，所以设定值为(3.0，4.9，0.0，−8.5)。

（28）ACCMODE——最佳加减速模式

类型	参数符号	参数名称	功能
动作	ACCMODE	最佳加减速模式	设置上电后是否选择最佳加减速模式
设置	ACCMODE=0，无效；ACCMODE=1，有效		
如图 6-14 所示			

（29）JADL——最佳加减速倍率

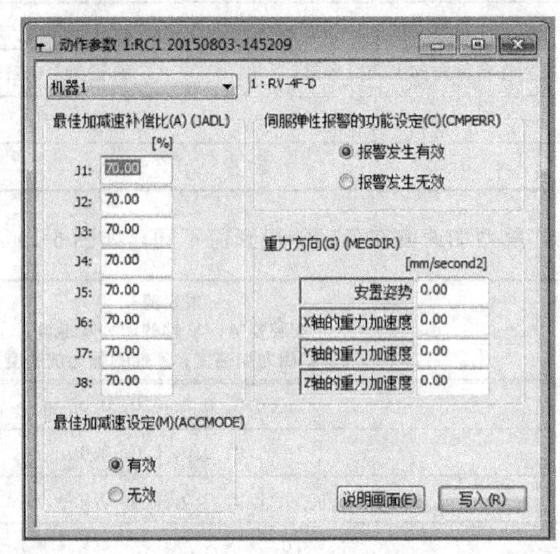

图 6-14　最佳加减速模式及重力影响参数的设置

类型	参数符号	参数名称	功能
动作	JADL	最佳加减速倍率	设置最佳加减速倍率
设置			
如图 6-14 所示			

（30）CMPERR——伺服柔性控制报警选择

类型	参数符号	参数名称	功能
动作	CMPERR	伺服柔性控制报警选择	设置伺服柔性控制报警选择
设置	CMPERR＝0，不报警；CMPERR＝1，报警		
参见图 6-14			

（31）COL——碰撞检测

类型	参数符号	参数名称	功能
动作	COL	碰撞检测	设置碰撞检测功能
	COLLVL	碰撞检测级别	1%～500%
	COLLVLJG	JOG 运行时的碰撞检测级别	1%～500%
设置	数值越小，灵敏度越高		
参见图 6-15			

需要做以下设置：

①设置碰撞检测功能 COL 功能的有效无效；

②上电后的初始状态下碰撞检测功能 COL 功能的有效无效；

③JOG 操作中，碰撞检测功能 COL 功能的有效无效；

（可选择无报警状态）

COLLVL：自动运行时的碰撞检测的量级；

COLLVLJG：JOG 运行时的碰撞检测的量级。

图 6-15　碰撞检测相关参数的设置

（32）预热运行

类型	参数符号	参数名称	功能
动作	WUPENA	预热运行模式	
	设置	WUPENA＝0 无效 WUPENA＝1 有效	
	WUPAXIS	预热运行对象轴	
	设置	bit ON 对象轴 bit OFF 非对象轴	
	WUPTIME	预热运行时间	
	设置	单位：分（1～60）	
	WUPOVRD	预热运行速度倍率	
设置	参见图 6-16、图 6-17		

在低温或长期停机后启动，需要进行预热运行(否则可能导致精度误差)。预热运行的本质是降低速度。实际通过降低速度倍率来实现。

设置参数如下：

①WUPENA——设置预热模式有效无效。

0：无效；1：有效。

②WUPAXIS——设置进入预热模式的轴。

③WUPTIME——预热运行有效时间。

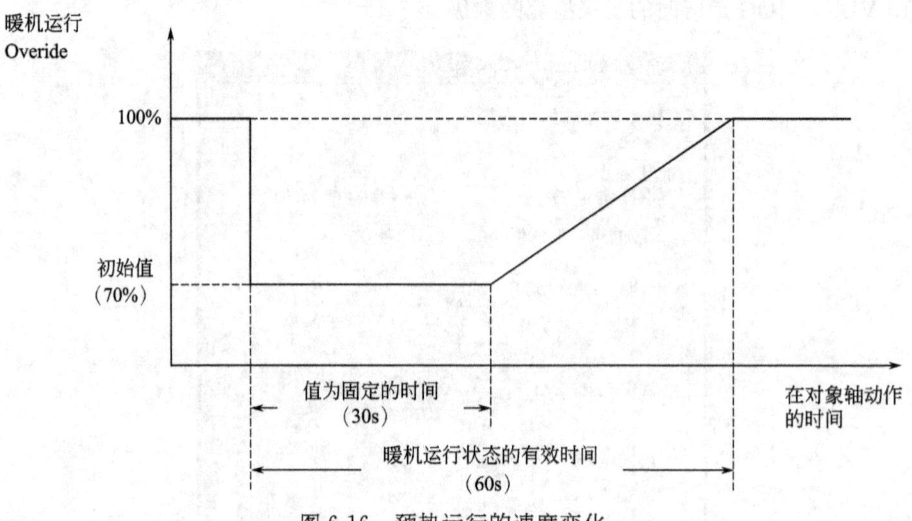

图 6-16　预热运行的速度变化

④再启动时间——如果有某些轴预热后一直停止没有运行，经过设置时间后再次启动预热运行，这段时间就是“再启动时间”。

⑤WUPOVRD——预热运行的速度倍率。

⑥恒定值时间段比例——速度倍率为“恒定(直线段）的时间”相对“总预热有效时间”的比例。

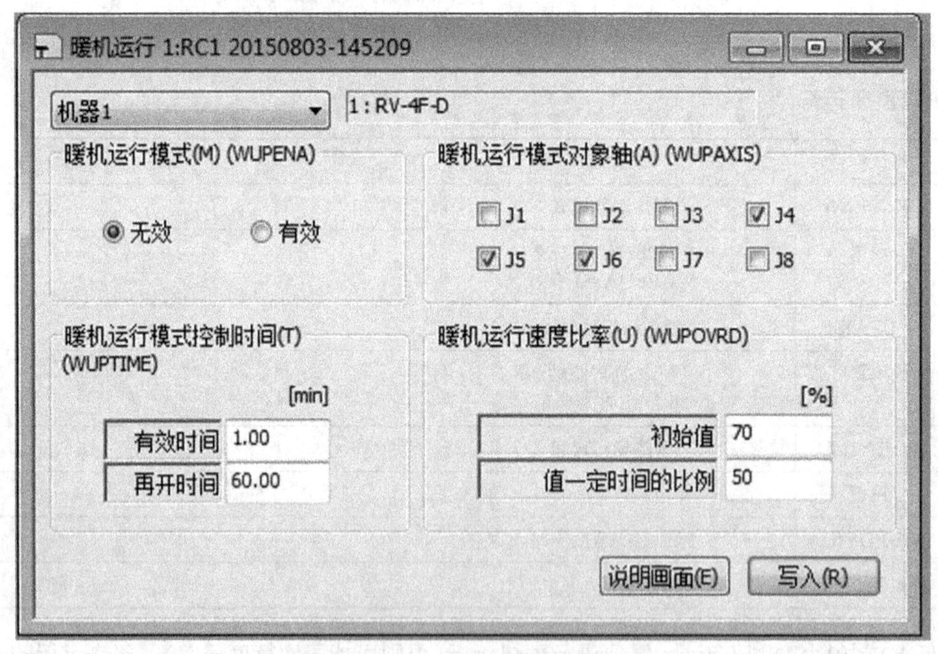

图 6-17　预热模式的相关参数设置

（33）抓手相关参数

抓手参数的设置实际上是对使用电磁阀的设置。电磁阀分为单向电磁阀、双向电磁阀。设置外部输入输出信号如何控制电磁阀等。

（34）HIOTYPE

类型	参数符号	参数名称	功能
动作	HIOTYPE	抓手用电磁阀输入信号源型/漏型选择	
设置	HIOTYPE=0，源型；HIOTYPE=1，漏型		

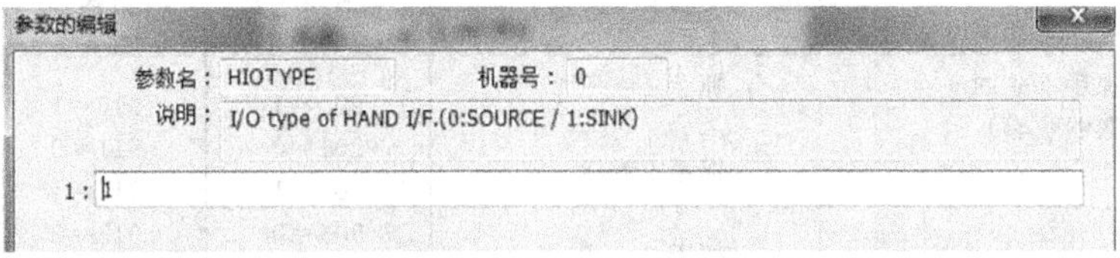

参数的编辑

参数名：HIOTYPE　机器号：0

说明：I/O type of HAND I/F.(0:SOURCE / 1:SINK)

1：1

（35）HANDTYPE

类型	参数符号	参数名称	功能
动作	HANDTYPE	设置电磁阀单线圈/双线圈及对应的外部信号	
设置	HANDTYPE=s＊＊，单线圈；HANDTYPE=D＊＊，双线圈；HANDTYPE=UMAC，特殊规格		

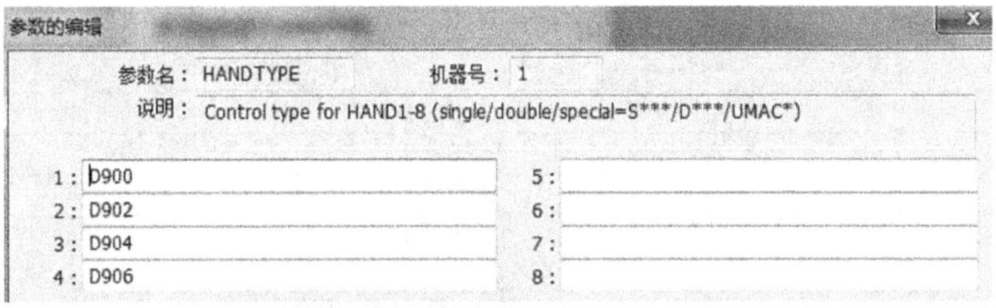

参数的编辑

参数名：HANDTYPE　机器号：1

说明：Control type for HAND1-8 (single/double/special=S***/D***/UMAC*)

1：D900　5：
2：D902　6：
3：D904　7：
4：D906　8：

参数 HANDTYPE 用于设置电磁阀的类型(单向、双向）和连接外部信号的地址号。

HANDTYPE=D10——表示抓手 1 是双向电磁阀。外部输入信号地址为(10、11)。

HANDTYPE=D10，D12——表示抓手 1 是双向电磁阀，外部输入信号地址为(10、11)；抓手 2 是双向电磁阀，外部输入信号地址为(12、13)。

HANDTYPE=S10，S11，S12——表示抓手 1 是单向电磁阀，外部输入信号地址为(10)；抓手 2 是单向电磁阀，外部输入信号地址为(11)；

抓手 3 是单向电磁阀，外部输入信号地址为(13)。

（36）HANDINIT

类型	参数符号	参数名称	功能
动作	HANDINIT	气动抓手的初始界面状态	
设置			

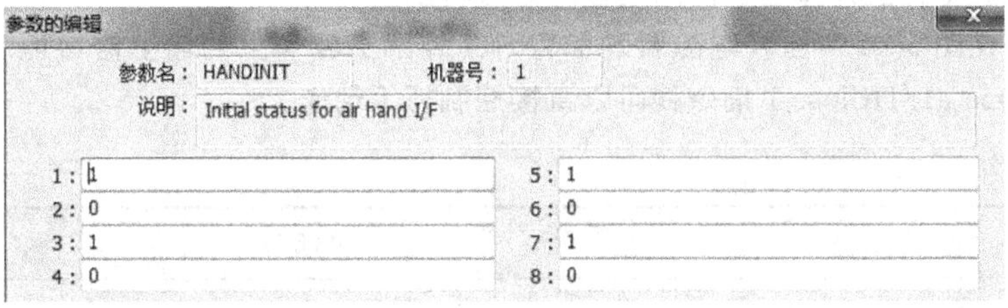

参数的编辑

参数名：HANDINIT　机器号：1

说明：Initial status for air hand I/F

1：1　5：1
2：0　6：0
3：1　7：1
4：0　8：0

HANDINIT 表示上电时，各抓手的“开”或“关”状态。

出厂设置如下：

续表

<table>
<tr><th rowspan="2">抓手的种类</th><th rowspan="2">状态</th><th colspan="3">输出信号号码的状态</th></tr>
<tr><th>机器 1</th><th>机器 2</th><th>机器 3</th></tr>
<tr><td>安装气动抓手 I/F 时
（假设为双线螺管）</td><td>抓手 1＝开
抓手 2＝开
抓手 3＝开
抓手 4＝开</td><td>900＝1
901＝0
902＝1
903＝0
904＝1
905＝0
906＝1
907＝0</td><td>910＝1
911＝0
912＝1
913＝0
914＝1
915＝0
916＝1
917＝0</td><td>920＝1
921＝0
922＝1
923＝0
924＝1
925＝0
926＝1
927＝0</td></tr>
</table>

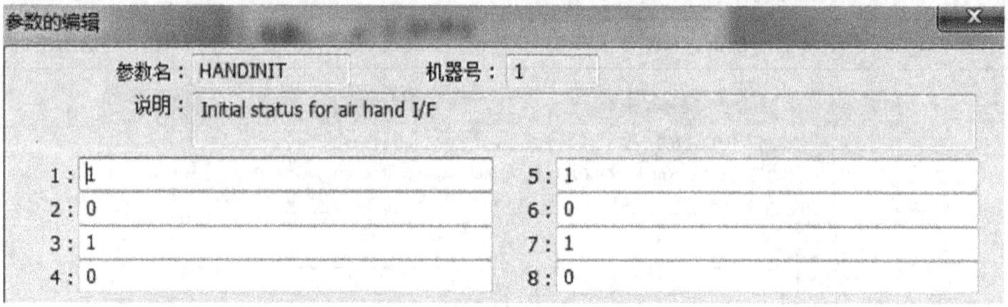

参数的编辑
参数名：HANDINIT　机器号：1
说明：Initial status for air hand I/F
1：1　5：1
2：0　6：0
3：1　7：1
4：0　8：0

图 6-18　参数 HANDINIT 的设置(一)

图 6-18 设置为上电后，各抓手全部为“开状态”。

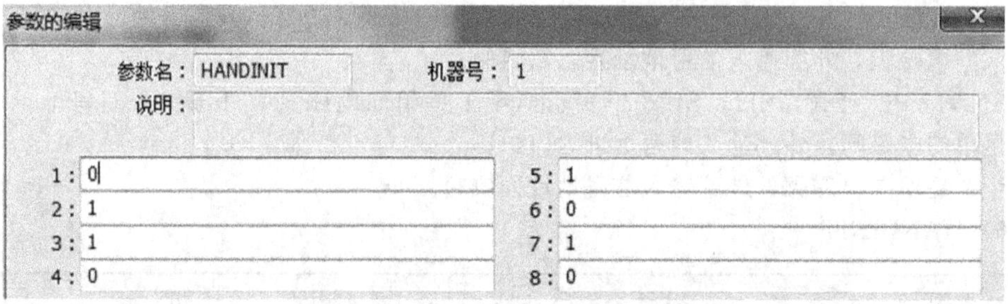

参数的编辑
参数名：HANDINIT　机器号：1
说明：
1：0　5：1
2：1　6：0
3：1　7：1
4：0　8：0

图 6-19　参数 HANDINIT 的设置(二)

图 6-19 设置为上电后，1 号抓手为“关状态”。上电以后的初始状态关系到安全性，如果上电后抓手打开，可能会造成原来夹持的工件掉落，使用设置时必须特别注意。

主要是信号地址的设置，在图 6-20 中控制电磁阀的信号——外部 I/O 卡上的输出信号地址是 12。在自动程序中使用 HOpe n1/HClose 1 指令就可以直接控制抓手动作。

（37）HNDHOLD1

类型	参数符号	参数名称	功能
动作	HNDHOLD1	抓手开状态与夹持工件关系	
设置	HNDHOLD1＝0，不夹持工件；HNDHOLD1＝1，夹持工件		

续表

类型	参数符号	参数名称	功能

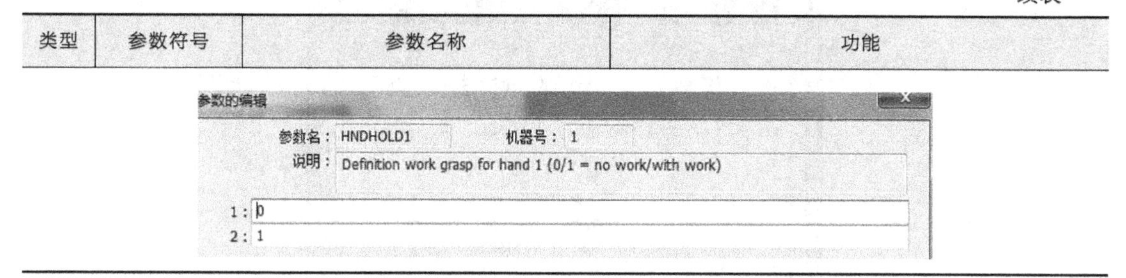

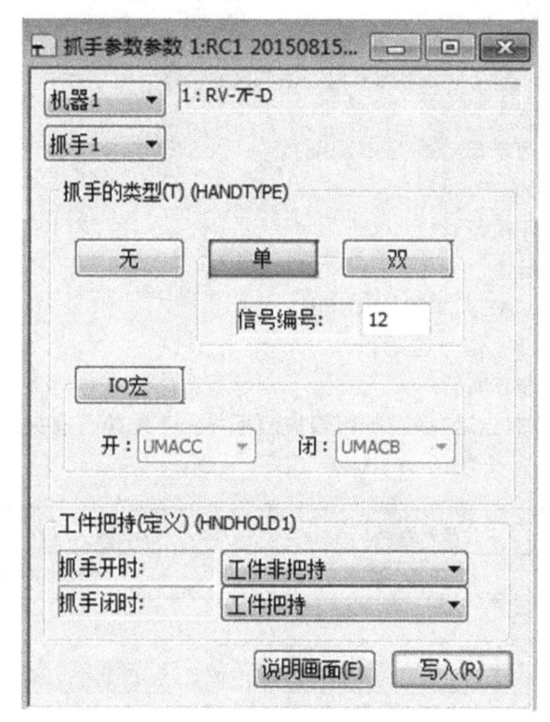

图 6-20　抓手相关参数的设置

本参数是指在抓手“打开” 状态下，是夹持工件还是不夹持工件(即工作方式是外涨式还是抓紧式)。

6.3　程序参数

程序参数是指与执行程序相关的参数。

(1) 任务区设置(插槽区 task　slot)

本参数用于设置每一任务区内的程序名、运行模式、启动条件、执行程序行数。

类型	参数符号	参数名称	功能
程序	SLT *	任务区内的程序名、运行模式、启动条件、执行程序行数	用于设置每一任务区内的程序名、运行模式、启动条件、执行程序行数
设置	参见图 6-21		

设置内容：

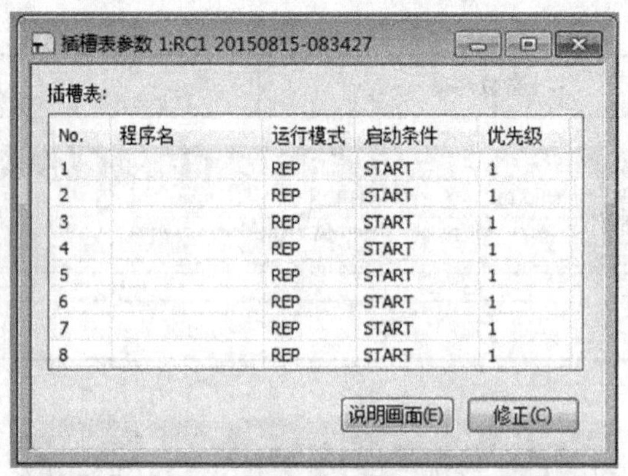

图 6-21　任务区的设置

①程序名：只能用大写字母。小写不识别。

②运行模式：REP/CYC。

REP——程序连续循环执行；

CYC——程序单次执行。

③启动条件：START/ALWAYS/ERROR。

START——由 START　信号启动；

ALWAYS——上电立即启动；

ERROR——发生报警时启动(多用于报警应急程序。不能执行有关运动的动作)。

(2) TASKMAX 多任务个数

类型	参数符号	参数名称	功能
程序	TASKMAX	多任务个数	设置同时执行程序的个数
设置	初始值：8		

同时执行程序，只可能一个是动作程序，其余为数据信息处理程序。这样就不会出现混乱动作的情况。

(3) 程序选择记忆

类型	参数符号	参数名称	功能
动作	SLOTON	程序选择记忆	设置已经选择的程序是否保持
设置	SLOTON=0，记忆无效，非保持 SLOTON=1，记忆有效，非保持 SLOTON=2，记忆无效，保持 SLOTON=3，记忆有效，保持		
参见图 6-22			

本参数用于设置选择程序在断电—上电后是否保持原来的选择状态。设置方式参见图 6-22。

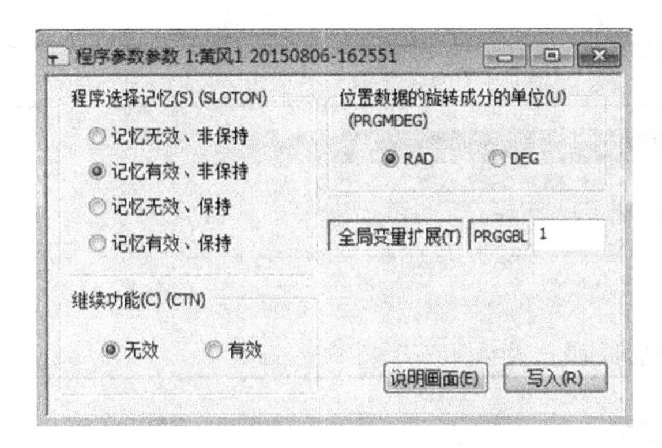

图 6-22　参数 SLOTON 设置图

记忆：断电—上电后保持原来选择程序(在任务区 1 内)。

保持：程序循环执行结束后是否保持原程序名。

　　0：不保持；　1：保持。

(4) CTN——继续工作

类型	参数符号	参数名称	功能
程序	CTN	继续工作功能	
设置	CTN=0，无效；CTN=1，有效		

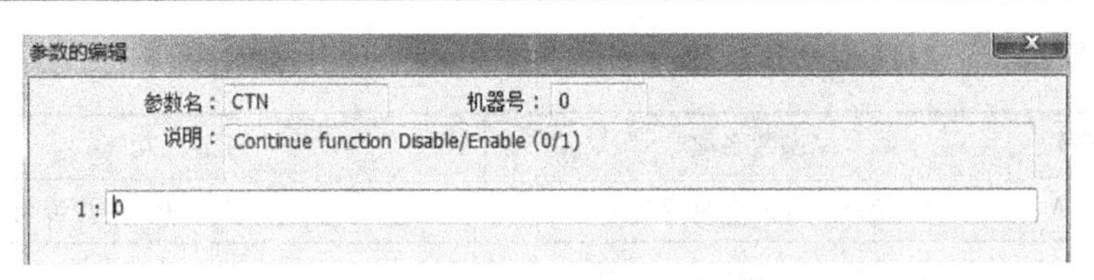

继续功能——在程序执行过程中，如果断电，则保存所有工作状态，在上电后从断电处开始执行(因此必须特别注意安全)。视觉指令不支持这一功能。

(5) PRGMDEG——程序内位置数据旋转部分的单位

类型	参数符号	参数名称	功能
动作	PRGMDEG	程序内位置数据旋转部分的单位	
设置	PRGMDEG=0，RAD(弧度)；PRGMDEG=1，DEG(度)		

每一点的位置数据(X、Y、Z、A、B、C)，其中 $A/B/C$ 为旋转轴部分。本参数用于设置 $A/B/C$ 旋转轴的单位是“弧度”还是“度”。初始设置为“DEG”。

(6) PRGGBL——程序保存区域大小

类型	参数符号	参数名称	功能
动作	PRGGBL	程序保存区域大小	
设置	PRGGBL=0，标准型；PRGGBL=1，扩展型		

续表

类型	参数符号	参数名称	功能

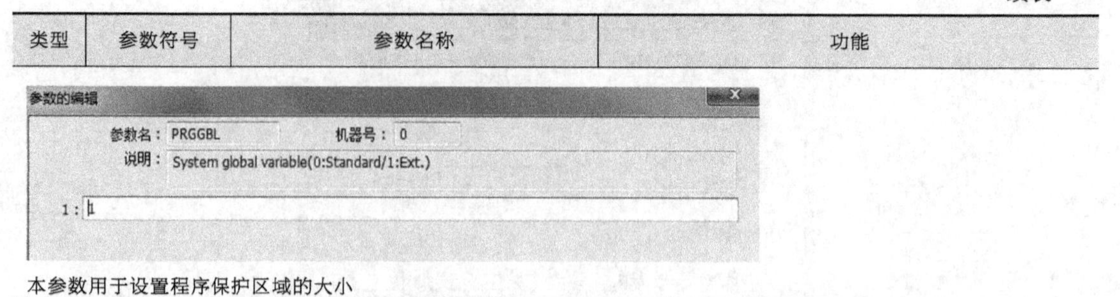

本参数用于设置程序保护区域的大小

（7）用户基本程序名称

类型	参数符号	参数名称	功能
动作	PRGUSR	用户基本程序名称	设置用户基本程序名称
设置	字符		

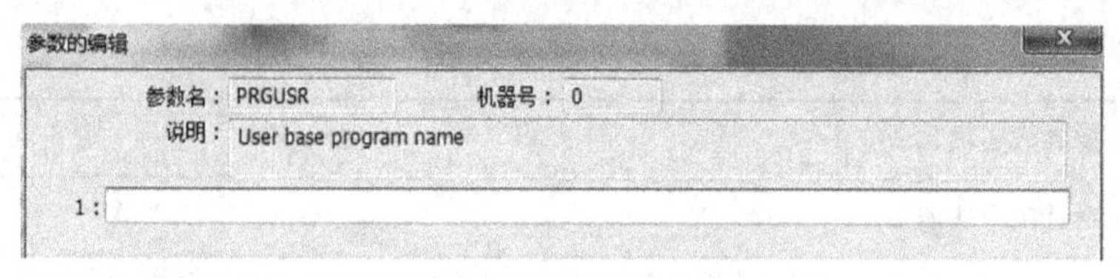

用户基本程序是定义“全局变量”的程序。 内容仅仅为 Def Inte 或 Dim

（8）ALWENA——特殊指令允许执行选择

类型	参数符号	参数名称	功能
动作	ALWENA	特殊指令允许执行选择	规定一些特殊指令是否允许执行
设置	ALWENA=0，不可执行；ALWENA=1，可执行 对于上电就启动执行的程序简称为“上电执行程序”，在“上电执行程序”中，某些特殊指令 Xrun、Xload、Xstp、Servo、Xrst、Reset Error 是否能够执行需要通过本参数设置		

（9）JRCEXE——JRC 指令执行选择

JRC 指令参照“3.1.24JRC(Joint Roll Change) ——旋转轴坐标值转换指令”。

类型	参数符号	参数名称	功能
动作	JRCEXE	JRC 指令执行选择	设置 JRC 指令是否可以执行 JRCEXE=0，不可执行 JRCEXE=1，可执行
	JRCQTT	JRC 指令的单位	设置 JRC 指令的单位
	JRCORG	JRC 指令后的原点	JRCORG 设置 JRC 0 时的原点位置

续表

设置	

参数的编辑
参数名：JRCEXE 机器号：1
说明：
1：0

（10）AXUNT——选择附加轴使用单位

类型	参数符号	参数名称	功能
动作	AXUNT	选择附加轴使用单位	设置附加轴的使用单位
设置	AXUNT=0，角度（deg）；AXUNT=1，长度（mm）		

参数的编辑
参数名：AXUNT 机器号：1
说明：
1：0 5：0 9：0 13：0
2：0 6：0 10：0 14：0
3：0 7：0 11：0 15：0
4：0 8：0 12：0 16：0

（11）UER——用户报警信息

类型	参数符号	参数名称	功能
程序	UER1～UER20	用户报警信息	编写用户报警信息
设置	用户自行编制的“报警信息”		

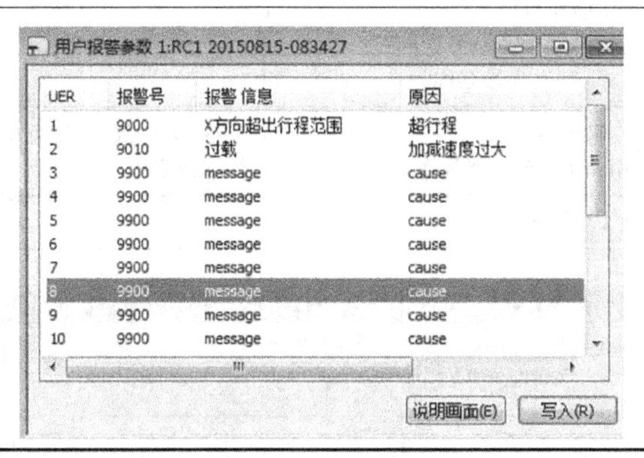

用户报警参数 1:RC1 20150815-083427
UER 报警号 报警信息 原因
1 9000 X方向超出行程范围 超行程
2 9010 过载 加减速度过大
3 9900 message cause
4 9900 message cause
5 9900 message cause
6 9900 message cause
7 9900 message cause
8 9900 message cause
9 9900 message cause
10 9900 message cause
说明画面(E)
写入(R)

（12）RLNG——机器人使用的语言

类型	参数符号	参数名称	功能
程序	RLNG	机器人使用的语言	设置机器人使用的语言
设置	RLNG=2，MELFA-BASIC V RLNG=1，MELFA-BASIC IV		

（13）LNG——显示用语言

类型	参数符号	参数名称	功能
程序	LNG	显示用语言	设置显示用语言
设置	LNG＝JPN，日语；LNG＝ENG，英语		

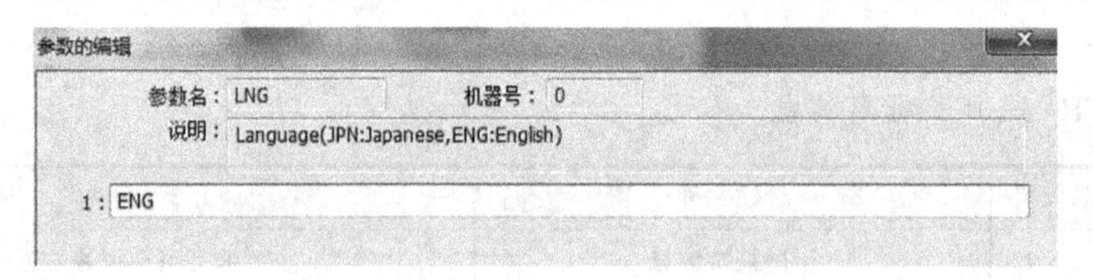

（14）PST——程序号选择方式

类型	参数符号	参数名称	功能
程序	PST	程序号选择方式 是用外部信号选择程序的方法	在“START”信号输入的同时，使“外部信号选择的程序号”有效
设置	PST＝0，无效；PST＝1，有效		

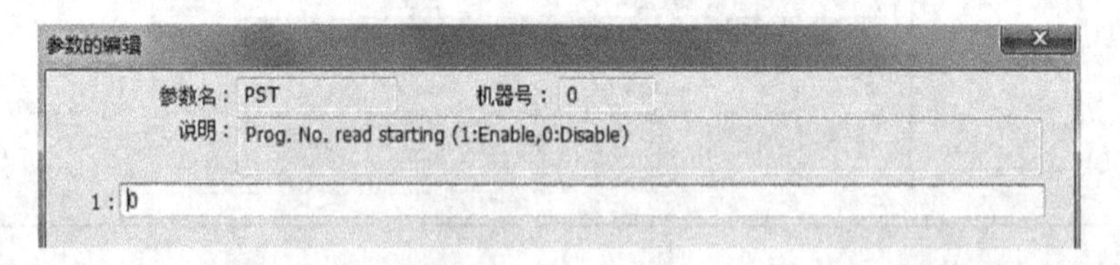

（15）INB——“STOP”信号改“B触点”

类型	参数符号	参数名称	功能
信号	INB	“STOP”信号改“B触点”	可以对“STOP”“STOP1”“SKIP”信号进行修改
设置	INB＝0，A触点；INB＝1，B触点		

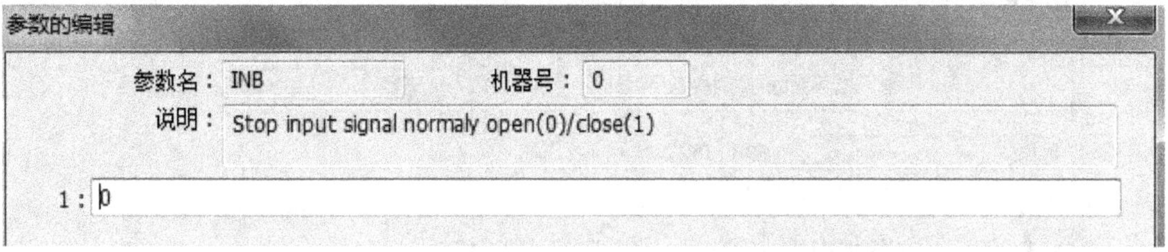

参数的编辑

参数名：INB　　机器号：0

说明：Stop input signal normaly open(0)/close(1)

1：0

（16）ROBOTERR——“EMGOUT”报警接口对应的报警类型和级别

类型	参数符号	参数名称	功能
信号	ROBOTERR	EMGOUT 报警接口对应的报警类型和级别	设置“EMGOUT”报警接口对应的报警类型和级别
设置	通常设置为“7”		

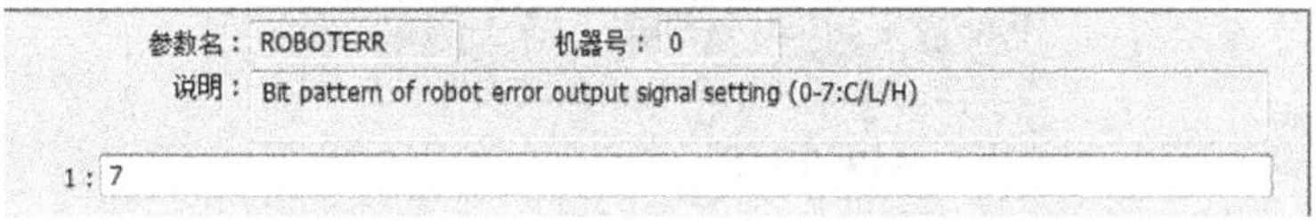

参数名：ROBOTERR　　机器号：0

说明：Bit pattern of robot error output signal setting (0-7:C/L/H)

1：7

（17）E7730——CCLINK 报警解除

类型	参数符号	参数名称	功能
动作	E7730	CCLINK 报警解除	
设置	E7730＝0，不可解除；E7730＝1，可解除		

参数名：E7730　　机器号：0

说明：CC-Link error is canceled temporarily(1:Enable,0:Disable)

1：0

（18）ORST0——输出信号的复位模式

类型	参数符号	参数名称	功能
动作	ORST0	输出信号的复位模式	设置当 CLR 指令或“OUTRESET”信号时，输出信号如何动作
设置	参见图 6-23		

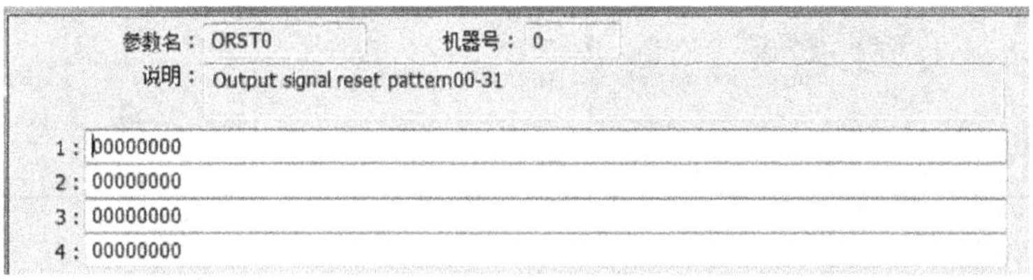

参数名：ORST0　　机器号：0

说明：Output signal reset pattern00-31

1：00000000
2：00000000
3：00000000
4：00000000

“保持”的含义是“保持输出信号原来的状态”，即复位前＝ON，就 ON；复位前＝OFF，就 OFF。

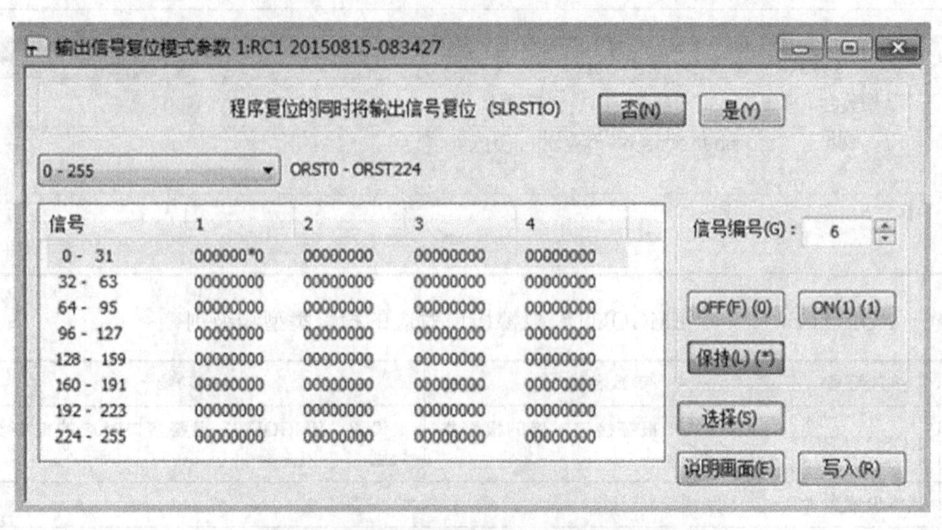

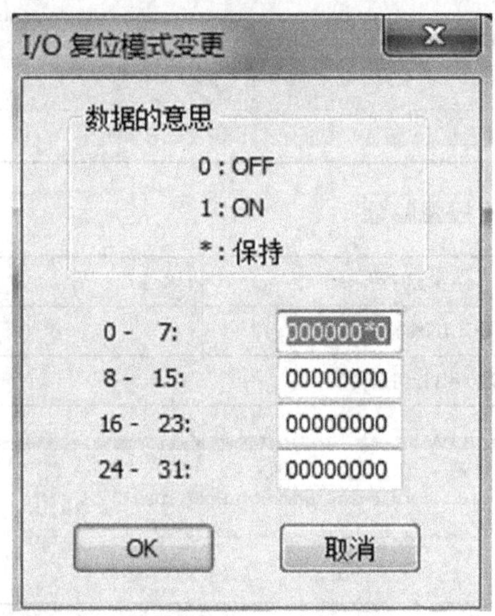

图 6-23　ORST0 参数的设置

（19）SLRSTIO——程序复位时输出信号的状态

类型	参数符号	参数名称	功能
动作	SLRSTIO	程序复位时是否执行输出信号的复位	
设置	SLRSTIO＝0，不执行；SLRSTIO＝1，执行		
参数名：SLRSTIO　机器号：0 说明：Output signal reset with SLOTINIT (1:ON, 0:OFF) 1：0			

6.4　专用输入输出信号

本节叙述机器人系统所具备的“输入”“输出” 功能，通过参数可将这些功能设置到“输入输出端子”。在没有进行参数设置前，I/O 卡上的“输入输出端子”是没有功能定义的，就像一台空白的 PLC 控制器一样。

6.4.1 通用输入输出 1

为了便于阅读和使用，将输入输出信号单独列出。在机器人系统中，专用输入输出的(功能)“名称(英文)”是一样的，即同一“名称(英文)”可能表示输入也可能表示输出，开始阅读指令手册时会感到困惑，本书将输入输出信号单独列出，便于读者阅读和使用。表 6-6 是输入信号功能一览表。这一部分信号是经常使用的。

表 6-6 输入信号功能一览表

类型	参数符号	参数名称	功能
输入	AUTOENA 可自动运行	“自动使能”信号	
	START	启动	程序启动信号。在多任务时，启动全部任务区内的程序
	STOP	停止	停止程序执行。在多任务时，停止全部任务区内的程序。STOP 信号地址是固定的
	STOP2	停止	功能与 STOP 信号相同，但输入信号地址可改变
	SLOTINIT	程序复位	解除程序中断状态，返回程序起始行。对于多任务区，指令所有任务区内的程序复位。但对以 ALWAYS 或 ERROR 为启动条件的程序除外
	ERRRSET	报错复位	解除报警状态
	CYCLE	单（循环）运行	选择停止“程序连续循环”运行
	SRVOFF	伺服 OFF	指令全部机器人伺服电源＝OFF
	SRVON	伺服 ON	指令全部机器人伺服电源＝ON
	IOENA	操作权	外部信号操作有效
设置	参见图 6-24		

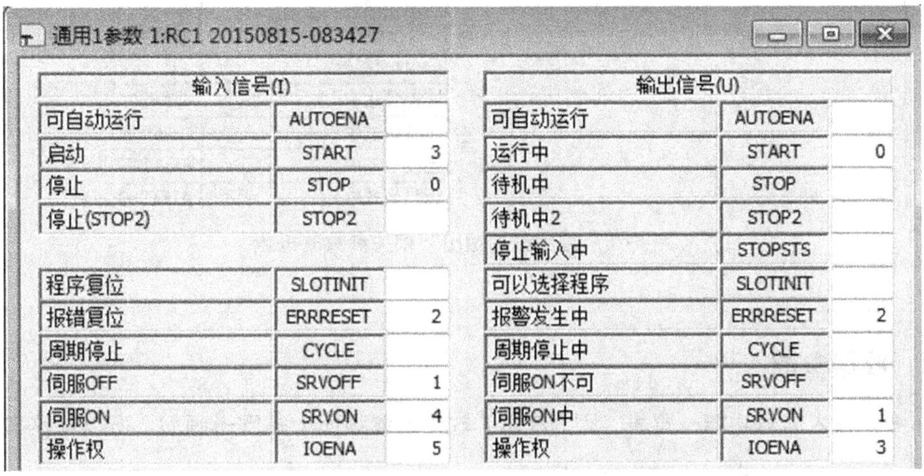

通用1参数 1:RC1 20150815-083427

输入信号(I)			输出信号(U)		
可自动运行	AUTOENA		可自动运行	AUTOENA	
启动	START	3	运行中	START	0
停止	STOP	0	待机中	STOP	
停止(STOP2)	STOP2		待机中2	STOP2	
			停止输入中	STOPSTS	
程序复位	SLOTINIT		可以选择程序	SLOTINIT	
报错复位	ERRRESET	2	报警发生中	ERRRESET	2
周期停止	CYCLE		周期停止中	CYCLE	
伺服OFF	SRVOFF	1	伺服ON不可	SRVOFF	
伺服ON	SRVON	4	伺服ON中	SRVON	1
操作权	IOENA	5	操作权	IOENA	3

图 6-24 通用输入输出 1 相关参数的设置

①AUTOENA——“自动使能”信号。AUTOENA=1，允许选择自动模式。AUTOENA=0，不允许选择自动模式，选择自动模式则报警(L5010)。但是如果不分配输入端子信号则不报警。所以一般不设置AUTOENA信号。

②CYCLE——CYCLE=ON，程序只执行一次(执行到END即停止)。

③伺服ON信号在“自动模式下”才有效，选择手动模式时无效。

④STOP是一种暂停。STOP=ON，程序停止。重新发“START”信号，程序从断点启动。STOP信号固定分配到“输入信号端子0”。除了STOP信号，其他输入信号地址可以任意设置修改。例如“START”信号可以从出厂值“3”改为“31”。

6.4.2 通用输入输出2

表6-7是输入信号功能一览表。因为在RT软件设置画面上是同一画面，所以将这些信号归做一类。

表6-7 输入信号功能一览表

类型	参数符号	参数名称	功能
动作	SAFEPOS	回退避点	“回退避点”启动信号 退避点由参数设置
	OUTRESET	输出信号复位	“输出信号复位”指令信号。复位方式由参数设置
	MELOCK	机械锁定	程序运动，机器人机械不动
设置	参见图6-25		

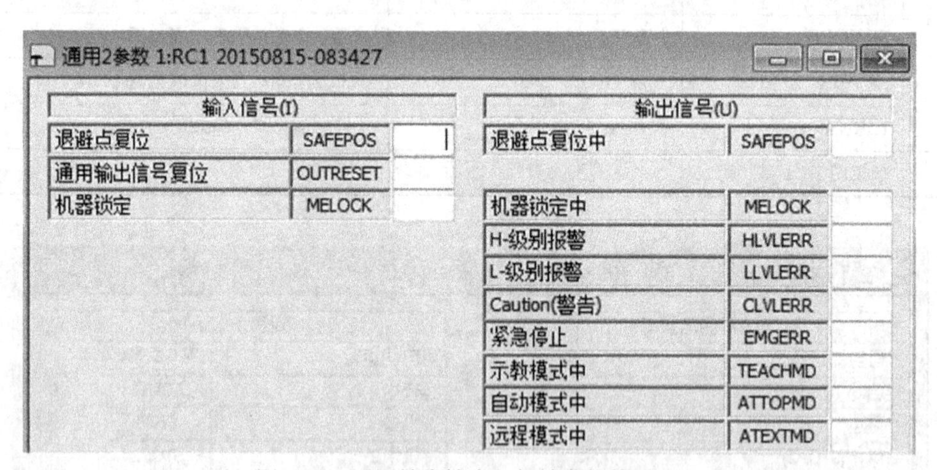

图6-25 通用输入输出2相关参数的设置

6.4.3 数据参数

表6-8是输入信号功能一览表。因为在RT软件设置画面上是同一画面，所以将这些信号归做一类。

表 6-8　输入信号功能一览表

类型	参数符号	参数名称	功能
信号	PRGSEL	选择程序号	用于确认输入的数据为程序号
	OVRDSEL	选择速度倍率	用于确认输入的数据为程序倍率
	PRGOUT	请求输出程序号	请求输出程序号
	LINEOUT	请求输出程序行号	请求输出程序行号
	ERROUT	请求输出报警号	请求输出报警号
	TMPOUT	请求输出控制柜内温度	请求输出控制柜内温度
	IODATA	数据输入信号端地址	用一组输入信号端子（8421 码）作为输入数据用表示输出数据也是同样方法
设置	参见图 6-26		

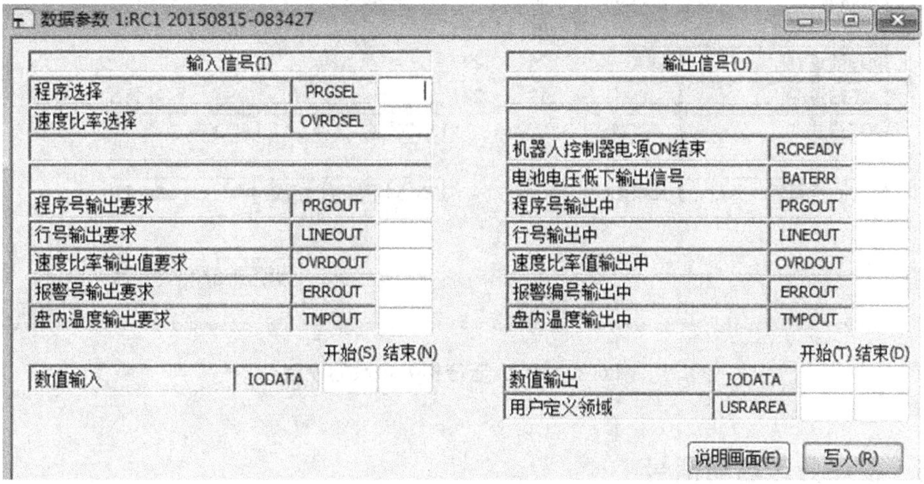

图 6-26　数据参数的设置

PRGSEL——程序选择确认信号。当通过“IODATA”指定的输入端子(构成 8421 码）选择程序号后，将 PRGSEL＝ON，即确认了输入的数据为程序号。

6.4.4　JOG 运行信号

这是不用示教单元而用外部信号实现 JOG 运行的输入输出端子。

表 6-9 是 JOG 运行输入信号功能一览表。因为在 RT 软件设置画面上是同一画面，所以将这些信号归做一类。

表 6-9　JOG 运行输入信号功能一览表

类型	参数符号	参数名称	功能
信号	JOGENA	选择 JOG 运行模式	JOGENA＝0，无效；JOGENA＝1，有效
	JOGM	选择 JOG 运行的坐标系	JOGM＝0/1/2/3/4：关节/直交/圆筒/3 轴直交/工具
	JOG＋	JOG＋指令信号	设置指令信号的起始/结束地址信号（8 轴）
	JOG－	JOG－指令信号	设置指令信号的起始/结束地址信号（8 轴）

类型	参数符号	参数名称	功能
信号	JOGNER	JOG 运行时不报警	在 JOG 运行时即使有报警也不发报警信号

执行外部信号做 JOG 运动的方法如下：

①选择“自动模式”(只有在自动模式下，伺服 ON 才有效)；

②发“伺服 ON” =1 信号；

③使 JOGENA=1(在图 6-27 中为输入端子 16)；

在图 6-27 中输入端子 24～29 为 J1～J6 的 JOG+信号，发出各轴 JOG+信号，各轴做 JOG 动作。

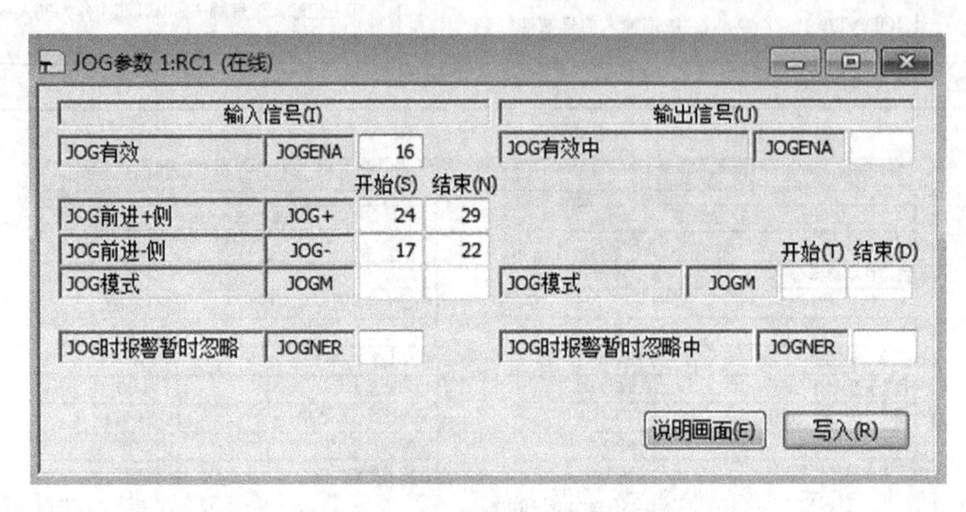

图 6-27　JOG 运行相关参数的设置

6.4.5　各任务区启动信号

类型	参数符号	参数名称	功能
信号	S*n*START	各任务区程序启动信号（共 32 区）	设置各任务区程序启动信号地址
设置	参见下图		

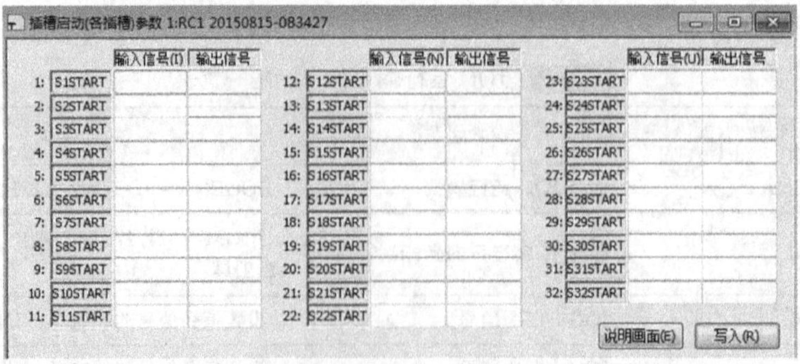

6.4.6 各任务区停止信号

类型	参数符号	参数名称	功能
信号	$S n$STOP	各任务区程序停止信号（共 32 区）	设置各任务区程序停止信号地址
设置	见下图		

插槽停止(各插槽)参数 1:RC1 20150815-083427

		输入信号(I)	输出信号			输入信号(N)	输出信号			输入信号(U)	输出信号
1:	S1STOP			12:	S12STOP			23:	S23STOP		
2:	S2STOP			13:	S13STOP			24:	S24STOP		
3:	S3STOP			14:	S14STOP			25:	S25STOP		
4:	S4STOP			15:	S15STOP			26:	S26STOP		
5:	S5STOP			16:	S16STOP			27:	S27STOP		
6:	S6STOP			17:	S17STOP			28:	S28STOP		
7:	S7STOP			18:	S18STOP			29:	S29STOP		
8:	S8STOP			19:	S19STOP			30:	S30STOP		
9:	S9STOP			20:	S20STOP			31:	S31STOP		
10:	S10STOP			21:	S21STOP			32:	S32STOP		
11:	S11STOP			22:	S22STOP						

说明画面(E) 写入(R)

6.4.7 （各机器人）伺服 ON/OFF

类型	参数符号	参数名称	功能
	$M n$SRVON	各机器人伺服 ON	设置各机器人伺服 ON
	$M n$SRVOFF	各机器人伺服 OFF	设置各机器人伺服 OFF
设置	参见下图：$n=1\sim3$		

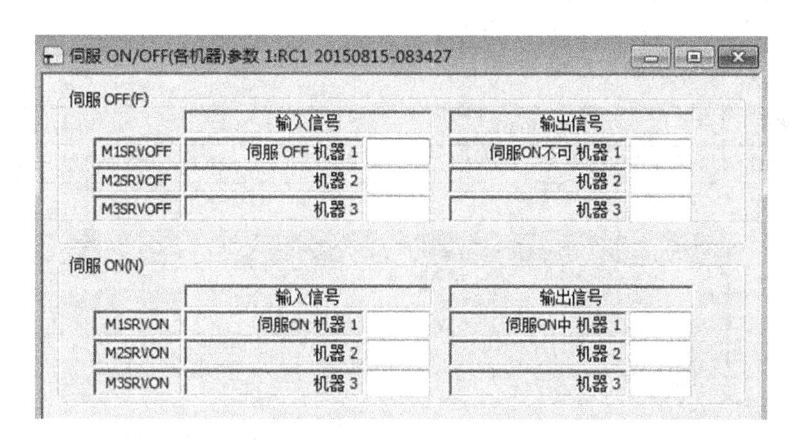

6.4.8 （各机器人）机械锁定

类型	参数符号	参数名称	功能
	MnMELOCK	（各机器人）机械锁定	设置（各机器人）机械锁定信号
设置	参见下图：$n=1\sim3$		

机器锁定(各机器)参数 1:RC1 20150815-083427

输入信号(I)
输出信号(U)
M1MELOCK 机器锁定 机器 1 机器锁定中 机器 1
M2MELOCK 机器 2 机器 2
M3MELOCK 机器 3 机器 3

6.4.9 选择各机器人预热运行模式

类型	参数符号	参数名称	功能
	MnWUPENA	各机器人预热运行模式选择	设置各机器人预热运行模式
设置	必须预先设置参数 WUPENA，选择预热模式有效。本参数只是对各机器人的选择		

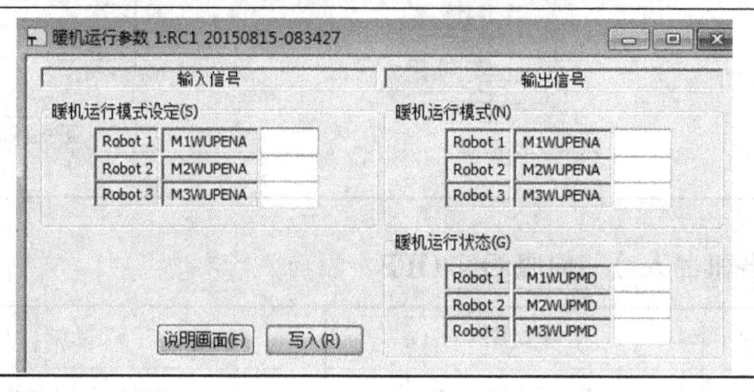

6.4.10 附加轴

附加轴指机器人外围设备中的由伺服系统驱动的运动轴。为了使其配合机器人的动作，可以从机器人控制器一侧对其进行控制。

图 6-28 是对附加轴参数进行设置的画面。

（1）AXMENO——控制附加轴的"机器人号"

类型	参数符号	参数名称	功能
	AXMENO	控制附加轴的"机器人号"	设置控制附加轴的机器人编号
设置	如下图所示		

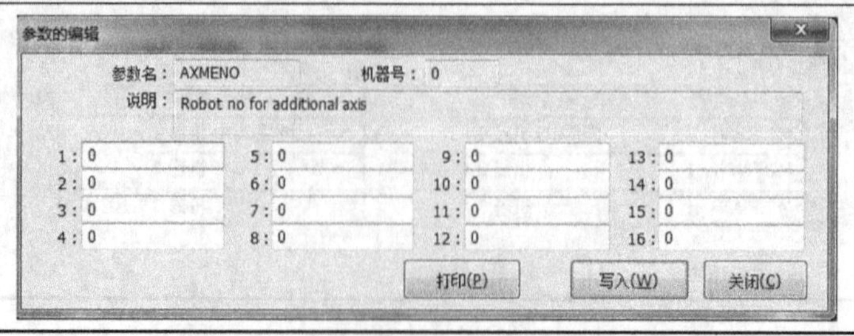

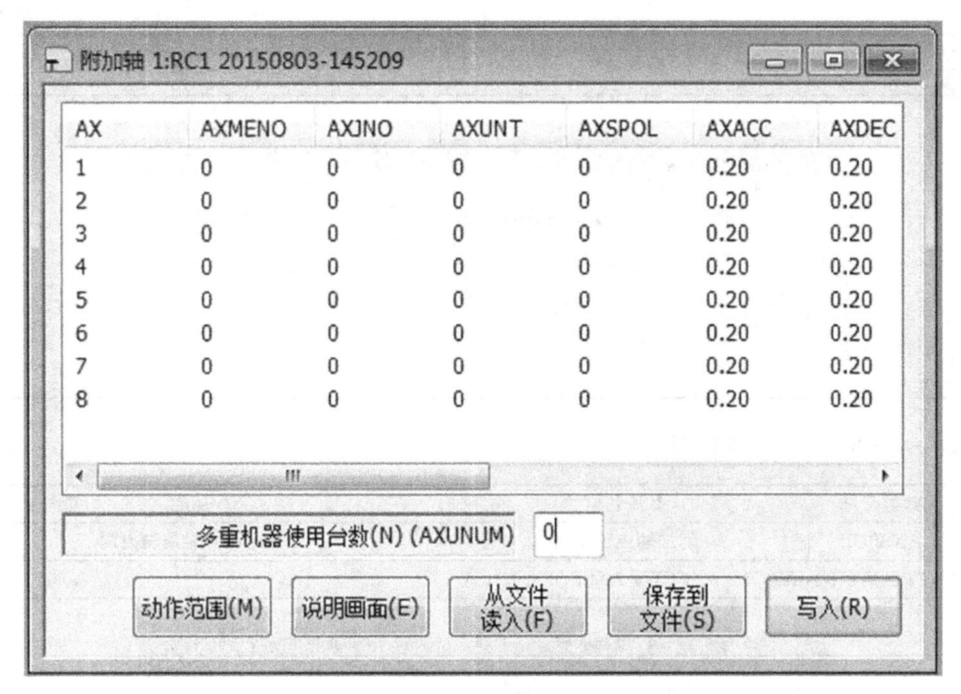

图 6-28　附加轴相关参数设置画面

(2) AXJNO——附加轴的"驱动器站号"

类型	参数符号	参数名称	功能
	AXJNO	附加轴的"驱动器站号"	设置附加轴的驱动器站号
设置	如下图所示：在附加轴连接完毕后，要设置每一驱动器的"站号"。在通用伺服系统中也是要设置站号的		

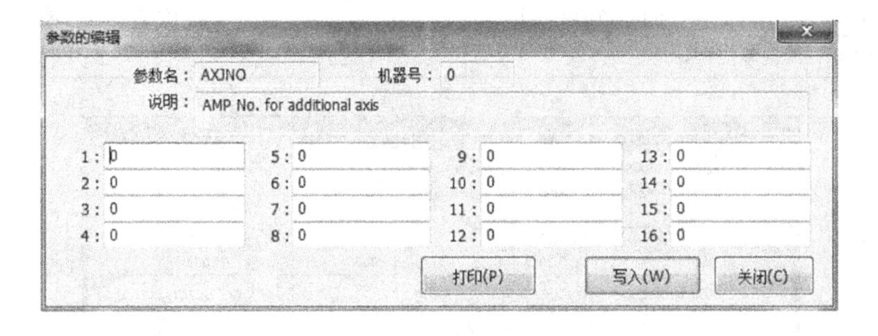

(3) AXUNT——附加轴使用的"单位(deg/mm)"

类型	参数符号	参数名称	功能
	AXUNT	附加轴使用"单位（deg/mm）"	设置附加轴使用"单位（deg/mm）"
设置	如下图：设置附加轴使用"单位" AXUNT=0，deg；AXUNT=1，mm		

续表

类型	参数符号	参数名称	功能

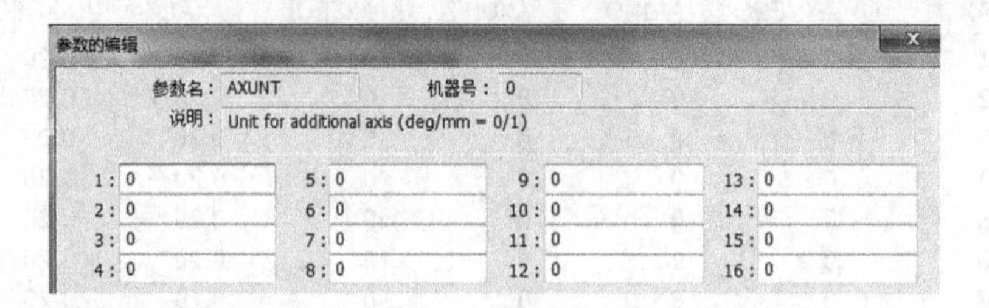

(4) AXSPOL——附加轴旋转方向

类型	参数符号	参数名称	功能
	AXSPOL	附加轴旋转方向	确定附加轴旋转方向
设置	如下图所示：AXSPOL＝0，CCW；AXSPOL＝0，CW		

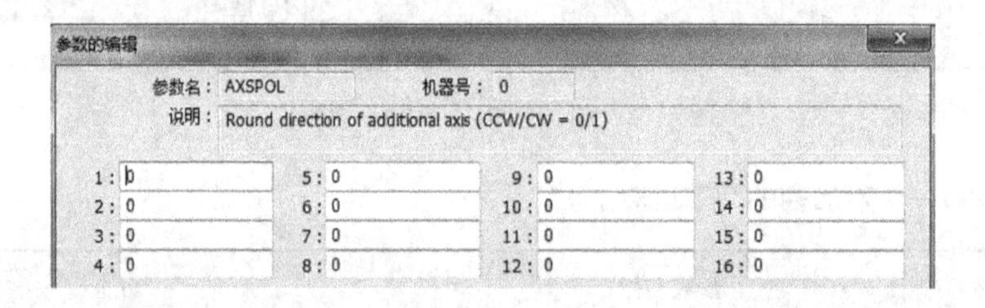

(5) AXACC——附加轴加速时间

类型	参数符号	参数名称	功能
	AXACC	附加轴加速时间	设置附加轴加速时间
设置	如下图所示：设置单位＝sec		

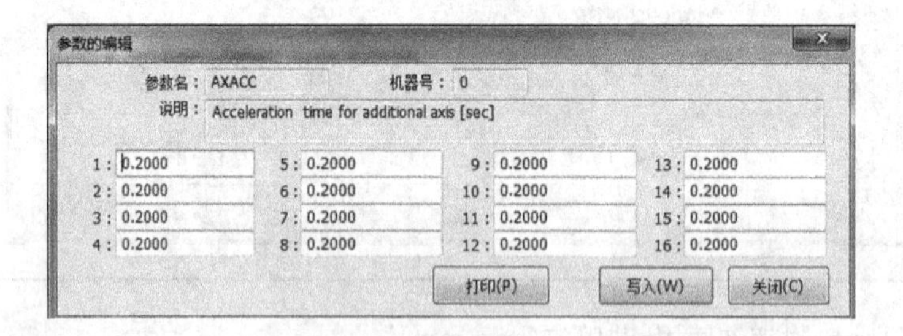

(6) AXDEC——附加轴减速时间

类型	参数符号	参数名称	功能
	AXDEC	附加轴减速时间	设置附加轴减速时间
设置	如下图所示：设置单位＝sec		

续表

类型	参数符号	参数名称	功能

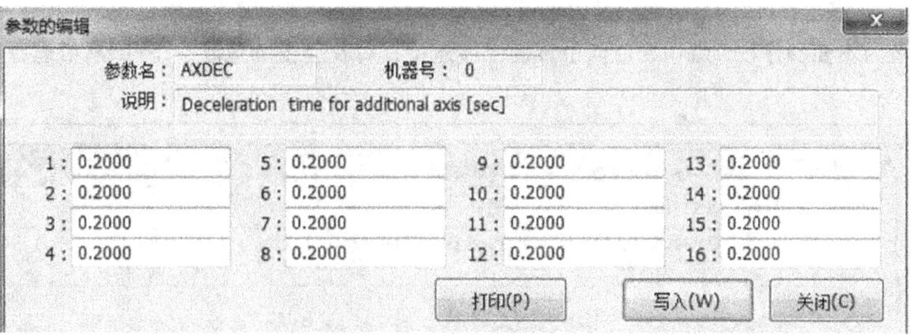

(7) AXGRTN——附加轴齿轮比分子

类型	参数符号	参数名称	功能
	AXGRTN	附加轴齿轮比分子	设置附加轴齿轮比分子
设置	如下图所示		

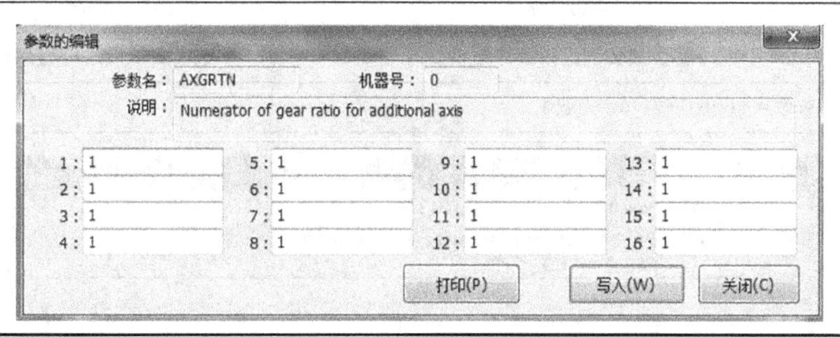

6.5 操作参数详解

(1) BZR——报警时蜂鸣器音响 OFF/ON

类型	参数符号	参数名称	功能
	BZR	报警时蜂鸣器音响 OFF/ON	设置报警时蜂鸣器音响
设置	OFF=0，ON=1		

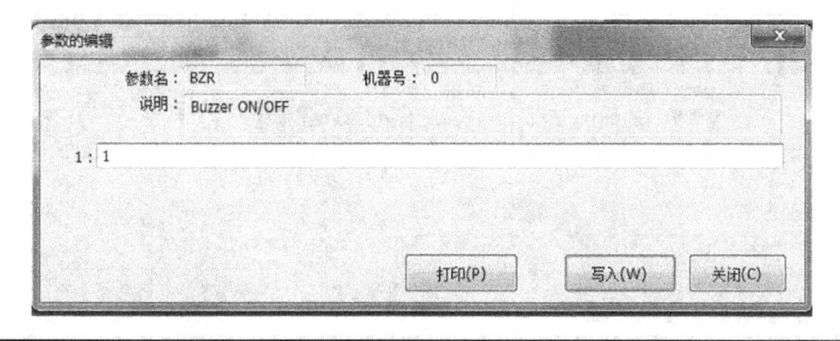

(2) PRSTENA——程序复位操作权

类型	参数符号	参数名称	功能
	PRSTENA	程序复位操作权	设置“程序复位操作”是否需要操作权
设置	必要=0，不要=1，出厂值0（必要） 如果设置为不要操作权，就可在任何位置使程序复位，有安全上的危险。特别是不能在示教单元上使程序复位		

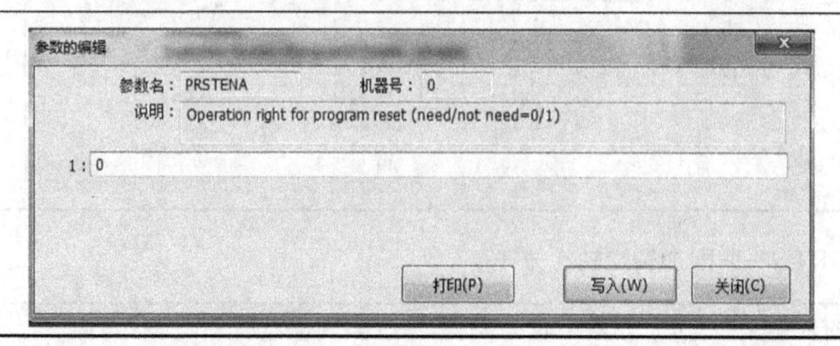

（3）MDRST——随模式转换进行程序复位

类型	参数符号	参数名称	功能
	MDRST	随模式转换进行程序复位	随模式转换进行程序复位
设置	无效=0；有效=1；出厂值：0（无效）		

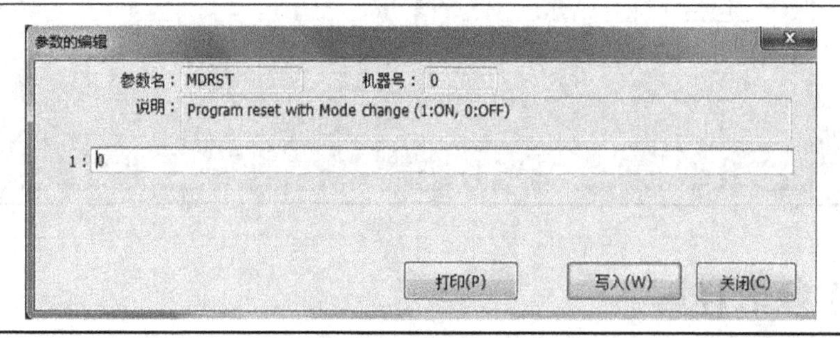

（4）OPDISP——模式切换时操作面板的显示内容

类型	参数符号	参数名称	功能
	OPDISP	操作面板显示模式	设置模式切换时的显示内容
设置	OPDISP=0，显示速度倍率；OPDISP=1，显示原内容		

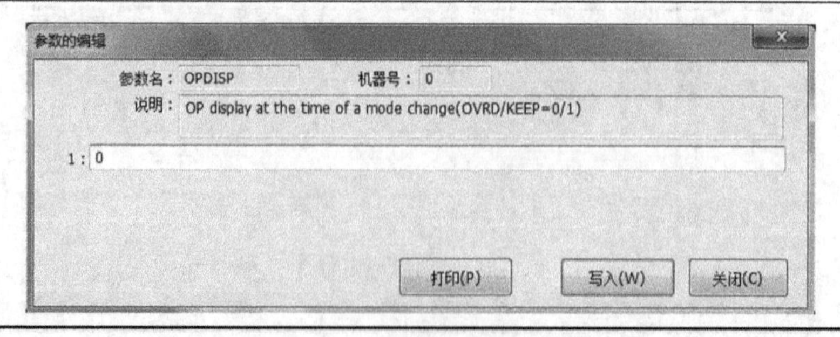

（5）OPPSL——操作面板为“AUTO”模式时的程序选择操作权

类型	参数符号	参数名称	功能
	OPPSL	操作面板上已经选择“AUTO”模式时的程序选择操作权	操作面板为“AUTO”模式时的程序选择操作权
设置	OPPSL＝0，外部信号（指来自外部I/O的信号）；OPPSL＝1，OP操作面板		

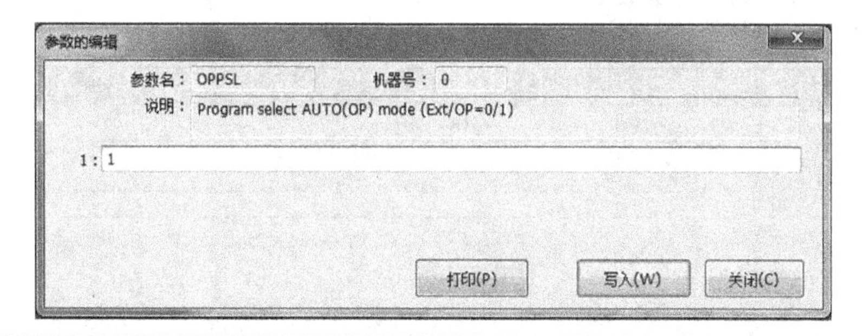

(6) RMTPSL——由外部信号选择“AUTO”模式时的程序选择操作权

类型	参数符号	参数名称	功能
	RMTPSL	“AUTO”模式时的程序选择操作权	由外部信号选择“AUTO”模式时的程序选择操作权
设置	外部＝0；OP＝1；出厂值：0（外部）		

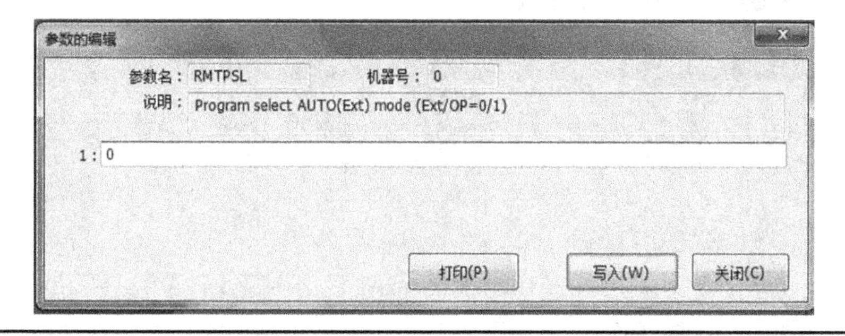

(7) OVRDTB——示教单元上改变速度倍率的操作权选择

类型	参数符号	参数名称	功能
	OVRDTB	示教单元上改变速度倍率的操作权选择	设置示教单元上改变速度倍率的操作权选择
设置	不必要＝0，必要＝1，出厂值：1		

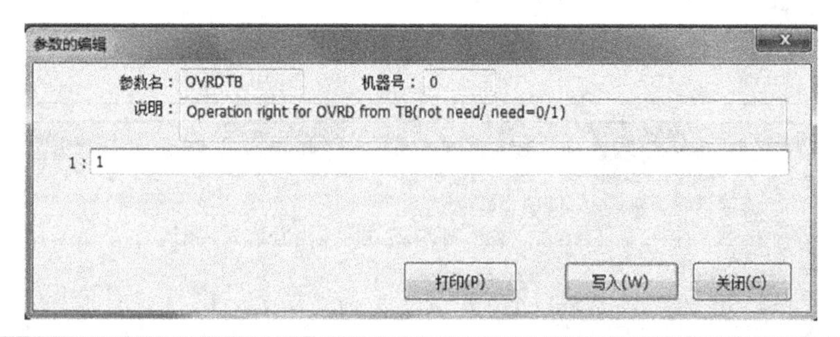

(8) OVRDMD——模式变更时的速度设定

类型	参数符号	参数名称	功能
	OVRDMD	模式变更时的速度设定	在示教模式变更为自动模式、自动模式变更为示教模式时自动设置的速度倍率
设置	第 1 栏：在示教模式变更为自动模式时自动设置的速度倍率 第 2 栏：在自动模式变更为示教模式时自动设置的速度倍率 设置数据＝0，保持原来的速度倍率		

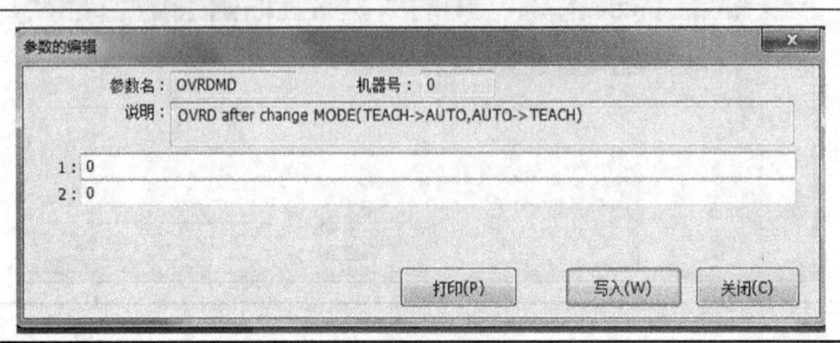

（9）OVRDENA——改变速度倍率的操作权

类型	参数符号	参数名称	功能
	OVRDENA	改变速度倍率的操作权	设置改变速度倍率是否需要操作权
设置	（必要＝0，不必要＝1）出厂值：0（必要）		

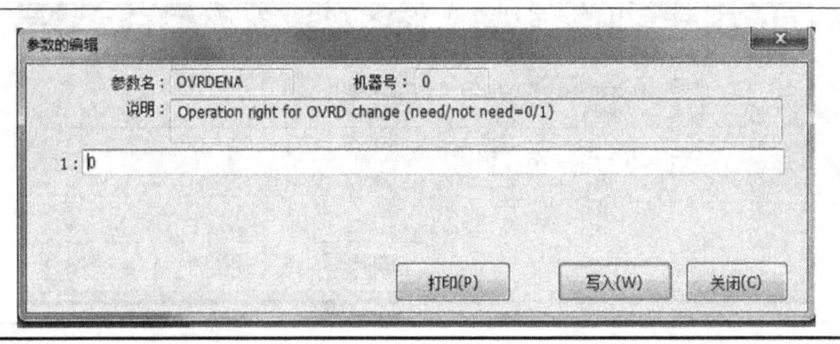

（10）ROMDRV——切换程序的存取区域

类型	参数符号	参数名称	功能
	ROMDRV	切换程序的存取区域	将程序的存取区域在 RAM/ROM 之间切换
设置	0＝RAM 模式（初始值使用 SRAM） 1＝ROM 模式 2＝高速 RAM 模式（使用 DRAM） 出厂值＝2		

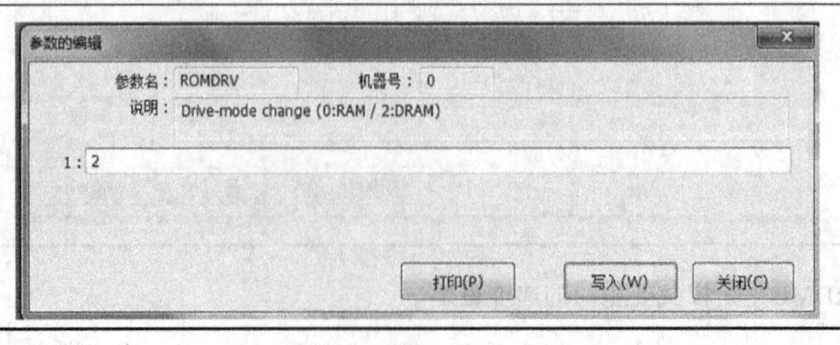

（11）BACKUP——将 RAM 区域的程序复制到 ROM 区

类型	参数符号	参数名称	功能
	BACKUP	将 RAM 区域的程序复制到 ROM 区	将程序、参数、共变量从 RAM 区域复制到 ROM 区
设置	如下图所示		

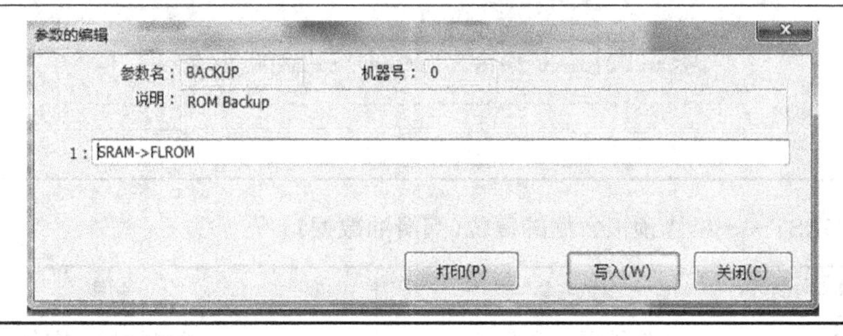

（12）RESTORE——将 ROM 区域的程序复制到 RAM 区

类型	参数符号	参数名称	功能
	RESTORE	将 ROM 区域的程序复制到 RAM 区	将程序、参数、共变量从 ROM 区域复制到 RAM 区
设置	FLROM—SRAM		

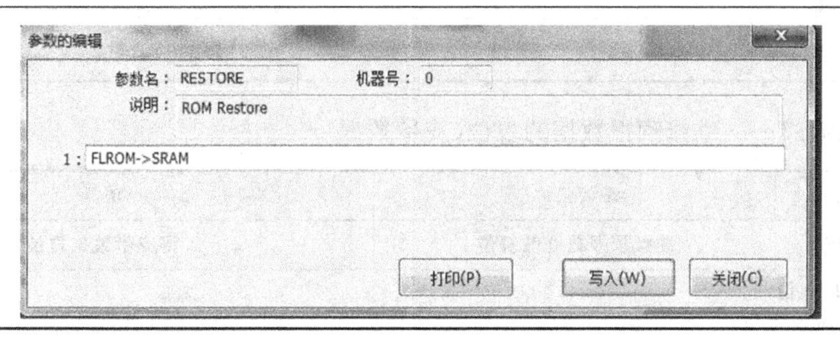

（13）MFINTVL——维修预报数据的时间间隔

类型	参数符号	参数名称	功能
	MFINTVL	维修预报数据的时间间隔	设置维修预报数据的时间间隔
设置	第 1 栏：采样量级（1～5h） 第 2 栏：维修预报数据的时间间隔(1～24h)		

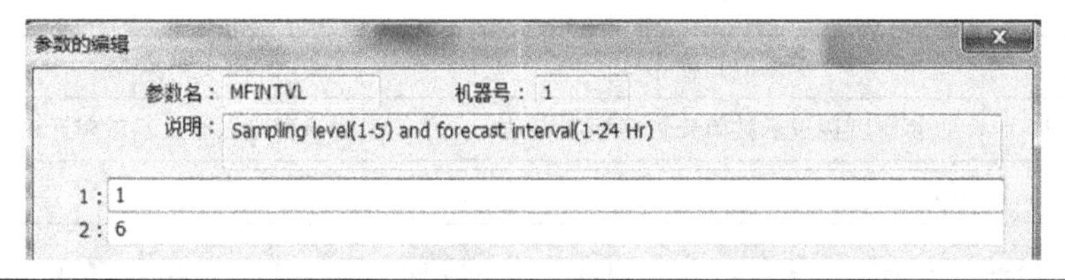

（14）MFREPO——维修预报数据的通知方法

类型	参数符号	参数名称	功能
	MFREPO	维修预报数据的通知方法	

续表

类型	参数符号	参数名称	功能
设置	第 1 栏：发出报警＝1，不发出报警＝0 第 2 栏：专用信号输出＝1，专用信号不输出＝0		

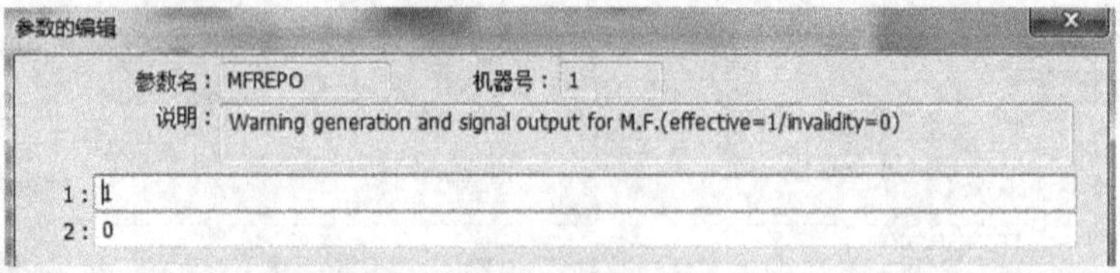

参数的编辑
参数名：MFREPO　机器号：1
说明：Warning generation and signal output for M.F.(effective=1/invalidity=0)
1：1
2：0

(15) MFGRST——维修预报数据的复位(润滑油数据)

类型	参数符号	参数名称	功能
	MFGRST	维修预报数据的复位	将润滑油数据复位
设置	0＝全部轴复位 1～8＝指定轴复位		

参数的编辑
参数名：MFGRST　机器号：1
说明：
1：0

(16) MFBRST——维修预报数据的复位(皮带数据)

类型	参数符号	参数名称	功能
	MFBRST	维修预报数据的复位	将皮带数据复位
设置	0＝全部轴复位 1～8＝指定轴复位		

参数的编辑
参数名：MFBRST　机器号：1
说明：
1：0

(17) TBOP——通过示教单元进行程序启动

类型	参数符号	参数名称	功能
	TBOP	是否可以通过示教单元进行程序启动	设置是否可以通过示教单元进行程序启动
设置	0＝不可以，1＝可以		

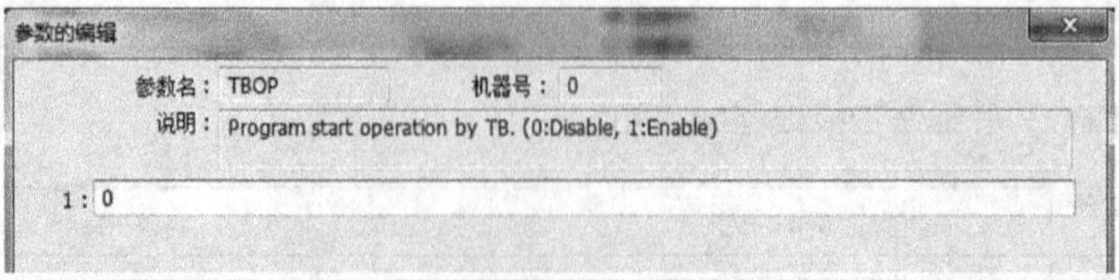

参数的编辑
参数名：TBOP　机器号：0
说明：Program start operation by TB. (0:Disable, 1:Enable)
1：0

6.6 通信及网络参数详解

（1）RS-232 通信参数

类型	参数符号	参数名称	功能
		RS-232 通信参数	
设置	如下图所示		

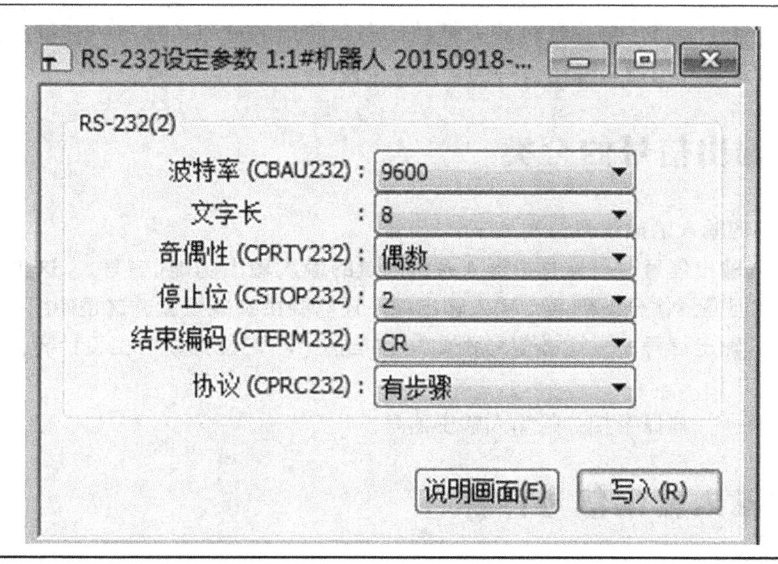

（2）以太网参数

类型	参数符号	参数名称	功能
		以太网参数	
设置	如下图所示		

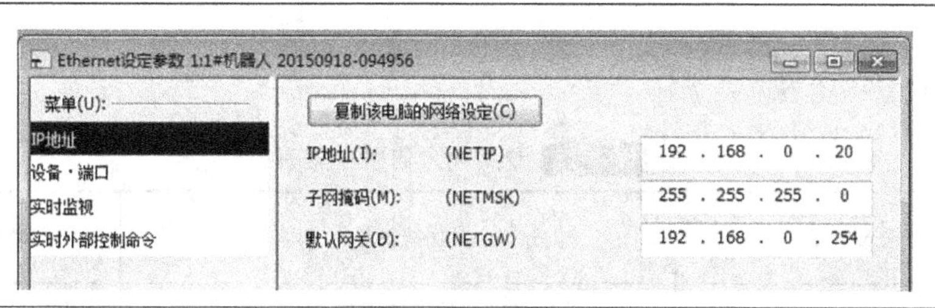

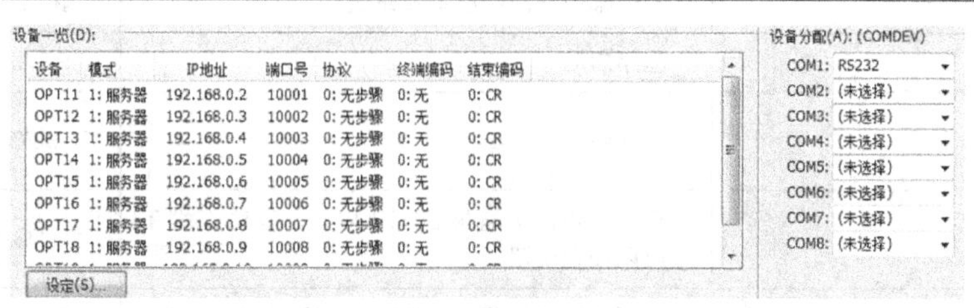

第 7 章

输入输出信号

因外部输入输出信号是每一套机器人系统都必须使用的信号，是每一套机器人系统的基本设置，所以本章详细介绍输入输出信号的功能及设置。

7.1 输入输出信号的分类

机器人使用的输入输出信号分类如下：

① 专用输入输出信号——这是机器人系统内置的输入输出功能(信号)。这类信号功能已经由系统内部规定但是具体分配到某个输入输出端子还需要由参数设置。这是使用最多的信号。

② 通用输入输出信号——这类信号例如“工件到位”,“定位完成”由设计者自行定义。只与工程要求相关。

③ 抓手信号——与抓手相关的输入输出信号。

7.2 专用输入输出信号详解

7.2.1 专用输入输出信号一览表

在机器人系统中，专用输入输出(某一功能) 的“名称(英文)” 是一样的，即同一“名称(英文)” 可能表示输入也可能表示输出，开始阅读指令手册时会感到困惑，本章将输入输出信号单独列出，便于读者阅读和使用。表 7-1 是专用输入信号功能一览表。这一部分信号是在实际工程中经常使用。

(1) 专用输入信号一览表

专用输入信号一览表见表 7-1。

表 7-1 专用输入信号一览表

序号	输入信号	功能简述	英文简称	出厂设定端子号
1	操作权	使外部信号操作权有效无效	IOENA	5 *
2	启动	程序启动	START	3 *
3	停止	程序停止	STOP	0 (固定不变)
4	停止 2	程序停止，功能与 STOP 相同，但输入端子号可以任意设置	STOP2	*
5	程序复位	中断正执行的程序，回到程序起始行。 对应多任务状态，使全部任务区程序复位	SLOTINIT	*

续表

序号	输入信号	功能简述	英文简称	出厂设定端子号
6	报警复位	解除报警状态	ERRRESET	*
7	伺服 ON	机器人伺服电源＝ON。多机器人时，全部机器人伺服电源＝ON	SRVON	*
8	伺服 OFF	机器人伺服电源＝OFF。多机器人时，全部机器人伺服电源＝OFF	SRVOFF	*
9	自动模式使能	使自动程序生效。禁止在非自动模式下做自动运行	AUTOENA	*
10	停止循环运行	停止循环运行的程序	CYCLE	*
11	机械锁定	使机器人进入机械锁定状态	MELOCK	*
12	回待避点	回到预设置的“待避点”	SAFEPOS	*
13	通用输出信号复位	指令全部“通用输出信号复位”	OUTRESET	*
14	第 n 任务区内程序启动	指令“第 n 任务区内程序启动” $n=1\sim32$	SnSTART	*
15	第 n 任务区内程序停止	指令“第 n 任务区内程序停止” $n=1\sim32$	SnSTOP	*
16	第 n 台机器人伺服电源 OFF	指令“第 n 台机器人伺服电源 OFF” $n=1\sim3$	SnSRVOFF	*
17	第 n 台机器人伺服电源 ON	指令“第 n 台机器人伺服电源 ON” $n=1\sim3$	SnSRVON	*
18	第 n 台机器人机械锁定	指令“第 n 台机器人机械锁定” $n=1\sim3$	SnMELOCK	*
19	选定程序生效	本信号用于使“选定的程序号”生效	PRGSEL	*
20	“选定速度比例”生效	本信号用于使“选定的速度比例”生效	OVRDSEL	*
21	数据输入	指定在选择“程序号”和“速度比例”等数据量时使用的输入信号“起始号”和“结束号”	IODATA	*
22	程序号输出请求	指令输出当前执行的“程序号”	PRGOUT	*
23	程序行号输出请求	指令输出当前执行的“程序行号”	LINEOUT	*
24	速度比例输出请求	指令输出当前“速度比例”	OVRDOUT	*
25	“报警号”输出请求	指令输出当前“报警号”	ERROUT	*
26	JOG 使能信号	使 JOG 功能生效（通过外部端子使用 JOG 功能）	JOGENA	*
27	用数据设置 JOG 运行模式	设置在选择“JOG 模式”时使用的端子“起始号”和“结束号” 0/1/2/3/4 ＝ 关节/直交/圆筒/3 轴直交/TOOL	JOGM	*
28	JOG＋	指定各轴的 JOG＋信号	JOG＋	*
29	JOG－	指定各轴的 JOG－信号	JOG－	*
30	工件坐标系编号	通过数据“起始位”与“结束位”设置“工件坐标系编号”	JOGWKND	*
31	JOG 报警暂时无效	本信号＝ON，JOG 报警暂时无效	JOGNER	*
32	是否允许外部信号控制抓手	本信号＝ON/OFF，允许/不允许外部信号控制抓手	HANDENA	*

续表

序号	输入信号	功能简述	英文简称	出厂设定端子号
33	控制抓手的输入信号范围	设置"控制抓手的输入信号范围"	HANDOUT	*
34	第 n 机器人的抓手报警(n=1～3)	发出"第 n 机器人抓手报警信号"	HNDERRn	*
35	第 n 机器人的气压报警(n=1～5)	发出"第 n 机器人的气压报警"信号	AIRERRn	*
36	第 n 机器人预热运行模式有效	发出"第 n 机器人预热运行模式有效"信号	MnWUPENA(n=1～3)	*
37	指定需要输出位置数据的"任务区"号	指定需要输出位置数据的"任务区"号	PSSLOT	*
38	位置数据类型	指定位置数据类型 1/0=关节型变量/直交型变量	PSTYPE	*
39	指定用一组数据表示"位置变量号"	指定用一组数据表示"位置变量号"	PSNUM	*
40	输出位置数据指令	指令输出当前"位置数据"	PSOUT	*
41	输出控制柜温度	指令输出控制柜实际温度	TMPOUT	*

注：* 表示可以由用户自行设置输入端子号。

(2) 专用输出信号一览表

在机器人系统中，对于同一功能，输入输出信号的"英文简称"是相同的。但是输入信号的功能是使得这一功能起作用。输出信号的功能是表示这一功能已经起作用。专用输出信号大多是表示机器人系统的工作状态。表 7-2 是专用输出信号一览表。

表 7-2 专用输出信号一览表

序号	输出信号	功 能	英文简称	出厂设置
1	控制器电源 ON	表示控制器电源 ON，可以正常工作	RCREADY	* 表示可以由用户自行设置输出端子号
2	远程模式	表示操作面板选择自动模式，外部 I/O 信号操作有效	ATEXTMD	*
3	示教模式	表示当前工作模式为"示教模式"	TEACHMD	*
4	自动模式	表示当前工作模式为"自动模式"	ATTOPMD	*
5	外部信号操作权有效	表示"外部信号操作权有效"	IOENA	3
6	程序已启动	表示机器人进入"程序已启动"状态	START	*
7	程序停止	表示机器人进入"程序暂停"状态	STOP	*
8	程序停止	表示当前为"程序暂停"状态	STOP2	*
9	"STOP"信号输入	表示正在输入"STOP"信号	STOPSTS	*
10	任务区中的程序可选择状态	表示任务区处于"程序可选择"状态	SLOTINIT	*
11	报警发生中	表示系统处于"报警发生"状态	ERRRESET	*
12	伺服 ON	表示系统当前处于"伺服 ON"状态	SRVON	1

续表

序号	输出信号	功　能	英文简称	出厂设置
13	伺服 OFF	表示系统当前处于“伺服 OFF”状态	SRVOFF	*
14	可自动运行	表示系统当前处于“可自动运行”状态	AUTOENA	*
15	循环停止信号	表示“循环停止信号”正输入中	CYCLE	*
16	机械锁定状态	表示机器人处于“机械锁定状态”	MELOCK	*
17	回归待避点状态	表示机器人处于“回归待避点状态”	SAFEPOS	*
18	电池电压过低	表示机器人“电池电压过低”	BATERR	*
19	严重级报警	表示机器人出现“严重级故障报警”	HLVLERR	*
20	轻量级故障报警	表示机器人出现“轻量级故障报警”	LLVLERR	*
21	警告型故障	表示机器人出现“警告型故障”	CLVLERR	*
22	机器人急停	表示机器人处于“急停状态”	EMGERR	*
23	第 n 任务区程序在运行中	表示“第 n 任务区程序在运行中”	SnSTART	*
24	第 n 任务区程序在暂停中	表示“第 n 任务区程序在暂停中”	SnSTOP	*
25	第 n 机器人伺服 OFF	表示“第 n 机器人伺服 OFF”	SnSRVOFF	*
26	第 n 机器人伺服 ON	表示“第 n 机器人伺服 ON”	SnSRVON	*
27	第 n 机器人机械锁定	表示“第 n 机器人处于机械锁定”状态	SnMELOCK	*
28	数据输出区域	对数据输出，指定输出信号的“起始位”，“结束位”	IODATA	*
29	“程序号”数据输出中	表示当前正在输出“程序号”	PRGOUT	*
30	“程序行号”数据输出中	表示当前正在输出“程序行号”	LINEOUT	*
31	“速度比例”数据输出中	表示当前正在输出“速度比例”	OVRDOUT	*
32	“报警号”输出中	表示当前正在输出“报警号”	ERROUT	*
33	JOG 有效状态	表示当前处于“JOG 有效状态”	JOGENA	*
34	JOG 模式	表示当前的“JOG 模式”	JOGM	*
35	当前工件坐标系编号	显示“当前工件坐标系编号”	JOGWKND	*
36	抓手工作状态	输出抓手工作状态（输出信号部分）	HNDCNTLn	*
37	抓手工作状态	输出抓手工作状态（输入信号部分）	HNDSTSn	*
38	外部信号对抓手控制的有效无效状态	表示“外部信号对抓手控制的有效无效状态”	HANDENA	*
39	第 n 机器人抓手报警	表示“第 n 机器人抓手报警”	HNDERRn	*
40	第 n 机器人气压报警	表示“第 n 机器人气压报警”	AIRERRn	*
41	用户定义区编号	用输出端子“起始位”“结束位”表示“用户定义区编号”	USRAREA	*
42	易损件维修时间	表示易损件到达“维修时间”	MnPTEXC	*
43	机器人处于“预热工作模式”	表示“机器人处于预热工作模式”	MnWUPENA	*

续表

序号	输出信号	功能	英文简称	出厂设置
44	输出位置数据的任务区编号	用输出端子“起始位”“结束位”表示“输出位置数据的任务区编号”	PSSLOT	*
45	输出的“位置数据类型”	表示输出的“位置数据类型”是关节型还是直交型	PSTYPE	*
46	输出的“位置数据编号”	用输出端子“起始位”“结束位”表示“输出位置数据的编号”	PSNUM	*
47	“位置数据”的输出状态	表示当前是否处于“位置数据的输出状态”	PSOUT	*
48	控制柜温度输出状态	表示当前处于“控制柜温度输出状态”	TMPOUT	*

7.2.2 专用输入信号详解

本节解释“专用输入信号”以及这些信号对应的参数。出厂值是指出厂时预分配的输入端子编号。机器人系统本身已经内置了专用的“功能”，本节对这些功能进行解释。使用时通过参数将这些功能赋予指定的“输入端子”，有些功能特别重要，所以出厂时已经预先设定了“输入端子编号”。即该输入端被指定了功能，不得更改(例如 STOP 功能)。如果出厂值=“-1”则表示可以任意设置“输入端子编号”。设置参数是通过软件 RT Tool Box 或示教单元进行。所以本节使用了软件 RT Tool Box 的参数设置画面。这样更有助于对“专用功能”的理解。

序号	名称	功能	对应参数	出厂值（端子号）
1	操作权	使外部信号操作权有效无效	IOENA	5

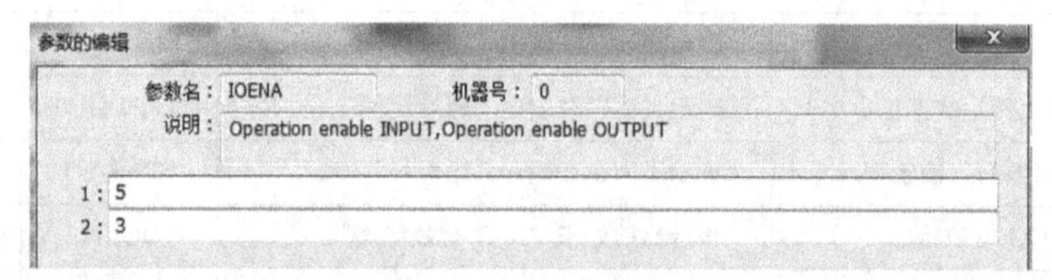

图中，设置对应本功能的输入端子号=5，输入端子 5=ON/OFF，对应“外部信号操作权”有效/无效。输入端子 5=ON，从 I/O 卡输入的信号生效。输入端子 5=OFF，从 I/O 卡输入的信号无效

序号	名称	功能	对应参数	出厂值（端子号）
2	启动	程序启动	START	3

参数的编辑
参数名：START
机器号：0
说明：All slot Start INPUT,During execute OUTPUT
1：3
2：0

图中，设置对应本功能的输入端子号=3，如输入端子 3=ON，则所有任务区内程序启动

序号	名　称	功　能	对应参数	出厂值（端子号）
3	停止	程序停止	STOP	0（固定不变）

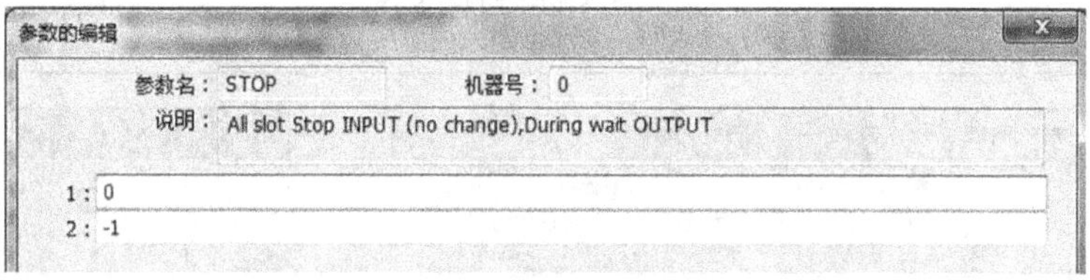

参数的编辑
参数名： STOP　机器号： 0
说明： All slot Stop INPUT (no change),During wait OUTPUT
1： 0
2： -1

图中，设置对应本功能的输入端子号＝0，如输入端子 0＝ON，则所有任务区内“程序停止”。 STOP 功能对应的输入端子号固定设置＝0

序号	名　称	功　能	对应参数	出厂值（端子号）
4	停止 2	程序停止，功能与 STOP 相同，但输入端子号可以任意设置	STOP2	

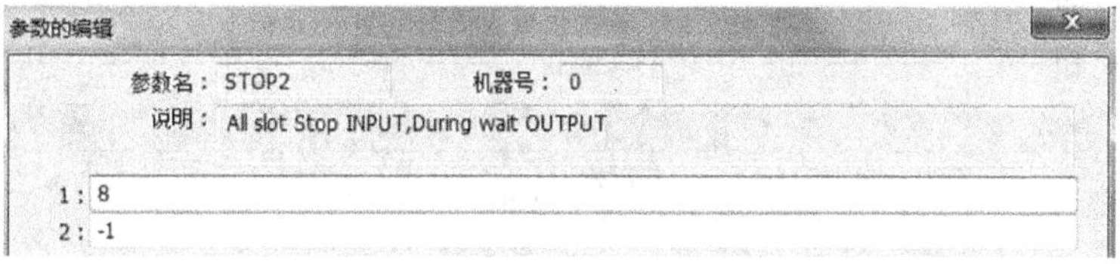

参数的编辑
参数名： STOP2　机器号： 0
说明： All slot Stop INPUT,During wait OUTPUT
1： 8
2： -1

图中，设置对应本功能的输入端子号＝8，如输入端子 8＝ON，则所有任务区内“程序停止”。 STOP2 功能对应的输入端子号可以由用户设置

序号	名　称	功　能	对应参数	出厂值（端子号）
5	程序复位	中断正执行的程序，回到程序起始行。对应多任务状态，使全部任务区程序复位。当对应启动条件为 ALWAYS 和 ERROR，则不能够执行复位	SLOTINIT	

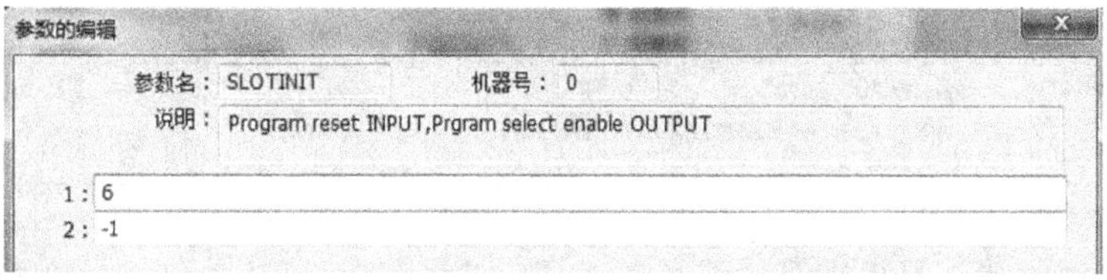

参数的编辑
参数名： SLOTINIT　机器号： 0
说明： Program reset INPUT,Prgram select enable OUTPUT
1： 6
2： -1

图中，设置对应本功能的输入端子号＝6，如输入端子 6＝ON，则所有任务区内“程序复位”

序号	名　称	功　能	对应参数	出厂值（端子号）
6	报警复位	解除报警状态	ERRRESET	2

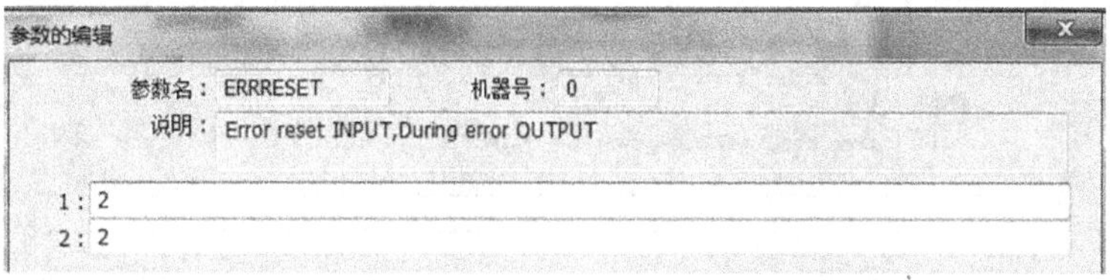

参数的编辑
参数名： ERRRESET　机器号： 0
说明： Error reset INPUT,During error OUTPUT
1： 2
2： 2

图中，设置对应本功能的输入端子号＝2，如输入端子 2＝ON，则解除报警状态

序号	名　称	功　能	对应参数	出厂值（端子号）
7	伺服 ON	机器人伺服电源＝ON 多机器人时，全部机器人伺服电源＝ON	SRVON	4

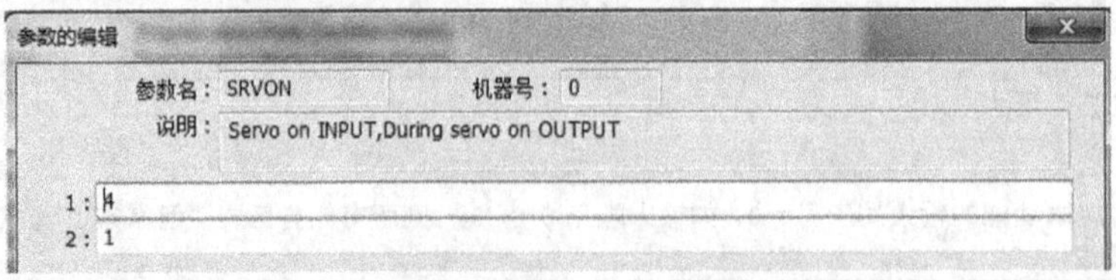

参数的编辑

参数名：SRVON　机器号：0

说明：Servo on INPUT,During servo on OUTPUT

1：4

2：1

图中，设置对应本功能的输入端子号＝4，如输入端子 4＝ON，则机器人伺服电源＝ON

序号	名　称	功　能	对应参数	出厂值（端子号）
8	伺服 OFF	机器人伺服电源＝OFF 多机器人时，全部机器人伺服电源＝OFF	SRVOFF	

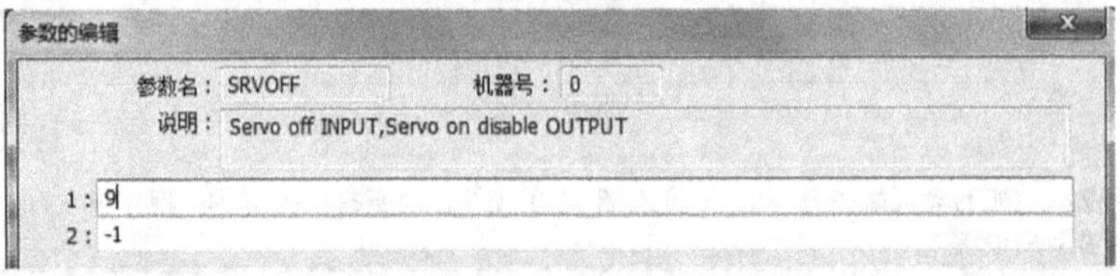

参数的编辑

参数名：SRVOFF　机器号：0

说明：Servo off INPUT,Servo on disable OUTPUT

1：9

2：-1

图中，设置对应本功能的输入端子号＝9，如输入端子 9＝ON，则机器人伺服电源＝OFF

序号	名　称	功　能	对应参数	出厂值（端子号）
9	自动模式使能	使自动程序生效。禁止在非自动模式下做自动运行	AUTOENA	

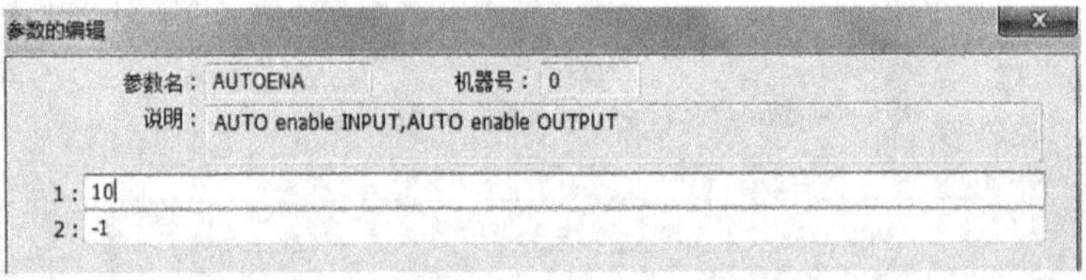

参数的编辑

参数名：AUTOENA　机器号：0

说明：AUTO enable INPUT,AUTO enable OUTPUT

1：10

2：-1

图中，设置对应本功能的输入端子号＝10，如输入端子 10＝ON，则机器人进入自动使能模式

序号	名　称	功　能	对应参数	出厂值（端子号）
10	停止循环运行	停止循环运行的程序	CYCLE	

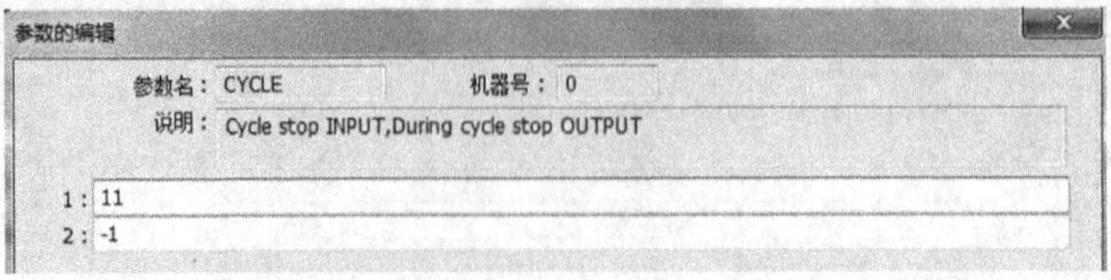

参数的编辑

参数名：CYCLE　机器号：0

说明：Cycle stop INPUT,During cycle stop OUTPUT

1：11

2：-1

图中，设置对应本功能的输入端子号＝11，如输入端子 11＝ON，则停止循环运行的程序

序号	名　称	功　能	对应参数	出厂值 （端子号）
11	机械锁定	使机器人进入机械锁定状态 机械锁定状态——程序运行，机械不动	MELOCK	

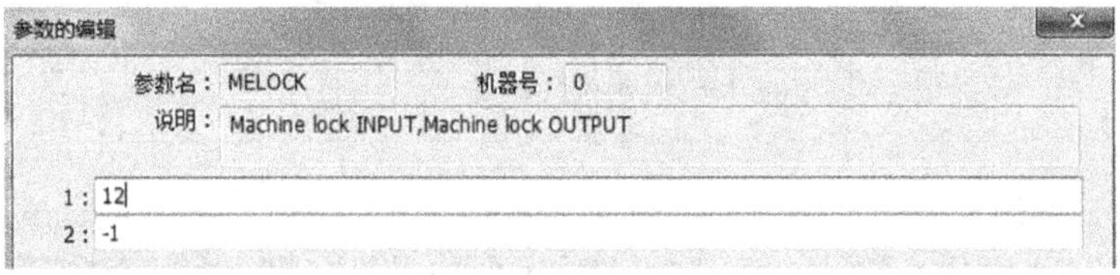

参数的编辑

参数名：MELOCK　机器号：0

说明：Machine lock INPUT,Machine lock OUTPUT

1：12

2：-1

图中，设置对应本功能的输入端子号＝12，如输入端子 12＝ON，则机械锁定功能生效

序号	名　称	功　能	对应参数	出厂值 （端子号）
12	回待避点	回到预设置的“待避点”	SAFEPOS	

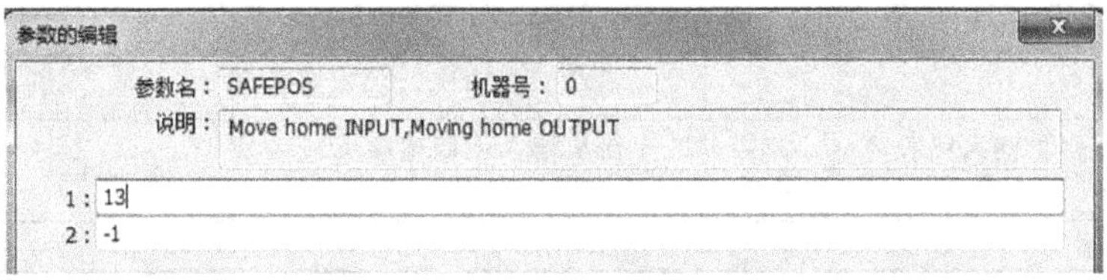

参数的编辑

参数名：SAFEPOS　机器号：0

说明：Move home INPUT,Moving home OUTPUT

1：13

2：-1

图中，设置对应本功能的输入端子号＝13，如输入端子 13＝ON，则执行回待避点动作

序号	名　称	功　能	对应参数	出厂值 （端子号）
13	通用输出信号复位	指令全部“通用输出信号复位”	OUTRESET	

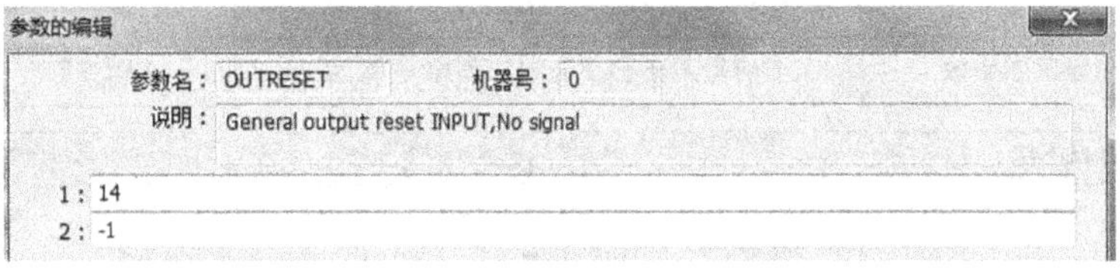

参数的编辑

参数名：OUTRESET　机器号：0

说明：General output reset INPUT,No signal

1：14

2：-1

图中，设置对应本功能的输入端子号＝14，如输入端子 14＝ON，则执行“通用输出信号复位”动作

序号	名　称	功　能	对应参数	出厂值 （端子号）
14	第 n 任务区内程序启动	指令“第 n 任务区内程序启动”。n＝1～32	SnSTART	

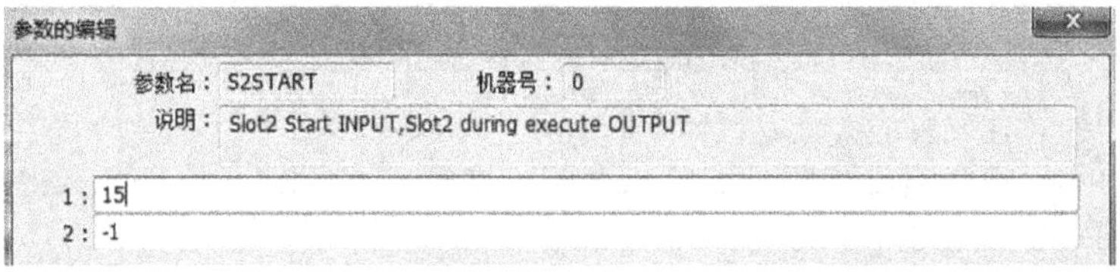

参数的编辑

参数名：S2START　机器号：0

说明：Slot2 Start INPUT,Slot2 during execute OUTPUT

1：15

2：-1

图中，设置对应本功能的输入端子号＝15，如输入端子 15＝ON，则执行“第 2 任务区内程序启动”

序号	名　称	功　能	对应参数	出厂值（端子号）
15	第 n 任务区内程序停止	指令“第 n 任务区内程序停止”。n=1～32	SnSTOP	

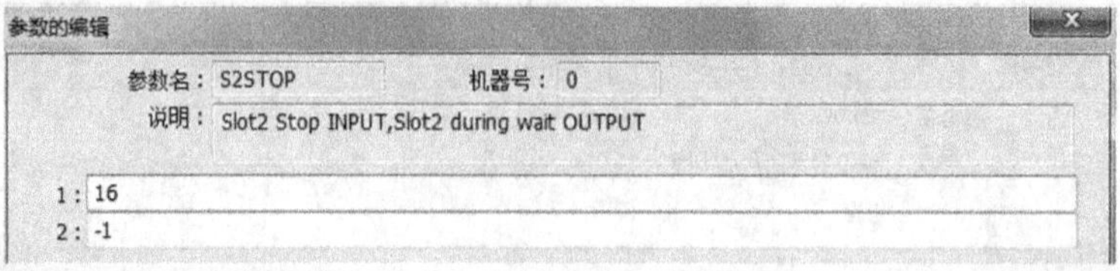

参数的编辑

参数名：S2STOP　　机器号：0

说明：Slot2 Stop INPUT,Slot2 during wait OUTPUT

1：16

2：-1

图中，设置对应本功能的输入端子号=16，如输入端子 16=ON，则执行“第 2 任务区内程序停止”

序号	名　称	功　能	对应参数	出厂值（端子号）
16	第 n 台机器人伺服电源 OFF	指令“第 n 台机器人伺服电源 OFF”。n=1～3	SnSRVOFF	

序号	名　称	功　能	对应参数	出厂值（端子号）
17	第 n 台机器人伺服电源 ON	指令“第 n 台机器人伺服电源 ON”。n=1～3	SnSRVON	

序号	名　称	功　能	对应参数	出厂值（端子号）
18	第 n 台机器人机械锁定	指令“第 n 台机器人机械锁定”。n=1～3	SnMELOCK	

序号	名　称	功　能	对应参数	出厂值（端子号）
19	选定程序生效	本信号用于使“选定的程序号”生效	PRGSEL	

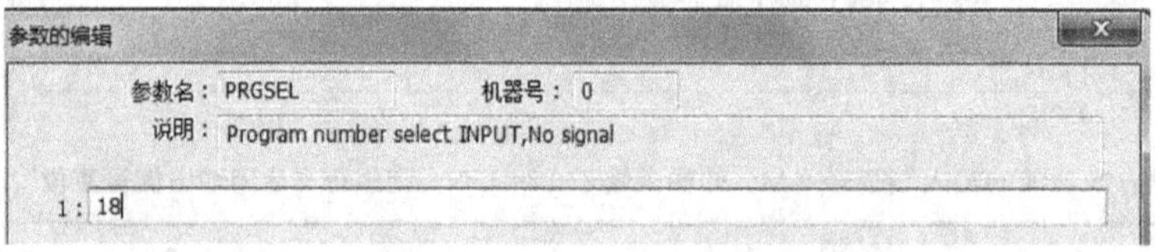

参数的编辑

参数名：PRGSEL　　机器号：0

说明：Program number select INPUT,No signal

1：18

图中，设置对应本功能的输入端子号=18，如输入端子 18=ON，则“选定的程序号”生效

序号	名　称	功　能	对应参数	出厂值（端子号）
20	“选定速度比例”生效	本信号用于使“选定的速度比例”生效	OVRDSEL	

参数的编辑

参数名：OVRDSEL　　机器号：0

说明：OVRD specification INPUT,No signal

1：19

图中，设置对应本功能的输入端子号=19，如输入端子 19=ON，则“选定速度比例”生效

序号	名　称	功　能	对应参数	出厂值（端子号）
21	数据输入	指定在选择“程序号”和“速度比例”等数据量时使用的输入信号“起始号”和“结束号”	IODATA	

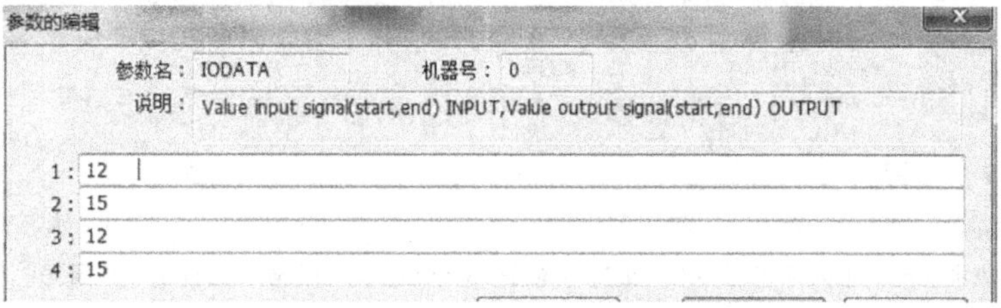

参数的编辑

参数名：IODATA　机器号：0

说明：Value input signal(start,end) INPUT,Value output signal(start,end) OUTPUT

1：12
2：15
3：12
4：15

图中，设置对应本功能的输入端子号=12~15，输入端子号=12~15组成的（二进制）数据可以为“程序号”、“速度比例”等数据输入量

序号	名　称	功　能	对应参数	出厂值（端子号）
22	程序号输出请求	指令输出当前执行的“程序号”	PRGOUT	

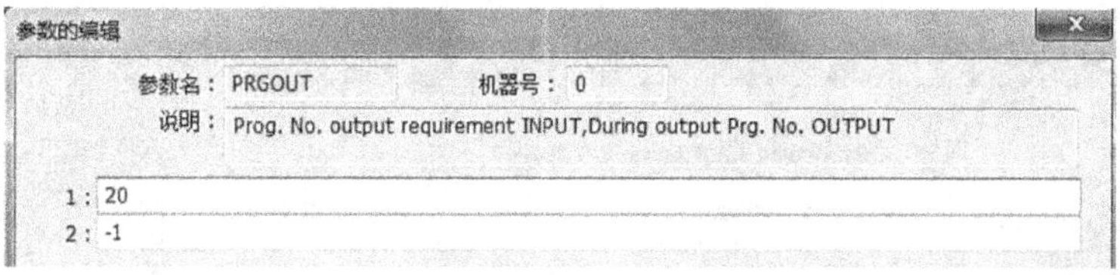

参数的编辑

参数名：PRGOUT　机器号：0

说明：Prog. No. output requirement INPUT,During output Prg. No. OUTPUT

1：20
2：-1

图中，设置对应本功能的输入端子号=20，如输入端子20=ON，则指令输出当前执行的“程序号”

序号	名　称	功　能	对应参数	出厂值（端子号）
23	程序行号输出请求	指令输出当前执行的“程序行号”	LINEOUT	

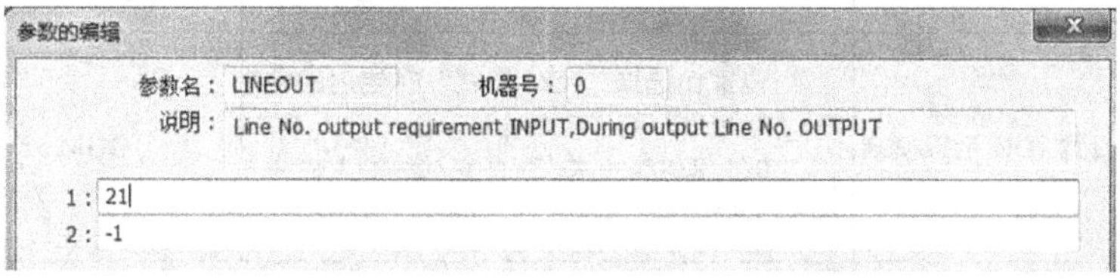

参数的编辑

参数名：LINEOUT　机器号：0

说明：Line No. output requirement INPUT,During output Line No. OUTPUT

1：21
2：-1

图中，设置对应本功能的输入端子号=21，如输入端子21=ON，则指令输出当前执行的“程序行号”

序号	名　称	功　能	对应参数	出厂值（端子号）
24	速度比例输出请求	指令输出当前“速度比例”	OVRDOUT	

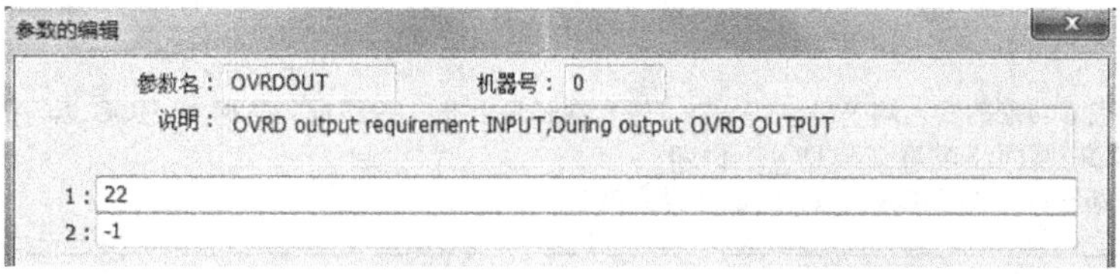

参数的编辑

参数名：OVRDOUT　机器号：0

说明：OVRD output requirement INPUT,During output OVRD OUTPUT

1：22
2：-1

图中，设置对应本功能的输入端子号=22，如输入端子22=ON，则指令输出当前执行的“速度比例”

序号	名　称	功　能	对应参数	出厂值 （端子号）
25	“报警号”输出请求	指令输出当前 “报警号”	ERROUT	

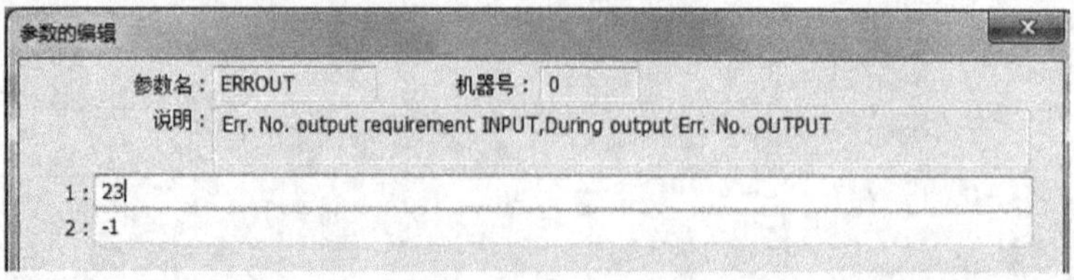

参数的编辑

参数名：ERROUT　　机器号：0

说明：Err. No. output requirement INPUT,During output Err. No. OUTPUT

1：23

2：-1

图中，设置对应本功能的输入端子号＝23，如输入端子 23＝ON，则指令输出当前的“报警号”

序号	名　称	功　能	对应参数	出厂值 （端子号）
26	JOG 使能信号	使 JOG 功能生效（通过外部端子使用 JOG 功能）	JOGENA	

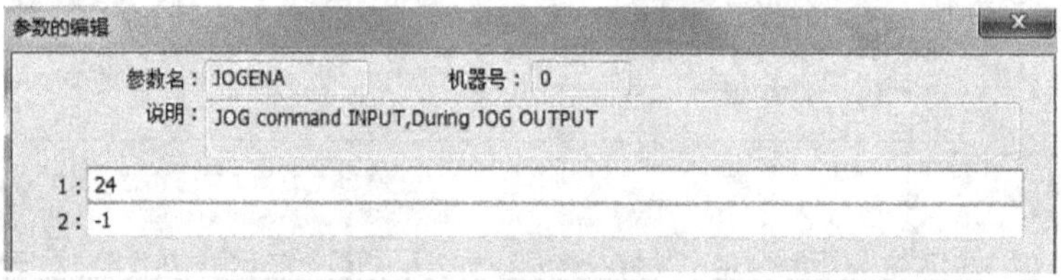

参数的编辑

参数名：JOGENA　　机器号：0

说明：JOG command INPUT,During JOG OUTPUT

1：24

2：-1

图中，设置对应本功能的输入端子号＝24，如输入端子 24＝ON，则 JOG 功能生效（通过外部端子使用 JOG 功能）

序号	名　称	功　能	对应参数	出厂值 （端子号）
27	用数据设置 JOG 运行模式	设置在选择“JOG 模式”时使用的端子“起始号”和“结束号” 0/1/2/3/4＝关节/直交/圆筒/3 轴直交/TOOL	JOGM	

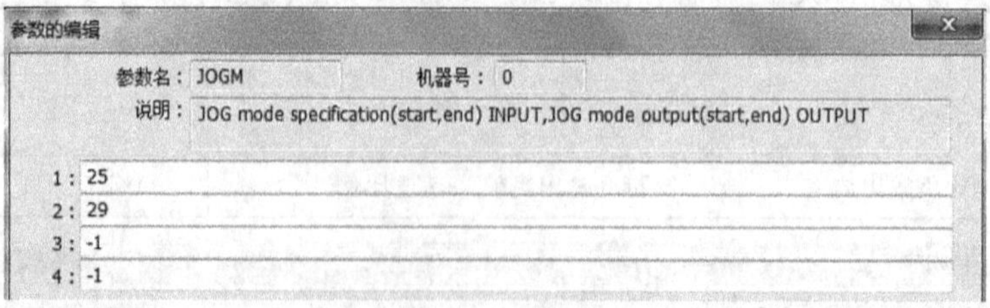

参数的编辑

参数名：JOGM　　机器号：0

说明：JOG mode specification(start,end) INPUT,JOG mode output(start,end) OUTPUT

1：25

2：29

3：-1

4：-1

图中，设置对应本功能的输入端子号＝25～29，输入端子号＝25～29 组成的数据为“JOG 运行的工作模式”。0/1/2/3/4＝ 关节/直交/圆筒/3 轴直交/TOOL，例如：

输入端子号＝25～29 组成的数据＝1，则选择直交模式

序号	名　称	功　能	对应参数	出厂值（端子号）
28	JOG＋	指定各轴的 JOG＋信号	JOG＋	

参数的编辑
参数名：JOG+　机器号：0
说明：JOG(+) specification(start,end) INPUT,No signal
1：30
2：35

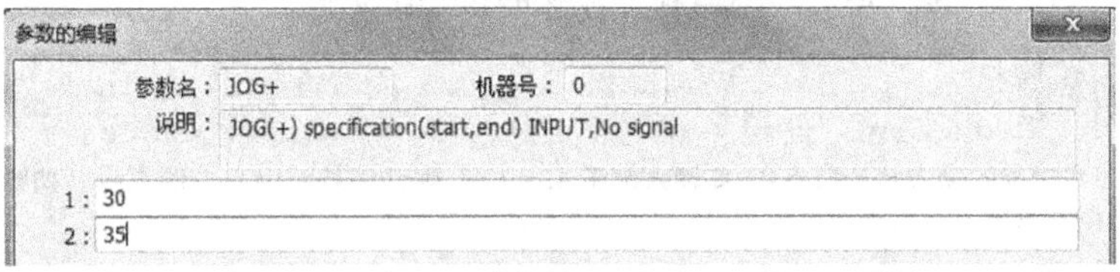

图中，设置对应本功能的输入端子号＝30～35，即输入端子 30＝J1 轴 JOG＋，输入端子 31＝J2 轴 JOG＋，…，输入端子 35＝J6 轴 JOG＋

序号	名　称	功　能	对应参数	出厂值（端子号）
29	JOG－	指定各轴的 JOG－信号	JOG－	

参数的编辑
参数名：JOG-　机器号：0
说明：JOG(-) specification(start,end) INPUT,No signal
1：36
2：40

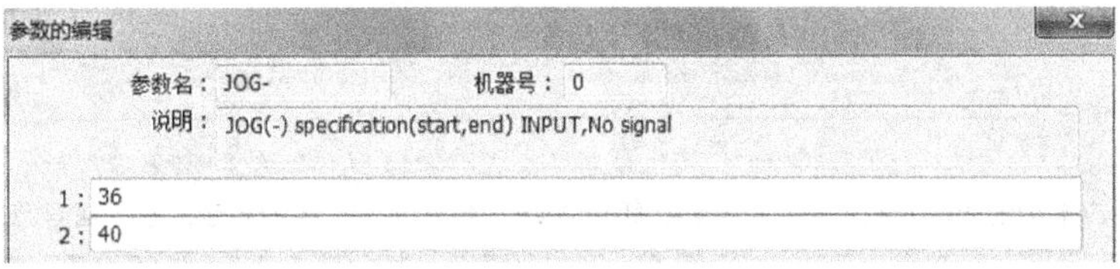

图中，设置对应本功能的输入端子号＝36～40，即输入端子 36＝J1 轴 JOG－，输入端子 37＝J2 轴 JOG－，…，输入端子 40＝J6 轴 JOG－

序号	名　称	功　能	对应参数	出厂值（端子号）
30	工件坐标系编号	通过数据“起始位”与“结束位”设置“工件坐标系编号”	JOGWKND	

序号	名　称	功　能	对应参数	出厂值（端子号）
31	JOG 报警暂时无效	本信号＝ON，JOG 报警暂时无效	JOGNER	

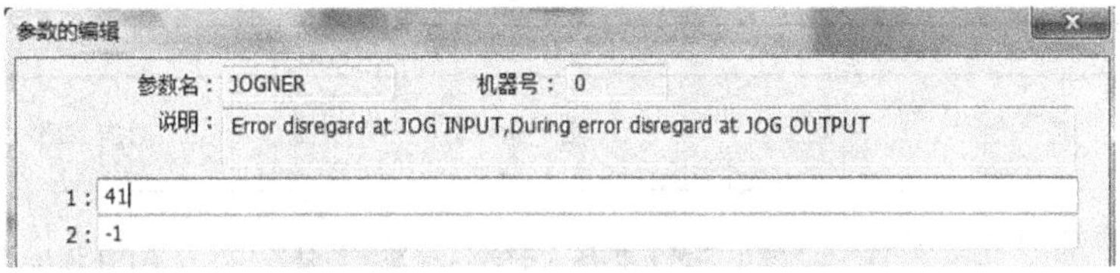

参数的编辑
参数名：JOGNER　机器号：0
说明：Error disregard at JOG INPUT,During error disregard at JOG OUTPUT
1：41
2：-1

图中，设置对应本功能的输入端子号＝41，如输入端子 41＝ON，则 JOG 报警暂时无效

序号	名　称	功　能	对应参数	出厂值（端子号）
32	是否允许外部信号控制抓手	本信号＝ON/OFF，允许/不允许外部信号控制抓手	HANDENA	

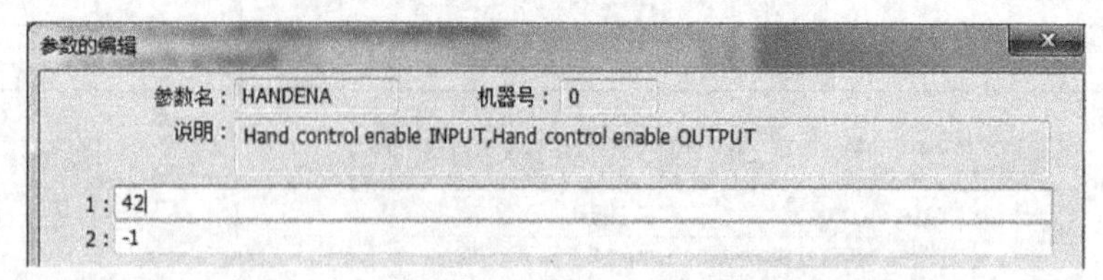

图中，设置对应本功能的输入端子号＝42，如输入端子42＝ON，则允许外部信号控制抓手。如输入端子42＝OFF，则不允许外部信号控制抓手

序号	名　称	功　能	对应参数	出厂值（端子号）
33	控制抓手的输入信号范围	设置“控制抓手的输入信号范围”	HANDOUT	

参数的编辑
参数名： HANDOUT　机器号： 0
说明： hand output control signal INPUT(start,end)
1 : 43
2 : 49

图中，设置对应本功能的输入端子号＝43～49，即输入端子43～49为“控制抓手的输入信号范围”

序号	名　称	功　能	对应参数	出厂值（端子号）
34	第 n 机器人的抓手报警 $n=1\sim3$	发出“第 n 机器人抓手报警信号”	HNDERRn	

参数的编辑
参数名： HNDERR1　机器号： 0
说明： Robot1 hand error requirement INPUT,During robot1 hand error OUTPUT
1 : 50
2 : -1

图中，设置对应本功能的输入端子号＝50，如输入端子50＝ON，则发出“第 n 机器人抓手报警信号”

序号	名　称	功　能	对应参数	出厂值（端子号）
35	第 n 机器人的气压报警（$n=1\sim5$）	发出“第 n 机器人的气压报警”信号	AIRERRn	

序号	名　称	功　能	对应参数	出厂值（端子号）
36	第 n 机器人预热运行模式有效	发出“第 n 机器人预热运行模式有效”信号	MnWUPENA（$n=1\sim3$）	

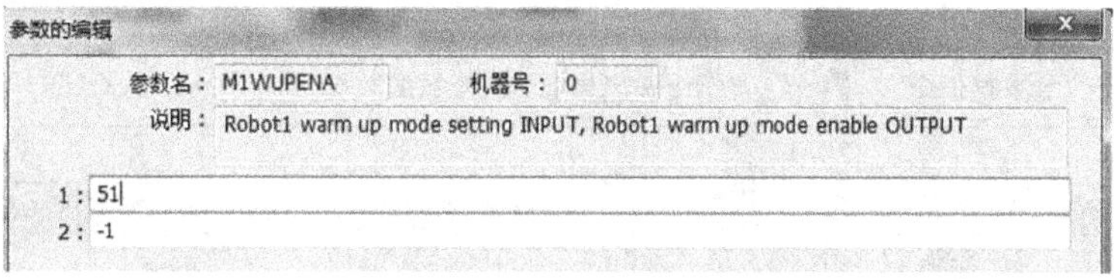

参数的编辑
参数名：M1WUPENA　机器号：0
说明：Robot1 warm up mode setting INPUT, Robot1 warm up mode enable OUTPUT
1：51
2：-1

图中，设置对应本功能的输入端子号＝51，如输入端子 51＝ON，则发出“第 n 机器人预热运行模式有效”信号

序号	名　称	功　能	对应参数	出厂值（端子号）
37	指定需要输出位置数据的“任务区”号	指定需要输出位置数据的“任务区”号	PSSLOT	

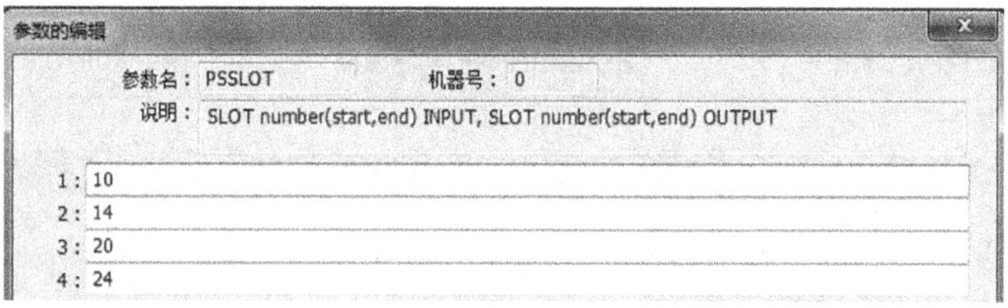

参数的编辑
参数名：PSSLOT　机器号：0
说明：SLOT number(start,end) INPUT, SLOT number(start,end) OUTPUT
1：10
2：14
3：20
4：24

图中，设置对应本功能的输入端子号＝10～14，即输入端子 10～14 构成的数据为“需要输出位置数据的‘任务区’号”

序号	名　称	功　能	对应参数	出厂值（端子号）
38	位置数据类型	指定位置数据类型 1/0＝关节型变量/直交型变量	PSTYPE	

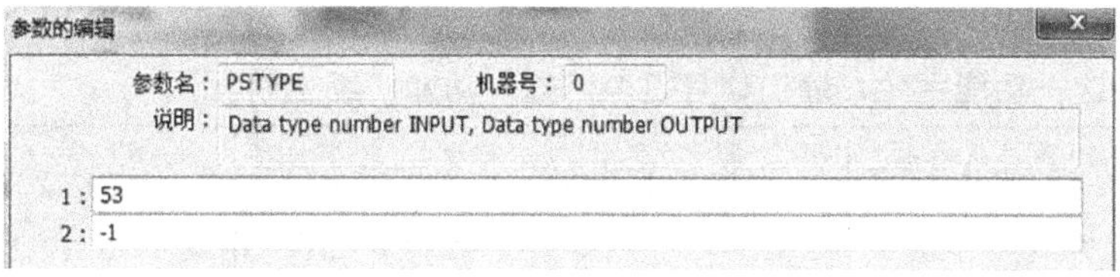

参数的编辑
参数名：PSTYPE　机器号：0
说明：Data type number INPUT, Data type number OUTPUT
1：53
2：-1

图中，设置对应本功能的输入端子号＝53，输入端子 53＝1/0，对应“关节型变量/直交型变量”

序号	名　称	功　能	对应参数	出厂值（端子号）
39	指定用一组数据表示“位置变量号”	指定用一组数据表示“位置变量号”	PSNUM	

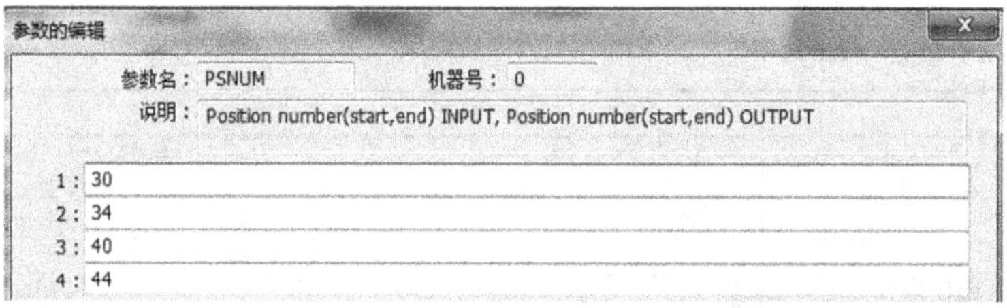

参数的编辑
参数名：PSNUM　机器号：0
说明：Position number(start,end) INPUT, Position number(start,end) OUTPUT
1：30
2：34
3：40
4：44

图中，设置对应本功能的输入端子号＝30～34，即输入端子 30～34 构成的数据表示“位置变量号”

序号	名　称	功　能	对应参数	出厂值（端子号）
40	输出位置数据指令	指令输出当前“位置数据”	PSOUT	

参数的编辑
参数名：PSOUT　机器号：0
说明：Position data requirement INPUT, During output Position OUTPUT
1：54
2：-1

图中，设置对应本功能的输入端子号=54，如输入端子54=ON，则指令输出当前“位置数据”

序号	名　称	功　能	对应参数	出厂值（端子号）
41	输出控制柜温度	指令输出控制柜实际温度	TMPOUT	

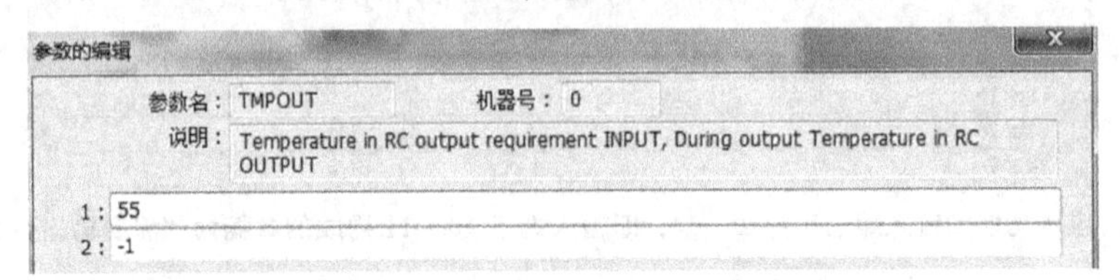

图中，设置对应本功能的输入端子号=55，如输入端子55=ON，则指令输出控制柜温度

7.2.3 专用输出信号详解

本节解释专用输出信号以及这些信号对应的参数。出厂值是指出厂时预分配的输出端子序号。由于同一参数包含了输入信号与输出信号的内容，因此必须理解：参数只是表示某一功能，输入信号是驱动这一功能生效，输出信号是表示这一功能已经生效。

序号	名　称	功　能	对应参数	出厂值（端子号）
1	控制器电源ON	表示控制器电源ON，可以正常工作	RCREADY	

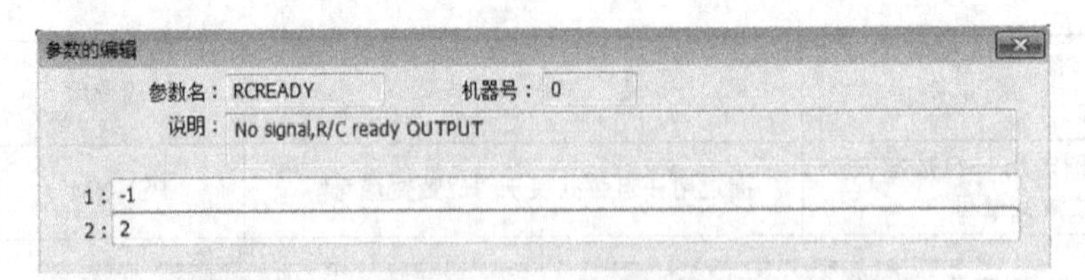

图中，设置对应本功能的输出端子号=2，如果控制器电源ON，则输出端子2=ON

序号	名　称	功　能	对应参数	出厂值（端子号）
2	远程模式	表示操作面板选择自动模式，外部I/O信号操作有效	ATEXTMD	

参数的编辑

参数名：ATEXTMD　　机器号：0

说明：No signal,Auto(Ext) mode OUTPUT

1：-1

2：4

图中，设置对应本功能的输出端子号=4，如果本功能生效，则输出端子 4=ON

序号	名　称	功　能	对应参数	出厂值（端子号）
3	示教模式	表示当前工作模式为“示教模式”	TEACHMD	

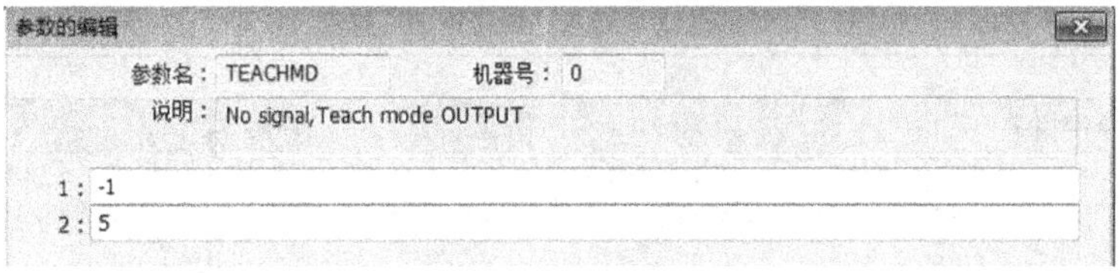

参数的编辑

参数名：TEACHMD　　机器号：0

说明：No signal,Teach mode OUTPUT

1：-1

2：5

图中，设置对应本功能的输出端子号=5，如果当前工作模式为“示教模式”，则输出端子 5=ON

序号	名　称	功　能	对应参数	出厂值（端子号）
4	自动模式	表示当前工作模式为“自动模式”	ATTOPMD	

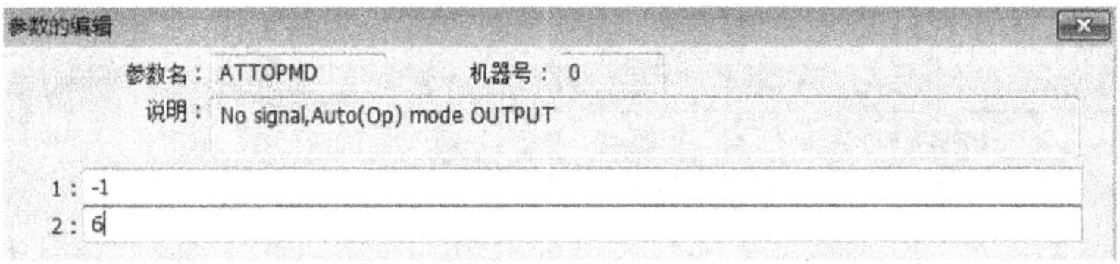

参数的编辑

参数名：ATTOPMD　　机器号：0

说明：No signal,Auto(Op) mode OUTPUT

1：-1

2：6

图中，设置对应本功能的输出端子号=6，如果当前工作模式为“自动模式”，则输出端子 6=ON

序号	名　称	功　能	对应参数	出厂值（端子号）
5	外部信号操作权有效	表示“外部信号操作权有效”	IOENA	3

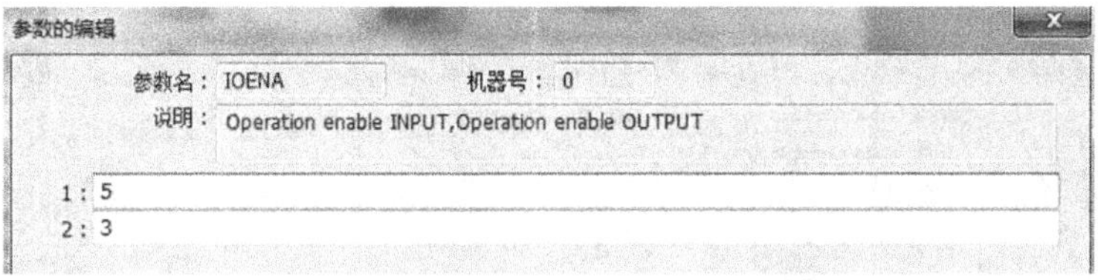

参数的编辑

参数名：IOENA　　机器号：0

说明：Operation enable INPUT,Operation enable OUTPUT

1：5

2：3

图中，设置对应本功能的输出端子号=3，如果外部操作权已经有效，则输出端子 3=ON

序号	名　称	功　能	对应参数	出厂值（端子号）
6	程序已启动	表示机器人进入“程序已启动”状态	START	

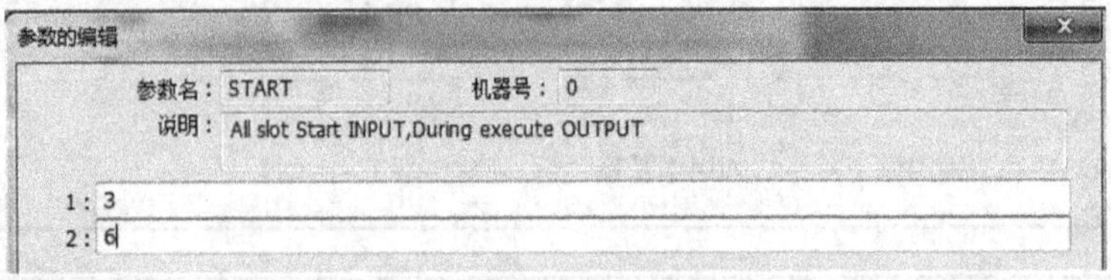

参数的编辑

参数名：START　机器号：0

说明：All slot Start INPUT,During execute OUTPUT

1：3

2：6

图中，设置对应本功能的输出端子号=6，如果机器人进入“程序已启动”状态，则输出端子 6=ON

序号	名　称	功　能	对应参数	出厂值（端子号）
7	程序停止	表示机器人进入“程序暂停”状态	STOP	

参数的编辑

参数名：STOP　机器号：0

说明：All slot Stop INPUT (no change),During wait OUTPUT

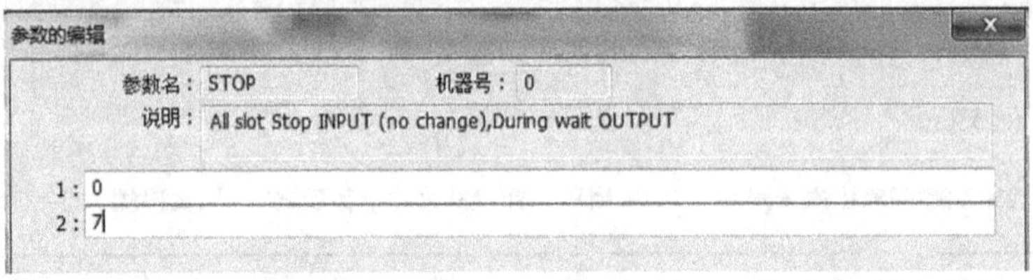

1：0

2：7

图中，设置对应本功能的输出端子号=7，如果机器人进入“程序暂停”状态，则输出端子 7=ON

序号	名　称	功　能	对应参数	出厂值（端子号）
8	程序停止	表示“程序暂停”状态	STOP2	

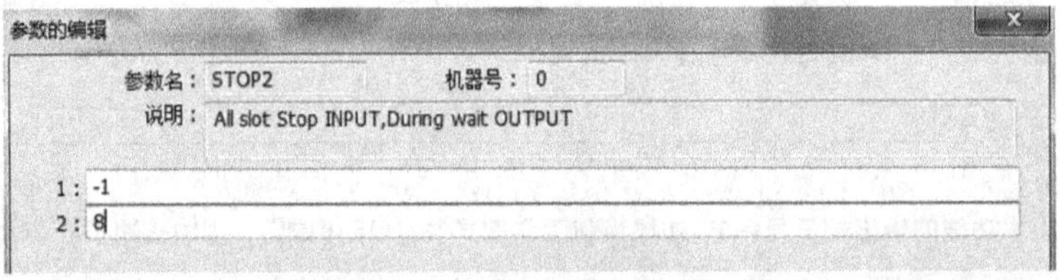

参数的编辑

参数名：STOP2　机器号：0

说明：All slot Stop INPUT,During wait OUTPUT

1：-1

2：8

图中，设置对应本功能的输出端子号=8，如果机器人进入“程序暂停 2”状态，则输出端子 8=ON

序号	名　称	功　能	对应参数	出厂值（端子号）
9	“STOP”信号输入	表示正在输入“STOP”信号	STOPSTS	

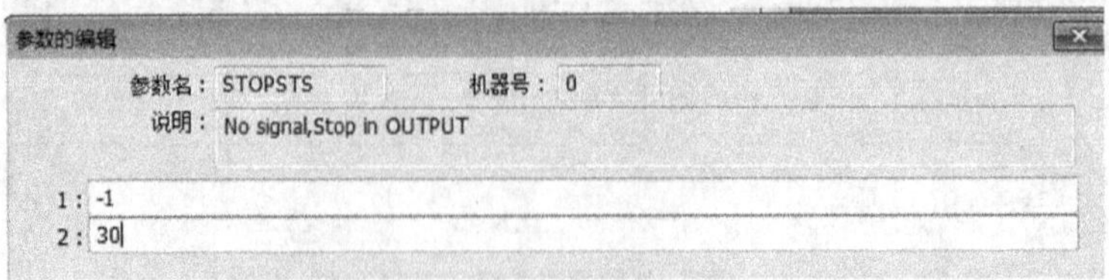

参数的编辑

参数名：STOPSTS　机器号：0

说明：No signal,Stop in OUTPUT

1：-1

2：30

图中，设置对应本功能的输出端子号=30，如果正在输入“STOP”信号，则输出端子 30=ON

序号	名　称	功　能	对应参数	出厂值（端子号）
10	任务区中的程序可选择状态	表示“任务区处于程序可选择状态”	SLOTINIT	

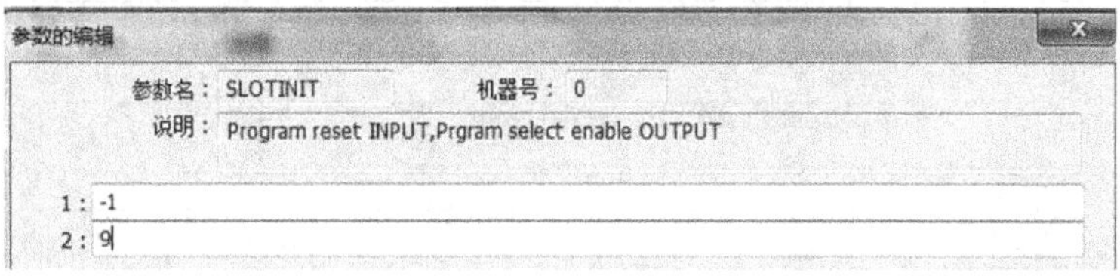

参数的编辑
参数名：SLOTINIT　机器号：0
说明：Program reset INPUT,Prgram select enable OUTPUT
1：-1
2：9

图中，设置对应本功能的输出端子号=9，如果“任务区处于程序可选择状态”，则输出端子 9=ON

序号	名　称	功　能	对应参数	出厂值（端子号）
11	报警发生中	表示系统处于“报警发生中”	ERRRESET	

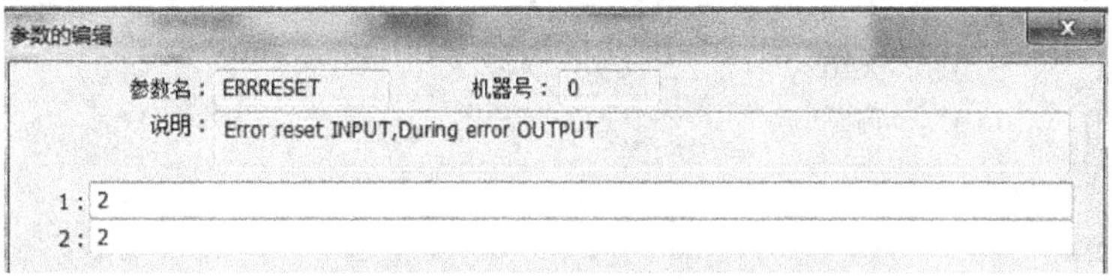

参数的编辑
参数名：ERRRESET　机器号：0
说明：Error reset INPUT,During error OUTPUT
1：2
2：2

图中设置的输出端子号=2，如系统处于“报警发生中”，则输出端子 2=ON

序号	名　称	功　能	对应参数	出厂值（端子号）
12	伺服 ON	表示当前处于“伺服 ON”状态	SRVON	1

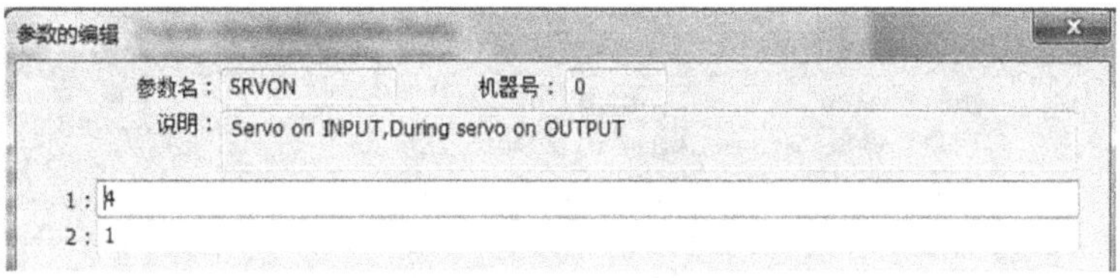

参数的编辑
参数名：SRVON　机器号：0
说明：Servo on INPUT,During servo on OUTPUT
1：4
2：1

图中设置的输出端子号=1，如果当前为 “伺服 ON”状态，则输出端子 1=ON

序号	名　称	功　能	对应参数	出厂值（端子号）
13	伺服 OFF	表示当前处于“伺服 OFF”状态	SRVOFF	

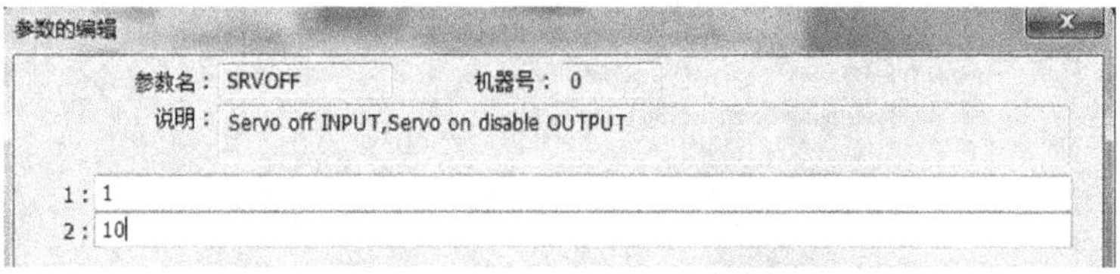

参数的编辑
参数名：SRVOFF　机器号：0
说明：Servo off INPUT,Servo on disable OUTPUT
1：1
2：10

图中设置的输出端子号=10，如果当前处于“伺服 OFF”状态，则输出端子 10=ON

序号	名　称	功　能	对应参数	出厂值（端子号）
14	可自动运行	表示当前处于“可自动运行”状态	AUTOENA	

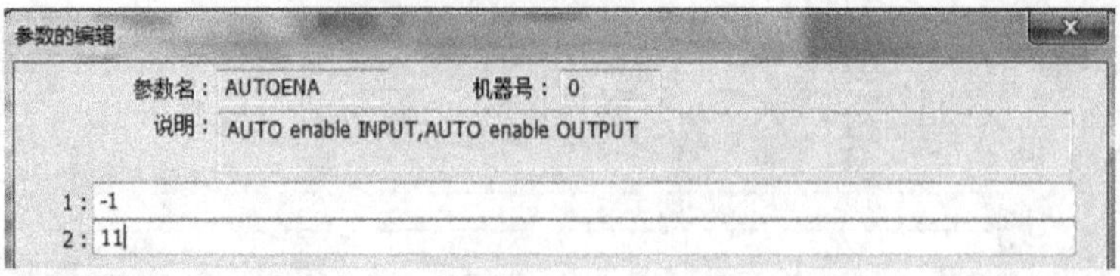

参数的编辑

参数名：AUTOENA　　机器号：0

说明：AUTO enable INPUT,AUTO enable OUTPUT

1：-1

2：11

图中，设置对应本功能的输出端子号＝11，如果当前处于“可自动运行”状态，则输出端子 11＝ON

序号	名　称	功　能	对应参数	出厂值（端子号）
15	循环停止信号	表示“循环停止信号”正输入中	CYCLE	

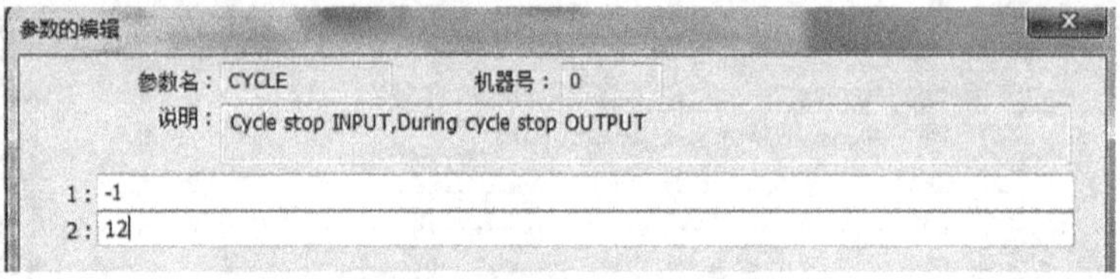

参数的编辑

参数名：CYCLE　　机器号：0

说明：Cycle stop INPUT,During cycle stop OUTPUT

1：-1

2：12

图中，设置对应本功能的输出端子号＝12，如果“循环停止信号”正输入中，则输出端子 12＝ON

序号	名　称	功　能	对应参数	出厂值（端子号）
16	机械锁定状态	表示机器人处于“机械锁定状态”。“机械锁定状态”是程序运行，机器人不动作	MELOCK	

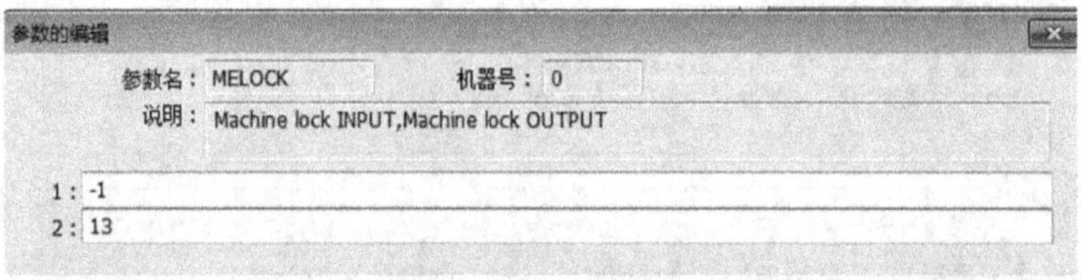

参数的编辑

参数名：MELOCK　　机器号：0

说明：Machine lock INPUT,Machine lock OUTPUT

1：-1

2：13

图中，设置对应本功能的输出端子号＝13，如果机器人处于“机械锁定状态”，则输出端子 13＝ON

序号	名　称	功　能	对应参数	出厂值（端子号）
17	回归待避点状态	表示机器人处于“回归待避点状态”	SAFEPOS	

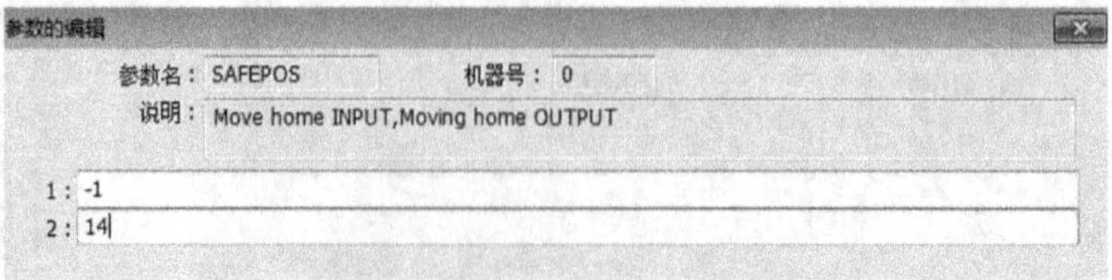

参数的编辑

参数名：SAFEPOS　　机器号：0

说明：Move home INPUT,Moving home OUTPUT

1：-1

2：14

图中，设置对应本功能的输出端子号＝14，如果机器人处于“回归待避点状态”，则输出端子 14＝ON

序号	名　称	功　能	对应参数	出厂值（端子号）
18	电池电压过低	表示机器人“电池电压过低”	BATERR	

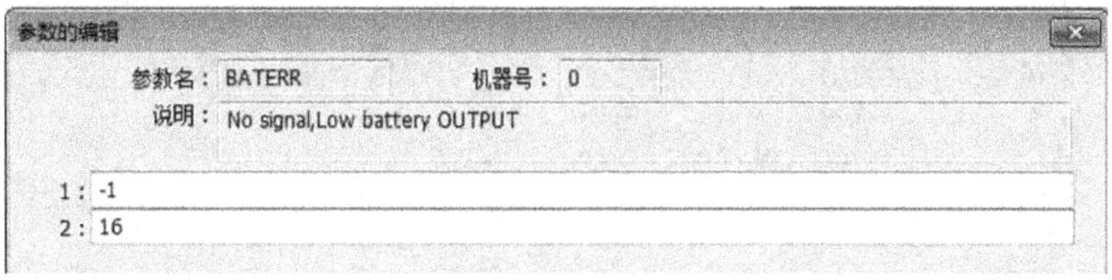

参数的编辑
参数名：BATERR　机器号：0
说明：No signal,Low battery OUTPUT
1：-1
2：16

图中，设置对应本功能的输出端子号=16，如果机器人处于“电池电压过低状态”，则输出端子16=ON

序号	名　称	功　能	对应参数	出厂值（端子号）
19	严重级报警	表示机器人出现“严重级故障报警”	HLVLERR	

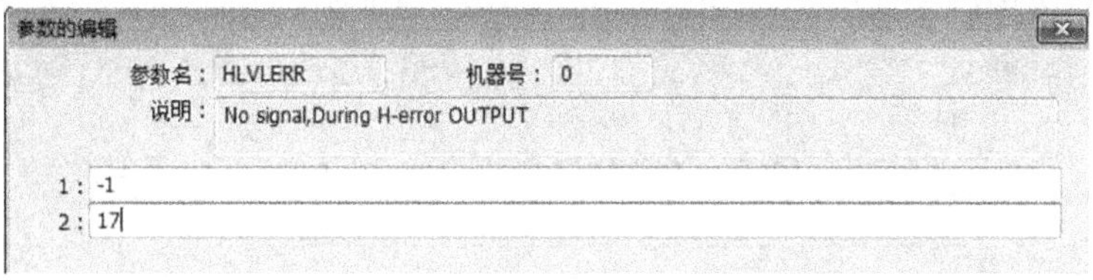

参数的编辑
参数名：HLVLERR　机器号：0
说明：No signal,During H-error OUTPUT
1：-1
2：17

图中，设置对应本功能的输出端子号=17，如果机器人处于“严重级故障报警”，则输出端子17=ON

序号	名　称	功　能	对应参数	出厂值（端子号）
20	轻微级故障报警	表示机器人出现“轻微级故障报警”	LLVLERR	

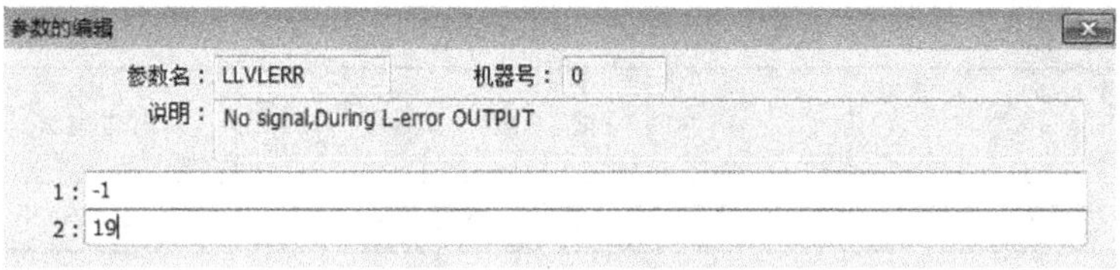

参数的编辑
参数名：LLVLERR　机器号：0
说明：No signal,During L-error OUTPUT
1：-1
2：19

图中，设置对应本功能的输出端子号=19，如果机器人处于“轻微级故障报警”，则输出端子19=ON

序号	名　称	功　能	对应参数	出厂值（端子号）
21	警告型故障	表示机器人出现“警告型故障”	CLVLERR	

序号	名　称	功　能	对应参数	出厂值（端子号）
22	机器人急停	表示机器人处于“急停状态”	EMGERR	

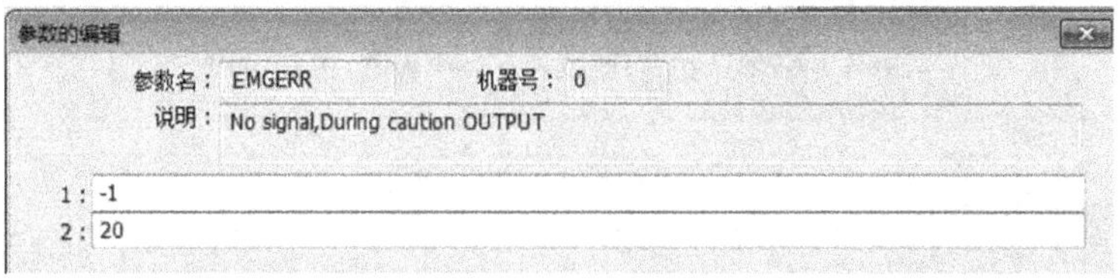

参数的编辑
参数名：EMGERR　机器号：0
说明：No signal,During caution OUTPUT
1：-1
2：20

图中，设置对应本功能的输出端子号=20，如果机器人处于“急停状态”，则输出端子20=ON

序号	名　称	功　能	对应参数	出厂值 （端子号）
23	第 n 任务区程序在运行中	表示“第 n 任务区程序在运行中”	SnSTART	

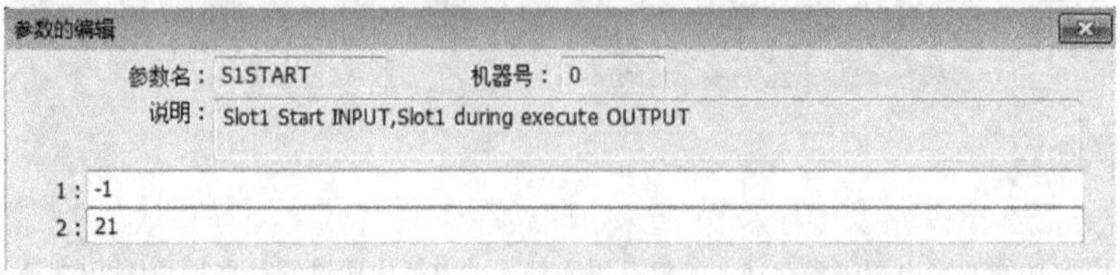

参数的编辑

参数名：S1START　　机器号：0

说明：Slot1 Start INPUT,Slot1 during execute OUTPUT

1：-1

2：21

图中，设置对应本功能的输出端子号=21，如果机器人处于“第 1 任务区程序运行状态”，则输出端子 21=ON

序号	名　称	功　能	对应参数	出厂值 （端子号）
24	第 n 任务区程序在暂停中	表示“第 n 任务区程序在暂停中”	SnSTOP	

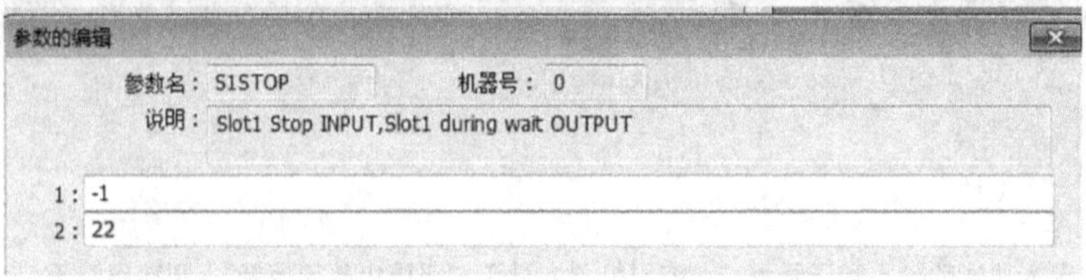

参数的编辑

参数名：S1STOP　　机器号：0

说明：Slot1 Stop INPUT,Slot1 during wait OUTPUT

1：-1

2：22

图中，设置对应本功能的输出端子号=22，如果机器人处于“第 1 任务区程序暂停中状态”，则输出端子 22=ON

序号	名　称	功　能	对应参数	出厂值 （端子号）
25	第 n 机器人伺服 OFF	表示“第 n 机器人伺服 OFF”	SnSRVOFF	

序号	名　称	功　能	对应参数	出厂值 （端子号）
26	第 n 机器人伺服 ON	表示“第 n 机器人伺服 ON”	SnSRVON	

序号	名　称	功　能	对应参数	出厂值 （端子号）
27	第 n 机器人机械锁定	表示“第 n 机器人处于机械锁定”状态	SnMELOCK	

序号	名　称	功　能	对应参数	出厂值 （端子号）
28	数据输出地址号	对应于数据输出，指定输出信号的“起始位”，“结束位”	IODATA	

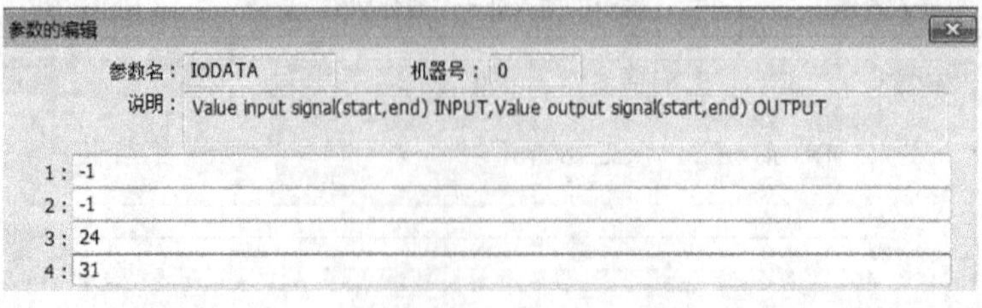

参数的编辑

参数名：IODATA　　机器号：0

说明：Value input signal(start,end) INPUT,Value output signal(start,end) OUTPUT

1：-1

2：-1

3：24

4：31

图中，设置对应本功能的输出端子号=24～31，则输出端子 24～31 的 ON/OFF 状态构成了一组数据

序号	名　称	功　能	对应参数	出厂值（端子号）
29	“程序号”数据输出中	表示当前正在输出“程序号”	PRGOUT	

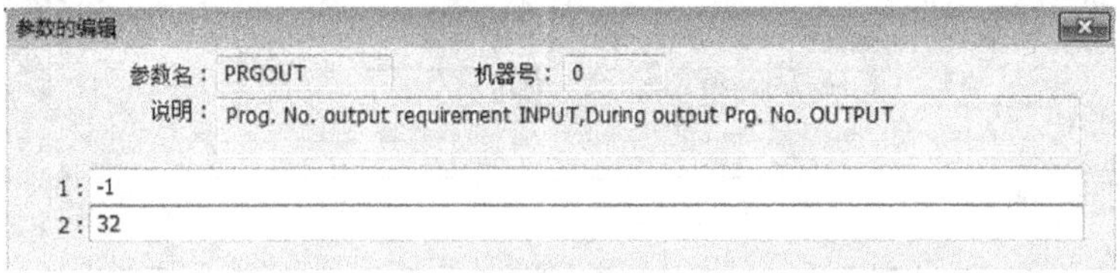

参数的编辑
参数名：PRGOUT　机器号：0
说明：Prog. No. output requirement INPUT,During output Prg. No. OUTPUT
1：-1
2：32

图中，设置对应本功能的输出端子号=32，如果机器人当前正在输出“程序号”，则输出端子 32=ON

序号	名　称	功　能	对应参数	出厂值（端子号）
30	“程序行号”数据输出中	表示当前正在输出“程序行号”	LINEOUT	

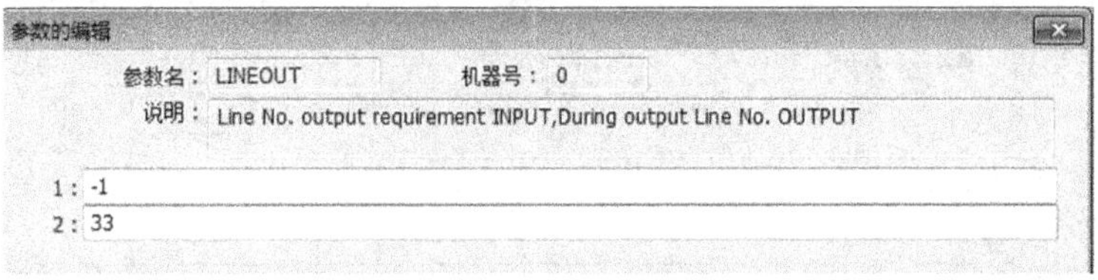

参数的编辑
参数名：LINEOUT　机器号：0
说明：Line No. output requirement INPUT,During output Line No. OUTPUT
1：-1
2：33

图中，设置对应本功能的输出端子号=33，如果机器人当前正在输出“程序行号”，则输出端子 33=ON

序号	名　称	功　能	对应参数	出厂值（端子号）
31	“速度比例”数据输出中	表示当前正在输出“速度比例”	OVRDOUT	

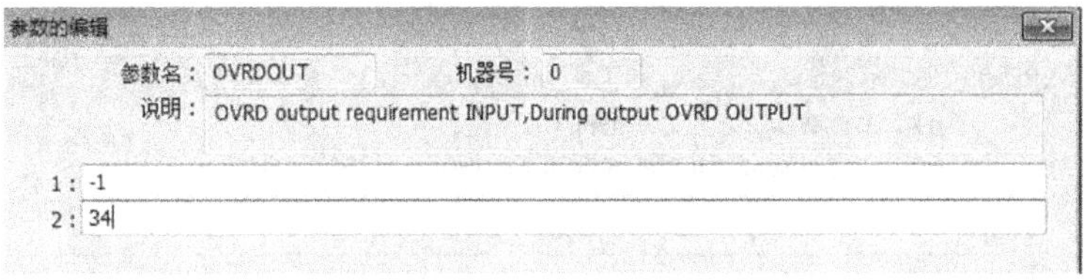

参数的编辑
参数名：OVRDOUT　机器号：0
说明：OVRD output requirement INPUT,During output OVRD OUTPUT
1：-1
2：34

图中，设置对应本功能的输出端子号=34，如果机器人当前正在输出“速度比例”，则输出端子 34=ON

序号	名　称	功　能	对应参数	出厂值（端子号）
32	“报警号”输出中	表示当前正在输出“报警号”	ERROUT	

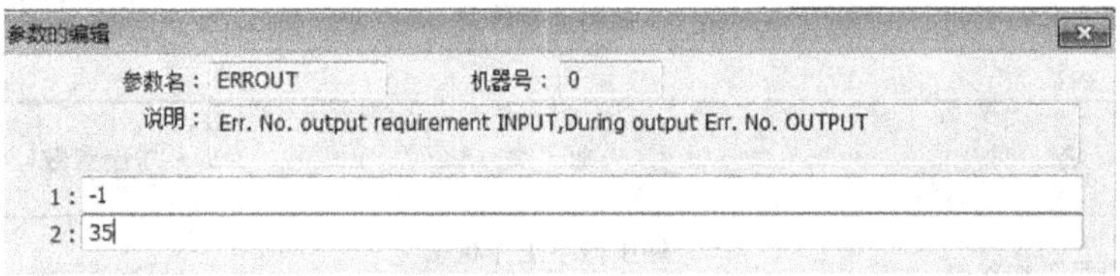

参数的编辑
参数名：ERROUT　机器号：0
说明：Err. No. output requirement INPUT,During output Err. No. OUTPUT
1：-1
2：35

图中，设置对应本功能的输出端子号=35，如果机器人当前正在输出“报警号”，则输出端子 35=ON

序号	名　称	功　能	对应参数	出厂值 （端子号）
33	JOG 有效状态	表示当前处于“JOG 有效状态”	JOGENA	

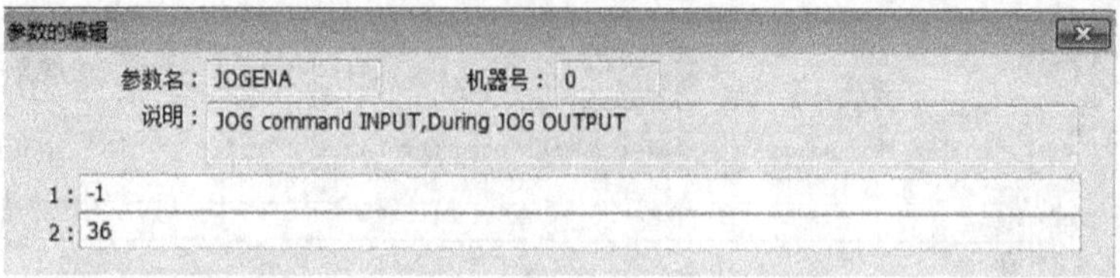

参数的编辑

参数名：JOGENA　　机器号：0

说明：JOG command INPUT,During JOG OUTPUT

1：-1

2：36

图中，设置对应本功能的输出端子号=36，如果机器人当前处于“JOG 有效状态”，则输出端子 36=ON

序号	名　称	功　能	对应参数	出厂值 （端子号）
34	JOG 模式	表示当前的 “JOG 模式”	JOGM	

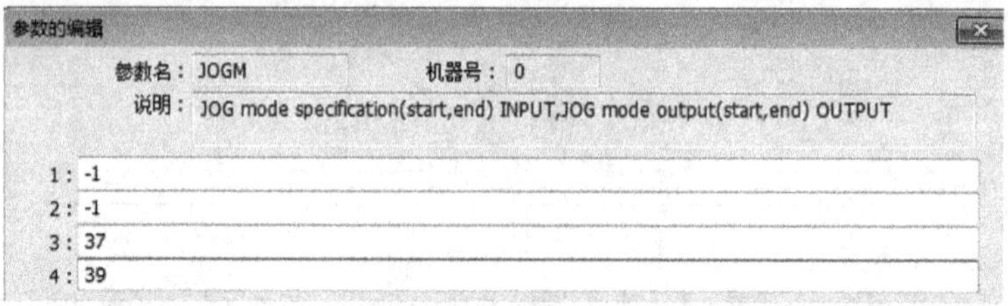

参数的编辑

参数名：JOGM　　机器号：0

说明：JOG mode specification(start,end) INPUT,JOG mode output(start,end) OUTPUT

1：-1

2：-1

3：37

4：39

图中，设置对应本功能的输出端子号=37～39，输出端子 37～39 构成的数据表示了 JOG 的工作模式

序号	名　称	功　能	对应参数	出厂值 （端子号）
35	JOG 报警无效状态	“JOG 报警有效无效状态”	JOGNER	

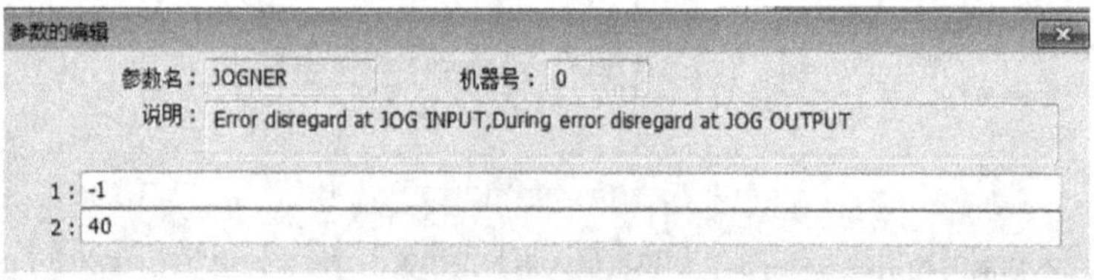

参数的编辑

参数名：JOGNER　　机器号：0

说明：Error disregard at JOG INPUT,During error disregard at JOG OUTPUT

1：-1

2：40

图中，设置对应本功能的输出端子号=40，如果机器人当前处于“JOG 报警无效状态”，则输出端子 40=ON

序号	名　称	功　能	对应参数	出厂值 （端子号）
36	抓手工作状态	输出抓手工作状态 （输出信号部分）	HNDCNTL*n*	

序号	名　称	功　能	对应参数	出厂值 （端子号）
37	抓手工作状态	输出抓手工作状态 （输入信号部分）	HNDSTS*n*	

序号	名　称	功　能	对应参数	出厂值 （端子号）
38	外部信号对抓手控制的有效无效状态	表示“外部信号对抓手控制的有效无效状态”	HANDENA	

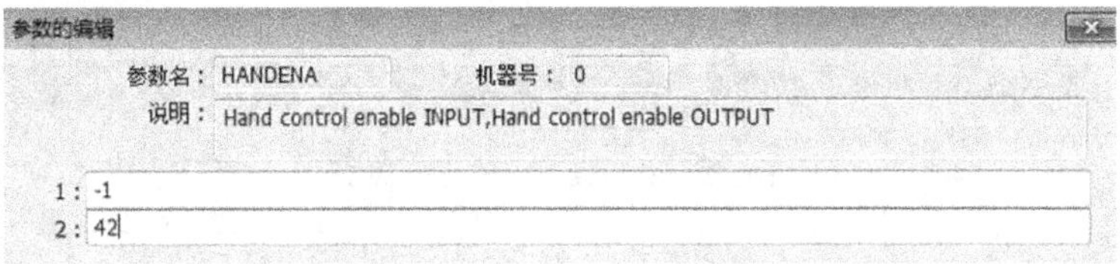

参数的编辑
参数名：HANDENA　机器号：0
说明：Hand control enable INPUT,Hand control enable OUTPUT
1：-1
2：42

图中，设置对应本功能的输出端子号＝42，如果机器人当前处于“外部信号对抓手控制有效状态”，则输出端子42＝ON

序号	名　称	功　能	对应参数	出厂值 （端子号）
39	第 *n* 机器人抓手报警	表示“第 *n* 机器人抓手报警”	HNDERR*n*	

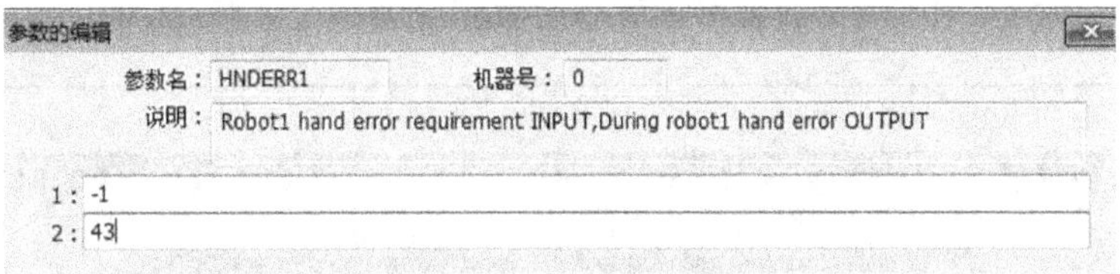

参数的编辑
参数名：HNDERR1　机器号：0
说明：Robot1 hand error requirement INPUT,During robot1 hand error OUTPUT
1：-1
2：43

图中，设置对应本功能的输出端子号＝43，如果1#机器人当前处于“抓手报警”，则输出端子43＝ON

序号	名　称	功　能	对应参数	出厂值 （端子号）
40	第 *n* 机器人气压报警	表示“第 *n* 机器人气压报警”	AIRERR*n*	

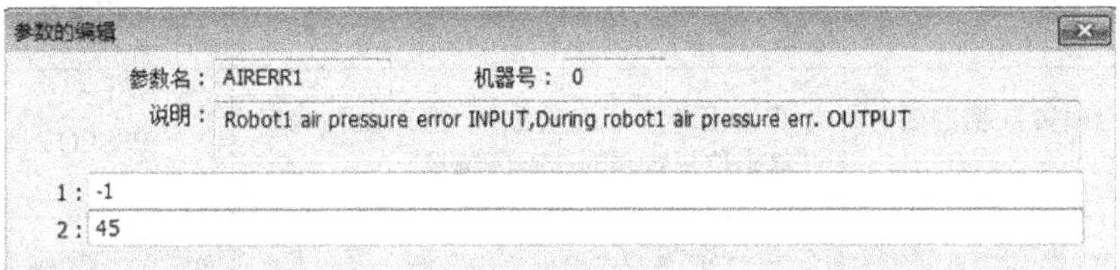

参数的编辑
参数名：AIRERR1　机器号：0
说明：Robot1 air pressure error INPUT,During robot1 air pressure err. OUTPUT
1：-1
2：45

图中，设置对应本功能的输出端子号＝45，如果1#机器人当前处于“气压报警状态”，则输出端子45＝ON

序号	名　称	功　能	对应参数	出厂值 （端子号）
41	用户定义区编号	用输出端子“起始位”“结束位”表示“用户定义区编号”	USRAREA	

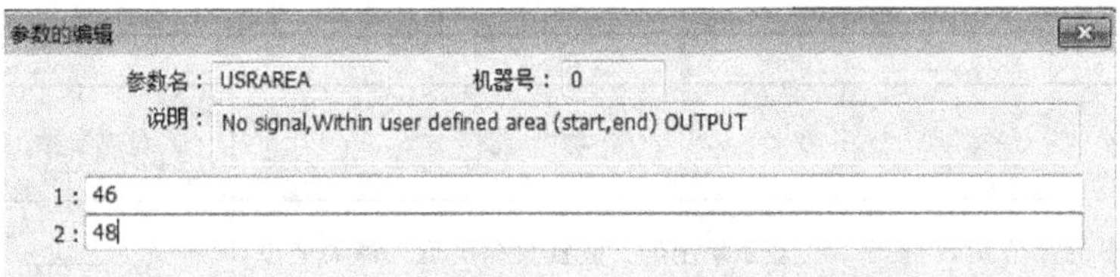

参数的编辑
参数名：USRAREA　机器号：0
说明：No signal,Within user defined area (start,end) OUTPUT
1：46
2：48

图中，设置对应本功能的输出端子号＝46～48，输出端子46～48构成的数据表示了“用户定义区编号”

序号	名　称	功　能	对应参数	出厂值（端子号）
42	易损件维修时间	表示易损件到达“维修时间”	M*n*PTEXC	

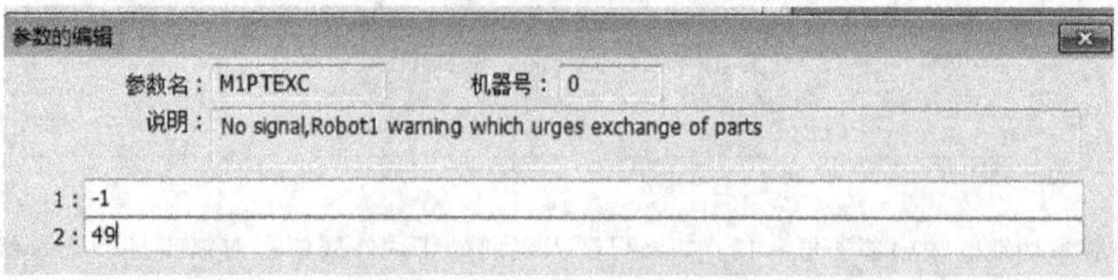

参数的编辑
参数名：M1PTEXC　　机器号：0
说明：No signal,Robot1 warning which urges exchange of parts
1：-1
2：49

图中，设置对应本功能的输出端子号=49，如果机器人易损件达到“维修时间”，则输出端子 49=ON

序号	名　称	功　能	对应参数	出厂值（端子号）
43	机器人处于“预热工作模式”	表示“机器人处于预热工作模式”	M*n*WUPENA	

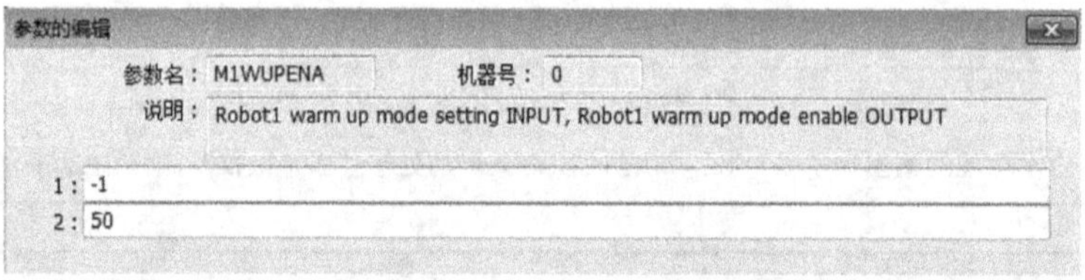

参数的编辑
参数名：M1WUPENA　　机器号：0
说明：Robot1 warm up mode setting INPUT, Robot1 warm up mode enable OUTPUT
1：-1
2：50

图中，设置对应本功能的输出端子号=50，如果机器人处于“预热工作模式”，则输出端子 50=ON

序号	名　称	功　能	对应参数	出厂值（端子号）
44	输出位置数据的任务区编号	用输出端子“起始位”“结束位”表示“输出位置数据的任务区编号”	PSSLOT	

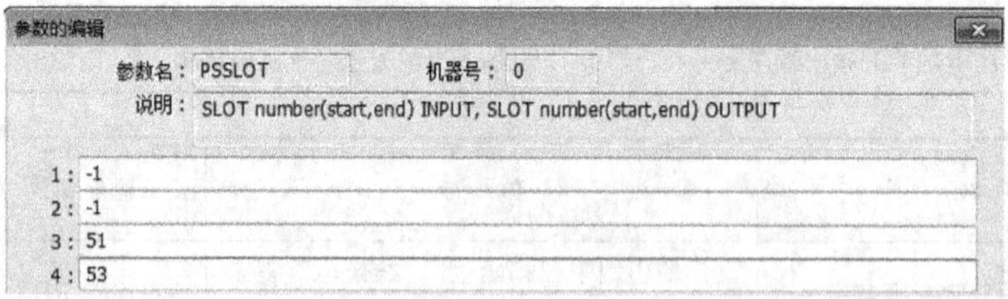

参数的编辑
参数名：PSSLOT　　机器号：0
说明：SLOT number(start,end) INPUT, SLOT number(start,end) OUTPUT
1：-1
2：-1
3：51
4：53

图中，设置对应本功能的输出端子号=51～53，输出端子 51～53 构成的数据表示了“输出位置数据的任务区编号”

序号	名　称	功　能	对应参数	出厂值（端子号）
45	输出的“位置数据类型”	表示输出的“位置数据类型”是关节型还是直交型	PSTYPE	

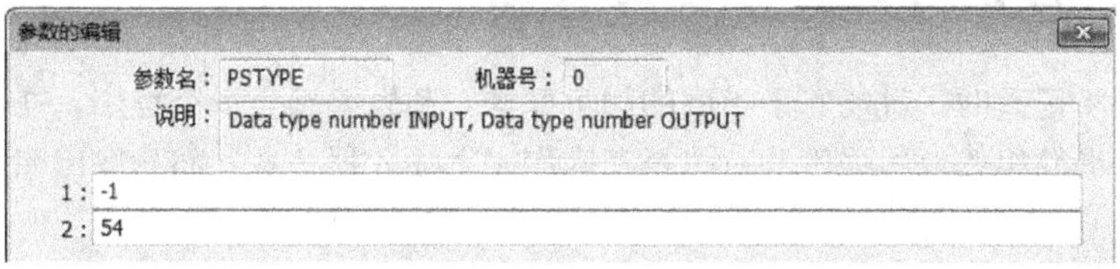

参数的编辑

参数名：PSTYPE　机器号：0

说明：Data type number INPUT, Data type number OUTPUT

1: -1

2: 54

图中，设置对应本功能的输出端子号＝54，如果位置数据类型＝关节型，则输出端子 54＝ON。如果位置数据类型＝直交型，则输出端子 54＝OFF

序号	名　称	功　能	对应参数	出厂值（端子号）
46	输出的“位置数据编号”	用输出端子“起始位”“结束位”表示“输出位置数据的编号”	PSNUM	

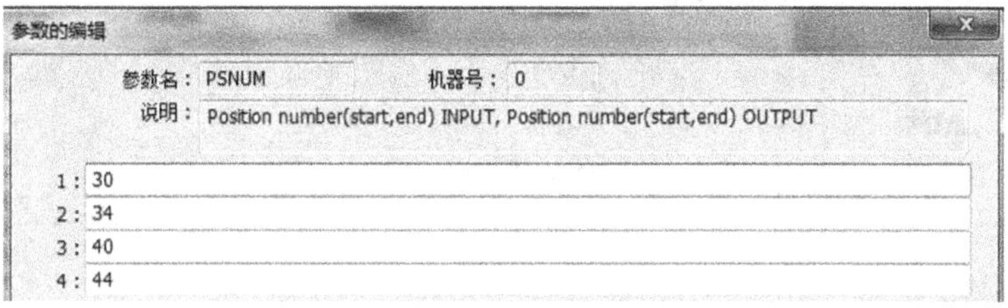

参数的编辑

参数名：PSNUM　机器号：0

说明：Position number(start,end) INPUT, Position number(start,end) OUTPUT

1: 30

2: 34

3: 40

4: 44

图中，设置对应本功能的输出端子号＝40～44，输出端子 40～44 构成的数据表示了“输出位置数据的编号”

序号	名　称	功　能	对应参数	出厂值（端子号）
47	“位置数据”的输出状态	表示当前是否处于“位置数据的输出状态”	PSOUT	

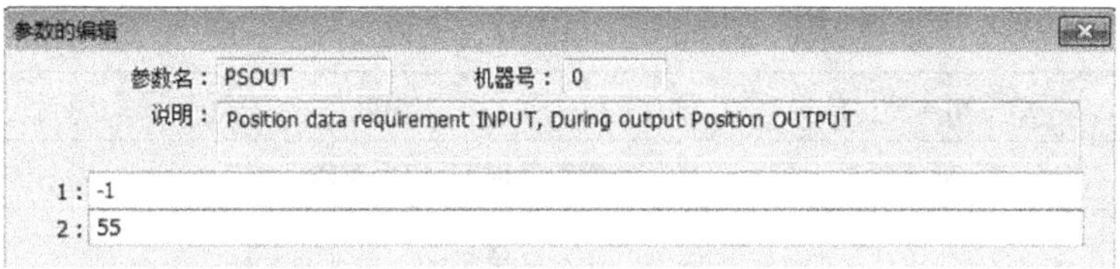

参数的编辑

参数名：PSOUT　机器号：0

说明：Position data requirement INPUT, During output Position OUTPUT

1: -1

2: 55

图中，设置对应本功能的输出端子号＝55，如果机器人当前处于“位置数据的输出状态”，则输出端子 55＝ON

序号	名　称	功　能	对应参数	出厂值（端子号）
48	控制柜温度输出状态	表示当前处于“控制柜温度输出状态”	TMPOUT	

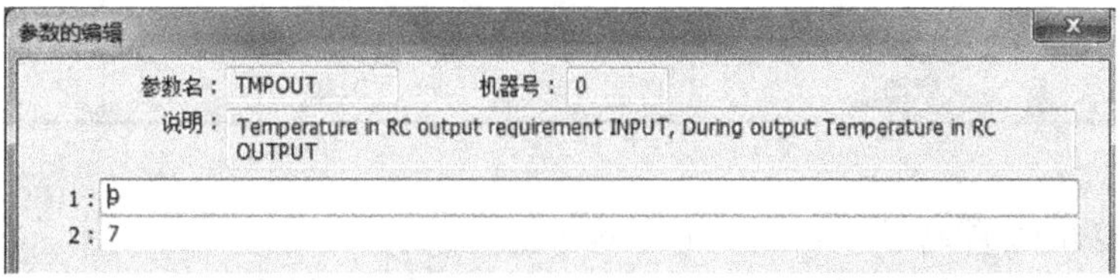

参数的编辑

参数名：TMPOUT　机器号：0

说明：Temperature in RC output requirement INPUT, During output Temperature in RC OUTPUT

1: 0

2: 7

图中，设置对应本功能的输出端子号＝7，如果机器人当前处于“控制柜温度输出状态”，则输出端子 7＝ON

7.3 使用外部信号选择程序的方法

在实际使用机器人时，可能对于不同的加工要求，预先编制有多个程序，在不同的情况下调用不同的程序。最简单的调用程序的方法是在操作屏上输入程序号，然后发出启动指令。本节介绍这一方法。

选择及启动程序有两种方法：

① 先选择程序再启动。

② 同时发出“选择程序”与“程序启动”信号。

7.3.1 先选择程序再启动

操作步骤：

(1) 相关参数设置

① 设置参数 PST =0，如图 7-1 所示。

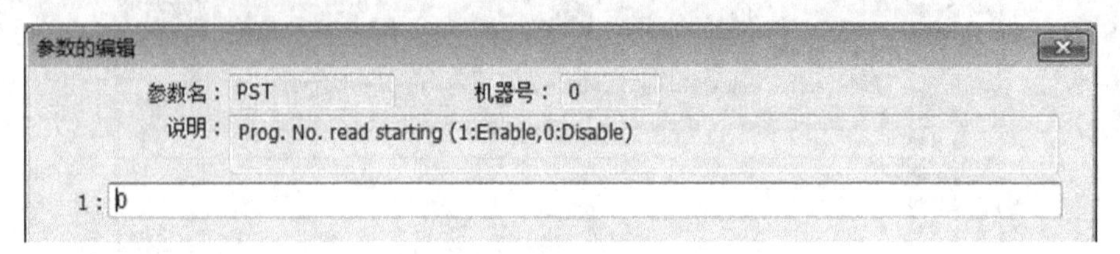

图 7-1　设置参数 PST

PST 是程序选择模式。

PST=0：先选择程序再启动；

PST=1：同时发出“选择程序”与“程序启动”信号。

② 需要处理分配下列输入输出信号。将输入输出功能分配到下列端子，如表 7-3 所示。

表 7-3　需要使用的输入输出功能及端子分配

参数	对应输入输出信号	功能	输入端子	输出端子
IOENA	操作权	设置外部 IO 信号有效	5	3
PRGOUT	输出	将任务区内的“程序号”输出到外部端子，用于检查是否与选择的“程序号”相符	7	
IODATA	数据输入端子范围	设置用以输入数据的端子“起始号”及“结束号” 这些端子构成的 8421 码即选择的“程序号”	8~11	8~11
PRGSEL	用于确定“已经选择的程序号”		6	
START	启动		3	

将以上参数功能分配到对应的“输入信号端子”。

③ 在 RT　ToolBox 软件上的具体设置。如图 7-2、图 7-3 所示。

(2) 操作

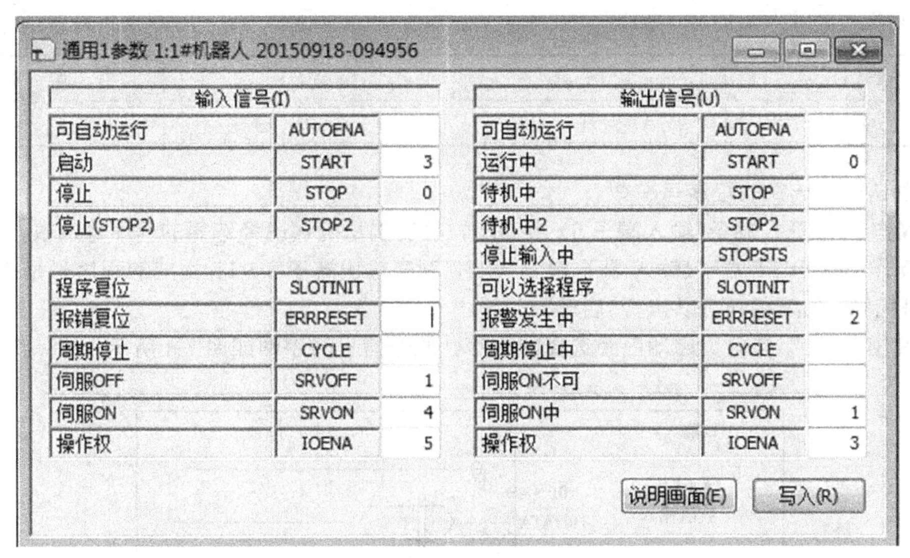

图 7-2　设置输入输出信号端子(一)

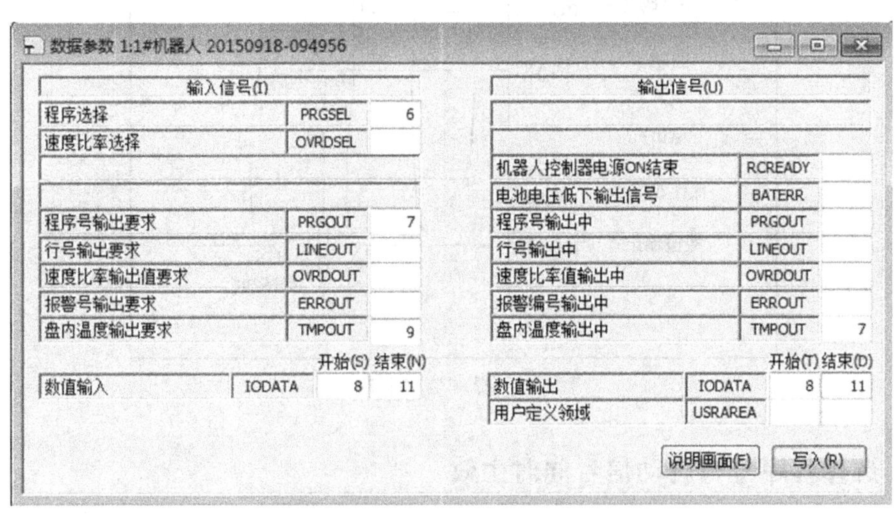

图 7-3　设置输入输出信号端子(二)

① 指令 IOENA＝1(输入信号 5＝ON)，使外部操作信号有效。

② 选择程序号，以端子 8～11 构成的 8421 码选择程序号。

a. 选择 3 号程序。

端子 11	端子 10	端子 9	端子 8
0	0	1	1

b. 选择 7 号程序。

端子 11	端子 10	端子 9	端子 8
0	1	1	1

c. 选择 12 号程序。

端子 11	端子 10	端子 9	端子 8
1	1	0	0

③ 确认已经选择的程序号有效。

a. 操作 PRGSEL 端子(输入端子 6) ＝ON ，其功能是确认已经选择的程序号生效。

b. 操作 PRGOUT 端子(输入端子 7) ＝ON，观察输出端子 8～11 构成的程序号是否与选定的程序号相同。如果相同可以执行“启动”。

④ 发出“启动” 信号。启动已经选择的程序，操作信号时序图如图 7-4 所示。

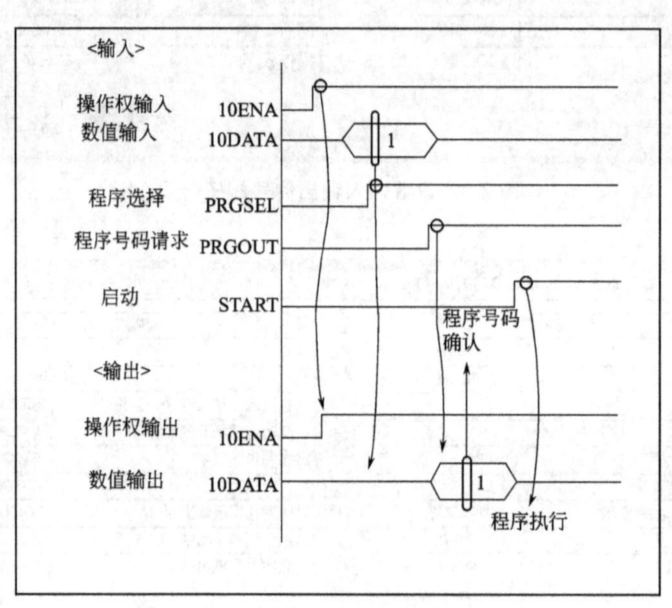

图 7-4 操作信号时序图

7.3.2 选择程序号与启动信号同时生效

操作步骤：

① 设置参数 PST ＝1。

PST＝1:“选择程序” 与“程序启动” 同时生效。

② 操作：指令 IOENA＝1(输入信号 5＝ON)。

使外部操作信号有效。

③ 选择程序。以端子 8～11 构成的 8421 码选择程序号。

例：选择 12 号程序。

端子 11	端子 10	端子 9	端子 8
1	1	0	0

④ 发出“启动” 信号。启动已经选择的程序，操作信号时序图如图 7-5 所示。

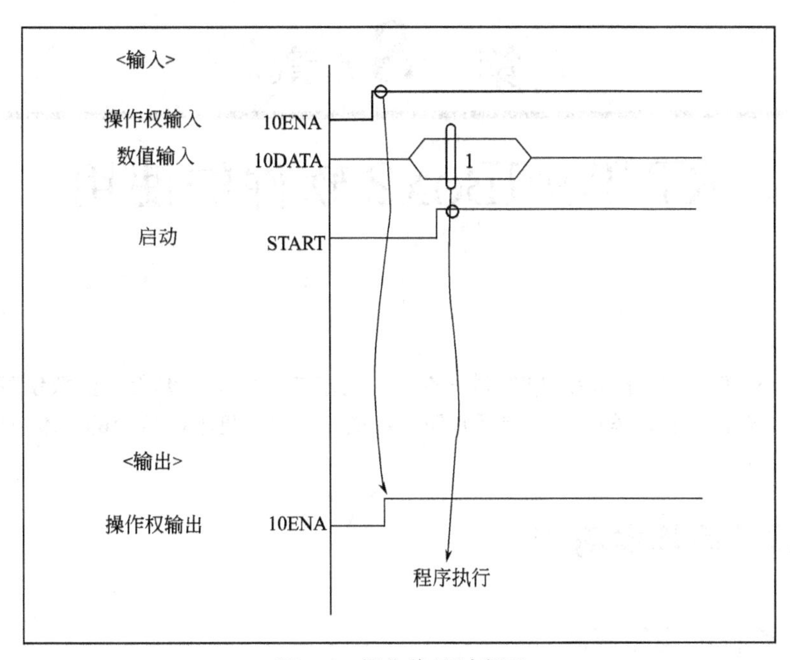

图 7-5　操作信号时序图

第 8 章

RT ToolBox2 软件的使用

RT ToolBox2 软件(以下简称 RT) 是一款专门用于三菱机器人编程、参数设置、程序调试、工作状态监视的软件。其功能强大，编程方便，在实际使用中是不可缺少的。本章对 RT 软件的使用做一简明的介绍。

8.1 RT 软件的基本功能

8.1.1 RT 软件的功能概述

(1) RT 软件具备的五大功能

① 编程及程序调试功能。

② 参数设置功能。

③ 备份还原功能。

④ 工作状态监视功能。

⑤ 维护功能。

(2) RT 软件具备的三种工作模式

① 离线模式。

② 在线模式。

③ 模拟模式。

8.1.2 RT 软件的功能一览

RT 软件的功能如表 8-1 所示。

表 8-1 RT 软件的基本功能

功能	说明
离线——(不连接机器人控制器)以电脑中的工程作为对象	
机器人机型名称	显示要使用的机器人机型名称
程序	编制程序
样条	编制样条曲线
参数	设置参数。在与机器人连接后传入机器人控制器
在线——以机器人控制器中的工程作为对象(连接机器人控制器)	
程序	编制程序
样条	编制样条曲线
参数	设置参数
在线——监视(监视机器人工作状态)	

续表

功 能	说 明
动作监视	可以监视任务区状态、运行的程序、动作状态、当前发生报警
信号监视	监视机器人的输入输出信号状态
运行监视	监视机器人运行时间、各个机器人程序的生产信息
在线——维护	
原点数据	设定机器人的原点数据
初始化	进行时间设定、程序全部删除、电池剩余时间的初始化、机器人的序列号的设定
位置恢复支持	进行原点位置偏差的恢复
TOOL 长自动计算	自动计算 TOOL 长度，设定 TOOL 参数
伺服监视	进行伺服电机工作状态的监视
密码设定	密码的登录/变更/删除
文件管理	能够对机器人遥控器内的文件进行复制、删除、变更名称
2D Vision Calibration	2D 视觉标定
在线——选项卡	
在线——TOOL	
力觉控制	
用户定义画面编辑	
示波器	
模拟	
模拟	完全模拟在线状态
节拍时间测定	
备份——还原	
备份	从机器人控制器传送工程文件到电脑
还原	从电脑传送工程文件到机器人控制器
MELFA-3DVision	能够进行 MELFA-3D Vision 的设定和调整

8.2 程序的编制调试管理

8.2.1 编制程序

由于使用本软件有“离线”和“在线”模式，大多数编程是在离线模式下完成的，在需要调试和验证程序时则使用“在线模式”。在“离线模式”下编制完成的程序要首先保存在电脑里，在调试阶段，连接到机器人控制器后再选择“在线模式”，将编制完成的程序写入“机器人控制器”。因此以下叙述的程序编制等全部为“离线模式”。

(1) 工作区的建立

“工作区”就是一个总项目。“工程”就是总项目中每一台机器人的工作内容(程序、参数)。一个“工作区”内可以设置 32 个工程。新建一个工作区的方法如下：

① 打开 RT 软件。

② 点击“工作区”→“新建”，弹出如图 8-1 所示的“新建工作区”框，设置“工作区名称”、“标

题”，点击“OK”。这样，一个新工作区设置完成。同时弹出如图 8-2 所示的“工程编辑”框。

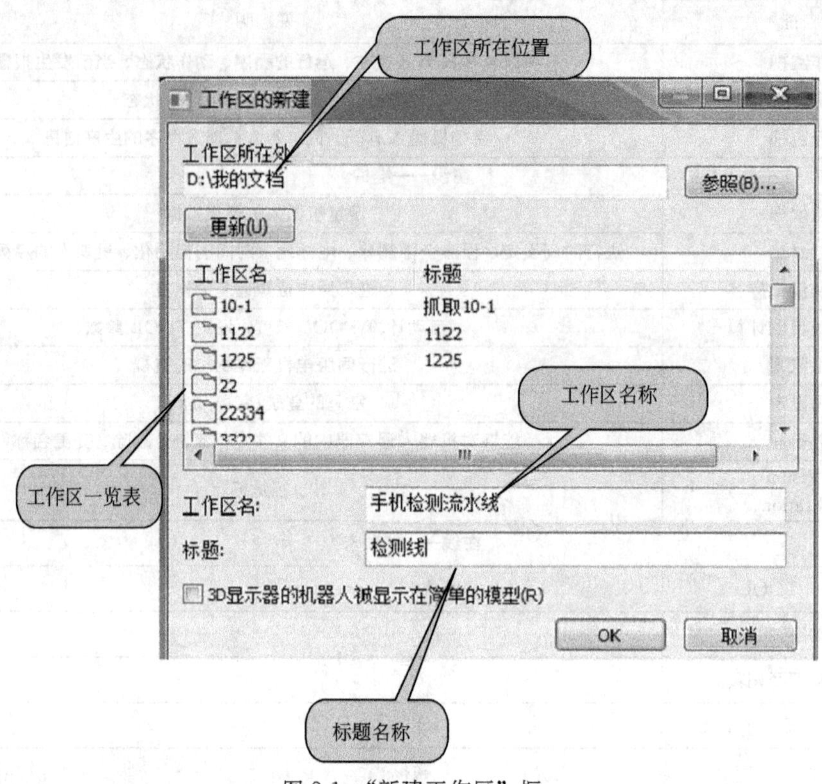

图 8-1 “新建工作区”框

“工程”就是总项目中每一台机器人的工作内容(程序、参数)，所以需要设置的内容如图 8-2 所示。

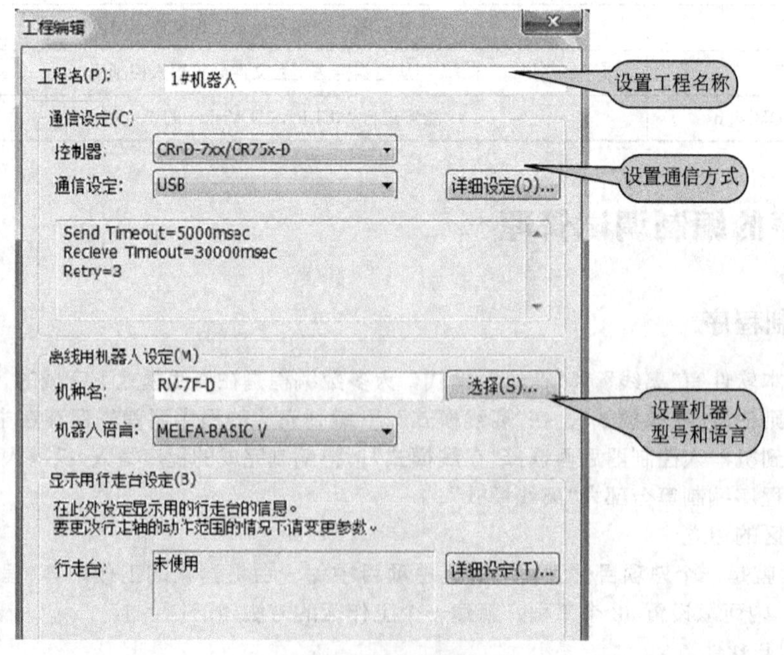

图 8-2 “工程编辑”框

a. 工程名称。

b. 机器人控制器型号。

c. 与计算机的通信方式(如 USB 、以太网)。

d. 机器人型号。

e. 机器人语言。

f. 行走台工作参数设置。

在一个工作区内可以设置 32 个“工程”。如图 8-3 所示，在一个工作区内设置了 4 个“工程”。

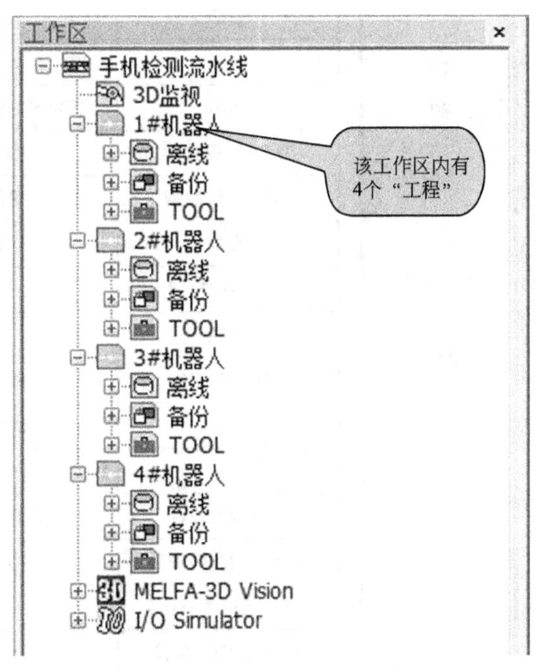

图 8-3　一个工作区内设置了 4 个“工程”

(2) 程序的编辑

程序编辑时，菜单栏中会追加“文件 (F)”“编辑 (E)”“调试 (D)”“工具(T)” 项目。各项目所含的内容如下：

① 文件菜单　文件菜单所含项目如表 8-2 所示。

表 8-2　文件菜单

菜单项目（文件）	项目	说明
覆盖保存(S)　Ctrl+S	覆盖保存	以现程序覆盖原程序
保存在电脑上(A)...	保存在电脑上	将编辑中的程序保存在电脑
保存到机器人上(T)...	保存到机器人上	将编辑中程序保存到机器人控制器
页面设定(U)...	页面设定	设置打印参数

② 编辑菜单　编辑菜单所含项目如表 8-3 所示。

表 8-3　编辑菜单

菜单项目（编辑）	项目	说明
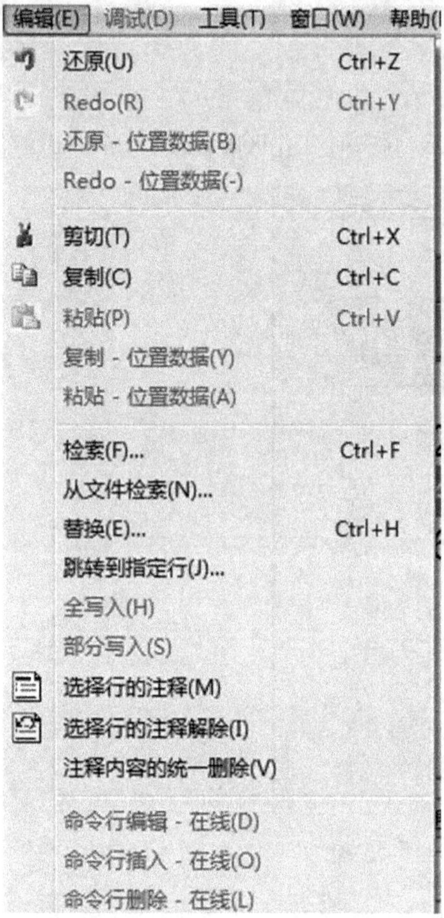 编辑(E) 调试(D) 工具(T) 窗口(W) 帮助(还原(U) Ctrl+Z Redo(R) Ctrl+Y 还原 - 位置数据(B) Redo - 位置数据(-) 剪切(T) Ctrl+X 复制(C) Ctrl+C 粘贴(P) Ctrl+V 复制 - 位置数据(Y) 粘贴 - 位置数据(A) 检索(F)... Ctrl+F 从文件检索(N)... 替换(E)... Ctrl+H 跳转到指定行(J)... 全写入(H) 部分写入(S) 选择行的注释(M) 选择行的注释解除(I) 注释内容的统一删除(V) 命令行编辑 - 在线(D) 命令行插入 - 在线(O) 命令行删除 - 在线(L)	还原	撤销本操作
	Redo	恢复原操作（前进一步）
	还原-位置数据	撤销本位置数据
	Redo-位置数据	恢复-位置数据（前进一步）
	剪切	剪切选中的内容
	复制	复制选中的内容
	粘贴	把复制、剪切的内容粘贴到指定位置
	复制-位置数据	对位置数据进行复制
	粘贴-位置数据	对复制的位置数据进行粘贴
	检索	查找指定的字符串
	从文件中检索	在指定的文件中进行查找
	替换	执行替换操作
	跳转到指定行	跳转到指定的程序行号
	全写入	将编辑的程序全部写入机器人控制器
	部分写入	将编辑程序的选定部分写入机器人控制器
	选择行的注释	将选择的程序行变为“注释行”
	选择行的注释解除	将“注释行”转为程序指令行
	注释内容的统一删除	删除全部注释
	命令行编辑-在线	调试状态下编辑指令
	命令行插入-在线	调试状态下插入指令
	命令行删除-在线	调试状态下删除指令

③ 调试菜单　调试菜单所含项目如表 8-4 所示。

表 8-4　调试菜单

项目	说明
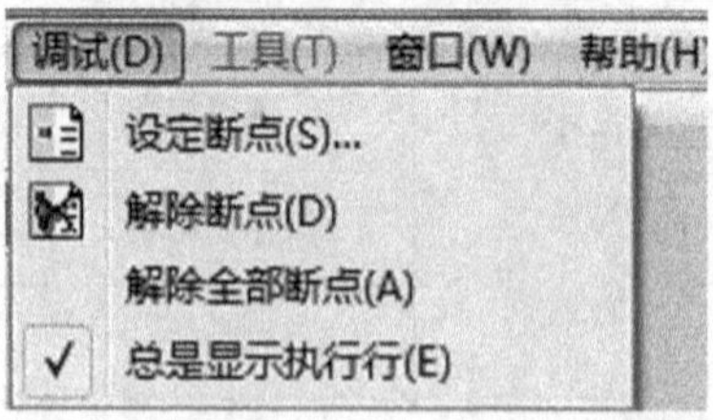 调试(D) 工具(T) 窗口(W) 帮助(H) 设定断点(S)... 解除断点(D) 解除全部断点(A) ✓ 总是显示执行行(E)	
设定断点	设定单步执行时的“停止行”
解除断点	解除对“断点”的设置
解除全部断点	解除对全部“断点”的设置
总是显示执行行	在执行行显示光标

④ 工具菜单　工具菜单所含项目如表 8-5 所示。

表 8-5　工具菜单

项目	说明
工具(T) 窗口(W) 帮助(H) 重新编号(R)... 排列(S) 语法检查(Y) 指令模板(C)... 直交位置数据统一编辑(X)... 关节位置数据统一编辑(J)... 节拍时间测量(T)... 选项(O)...	
语法检查	对编辑的程序进行“语法检查”
指令模板	提供标准指令格式供编程使用
直交位置数据统一编辑	对“直交位置数据”进行统一编辑
关节位置数据统一编辑	对“关节位置数据”进行统一编辑
节拍时间测量	在 模拟状态下 对选择的程序进行运行时间测量
选项	设置编辑的其他功能

(3) 新建和打开程序

① 新建程序　在“工程树”点击“程序”→“新建”，弹出程序名设置框。设置程序名后，弹出编程框如图 8-4 所示。

② 打开　在“工程树”点击“程序”，弹出原有排列程序框。选择程序名后，点击“打开”弹出编程框如图 8-4 所示。

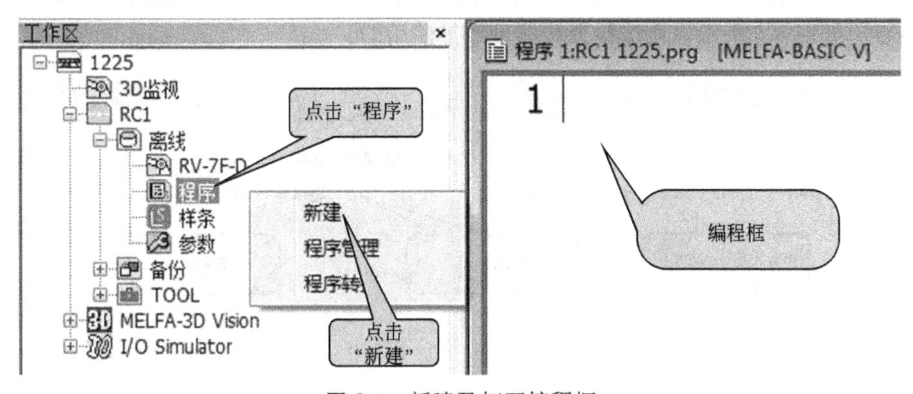

图 8-4　新建及打开编程框

(4) 编程注意事项

① 无需输入程序行号。软件自动生成“程序行号”。

② 输入指令不区分大小写字母，软件自动转换。

③ 直交位置变量、关节位置变量在各自编辑框内编辑；位置变量的名称，不区分大小写字

母。位置变量的编辑时，有“追加”“变更”“删除”等按键。

④ 编辑中的辅助功能如剪切、复制、粘贴、检索(查找)、替换与一般软件的使用方法相同。

⑤ 位置变量的统一编辑。本功能用于对于大量的位置变量需要统一修改某些轴的变量(可以加减或直接修改)的场合，可用于机械位置发生相对移动的场合。点击“工具”→“位置变量统一变更”就弹出如图 8-5 所示画面。

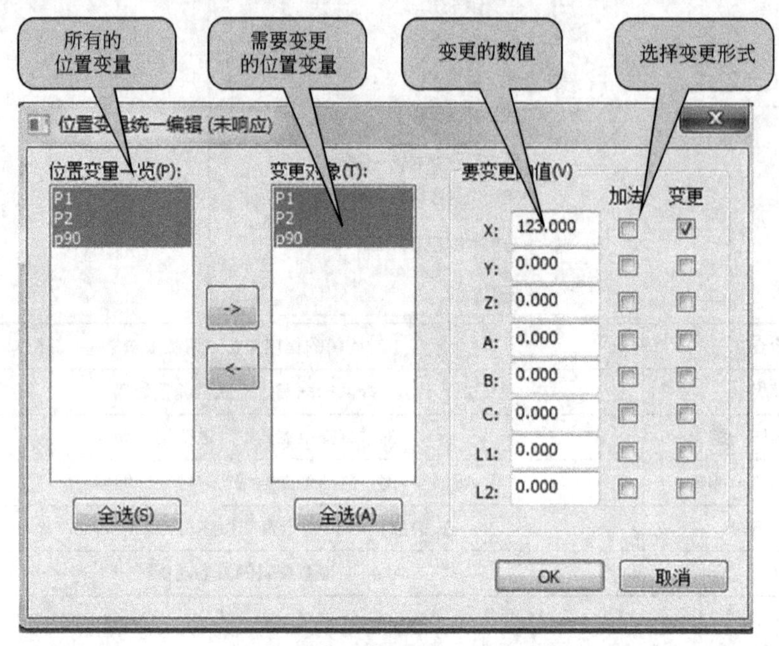

图 8-5　位置变量的统一编辑

⑥ 全写入。本功能是将“当前程序”写入机器人控制器中。点击菜单的“编辑”→“全写入”。在确认信息显示后，点击“是”。这是本软件特有的功能。

⑦ 语法检查。语法检查用于检查所编辑的程序在语法上是否正确，在向控制器写入程序前执行。点击菜单栏的“工具”→“语法检查”。语法上有错误的情况下，会显示发生错误的程序行和错误内容。如图 8-6 所示。语法检查功能是经常使用的。

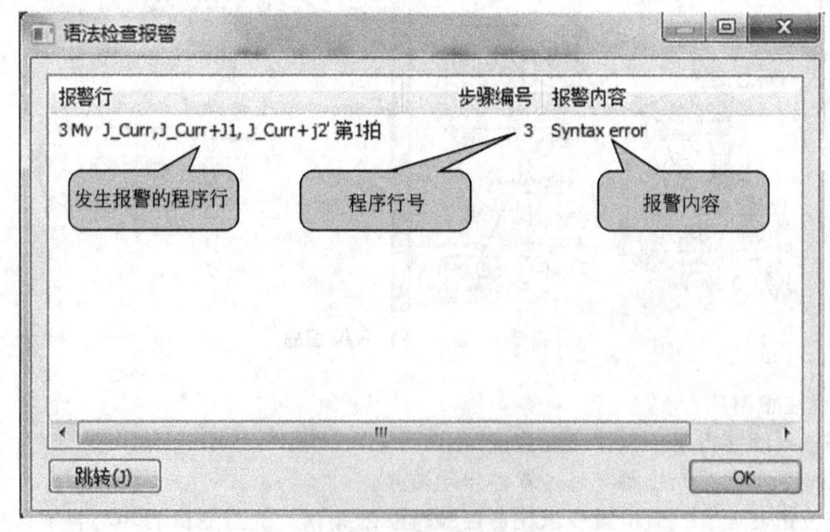

图 8-6　语法检查报警框

⑧ 指令模板。指令模板就是“标准的指令格式”。如果编程者记不清楚程序指令，可以使用本功能。本功能可以显示全部的指令格式，只要选中该指令双击后就可以插入到程序指令编辑位置处。

使用方法：点击菜单栏的“工具” →“指令模板”，弹出如图 8-7 所示“指令模板” 框。

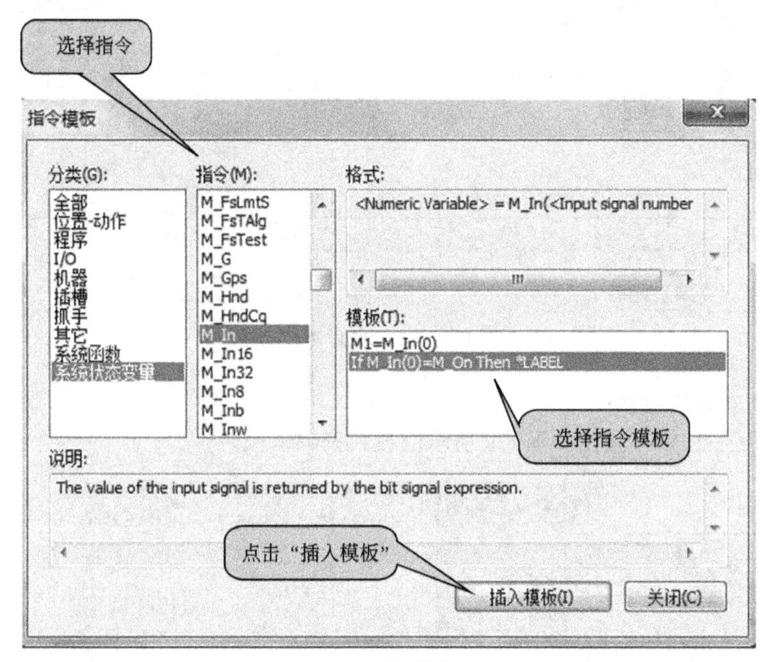

图 8-7 “指令模板” 框

⑨ 选择行的注释/选择行的注释解除。本功能是将某一程序行变为“注释文字” 或解除这一操作。在实际编程中，特别是对于使用中文进行程序注释时，可能会一行一行先写中文注释，最后写程序指令。因此，可以先写中文注释，然后使用本功能将其全部变为“注释信息”。这是简便的方法之一。

在指令编辑区域中，选中要转为注释的程序行，点击菜单栏的“编辑” →“选择行的注释”。选中的行的开头会加上注释文字标志“'”，变为注释信息。另外，选中需要解除注释的行后，再点击菜单栏的“编辑” →“选择行的注释解除”，就可以解除选择行的注释。

(5) 位置变量的编辑

位置变量的编辑是最重要的工作之一。位置变量分为：直交型变量、关节型变量。

编辑位置变量如图 8-8 所示：首先区分是直交型变量还是关节型变量，如果要增加一个新的位置点，点击“追加” 键，弹出位置变量编辑框，在位置变量编辑框需要设置以下项目：

① 设置变量名称

a. 直交型变量设置为 P＊＊＊，注意以 P 开头。如 P1，P2，P10。

b. 关节型变量设置为 J＊＊＊，注意以 J 开头。如 J1，J2，J10。

② 选择变量类型　选择是直交型变量还是关节型变量。

③ 设置位置变量的数据　设置位置变量的数据有 2 种方法：

a. 读取当前位置数据——当使用示教单元移动到“工作目标点” 后，直接点击“当前位置读取” 键，在左侧的数据框立即自动显示“工作目标点” 的数据，点击“OK”，即设置了当前的位置点。这是常用的方法之一。

b. 直接设置数据——根据计算，直接将数据设置到对应的数据框中。点击“OK”，即设置了位置点数据。如果能够用计算方法计算运行轨迹，则用这种方法。

④ 数据修改　如果需要修改“位置数据”，操作方法如下(见图 8-8)：

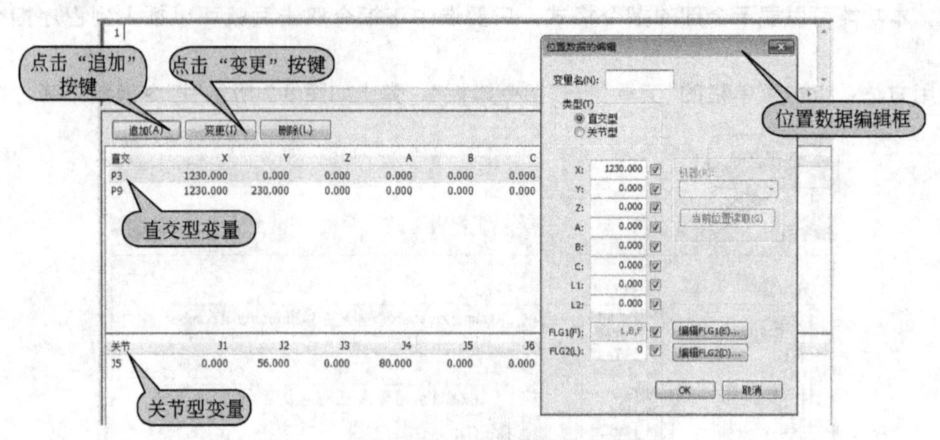

图 8-8　位置变量编辑

a. 选定需要修改的数据；

b. 点击“变更” 按键，弹出如图 8-9 所示位置数据编辑框。

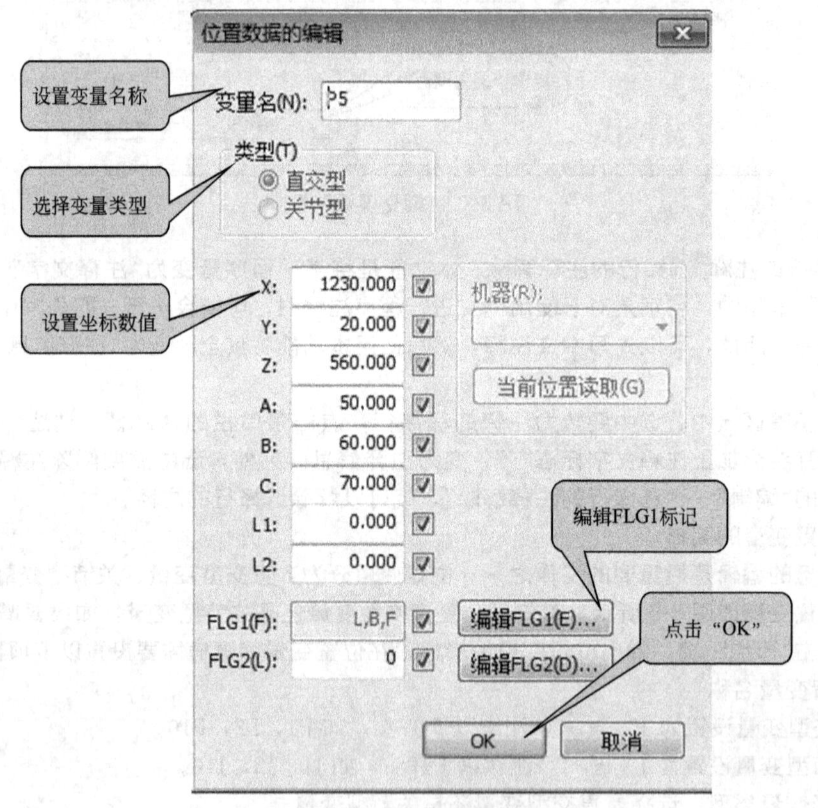

图 8-9　直接设置数据

c. 修改位置数据。

d. 点击“OK”，数据修改完成。

⑤ 数据删除　如果需要删除“位置数据”，操作方法如下(见图 8-8)。

a. 选定需要删除的数据；

b. 点击“删除”按键，点击“Yes”；

c. 数据删除完成。

(6) 编辑辅助功能

点击“工具”→“选项”，弹出编辑窗口的“选项”窗口，如图 8-10 所示。该选项窗口有以下功能：

① 调节编辑窗口各分区的大小。即调节程序编辑框、直交位置数据编辑框、关节位置数据编辑框的大小。

② 对编辑指令语法检查的设置。对编辑指令的正确与否进行自动检查，可在写入机器人控制器之前，自动进行语法检查并提示。

③ 对“自动获得当前位置”的设置。

④ 返回初始值的设置。如果设置混乱，可以回到初始值重新设置。

⑤ 对指令颜色的设置。为视觉方便，对不同的指令类型、系统函数、系统状态变量标以不同的颜色。

⑥ 对字体类型及大小的设置。

⑦ 对背景颜色的设置。为视觉方便可以对屏幕设置不同的背景颜色。

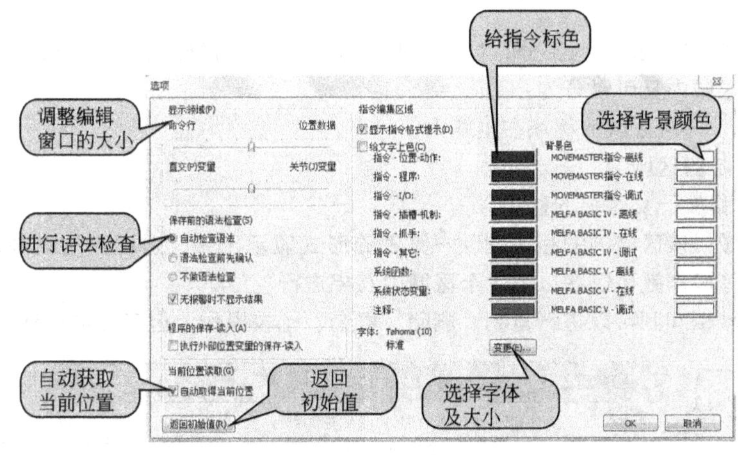

图 8-10　“选项”窗口

(7) 程序的保存

① 覆盖保存

a. 用当前程序“覆盖”原来的(同名)程序并保存。

b. 点击菜单栏的“文件”→“覆盖保存”后，进行覆盖保存。

② 保存到电脑　将当前程序保存到电脑上。应该将程序经常保存到电脑上，以免丢失。点击菜单栏的“文件”→“保存在电脑上”。

③ 保存到机器人　在电脑与机器人连线后，将当前编辑的程序保存到机器人控制器。调试完毕一个要执行的程序后当然是要保存到机器人控制器。

点击菜单栏的“文件”→“保存在机器人上”。

8.2.2 程序的管理

(1) 程序管理

程序管理是指以程序为对象，对程序进行复制、移动、删除、重新命名、比较等操作。操作方法如下。

选择“程序管理”框。点击“程序”→“程序管理”，弹出如图 8-11 所示“程序管理”框。

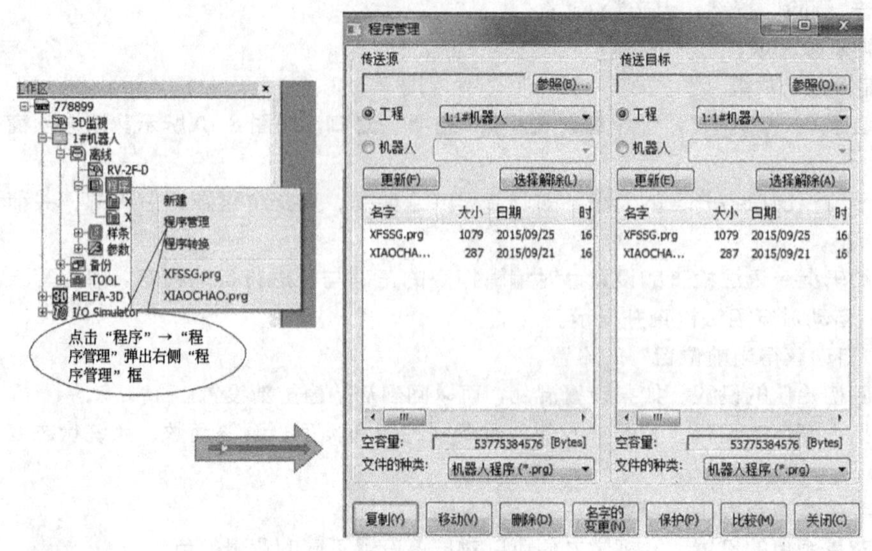

图 8-11 "程序管理"框

"程序管理"框分为左右两部分，如图 8-12 所示。左边为"传送源"区域，右边为"传送目标"区域。每一区域内又可以分为：

① 工程区域——该区域的程序在电脑上。

② 机器人控制器区域。

③ 存储在电脑其他文件夹的程序。

选择某个区域，该区域内的程序就以一览表的形式显示出来。对程序的复制、移动、删除、重新命名、比较等操作就可以在以上 3 个区域内互相进行。

如果左右区域相同则可以进行复制、删除、更名、比较操作。但无法进行移动操作。

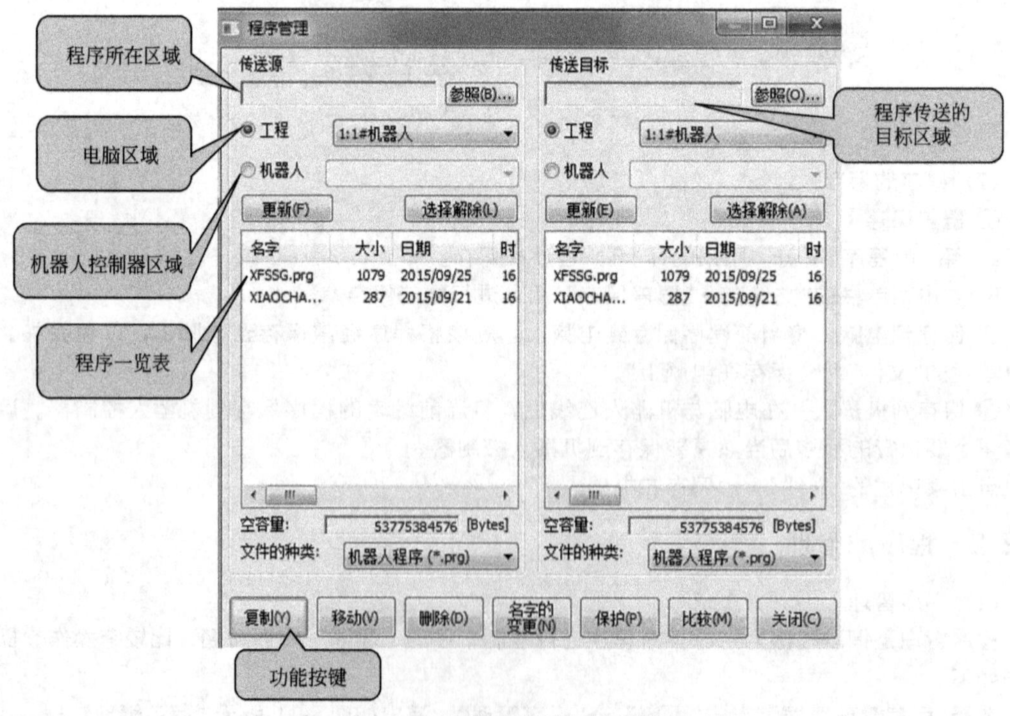

图 8-12 程序管理的区域及功能

程序的复制、移动、删除、重新命名、比较等操作与一般软件相同，根据提示框就可以操作。

(2) 保护的设定

保护功能是指对于被保护的文件，不允许进行移动、删除、名字变更等操作。保护功能仅仅对机器人控制器内的程序有效。

操作方法：选择要进行保护操作的程序，能够同时选择多个程序，左右两边的列表都能选择。点击“保护”按钮，在“保护设定”对话框中设定后，执行保护操作。

8.2.3 样条曲线的编制和保存

(1) 编制样条曲线

点击“工程树”中“在线”→“样条”，弹出一小窗口，选择“新建”弹出窗口如图 8-13 所示。

因样条曲线是由密集的“点”构成的，所以在图 8-13 所示的窗口中，各“点”按表格排列，通过点击“追加”键可以追加新的“点”。在图 8-13 的右侧是对“位置点”的编辑框，可以使用示教单元移动机器人通过读取“当前位置”获得新的“位置点”，也可以通过计算直接编辑位置点。

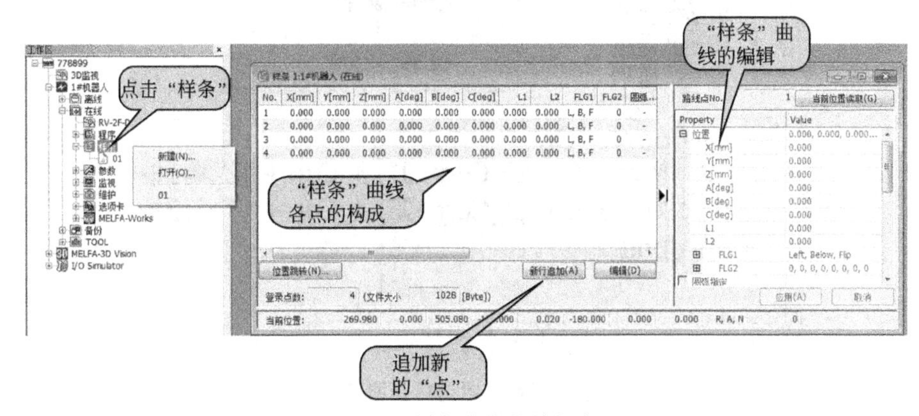

图 8-13 样条曲线的编辑窗口

(2) 保存

当样条曲线编制完成后，需要保存该文件，操作方法是点击“文件”→“保存”。该样条曲线文件就被保存。图 8-14 是样条曲线保存窗口。图 8-15 显示了已经制作保存的样条曲线名称数量。

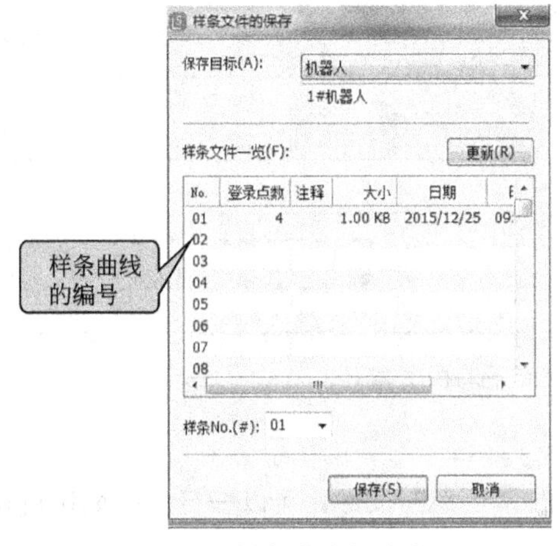

图 8-14 样条曲线保存窗口

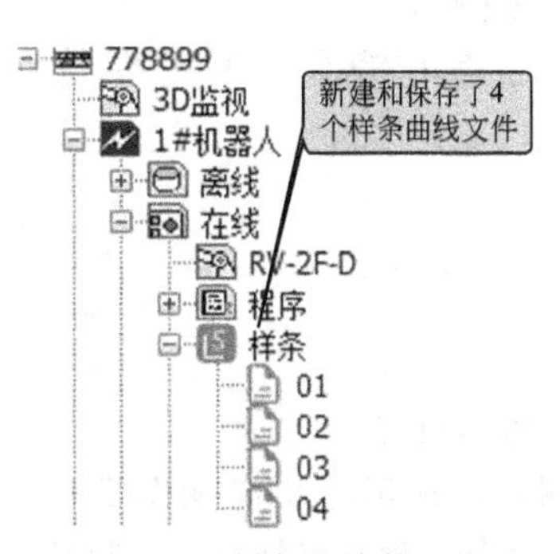

图 8-15 样条曲线的显示

在加工程序中使用“MVSPL”指令直接可以调用＊＊号样条曲线，这对于特殊运行轨迹的处理是很有帮助的。

8.2.4 程序的调试

（1）进入调试状态

从工程树的“在线”→“程序”中选择程序，点击鼠标右键，从弹出窗口中点击“调试状态下打开”，弹出如图 8-16 所示窗口。

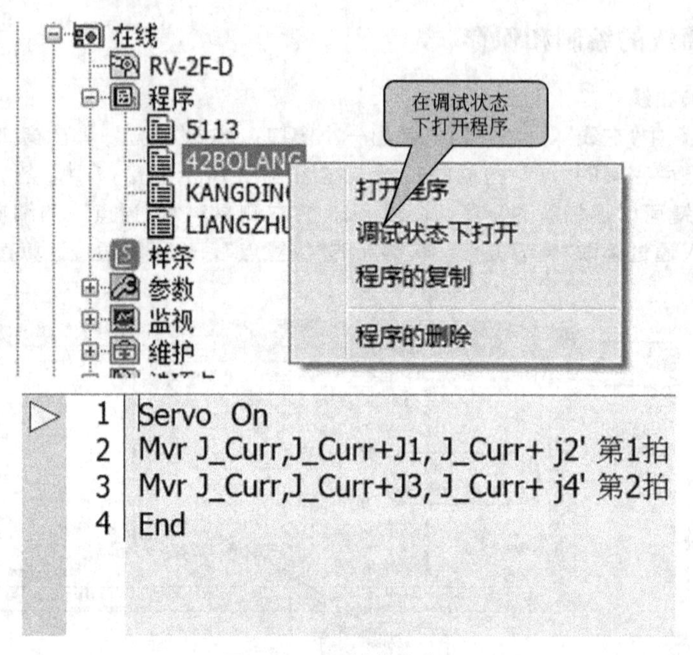

图 8-16　调试状态窗口

（2）调试状态下的程序编辑

调试状态下，通过菜单栏的“编辑”→“命令行编辑-在线”“命令行插入-在线”“命令行删除-在线”选项来编辑、插入和删除相关指令。如图 8-17 所示。

位置变量可以和通常状态一样进行编辑。

图 8-17　调试状态下的程序编辑

（3）单步执行

如图 8-18 所示，点击“操作面板”上的“前进”“后退”按键，可以一行一行地执行程序。“继续执行”是使程序从“当前行”开始执行。

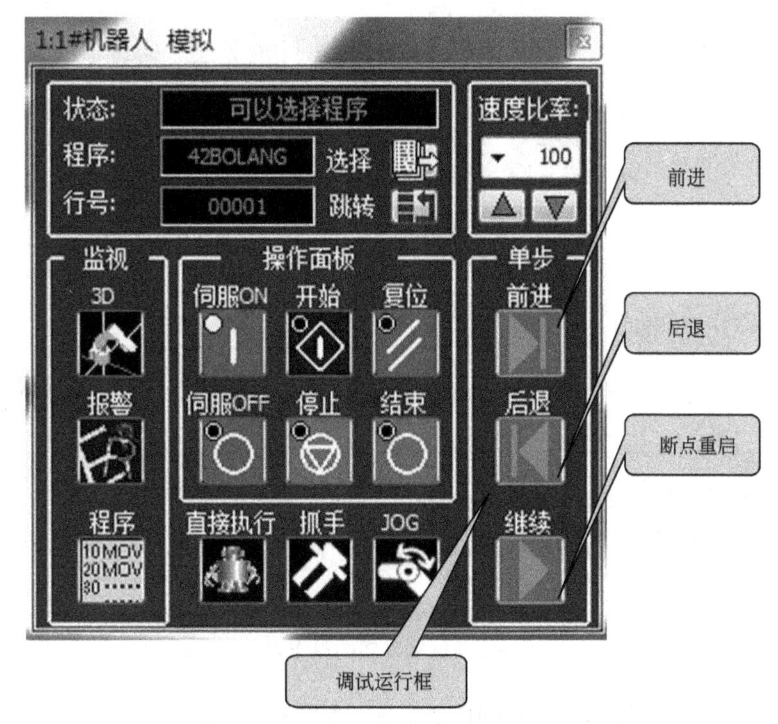

图 8-18　软操作面板的各调试按键功能

(4) 操作面板上各按键和显示器上的功能

① 状态　显示控制器的任务区的状态。显示“待机中”“可选择程序状态”。

② OVRD　显示和设定速度比率。

③ 跳转　可跳转到指定的程序行号。

④ 停止　停止程序。

⑤ 单步执行　一行一行执行指定的程序。点击“前进”按钮，执行当前行。点击“后退”按钮，执行上一行程序。

⑥ 继续执行　程序从当前行开始继续执行。

⑦ 伺服 ON/OFF　伺服 ON/OFF。

⑧ 复位　复位当前程序及报警状态。可选择新的程序。

⑨ 直接执行　和机器人程序无关，可以执行任意的指令。

⑩ 3D 监视　显示机器人的 3D 监视。

(5) 断点设置

在调试状态下可以对程序设定“断点”。所谓“断点功能”是指设置一个“停止位置”，程序运行到此位置就停止。

在调试状态下单步执行以及连续执行时，会在设定的“断点程序行”停止执行程序。停止后，再启动又可以继续单步执行。

断点最多可设定 128 个，程序关闭后全部解除。断点有以下 2 种：

① 继续断点：即便停止以后，断点仍被保存。

② 临时断点：停止后，断点会在停止的同时被自动解除。

断点的设置如图 8-19 所示。

(6) 直接位置跳转

“位置跳转”功能是指选择某个“位置点”后直接运动到该“位置点”。

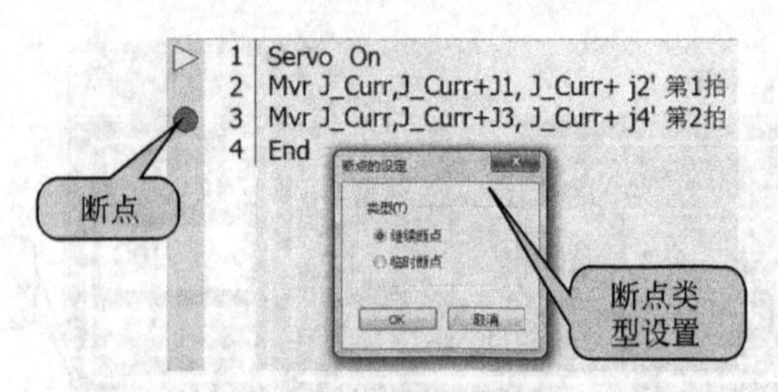

图 8-19 断点的设置

位置跳转的操作方法如下(见图 8-20)：

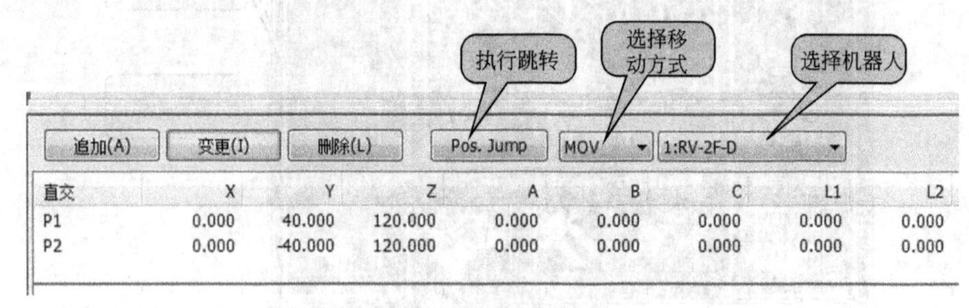

图 8-20 位置跳转的操作方法

①（在有多个机器人的情况下）选择需要使其动作的机器人。

② 选择移动方法（MOV：关节插补移动；MVS：直线插补移动）。

③ 选择要移动的位置点。

④ 点击位置跳转“Pos. Jump”按钮。

在实际使机器人动作的情况下，会显示提醒注意的警告。

（7）退出调试状态

要结束调试状态，点击程序框中的“关闭”图标即可。如图 8-21 所示。

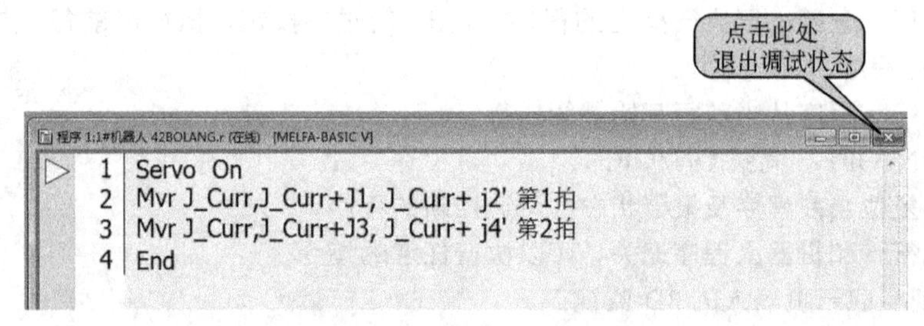

图 8-21 退出调试状态

8.3 参数设置

参数设置是本软件的重要功能。可以在软件上或示教单元上对机器人设置参数。各参数的功能已经在第 8 章做了详细说明，在对参数有了正确理解后用本软件可以快速方便地设置参数。

8.3.1 使用参数一览表

点击工程树“离线”→“参数”→“参数一览表”，弹出如图 8-22 所示的参数一览表。参数一览表按参数的英文字母顺序排列，双击需要设置的参数后，弹出该参数的设置框，如图 8-23，根据需要进行设置。

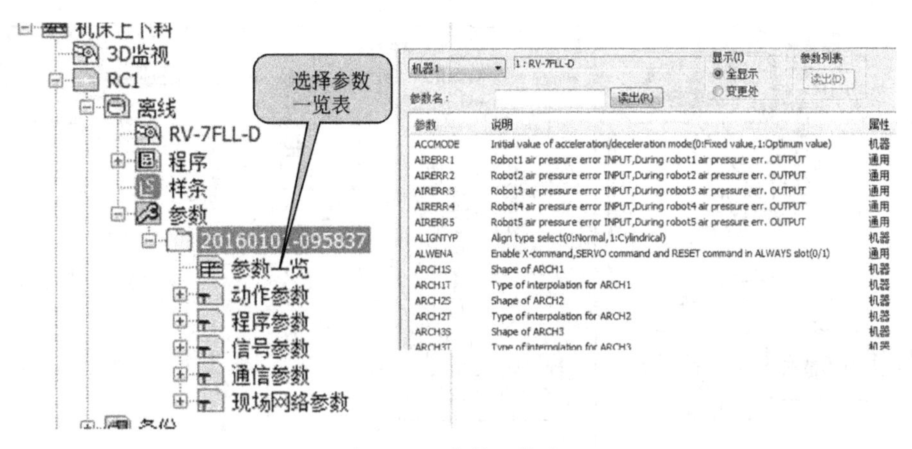

图 8-22　参数一览表

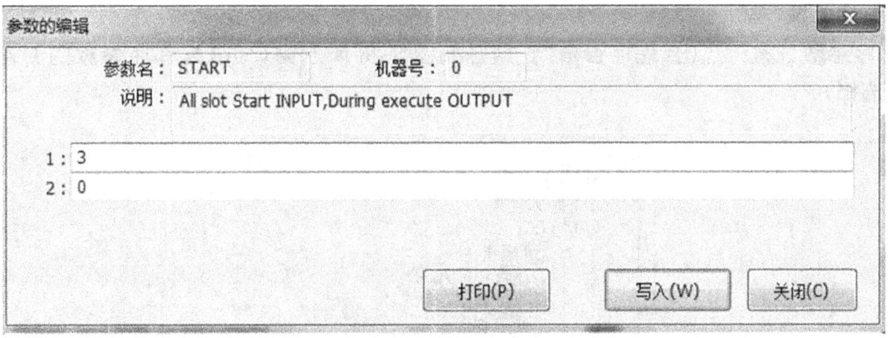

参数的编辑
参数名： START　　机器号： 0
说明： All slot Start INPUT,During execute OUTPUT
1： 3
2： 0
打印(P)　写入(W)　关闭(C)

图 8-23　参数设置框

使用参数一览表的好处是可以快速地查找和设置参数，特别是知道参数的英文名称时可以快速设置。

8.3.2　按功能分类设置参数

为了按同一类功能设置参数，本软件还提供了按参数功能分块设置的方法。这种方法很实用，在实际调试设备时通常使用这一方法。本软件将参数分为以下大类：

① 动作参数；

② 程序参数；

③ 信号参数；

④ 通信参数；

⑤ 现场网络参数。

每一大类又分为若干小类。

(1) 动作参数

① 动作参数分类　点击“动作参数”，展开如图 8-24 所示窗口。这是动作参数内的各小分类，根据需要选择。

② 设置具体参数　操作方法如下：

点击“离线”→“参数”→“动作参数”→“动作范围”弹出如图 8-25 所示的“动作范围设置”框，在这一“动作范围设置”框内，可以设置各

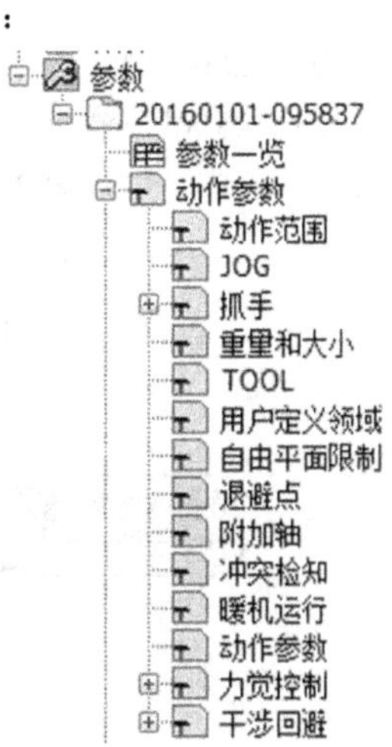

图 8-24　动作参数分类

轴的"关节动作范围""在直角坐标系内的动作范围" 等内容，既明确又快捷方便。

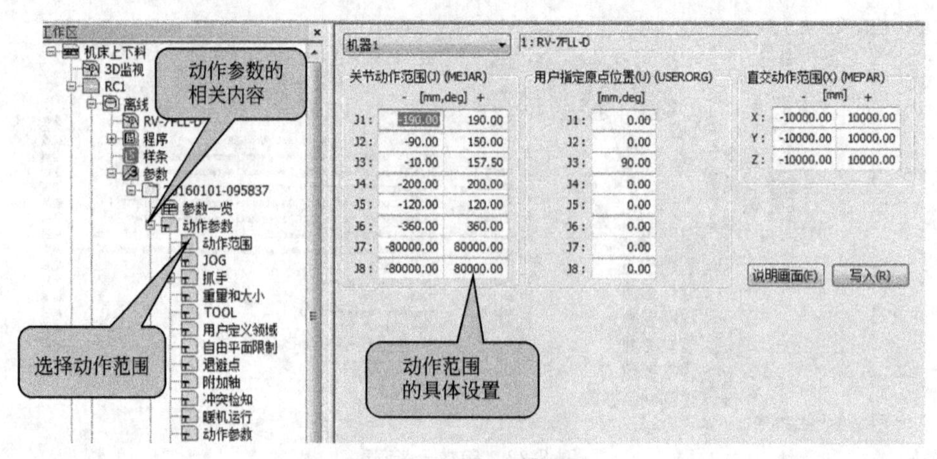

图 8-25　设置具体参数

（2）程序参数

① 程序参数分类　点击"程序参数"，展开如图 8-26 所示窗口(这是程序参数内的各小分类，根据需要选择)。

图 8-26　程序参数分类

② 设置具体参数　操作方法如下：

点击"离线" →"参数" →"程序参数" →"插槽表" 弹出如图 8-27 所示的"插槽表"，在 "插槽表设置" 框内，可以设置需要预运行的程序(插槽即"任务区")。

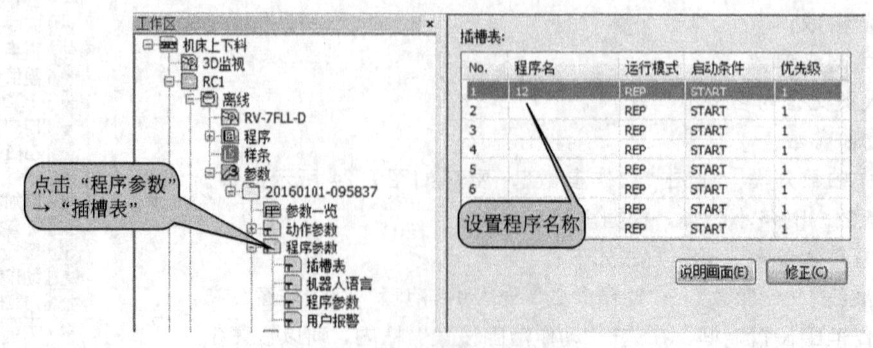

图 8-27　设置具体参数

(3) 信号参数

① 信号参数分类　点击“信号参数”，展开如图 8-28 所示窗口。这是信号参数内的各小分类，根据需要选择。

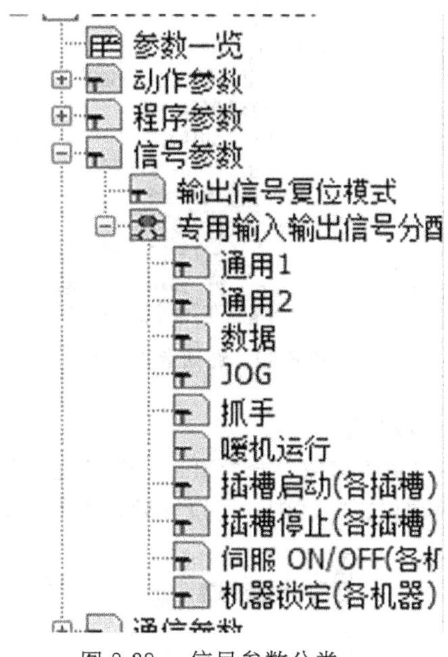

图 8-28　信号参数分类

② 设置具体参数　操作方法如下：

点击“离线”→“参数”→“信号参数”→“专用输入输出信号分配”→“通用 1”弹出如图 8-29 所示的“专用输入输出信号设置”框，在“专用输入输出信号设置”框内，可以设置相关的输入输出信号。“专用输入输出信号”的定义和功能在第 7 章中有详细叙述。

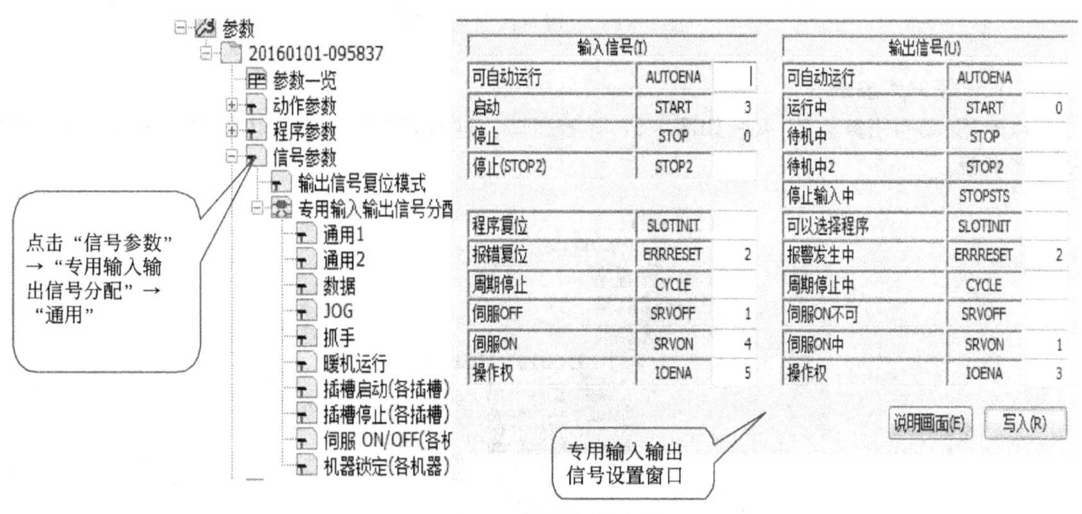

图 8-29　设置具体参数

(4) 通信参数

① 通信参数分类　点击“通信参数”，展开如图 8-30 所示窗口。这是通信参数内的各小分类，根据需要选择。

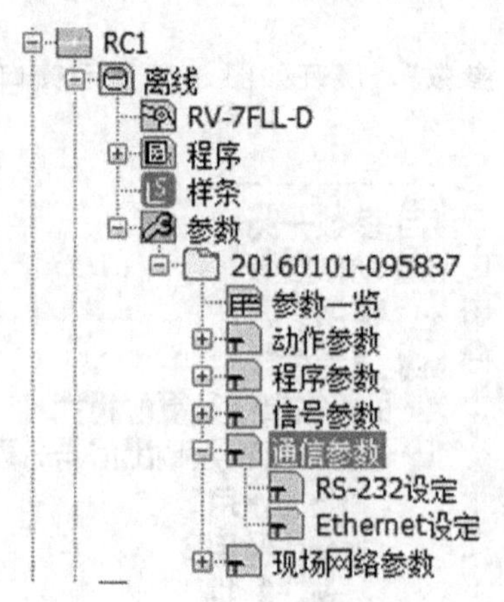

图 8-30　通信参数分类

② 设置具体参数　操作方法如下：

点击"离线" →"参数" →"通信参数" →"Ethernet" 弹出如图 8-31 所示的"以太网通信参数设置" 框，在"以太网通信参数设置" 框内，可以设置相关的通信参数。

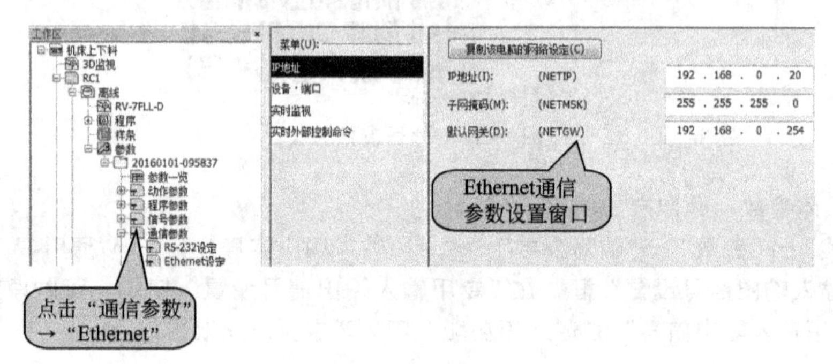

图 8-31　设置具体通信参数

（5）现场网络参数

点击"现场网络参数"，展开如图 8-32 所示窗口。这是现场网络参数内的各小分类，根据需要选择设置。

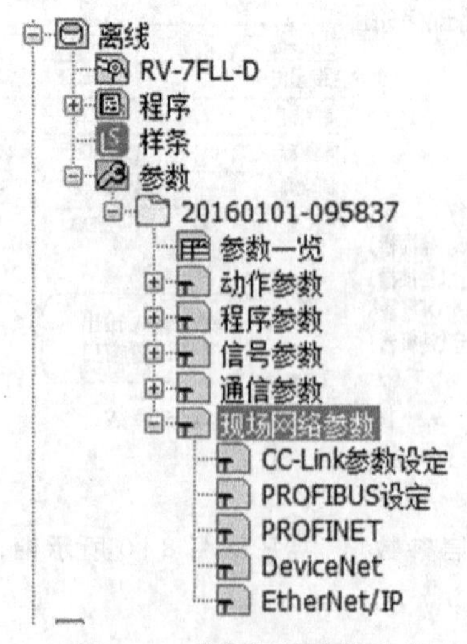

图 8-32　现场网络参数分类

8.4 机器人工作状态监视

8.4.1 动作监视

(1) 任务区状态监视

监视对象：任务区的工作状态。即显示任务区(SLOT) 是否可以写入新的程序。如果该任务区内的程序正在运行，就不可写入新的程序。

点击“监视” →“动作监视” →“插槽状态”，弹出“插槽状态监视” 框。

“插槽(SLOT)” 就是“任务区”。如图 8-33 所示。

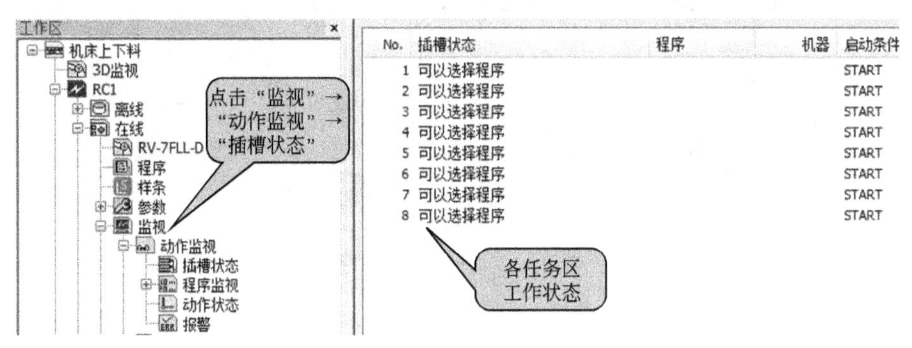

图 8-33 “插槽状态监视” 框

(2) 程序监视

监视对象：任务区内正在运行程序的工作状态。即正在运行的“程序行”。

点击“监视” →“动作监视” →“程序监视”，弹出“程序监视” 框如图 8-34 所示。

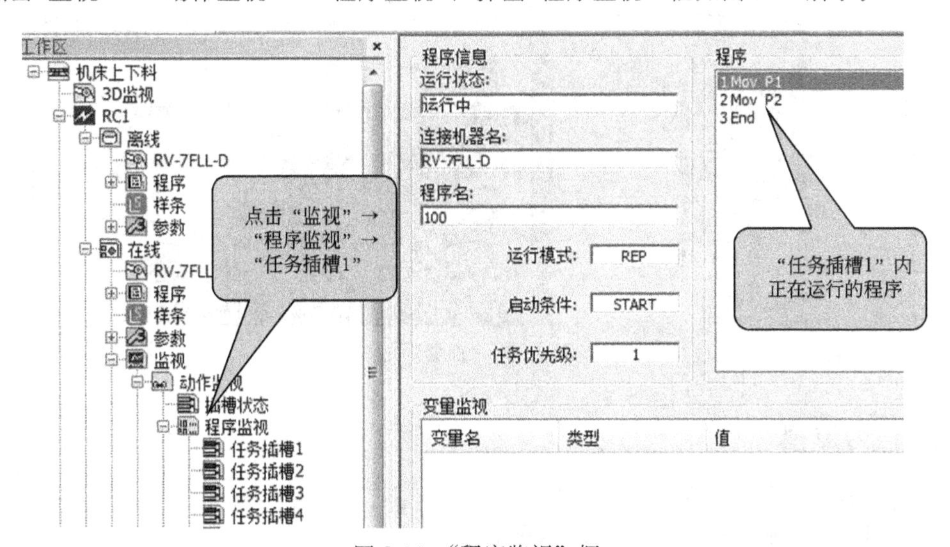

图 8-34 “程序监视” 框

(3) 动作状态监视

监视对象：

① 直角坐标系中的当前位置；

② 关节坐标系中的当前位置；

③ 抓手 ON/OFF 状态；

④ 当前速度；

⑤ 伺服 ON/OFF 状态。

点击“监视”→“动作监视”→“动作状态”，弹出“动作状态”框，如图 8-35 所示。

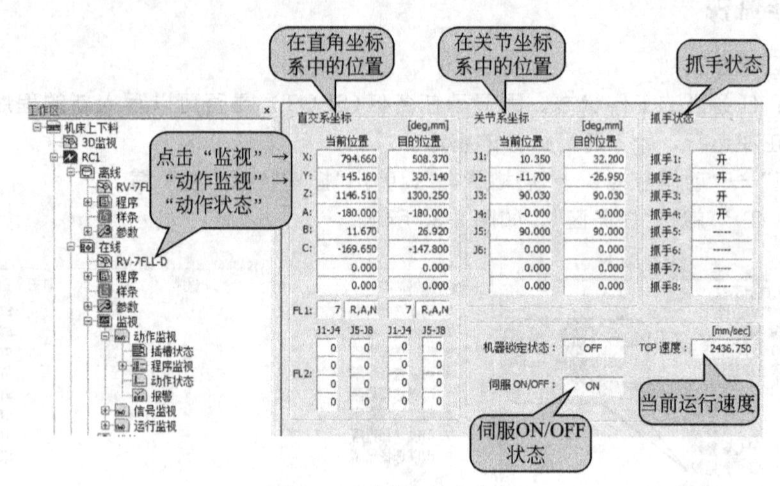

图 8-35 “动作状态”框

(4) 报警内容监视

点击“监视”→“动作监视”→“报警”，弹出“报警”框，如图 8-36 所示。在“报警”框内显示报警号、报警信息、报警时间等内容。

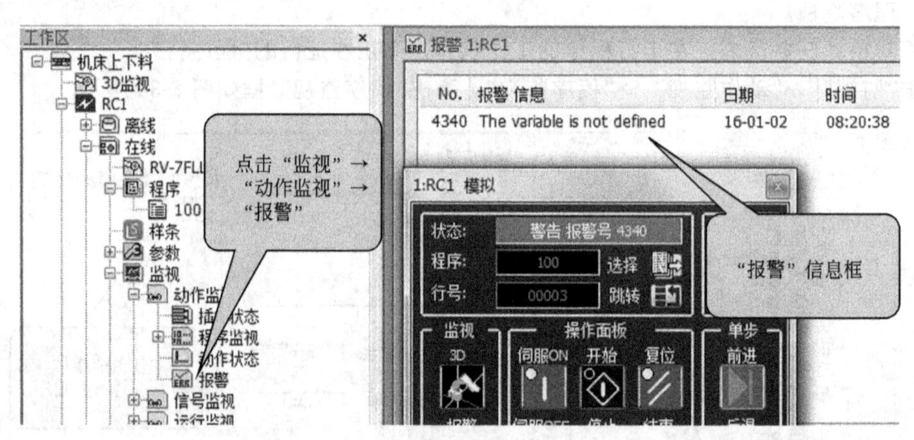

图 8-36 “报警”框

8.4.2 信号监视

(1) 通用信号的监视和强制输入输出

功能：用于监视输入输出信号的 ON/OFF 状态。

点击“监视”→“信号监视”→“通用信号”，弹出“通用信号”框如图 8-37 所示。在“通用信号”框内除了监视当前输入输出信号的 ON/OFF 状态以外，还可以：

① 模拟输入信号；

② 设置监视信号的范围；

③ 强制输出信号 ON/OFF。

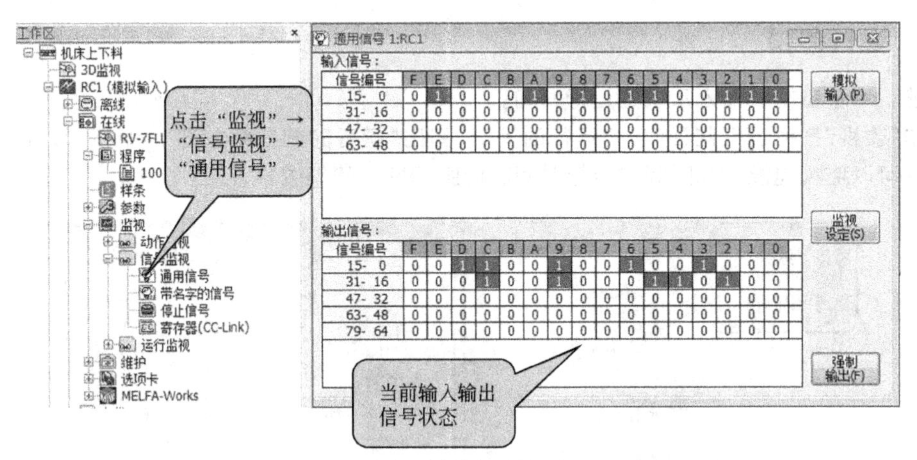

图 8-37 “通用信号”框的监视状态

（2）对已经命名的输入输出信号监视

功能：用于监视已经命名的输入输出信号的 ON/OFF 状态。

点击“监视”→“信号监视”→“带名字的信号”，弹出“带名字的信号”框，如图 8-38 所示。在“带名字的信号”框内可以监视已经命名的输入输出信号的 ON/OFF 状态。

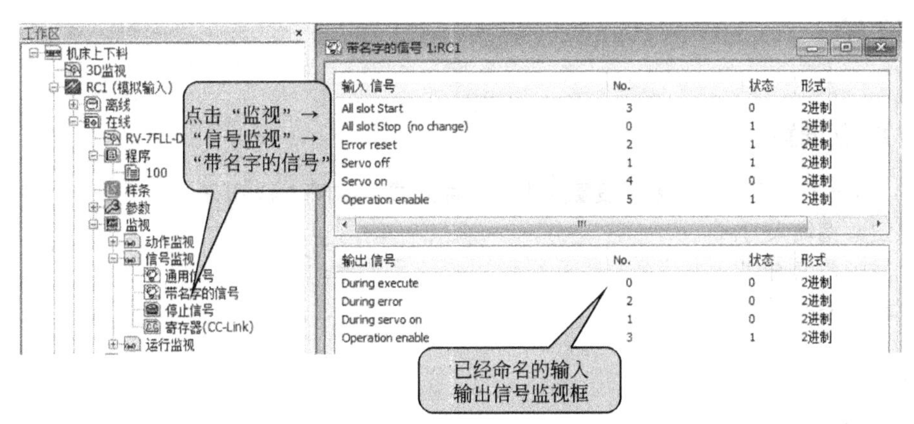

图 8-38 “带名字的信号”框内监视已经命名的输入输出信号的 ON/OFF 状态

（3）对停止信号以及急停信号监视

功能：用于监视停止信号以及急停信号的 ON/OFF 状态。

点击“监视”→“信号监视”→“停止信号”，弹出“停止信号”框如图 8-39 所示。在“停止信号”框内可以监视停止信号以及急停信号的 ON/OFF 状态。

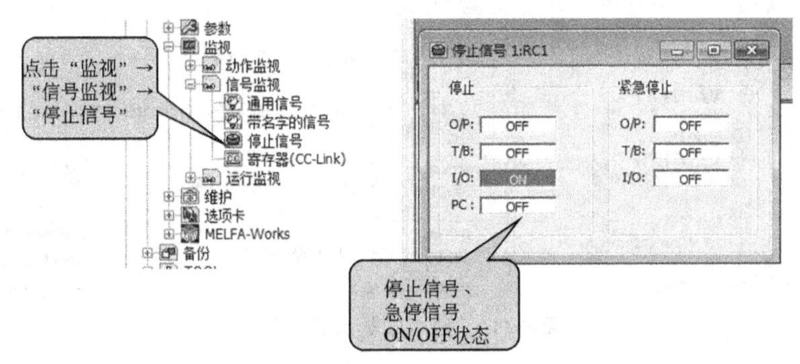

图 8-39 “停止信号”框内监视停止信号以及急停信号的 ON/OFF 状态

8.4.3 运行监视

功能：用于监视机器人系统的运行时间。

点击"监视"→"运行监视"→"运行时间"，弹出"运行时间"框如图 8-40 所示。在"运行时间"框内可以监视电源 ON 时间、运行时间、伺服 ON 时间等内容。

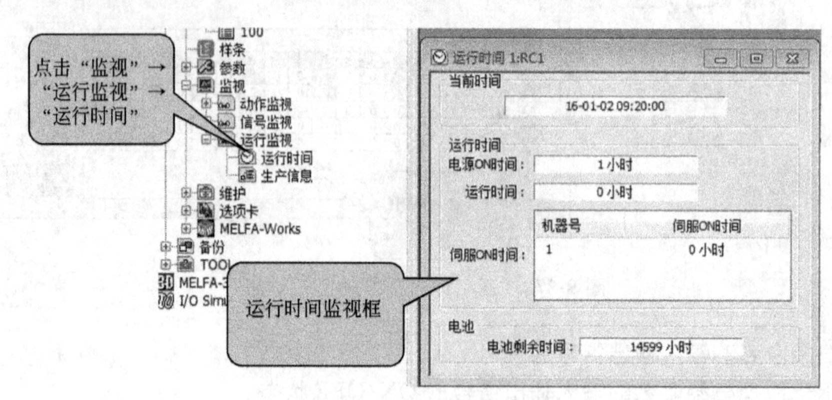

图 8-40 "运行时间"框

8.5 维护

8.5.1 原点设置

功能：进行原点设置和恢复。设置原点有 6 种方式，如图 8-41 所示。

① 原点数据输入方式。

② 机械限位器方式。

③ 工具校准棒方式。

④ ABS 原点方式。

⑤ 用户原点方式。

⑥ 原点参数备份方式。

点击"维护"→"原点数据"，弹出如图 8-41 所示"原点数据设置"框。

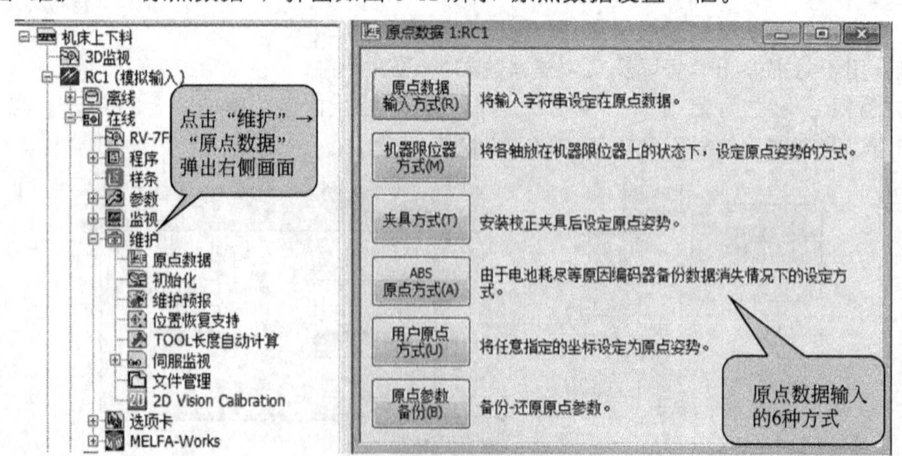

图 8-41 "原点数据设置"框

（1）原点数据输入方式

原点数据输入方式——直接输入“字符串”。

功能：将出厂时厂家标定的原点写入控制器。出厂时，厂家已经标定了各轴的原点，并且作为随机文件提供给用户。一方面用户在使用前应该输入“原点文件”——原点文件中每一轴的原点是一“字符串”。用户应该妥善保存“原点文件”。另一方面，如果原点数据丢失后，可以直接输入原点文件的字符串，以恢复原点。

本操作需要在联机状态下操作。点击“原点数据输入方式”，弹出如图 8-42 所示“原点数据设定”框，各按键作用如下：

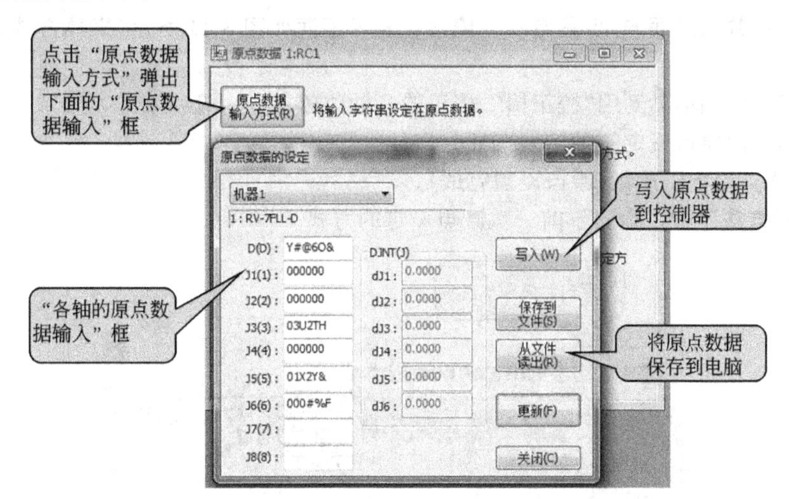

图 8-42　原点数据输入方式——直接输入“字符串”

① 写入——将设置完毕的数据写入控制器。

② 保存到文件——将当前原点数据保存到电脑中。

③ 从文件读出——从电脑中读出“原点数据文件”。

④ 更新——从控制器内读出的“原点数据”，显示最新的原点数据。

（2）机械限位器方式

功能：以各轴机械限位器位置为原点位置。

操作方法：如图 8-43 所示。

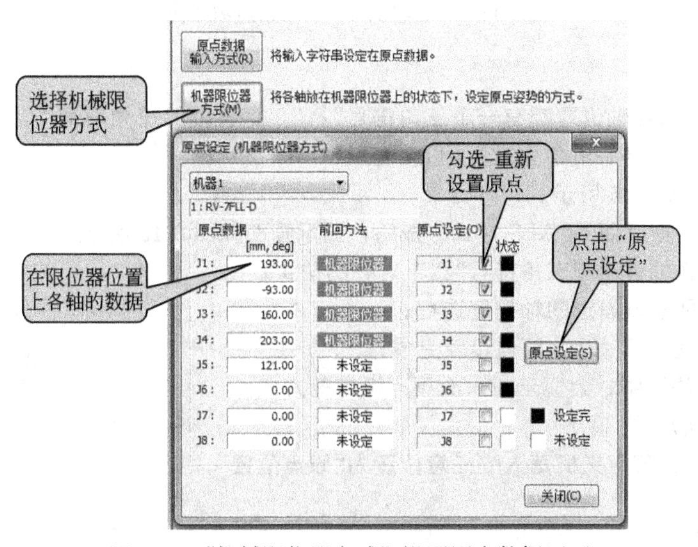

图 8-43　“机械限位器方式”设置原点数据画面

① 点击原点数据画面的“机器限位器方式”按钮，显示画面；

② 将机器人移动到机器限位器位置；

③ 选中需要做原点设定的轴的复选框；

④ 点击“原点设定”按钮(原点设置完成)。

图中“前回方法”中，会显示前一次原点设定的方式。

(3) 工具校准棒方式

功能：以“校正棒”校正各轴的位置，并将该位置设置为原点。

操作方法：如图 8-44 所示。

① 点击原点数据画面的“夹具方式”按钮，显示画面如图 8-44 所示(夹具方式就是校正棒方式)；

② 将机器人各轴移动到用“校正棒”校正的各轴位置；

③ 选中需要做原点设定的轴的复选框；

④ 点击“原点设定”按钮(原点设置完成)。

图中“前回方法”中，会显示前一次原点设定的方式。

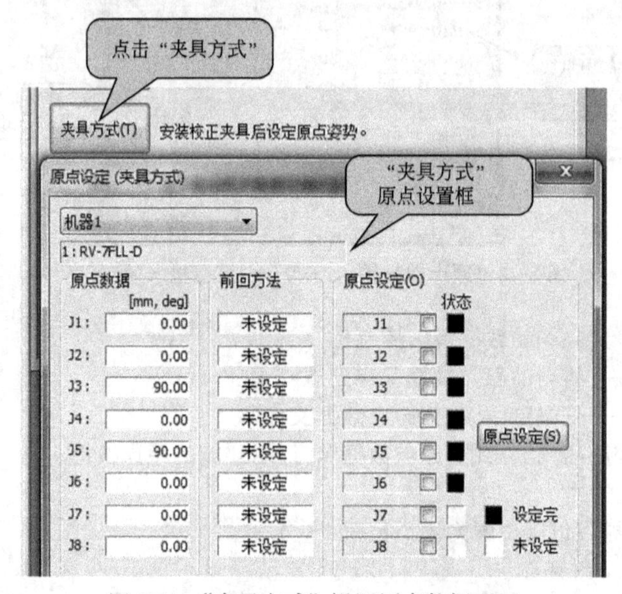

图 8-44 “夹具方式”设置原点数据画面

(4) ABS 原点方式

功能：在机器人各轴位置都有一个三角符号“△”，将各轴的三角符号“△”与相邻轴的三角符号“△”对齐，此时各轴的位置就是“原点位置”。

操作方法：如图 8-45 所示。

① 点击原点数据画面的“ABS 方式”按钮，显示画面如图 8-45 所示；

② 将机器人各轴移动到三角符号“△”对齐的位置；

③ 选中需要做原点设定的轴的复选框；

④ 点击“原点设定”按钮(原点设置完成)。

图中“前回方法”中，会显示前一次原点设定的方式。

(5) 用户原点方式

功能：由用户自行定义机器人的任意位置为“原点位置”。

操作方法：

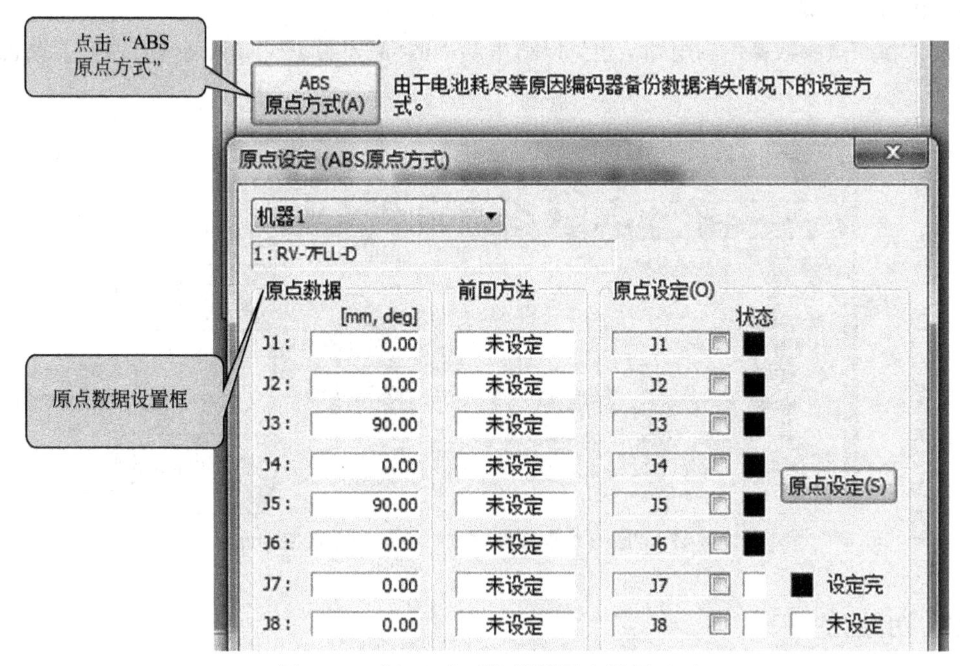

图 8-45 “ABS 方式”设置原点数据画面

① 点击原点数据画面的“用户原点方式”按钮，显示画面如图 8-46 所示；

② 将机器人各轴移动到用户任意定义的原点位置；

③ 选中需要做原点设定的轴的复选框；

④ 点击“原点设定”按钮(原点设置完成)。

图中“前回方法”中，会显示前一次原点设定的方式。

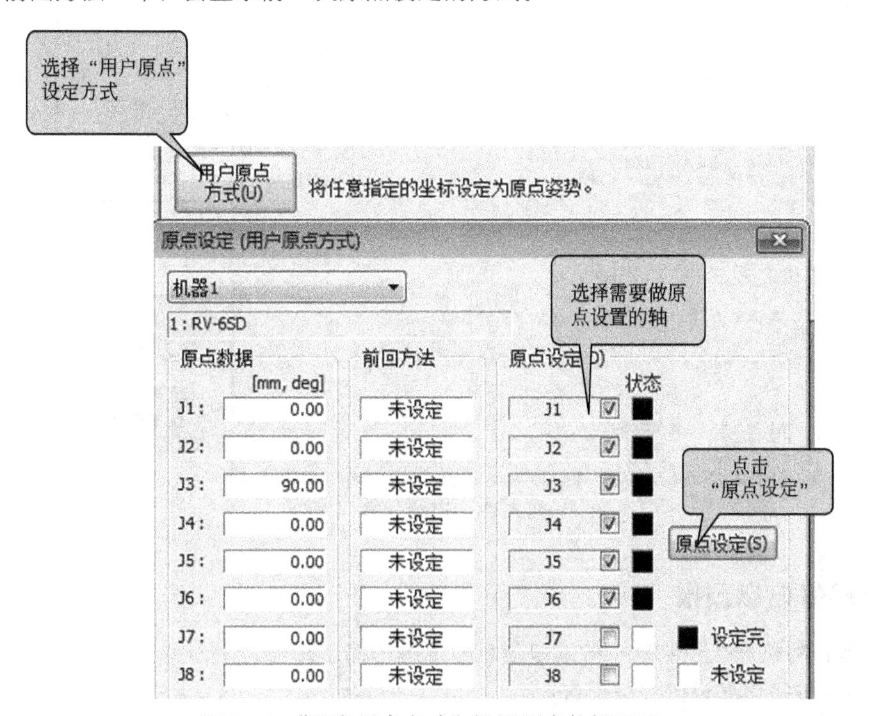

图 8-46 “用户原点方式”设置原点数据画面

（6）原点参数备份方式

功能：将原点参数备份到电脑。也可以将电脑中的“原点数据”写入到“控制器”。如图 8-47 所示。

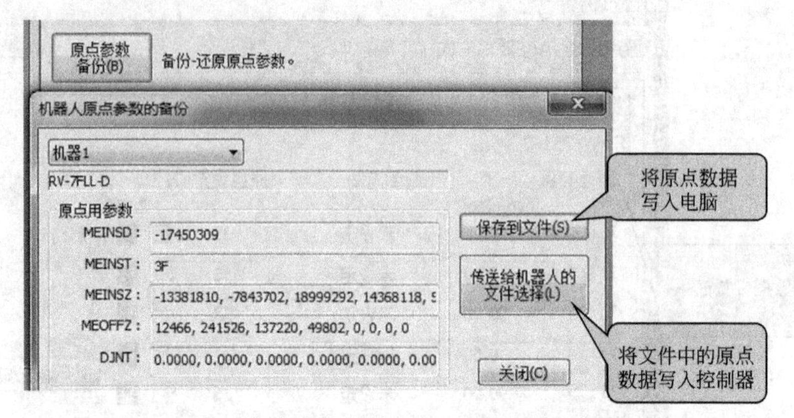

图 8-47 “原点参数备份方式”设置原点数据画面

8.5.2 初始化

① 功能：将机器人控制器中的数据进行初始化。

可对下列信息进行初始化：

a. 时间设定；

b. 所有程序的初始化；

c. 电池剩余时间的初始化；

d. 控制器的序列号的确认设定。

② 操作方法如图 8-48 所示。

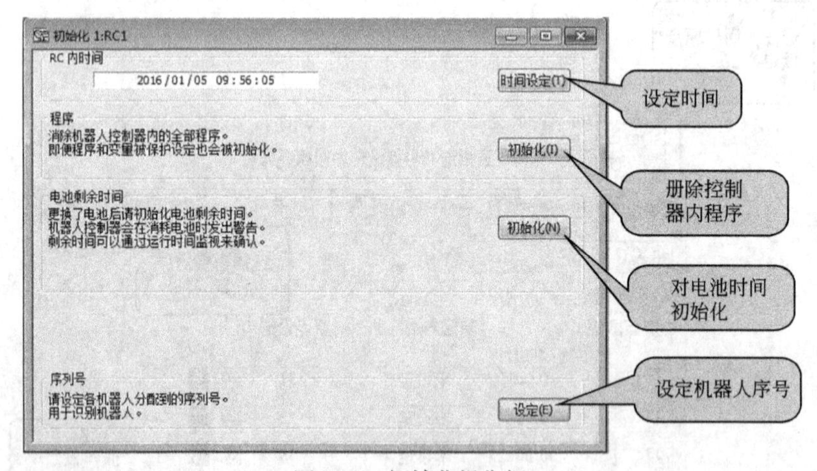

图 8-48 初始化操作框

8.5.3 维修信息预报

① 功能：将机器人控制器中的维报信息数据进行提示预告。

可对下列维报信息进行提示预告：

a. 电池使用剩余时间提示预告；

b. 润滑油使用剩余时间提示预告；

c. 皮带使用剩余时间的提示预告；

d. 控制器的序列号的确认设定。

② 维报信息框如图 8-49 所示。

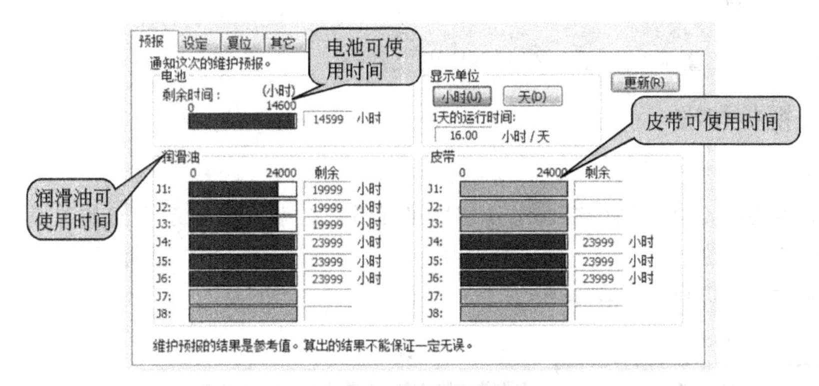

图 8-49　维报信息框

8.5.4　位置恢复支持功能

如果由于碰撞导致抓手变形或由于更换电机导致原点位置发生偏差，使用“位置恢复功能”，只对机器人程序中的一部分位置数据进行“再示教” 作业，就可生成补偿位置偏差的参数，对控制器内全部位置数据进行补偿。

8.5.5　TOOL 长度自动计算

功能：自动测定“抓手长度” 的功能。在实际安装了“抓手” 后，对一个标准点进行 3～8 次的测定，从而获得实际抓手长度，设置为 TOOL 参数（MEXTL）。

8.5.6　伺服监视

功能：对伺服系统的工作状态如电机电流等进行监视。

操作：点击“维护” →“伺服监视”，如图 8-50 所示，可以对机器人各轴伺服电机的“位置”“速度”“电流”“负载率” 进行监视。图 8-50 中的画面是对电流进行监视。这样可以判断机器人抓取的重量和速度、加减速时间是否达到规范要求。如果电流过大，就要减少抓取工件重量或延长加减速时间。

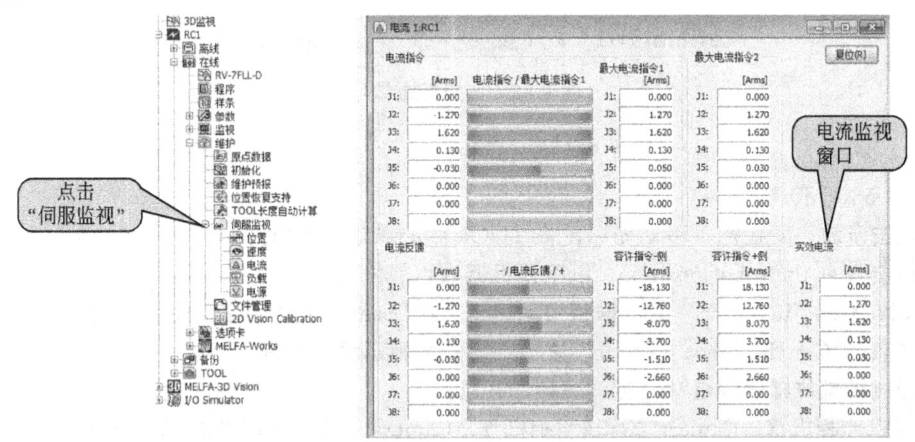

图 8-50　伺服系统工作状态监视画面

8.5.7 密码设定

功能：通过设置密码对机器人控制器内的程序、参数及文件进行保护。

8.5.8 文件管理

能够复制、删除、重命名机器人控制器内的文件。

8.5.9 2D 视觉校准

(1) 功能

功能：2D 视觉校准功能是标定视觉传感器坐标系与机器人坐标系之间的关系。可以处理 8 个视觉校准数据。

如图 8-51 所示，执行设备连接。

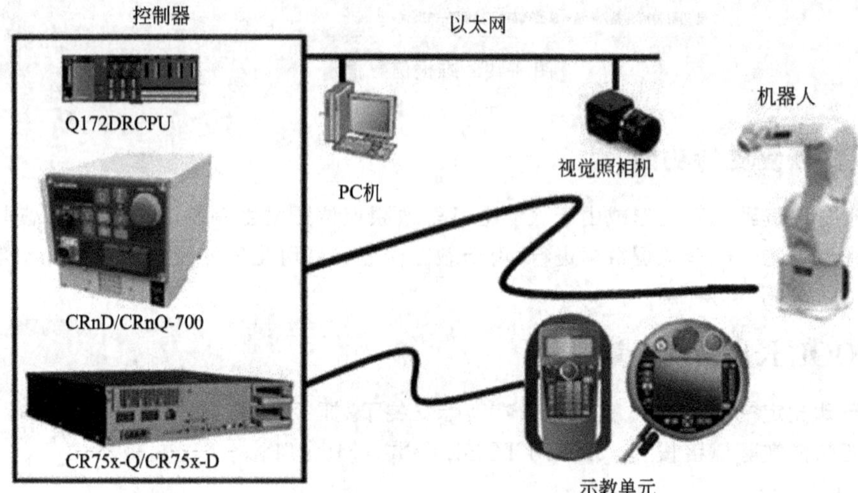

图 8-51 2D 视觉校准时的设备连接

(2) 2D 视觉标定的操作程序

① 启动 2D 视觉标定，连接机器人。

双击“在线”→“维护”→“2D 视觉标定”。

② 选择标定编号。

可选择任一标定编号，最大数＝8。如图 8-52 所示。

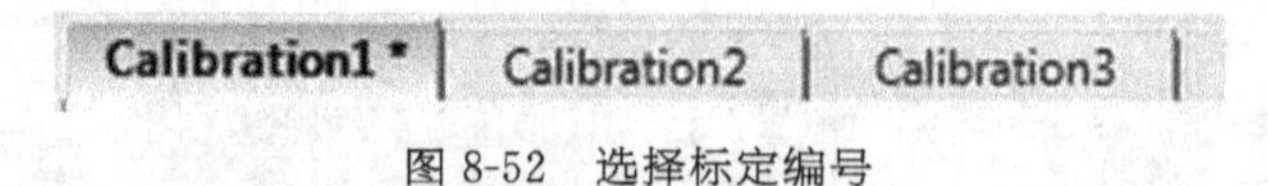

图 8-52 选择标定编号

(3) 示教点

如图 8-53 所示。

① 点击示教点所在行，移动光标，将 TOOL 中心点定位到“标定点”。

② 点击“Get the robot position”以获得机器人当前位置。

“Robot. X and Robot. Y”的数据将自动显示，在“Enabled”框中自动进行检查。

③ 在点击“Get the robot position”之前，不能编辑示教点数据。

④ 通过视觉传感器测量“标定指示器”的位置。

分别在(照相机 X) Camera. X 和(照相机 Y) Camera. Y 位置键入“X，Y”像素坐标。

Teaching Points:

	Enabled	No.	Robot.X	Robot.Y	Camera.X	Camera.Y
▶	☑	1	703.680	210.820	100.000	0.000
	☐	2	0.000	0.000	0.000	0.000
	☐	3	0.000	0.000	0.000	0.000
	☐	4	0.000	0.000	0.000	0.000
	☐	5	0.000	0.000	0.000	0.000
	☐	6	0.000	0.000	0.000	0.000

Get the robot position 1 / 20

图 8-53 获得示教点视觉数据

如果视觉传感器坐标系与机器人坐标系的整合是错误的或示教点过于靠近，则可能出现错误的标定数据。

视觉标定最少需要 4 个示教点，如果是精确标定则需要 9 个点或更多点。分布如图 8-54 所示。

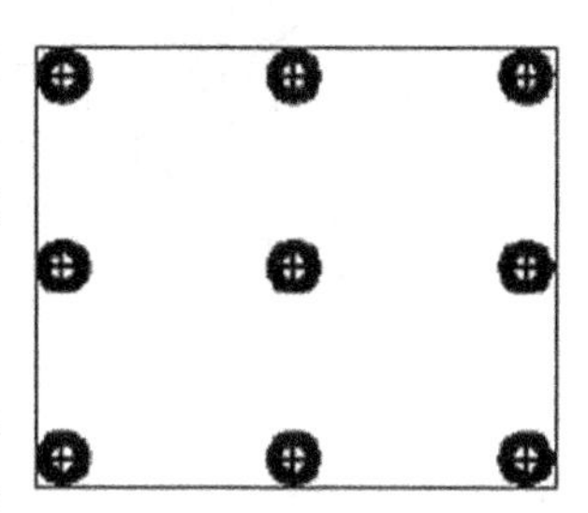

图 8-54 示教点的分布

(4) 计算视觉标定数据

当“Teaching Points”数据表已经有 4 个点以上，“Calculate after selecting 4 points or more”按键就变得有效，点击该按键，计算结果数据出现在“Result homography matrix”框内。如图 8-55 所示。

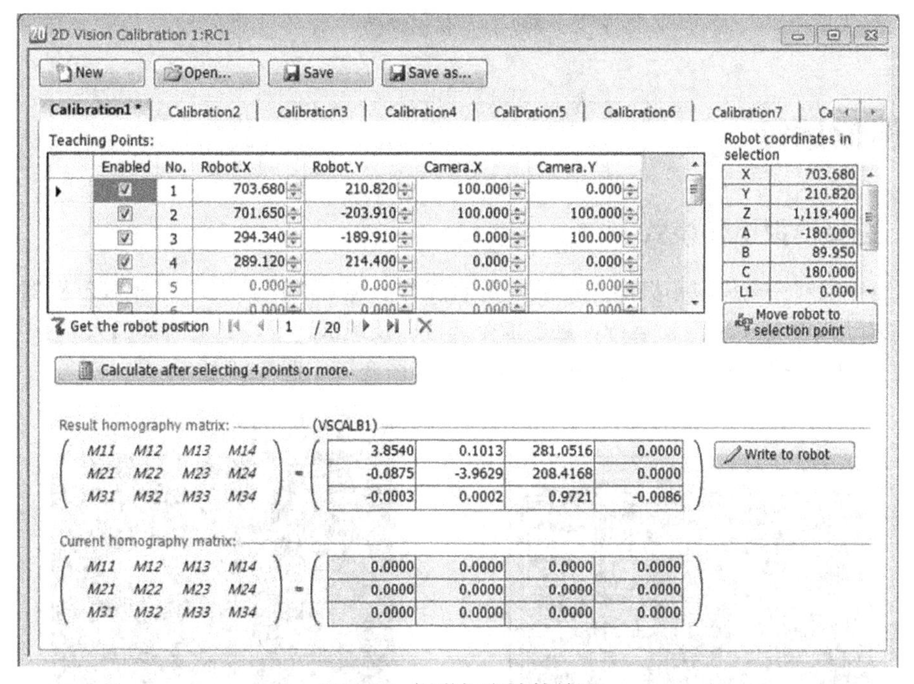

图 8-55 视觉标定计算结果

(5) 写入机器人

点击“Write to robot”按键，将计算获得的视觉传感器标定数据“VSCALB*n*”写入控制器。控制器内的当前值显示在“Current homography matrix”以便对照。

(6) 保存数据

点击“Save”或“Save as …”按键保存示教点和计算结果数据。

8.6 备份

(1) 功能

将机器人控制器内的全部信息备份到电脑。

(2) 操作

点击“在线”→“维护”→“备份”→“全部”，进入全部数据备份画面。如图 8-56 所示。选择“全部”→“OK”，就将全部信息备份到电脑。

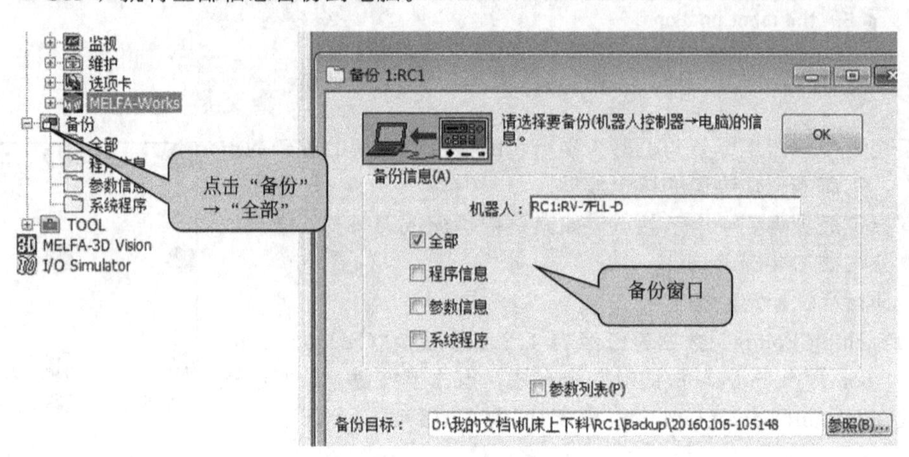

图 8-56　备份操作

8.7 模拟运行

8.7.1 选择模拟工作模式

模拟运行能够完全模拟和机器人连接的所有操作，能够在屏幕上动态地显示机器人运行程序，能够执行 JOG 运行，自动运行，直接指令运行以及调试运行，其功能很强大。

点击“在线”→“模拟”会弹出以下 2 个画面，如图 8-57、图 8-58 所示。

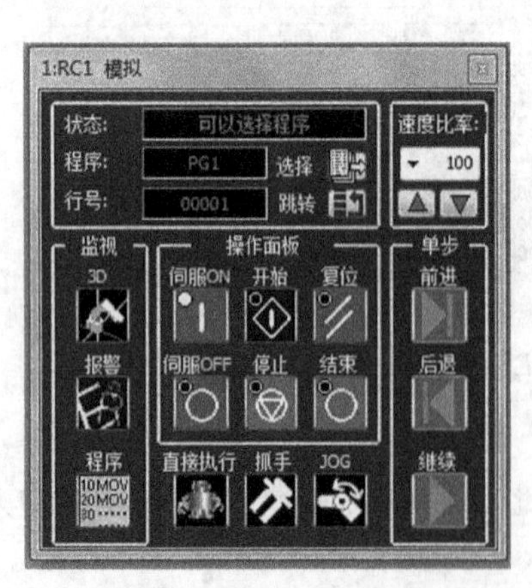

图 8-57　模拟操作面板

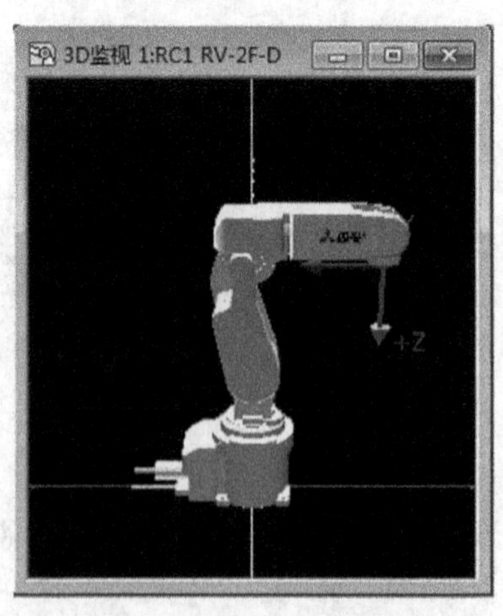

图 8-58　3D 运行显示屏

① 模拟操作面板。

② 3D 运行显示屏。

由于模拟运行状态完全模拟了实际的在线运行状态，因此大部分操作就与“在线状态” 相同。

(1) 模拟操作面板的功能

① 操作功能

a. 选择“JOG” 运行模式。

b. 选择“自动” 运行模式。

c. 选择“调试” 运行模式。

d. 选择“直接运行”。

② 监视功能

a. 显示程序状态并选择程序。

b. 显示并选择速度倍率。

c. 显示运行程序。

(2) 在工具栏上的图标

在工具栏上的图标及其含义如图 8-59 所示。

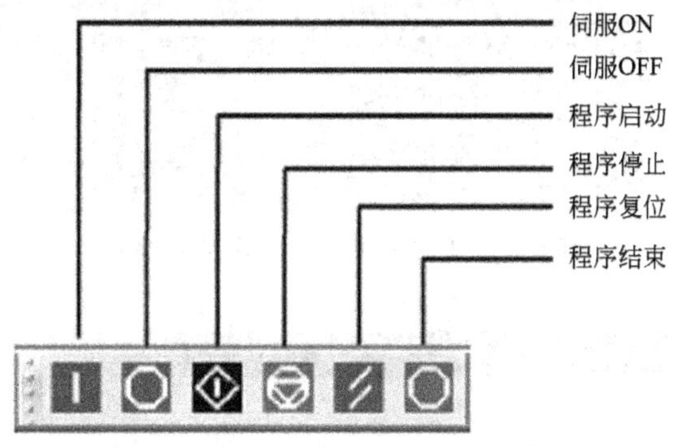

图 8-59 在工具栏上的图标及其含义

(3) 机器人视点的移动

机器人视图 (3D 监视) 的视点，可以通过鼠标操作来变更。具体操作如表 8-6 所示。

表 8-6 机器人 (3D 监视) 视点的操作方法

要变更的视点	图形上的鼠标操作
视点的旋转	按住左键的同时，左右移动→Z 轴为中心的旋转 上下移动→X 轴为中心的旋转 按住左键＋右键的同时，左右移动→Y 轴为中心的旋转
视点的移动	按住右键的同时，上下左右移动
图形的扩大、缩小	按住 “Shift” 键＋左键的同时上下移动

8.7.2 自动运行

(1) 程序的选择

① 机器人控制器内有程序 在模拟操作面板上，可以点击“程序选择” 图标(如图 8-60 所示)，弹出“程序选择” 框，如图 8-61 所示，选择程序，点击“OK”，就可以选中程序。

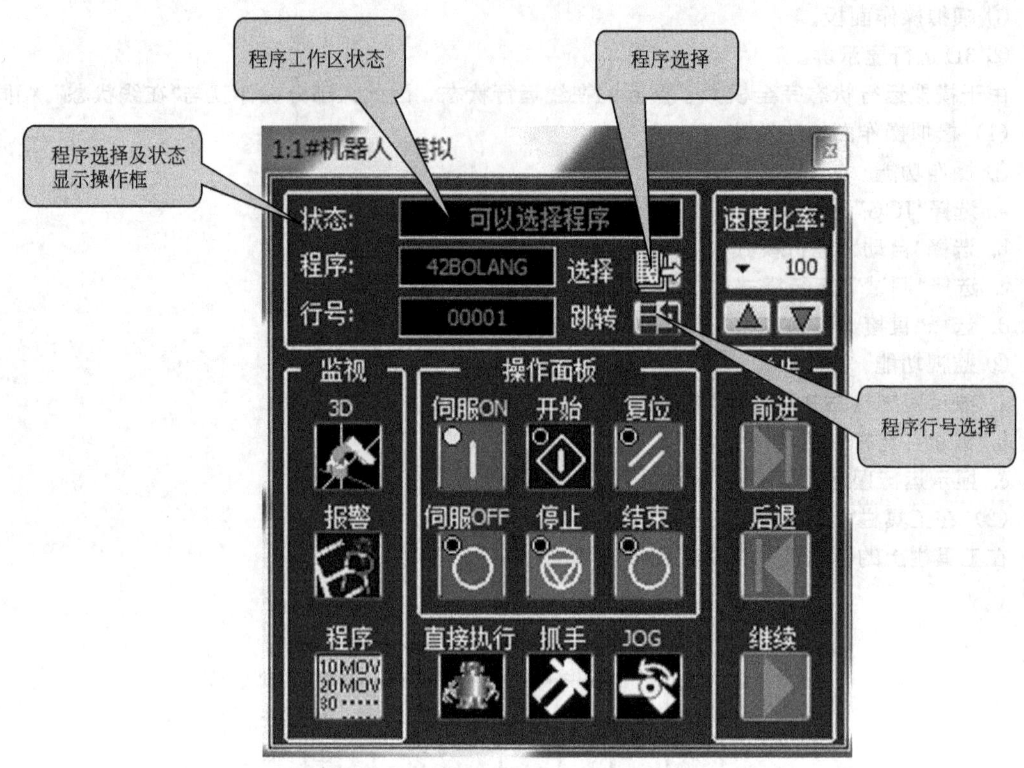

图 8-60　在操作面板上点击“程序选择”

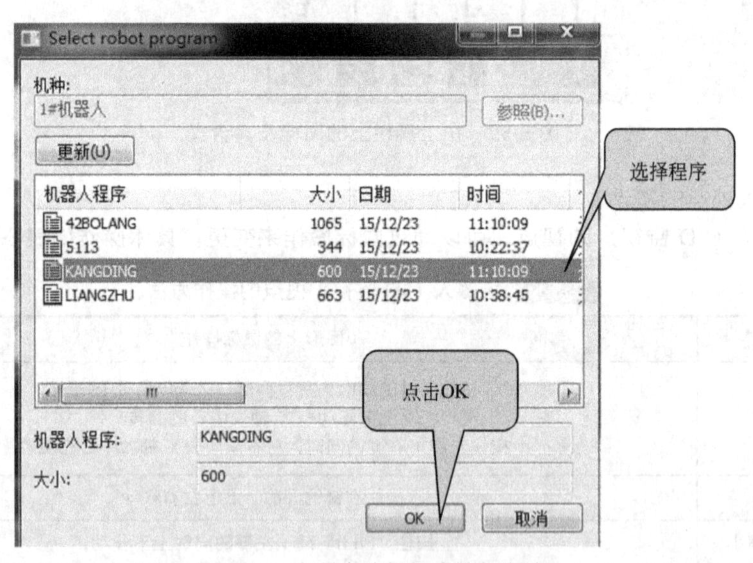

图 8-61　在程序选择框内选择程序

② 机器人控制器内没有程序　如果在程序选择框内没有程序，则需要将“离线状态”的程序写入“在线”，操作与常规状态相同，这样在“程序选择框”内就会出现已经写入的程序，这样就有选择对象了。

（2）程序的“启动/停止”操作

如图 8-62 所示，在模拟操作面板中，有一“操作面板区”，在“操作面板区”内有“伺服 ON”“伺服 OFF”“开始”“复位”“停止”“结束”6 个按键。“操作面板区”用于执行“自动操作”，点击各按键执行相应的动作。

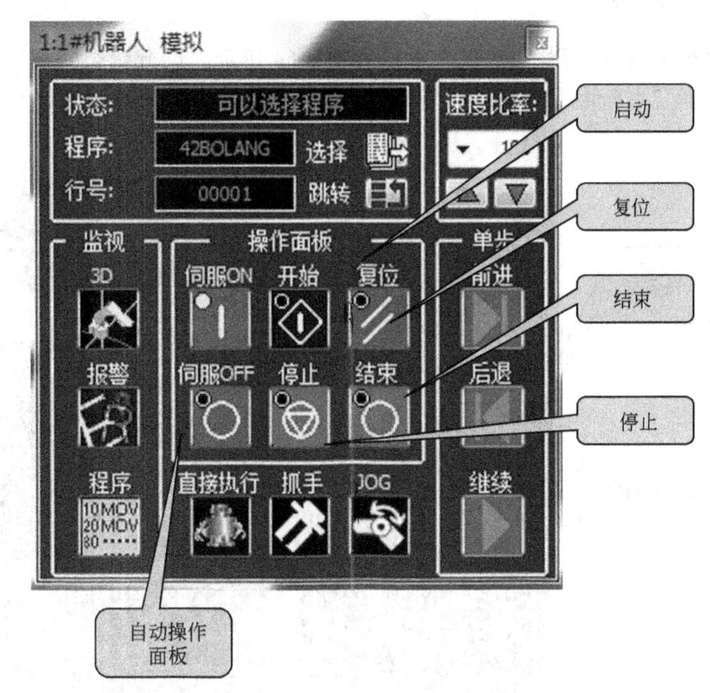

图 8-62 程序的启动停止操作

8.7.3 程序的调试运行

在模拟状态下可以执行调试运行。调试运行的主要形式是“单步运行”。在模拟操作面板上有“单步运行”框。如图 8-63 所示。“单步运行”框内有“前进”“后退”“继续”3 按键，功能就是单步的前进、后退，与正常调试界面的功能相同。

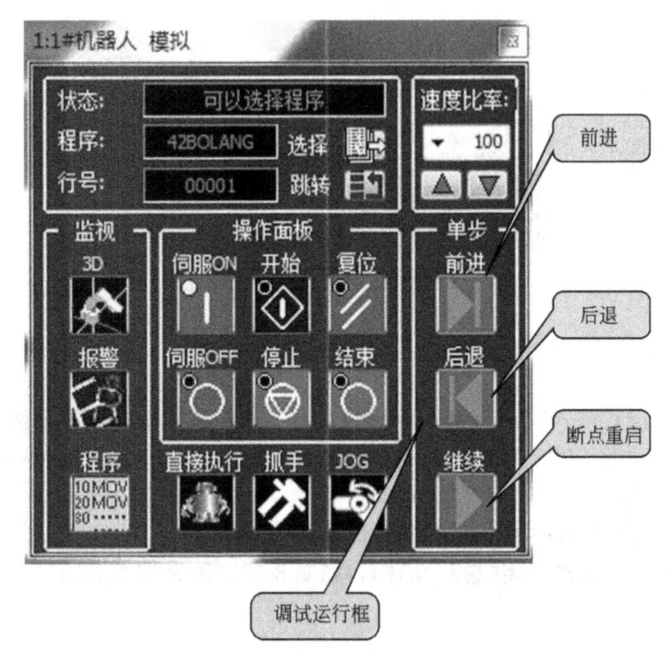

图 8-63 调试功能单步运行操作

8.7.4 运行状态监视

在模拟操作面板上有“运行状态监视”框。如图 8-64 所示。“运行状态监视”框内有“3D 显示选择”“报警信息选择”“当前运行程序界面选择”3 按键。选择不同的按键弹出不同的界面。图 8-65 是报警信息界面。

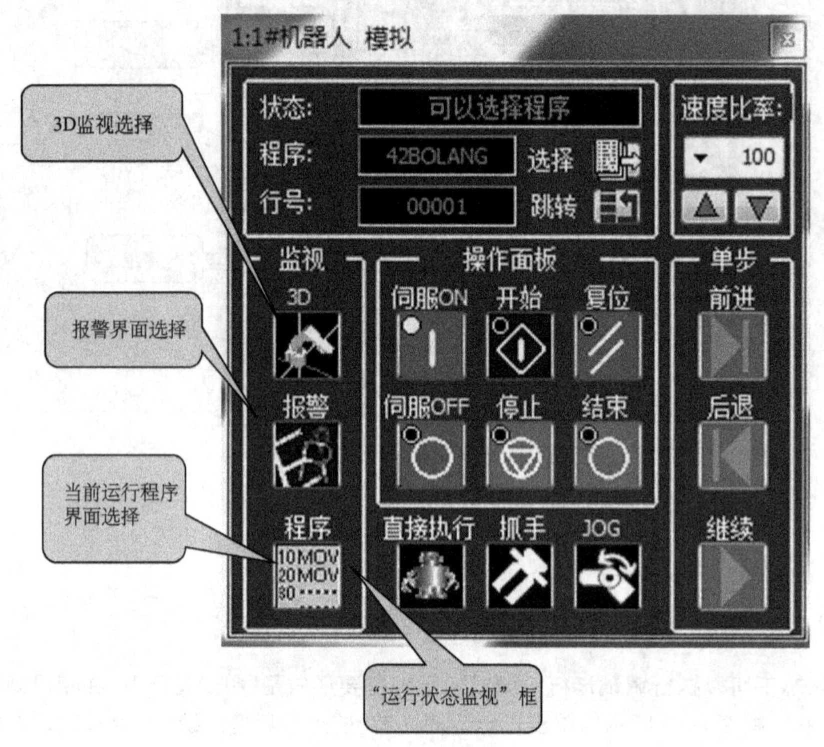

图 8-64 运行状态监视

图 8-65 报警信息窗口

8.7.5 直接指令

直接指令功能是指：输入或选择某一指令后，直接执行该指令。既不是整个程序的运行，也不是手动操作，是自动运行的一种形式，在调试时会经常使用。使用直接运行指令必须：

① 已经选择程序号。

② 移动位置点必须是程序中已经定义的“位置点”。

在模拟操作面板上 点击“直接执行”图标，如图 8-66、图 8-67 所示。

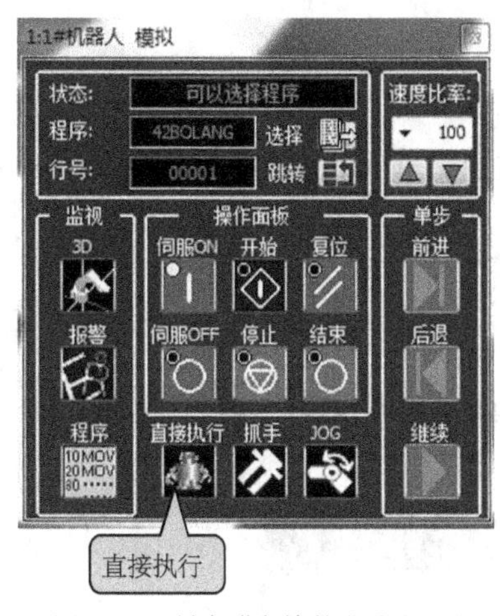

图 8-66 选择“直接执行”界面

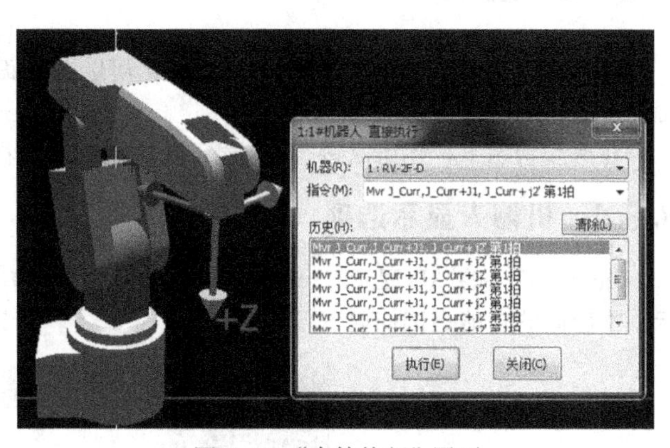

图 8-67 “直接执行”界面

8.7.6 JOG 操作功能

模拟操作面板上有“JOG” 操作功能。点击如图 8-68 所示的“JOG” 图标就会弹出“JOG” 画面。其操作与示教单元类似。

通过模拟“JOG” 操作，可以更清楚地了解各坐标系之间的关系。

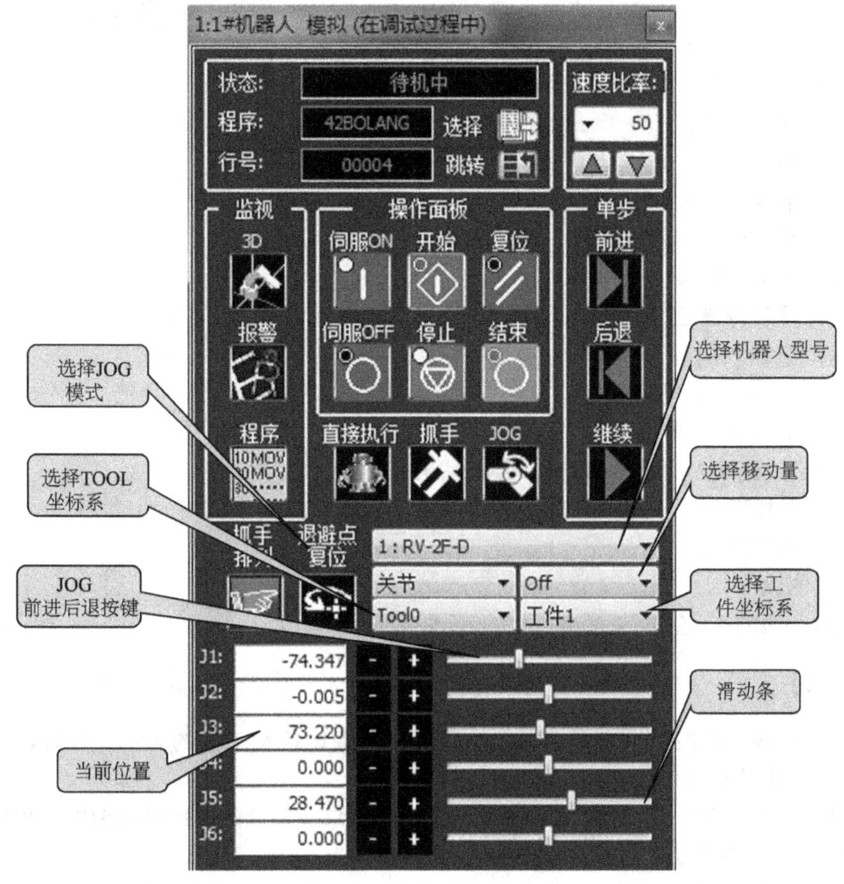

图 8-68 JOG 操作界面

8.8 3D监视

3D监视是机器人很人性化的一个界面。可以在画面上监视机器人的动作、运动轨迹、各外围设备的相对位置。

在离线状态下，也可以进行3D显示。当然最好是在模拟状态下进行3D显示。

8.8.1 机器人显示选项

点击菜单上的"3D显示"→"机器人显示选项"，弹出"机器人显示选项"窗口，如图8-69所示，本窗口的功能是选择显示什么内容。

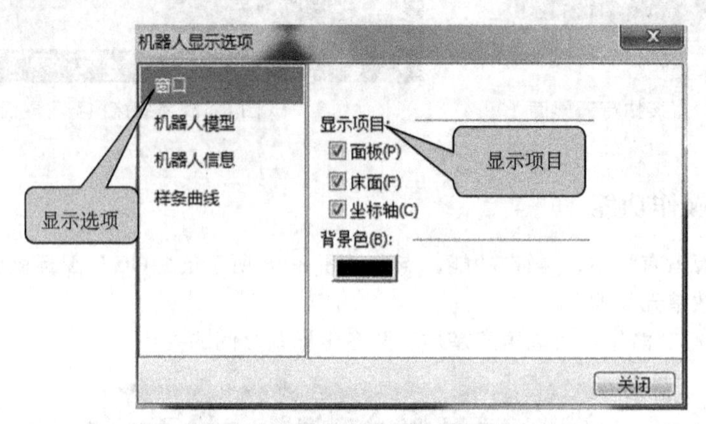

图8-69 "机器人显示选项"窗口

(1) 选择"窗口"功能

弹出以下选项：

① 是否显示操作面板；

② 是否显示工作台面；

③ 是否显示坐标轴线；

④ 设置屏幕的背景色。

(2) 选择"机器人模型"

弹出以下选项，根据需要选择：

① 是否显示"机器人本体"；

② 是否显示"机器人法兰轴(TOOL坐标系坐标轴)"；

③ 是否显示抓手；

④ 是否显示运行轨迹。

(3) 样条曲线

显示样条曲线的形状。

8.8.2 布局

"布局"也就是"布置图"。"布局"的功能模拟出外围设备及工件的大小、位置，同时模拟出机器人与外围设备的相对位置。

在本节中，有"零件"及"零件组"的概念。既要对每一零件的属性进行编辑，也根据需要把相关零件归于"同一组"以方便更进一步地制作"布置图"。

系统自带矩形、球形、圆柱等3D部件，也可插入其他文件中的3D模型图。

点击“3D显示”→“布局”，弹出“布局一览”窗口。如图8-70所示。

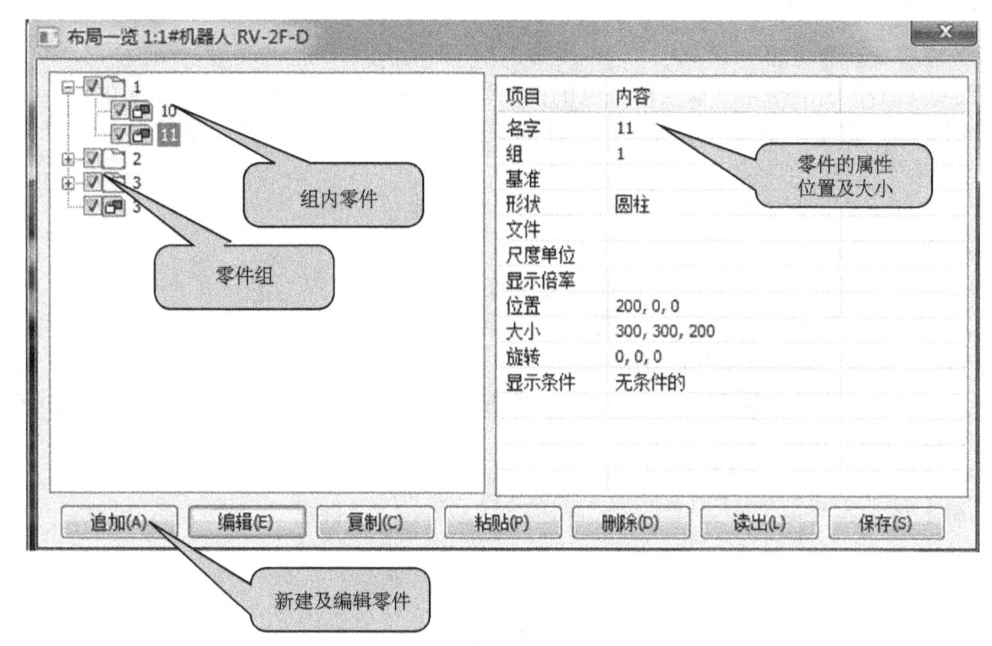

图8-70 “布局一览”窗口

“布局一览”窗口中必须设置以下内容：

① 零件组——指一组零件。由多个零件组成，可以统一对零件组进行如移动、旋转等编辑。

② 零件——某具体的工件。零件可以编辑，如选择为矩形或球形，设置零件大小及在坐标系中的位置。

在“布局一览”窗口，选中要编辑的“零件”，点击“编辑”，弹出如图8-71所示“布局编辑”框，可进行“零件”名称、组别、位置、大小的编辑。图8-71中编辑了一个球形零件，指定了球的大小及位置。

在编辑时，可以在3D视图中观察到“零件”的位置和大小。

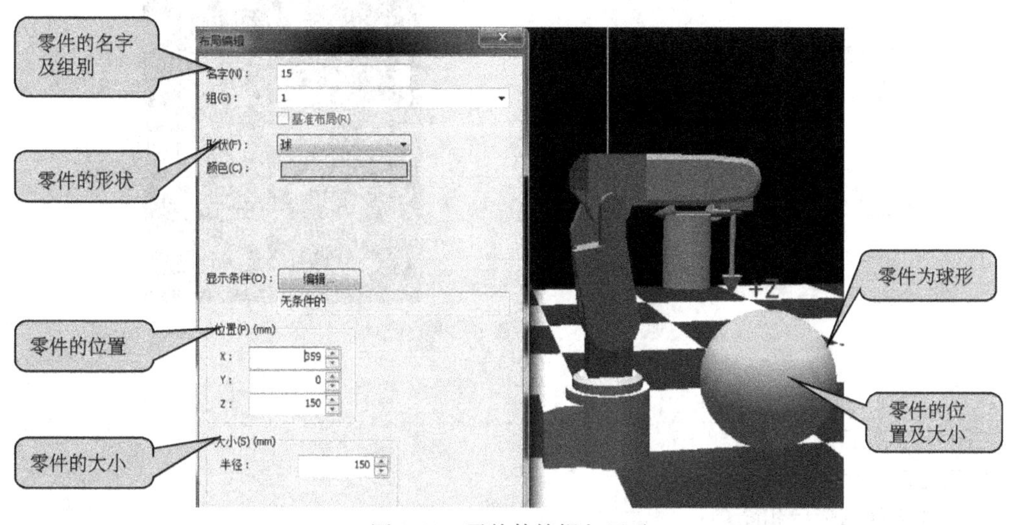

图8-71 零件的编辑与显示

8.8.3 抓手的设计

(1) 抓手设计的功能

抓手是机器人上的附件。本软件提供的抓手设计功能是一个示意功能。抓手的设计与零件的设计相同。先设计抓手的形状大小，在抓手设计画面中的原点位置就是机器人法兰中心的位置。

软件会自动将设计完成的抓手连接在机器人法兰中心。

操作方法：

① 点击“3D 显示”→“抓手”进入抓手设计画面；

② 点击“追加”→“新建”进入一个新抓手文件定义画面；

③ 点击“编辑”进入抓手的设计画面。

一个抓手可能由多个零部件构成，所以一个抓手也就可以视为一个“零件组”。这样抓手的设计就与零件组的设计相同了。

(2) 设计抓手的第 1 个部件

如图 8-72 所示。

① 设置部件名称及组别；

② 设计部件的形状和颜色；

③ 设置部件在坐标系中的位置(坐标系原点就是法兰中心点)；

④ 设计部件的大小。

设计完成的部件大小及位置如图 8-72 右边所示。

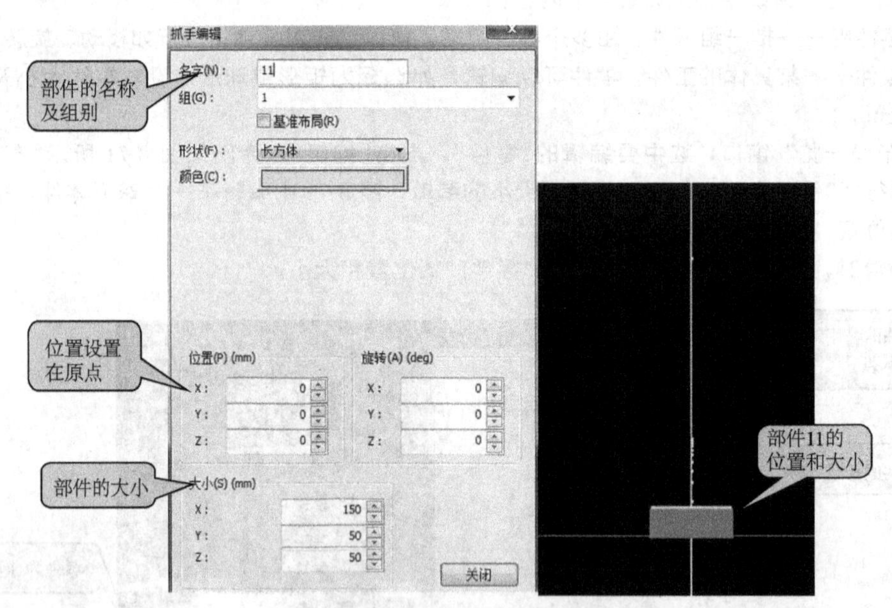

图 8-72　抓手部件 11 的设计

(3) 设计抓手的第 2 个部件

如图 8-73 所示。

① 设置部件名称及组别；

② 设计部件的形状和颜色；

③ 部件在坐标系中的位置(坐标系原点就是法兰中心点)；

④ 设计部件的大小。

设计完成的部件大小及位置如图 8-73 右边所示：第 2 个部件叠加在第 1 个部件上。

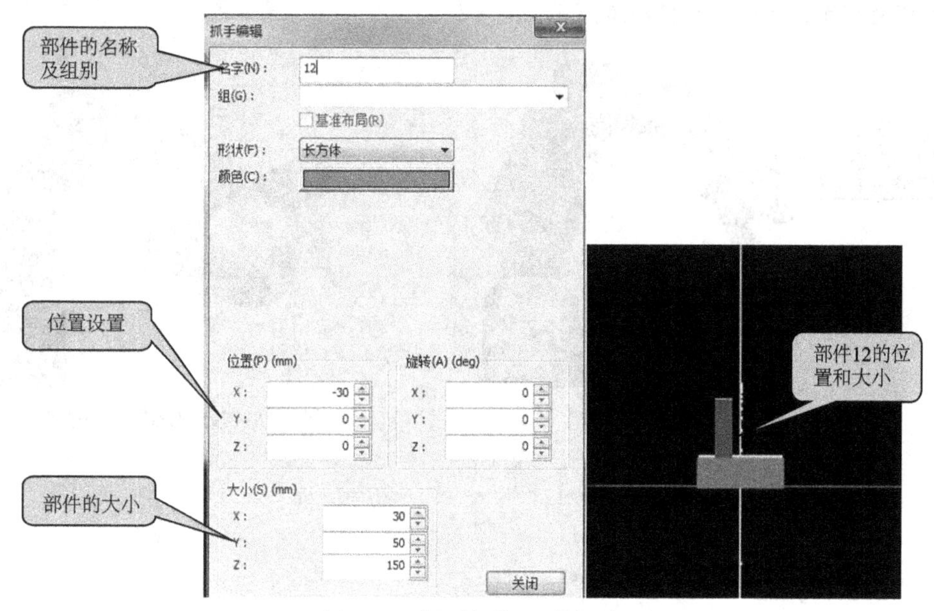

图 8-73　抓手部件 12 的设计

（4）设计抓手的第 3 个部件

如图 8-74 所示。

① 设置部件名称及组别；

② 设计部件的形状和颜色；

③ 设置部件在坐标系中的位置(坐标系原点就是法兰中心点)；

④ 设计部件的大小。

设计完成的部件大小及位置如图 8-74 右边所示：第 3 个部件叠加在第 1 个部件上。这样就构成了抓手的形状。

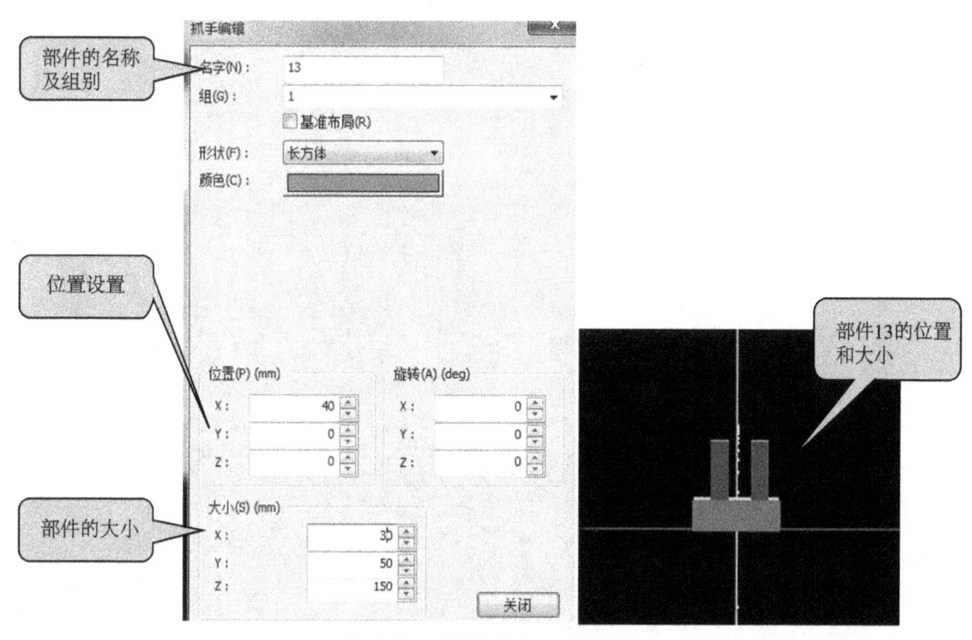

图 8-74　抓手部件 13 的设计

将以上文件保存完毕，再回到监视画面，抓手就连接在机器人法兰中心上，如图 8-75 所示。也可以将抓手设计成为如图 8-76 所示。

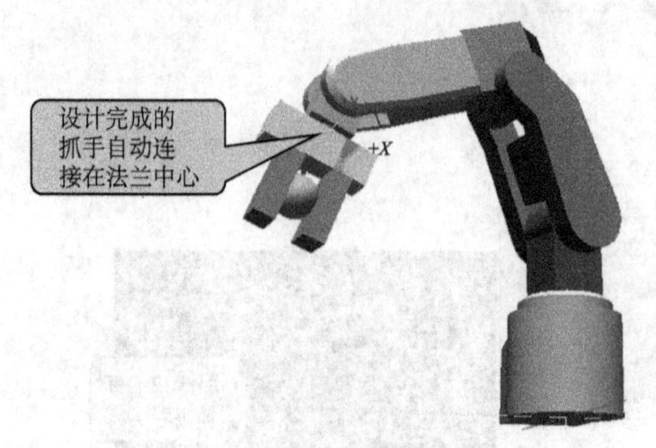

图 8-75 设计安装完成的抓手 1

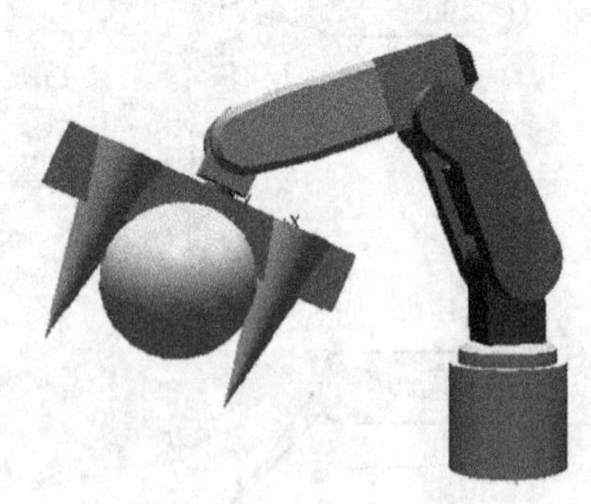

图 8-76 设计安装完成的抓手 2

第 9 章

应用案例——机器人在仪表检测项目中的应用

9.1 项目综述

某一项目是机器人抓取工件进行检验，其工作过程如下：工件在流水线上，要求机器人抓取工件置于检验槽中，检验合格再抓取回流水线进入下一道工序。如果一次检验不合格，再抓取工件进入另外一检验槽。共检验三次，如果全不合格则放置在废品槽中。设备布置如图 9-1 所示。

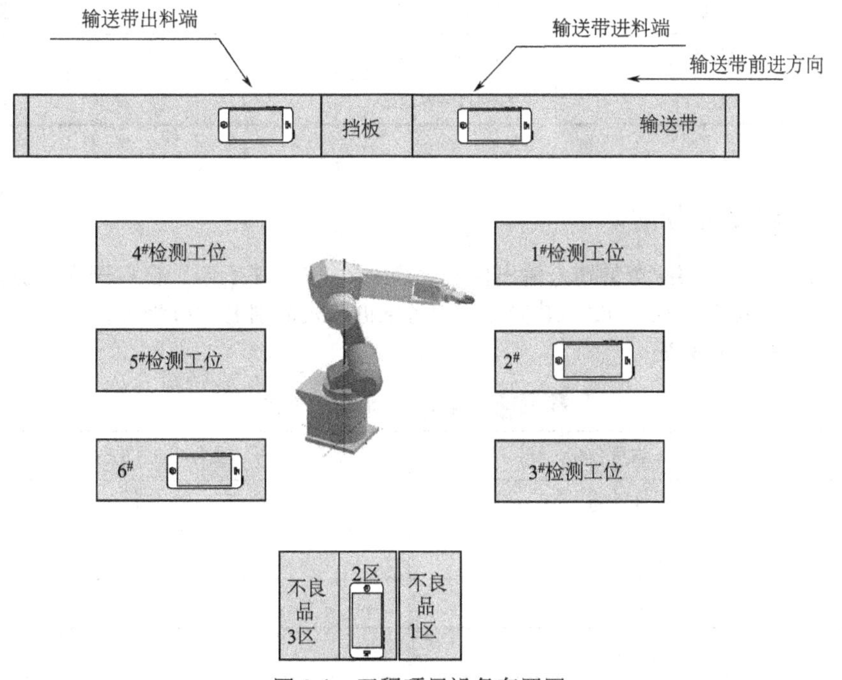

图 9-1　工程项目设备布置图

9.2 解决方案

经过技术经济性分析，决定采用如下方案：

① 配置机器人一台作为工作中心，负责工件抓取搬运。机器人配置 32 点输入 32 点输出的 I/O 卡。选取三菱 RV-2F 机器人，该机器人搬运重量＝2kg，最大动作半径 504mm。可以满足工作要求。

② 示教单元：R33TB （必须选配，用于示教位置点）。

③ 机器人选件：输入输出信号卡 2D-TZ368，用于接收外部操作屏信号和控制外围设备

动作。

④ 选用三菱 PLC FX3U-48MR 做主控系统。用于控制机器人的动作并处理外部检测信号。

⑤ 配置 AD 模块 FX3U-4AD 用于接收检测信号。产品检测仪给出模拟信号，由 AD 模块处理后送入 PLC 做处理及判断。

⑥ 触摸屏选用 GS 2110。触摸屏可以直接与机器人相连接，直接设置和修改各工艺参数，发出操作信号。

9.2.1 硬件配置

硬件配置如表 9-1 所示。

表 9-1 硬件配置一览表

序号	名称	型号	数量	备注
1	机器人	RV-2F	1	三菱
2	简易示教单元	R33TB	1	三菱
3	输入输出卡	2D-TZ368	1	三菱
4	PLC	FX3U-48MR	1	三菱
5	AD 模块	FX3UV4AD	2	三菱
6	GOT	GS2110-WTBD	1	三菱

9.2.2 输入输出点分配

根据项目要求，需要配置的输入输出信号如表 9-2、表 9-3 所示。在机器人一侧需要配置 I/O 卡。I/O 卡型号为 TZ-368。TZ-368 的地址编号是机器人识别的 I/O 地址。

（1）输入信号地址分配

表 9-2 输入信号地址一览表

序号	输入信号名称	输入地址（TZ-368）
1	自动启动	3
2	自动暂停	0
3	复位	2
4	伺服 ON	4
5	伺服 OFF	5
6	报警复位	6
7	操作权	7
8	回退避点	8
9	机械锁定	9
10	气压检测	10
11	输送带正常运行检测	11
12	输送带进料端有料无料检测	12

续表

序号	输入信号名称	输入地址（TZ-368）
13	输送带出料端有料无料检测	13
14	1工位有料无料检测	14
15	2工位有料无料检测	15
16	3工位有料无料检测	16
17	4工位有料无料检测	17
18	5工位有料无料检测	18
19	6工位有料无料检测	19
20	1工位检测合格信号	20
21	2工位检测合格信号	21
22	3工位检测合格信号	22
23	4工位检测合格信号	23
24	5工位检测合格信号	24
25	6工位检测合格信号	25
26	1# 废料区有料无料检测	26
27	2# 废料区有料无料检测	27
28	3# 废料区有料无料检测	28
29	抓手夹紧到位	29
30	抓手松开到位	30

（2）输出信号地址分配

表9-3 输出信号地址一览表

序号	输出信号名称	输出信号地址（TZ-368）
1	机器人自动运行中	0
2	机器人自动暂停中	4
3	急停中	5
4	报警复位	2
5	抓手夹紧	11
6	抓手松开	12

（3）数值型变量M分配

由于本项目中机器人程序复杂，为编写程序方便，预先分配使用数值型变量和位置点的范围。数值型变量分配如表9-4所示。

表 9-4 数值型变量 M 分配一览表

序号	数值型变量名称	应用范围
1	M1～M99	主程序
2	M100～M199	上料程序
3	M200～M299	卸料程序
4	M300～M499	不良品检测程序
5	M201～M206	1～6 工位有料无料检测
6	M221～M226	1～6 工位检测次数

(4) 位置变量 P

位置变量 P 分配一览表如表 9-5 所示。

表 9-5 位置变量 P 分配一览表

序号	位置变量名称	应用范围	类型
1	P_30	机器人工作基准点	全局
2	P_10	输送带进料端位置	全局
3	P_20	输送带出料端位置	全局
4	P_01	1# 工位 位置点	全局
5	P_02	2# 工位 位置点	全局
6	P_03	3# 工位 位置点	全局
7	P_04	4# 工位 位置点	全局
8	P_05	5# 工位 位置点	全局
9	P_06	6# 工位 位置点	全局
10	P_07	1# 不良品区 位置点	全局
11	P_08	2# 不良品区 位置点	全局
12	P_09	3# 不良品区 位置点	全局

9.3 编程

9.3.1 总流程

(1) 总的工作流程

由于机器人程序复杂，应该首先编制流程图，根据流程图编制程序流程及框架。编制流程图时，需要考虑周全，确定最优工作路线，这样编程事半功倍。

总的工作流程如图 9-2 所示。

① 系统上电或启动后，首先进入“初始化” 程序，包括检测输送带是否启动，启动气泵并检测气压及报警程序。

② 进入卸料工序，只有先将测试区的工件搬运回输送线上，才能够进行下一工步。

③ 在卸料工步执行完毕后，进入“不良品处理工序”。在“不良品处理工序”中，要对检测不合格的产品执行3次检测，3次不合格才判定为不良品。从机器人动作来看，要将同一工件置于不同的3个测试工位中进行测试。测试不合格才将工件转入“不良品区”。执行“不良品处理工步”也是要空出“测试区”。

④ 经过“卸料工步”和“不良品处理工步”后，测试区各工位已经最大限度空出，所以执行“上料工步”。

⑤ 如果工作过程中发生机器人系统的报警，机器人会停止工作。外部也配置有“急停按钮”。按下“急停按钮”后，系统立即停止工作。

⑥ 总程序可以设置为“反复循环类型”，即启动之后反复循环执行，直到接收到“停止指令”。图9-2是总工作流程图。

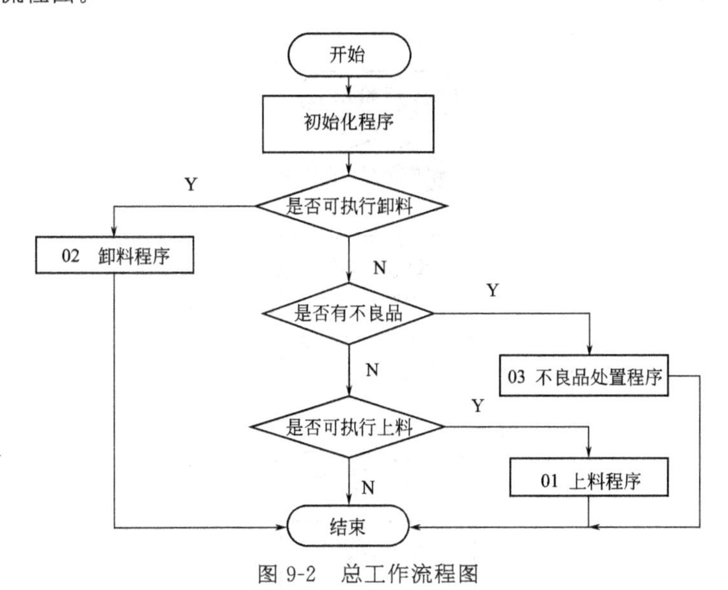

图9-2 总工作流程图

(2) 主程序MAIN

根据总流程图，编制的主程序MAIN如下：

主程序MAIN

```
1 CALLP"CSH"'——调用初始化程序
2 '——进入卸料工步判断
3 IF M210= 6 THEN * LAB2'——如果全部工位检测不合格则跳* LAB2
4 IF M_IN(13)= 1 THEN *  LAB2'——如果输送带出口段有料则跳到*  LAB2
5 CALLP "XIEL"'——调用卸料程序
6 GOTO * LAB4
7 * LAB2'——"不良品工步"标记
8 '——进入"不良品工步"工步判断
9 IF M310= 0 THEN * LAB3'——如果全部工位检测合格则跳* LAB3
10 IF M310= 6 THEN * LAB5'——如果全部工位检测不合格则跳
* LAB5 报警程序
11 CALLP "BULP"'——调用不良品处理程序
12 GOTO * LAB4
13 * LAB3'——上料程序标记
```

```
14 IF M110= 6 THEN * LAB4'—— 如果全部工位有料则跳到* LAB4
15 IF M_IN(12) = 1 THEN * LAB4'——如果输送带进口段无料则跳到* LAB4
16 CALLP "SL"'——调用上料程序
17 * LAB4'——主程序结束标志
18 END
19 * LAB5'——报警程序
20 CALLP"BAOJ"'——调用报警程序
21 END
```

9.3.2 初始化程序流程

初始化包括检测输送带是否启动，启动气泵并检测气压等工作。初始化的工作流程如图 9-3 所示。

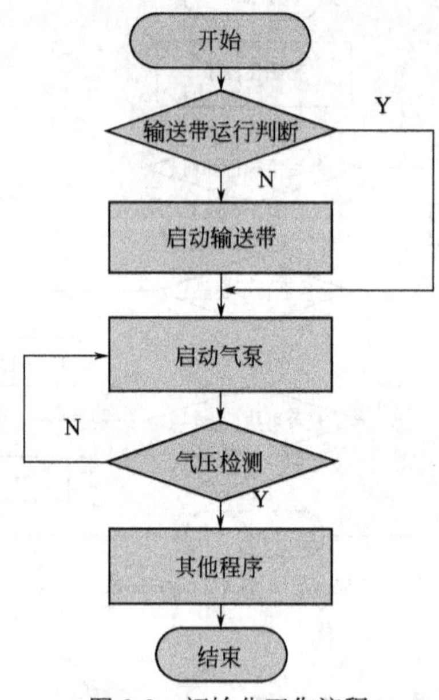

图 9-3 初始化工作流程

9.3.3 上料流程

(1) 上料程序流程及要求

① 上料程序必须首先判断：

a. 输送带进口段上是否有料；

b. 测试区是否有空余工位。

② 如果不满足这 2 个条件，就结束上料程序返回主程序。

③ 如果满足这 2 个条件，则逐一判断空余工位，然后执行相应的搬运程序。

④ 由于上料动作必须将工件压入测试工位槽中，因此采用了机器人的"柔性控制功能"，在压入过程中如果遇到过大阻力，则机器人会自动做相应调整，这是关键技术之一。

⑤ 每一次搬运动作结束后，不是回到程序 END，而是回到程序起始处，重新判断，直到 6 个工件全部装满工件。

(2) 上料工步流程图

上料工步流程图如图 9-4 所示。

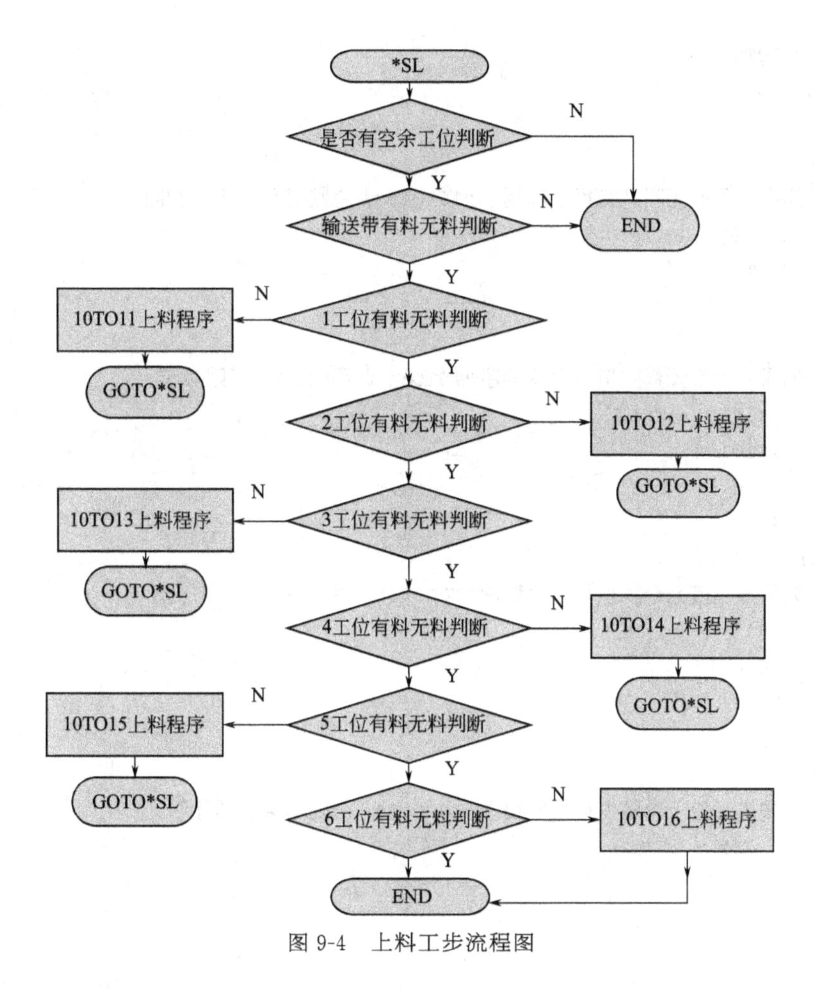

图 9-4 上料工步流程图

(3) 上料程序 SL

```
1 * SL 程序分支标签
2 M101= M_In (14) '—— 1 工位有料无料检测信号
3 M102= M_In (15) '—— 2 工位有料无料检测信号
4 M103= M_In (16) '—— 3 工位有料无料检测信号
5 M104= M_In (17) '—— 4 工位有料无料检测信号
6 M105= M_In (18) '—— 5 工位有料无料检测信号
7 M106= M_In (19) '—— 6 工位有料无料检测信号
8 M110= M101% + M102% + M103% + M104% + M105% + M106%
9 IF M110= 6 THEN * LAB' ——如果全部工位有料则跳到程序结束
10 IF M_IN(12)= 1 THEN * LAB'——如果输送带无料料则跳到程序结束
11 '——如果 1 工位无料就执行上料程序"10TO11", 否则进行 2 工位判断
12 IF M_In (14) = 0 THEN
13 CALLP"10TO11"
14 GOTO* SL
15 ELSE'(1)
16 ENDIF
17 '——如果 2 工位无料就执行上料程序"10TO12", 否则进行 3 工位判断
18 IF M_In (15) = 0 THEN
```

```
19 CALLP"10TO12"
20 GOTO* SL
21 ELSE'(2)
22 ENDIF
23 '——如果3工位无料就执行上料程序"10TO13"，否则进行4工位判断
24 IF M_In (16) = 0 THEN
25 CALLP"10TO13"
26 ELSE'(3) 19 GOTO* SL
27 ENDIF
28 '——如果4工位无料就执行上料程序"10TO14"，否则进行5工位判断
29 IF M_In (17) = 0 THEN
30 CALLP"10TO14"
31 GOTO* SL
32 ELSE'(4)
33 ENDIF
34 '——如果5工位无料就执行上料程序"10TO15"，否则进行6工位判断
35 IF M_In (18) = 0 THEN
36 CALLP"10TO15"
37 GOTO* SL
38 ELSE'(5)
39 ENDIF
40 '——如果6工位无料就执行上料程序"10TO16"，否则结束上料程序
41 IF M_In (19) = 0 THEN
42 CALLP"10TO16"
43 ELSE'(6)
44 ENDIF'(6)
45 * LAB
46 END
```

（4）程序 10TO11

```
本程序用于从输送带抓料到1# 工作位。使用了柔性控制功能。
1 SERVO ON'—— 伺服 ON
2 OVRD 100'—— 速度倍率 100%
3 MOV P_10,50'—— 快进到输送带进料端位置点上方 50mm
4 OVRD 20
5 MVS P_10'—— 慢速移动到输送带进料端位置点
6 M_OUT(11)= 1'——抓手 ON
7 WAIT M_IN(29)= 1'—— 等待抓手夹紧完成
8 DLY 0.3
9 MOV P_10,50'—— 移动到输送带进料端位置点上方 50mm
10 OVRD 100
11 MOV P_01, 50'—— 快进到 1# 工位位置点上方 50mm
12 OVRD 20
13 CmpG 1, 1, 0.7, 1, 1, 1,'——设置各轴柔性控制增益值
14 Cmp Pos, &B000100 '——设置 Z 轴为柔性控制轴
15 MVS P_01'——工进到 1# 工位位置点
```

```
16 M_OUT(11)= 0'——松开抓手
17 WAIT M_IN(30)= 1'—— 等待抓手松开完成
18 DLY 0.3
19 OVRD 100
20 Cmp Off'——关闭柔性控制功能
21 MOV P_01, 50'——移动到 1# 工位位置点上方 50mm
22 MOV P_30 '——移动到基准点
23 END
```

9.3.4 卸料工序流程

(1) 卸料程序的流程及要求

① 卸料程序必须首先判断：

a. 输送带出口段上是否有料；

b. 测试区是否有合格工件。

② 如果不满足这 2 个条件，就结束卸料程序返回主程序。

③ 如果满足这 2 个条件，则逐一判断合格工件所在工位，然后执行相应的搬运程序。

④ 每一次搬运动作结束后，不是回到程序 END，而是回到程序起始处，重新判断，直到全部合格工件被搬运到输送带上。

(2) 卸料工步流程图

卸料工步流程图如图 9-5 所示。

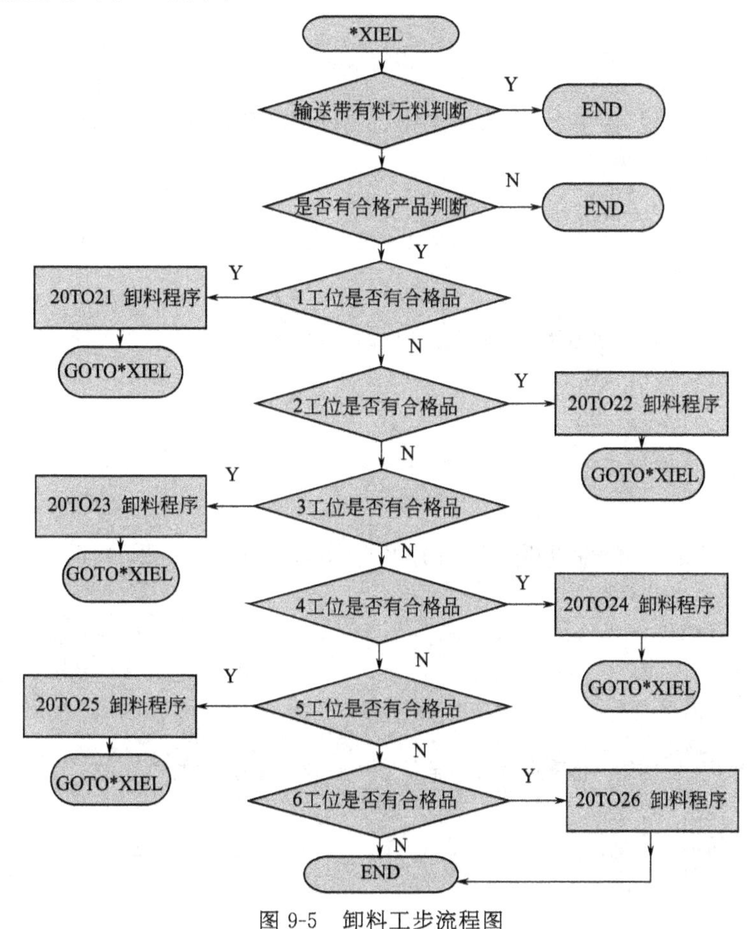

图 9-5 卸料工步流程图

（3）卸料程序 XIEL

```
1 * XIEL 程序分支标签
2 M201= M_In (20) '—— 1 工位检测合格信号
3 M202= M_In (21) '—— 2 工位检测合格信号
4 M203= M_In (22) '—— 3 工位检测合格信号
5 M204= M_In (23) '—— 4 工位检测合格信号
6 M205= M_In (24) '——5 工位检测合格信号
7 M206= M_In (25) '—— 6 工位检测合格信号
8 '——检测合格信号= 0，检测不合格信号= 1
9 M210= M201+ M202+ M203+ M204+ M205+ M206
10 IF M210= 6 THEN * LAB20'—— 如果全部工位检测不合格则跳到程序结束
11 IF M_IN(13) = 1 THEN *  LAB20'—— 如果输送带有料则跳到程序结束
12 '——如果 1 工位检测合格就执行卸料程序"21TO20"，否则进行 2 工位判断
13 IF M_In (20) = 0 THEN
14 CALLP"21TO20"
15 GOTO* XIEL
16 ELSE'(1)
17 ENDIF
18 '——如果 2 工位检测合格就执行卸料程序"22TO20"，否则进行 3 工位判断
19 IF M_In (21) = 0 THEN
20 CALLP"22TO20"
21 GOTO* XIEL
22 ELSE'(2)
23 ENDIF
24 '——如果 3 工位检测合格就执行卸料程序"23TO20"，否则进行 4 工位判断
25 IF M_In (22) = 0 THEN
26 CALLP"23TO20"
27 GOTO* XIEL
28 ELSE'(3)
29 ENDIF
30 '——如果 4 工位检测合格就执行卸料程序"24TO20"，否则进行 5 工位判断
31 IF M_In (23) = 0 THEN
32 CALLP"24TO20"
33 GOTO* XIEL
34 ELSE'(4)
35 ENDIF
36 '——如果 5 工位检测合格就执行卸料程序"25TO20"，否则进行 6 工位判断
37 IF M_In (24) = 0 THEN
38 CALLP"25TO20"
39 GOTO* XIEL
40 ELSE'(5)
41 ENDIF
42 '——如果 6 工位检测合格就执行卸料程序"26TO20"，否则 GOTO END
43 IF M_In (25) = 0 THEN
44 CALLP"25TO20"
45 ELSE'(6)
```

```
46 ENDIF'(6)
47 * LAB20
48 END
```

9.3.5 不良品处理程序

（1）程序的要求及流程

① 在“不良品处理工序”中，要对检测不合格的产品执行3次检测，3次不合格才判定为不良品。从机器人动作来看，要将同一工件置于不同的3个测试工位中进行测试。测试不合格才将工件转入“不良品区”。因此在“不良品处理工序”中：

a. 首先判断有无不良品。无不良品则结束本程序返回上一级程序。

b. 是否全部为不良品。如果全部为不良品，则必须报警，因为可能是出现了重大质量问题，需要停机检测。

② 如果不满足以上条件，则逐一判断不良品所在工位，判断完成后，执行相应的搬运程序。

③ 在下一级子程序中，还需要判断是否有空余工位，并且标定检测次数，在检测次数＝3时，将工件搬运到“不良品区”。

（2）不良品处理程序流程图

不良品处理程序流程图如图9-6所示。

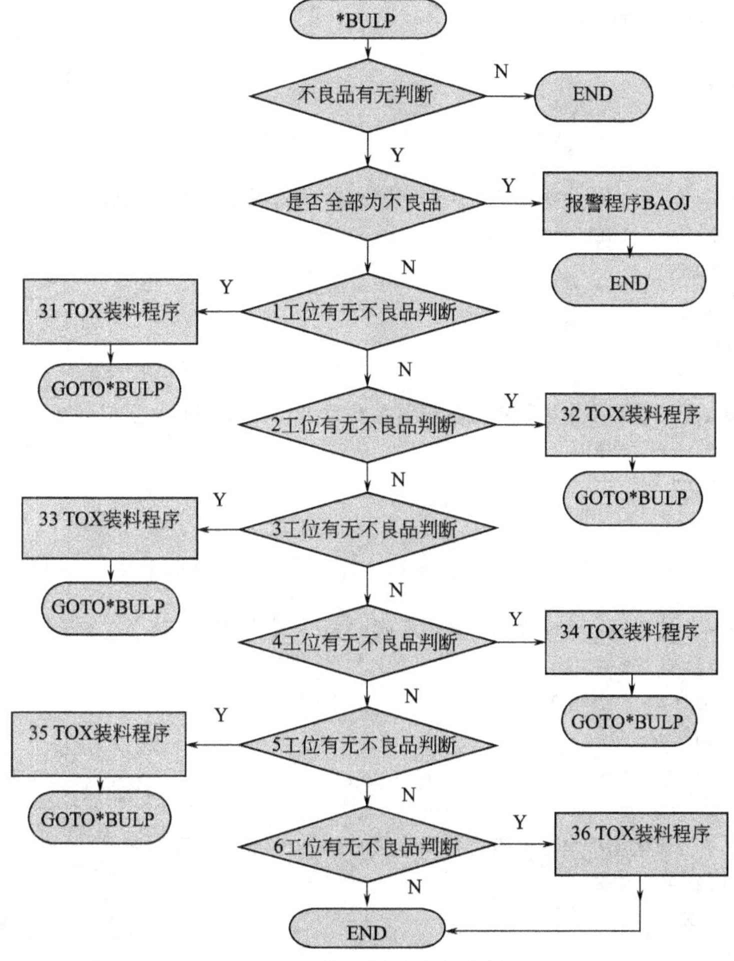

图9-6　不良品处理程序流程图

（3）不良品处理程序 BULP

```
1 * BULP  程序分支标签
2 M301= M_In (20) '—— 1 工位检测合格信号
3 M302= M_In (21) '——2 工位检测合格信号
4 M303= M_In (22) '—— 3 工位检测合格信号
5 M304= M_In (23) '—— 4 工位检测合格信号
6 M305= M_In (24) '—— 5 工位检测合格信号
7 M306= M_In (25) '—— 6 工位检测合格信号
8 '——检测合格信号= 0，检测不合格信号= 1
9 M310= M301+ M302+ M303+ M304+ M305+ M306
10 IF M310= 0 THEN * LAB2'—— 如果全部工位检测合格则跳到* LAB2（结束程序）
11 IF M310= 6 THEN * LAB3'——如果全部工位检测不合格则跳到报警程序
12 '——如果 1 工位检测不合格就执行装料程序"31TOX"，否则进行 2 工位判断
13 IF M_In (20) = 1 THEN
14 CALLP"31TOX"
15 GOTO* BULP'——回程序起始行
16 ELSE'(1)
17 ENDIF
18 '——如果 2 工位检测不合格就执行装料程序"32TOX"，否则进行 3 工位判断
19 IF M_In (21) = 1 THEN
20 CALLP"32TOX"
21 GOTO*  BULP
22 ELSE'(2)
23 ENDIF
24 '——如果 3 工位检测不合格就执行装料程序"33TOX"，否则进行 4 工位判断
25 IF M_In (22) = 1 THEN
26 CALLP"33TOX"
27 GOTO*  BULP
28 ELSE'(3)
29 ENDIF
30 '——如果 4 工位检测不合格就执行装料程序"34TOX"，否则进行 5 工位判断
31 IF M_In (23) = 1 THEN
32 CALLP"31TOX"
33 GOTO*  BULP
34 ELSE'(4)
35 ENDIF
36 '——如果 5 工位检测不合格就执行装料程序"35TOX"，否则进行 6 工位判断
37 IF M_In (24) = 1 THEN
38 CALLP"35TOX"
39 GOTO*  BULP
40 ELSE'(5)
41 ENDIF
42 '——如果 6 工位检测不合格就执行装料程序"36TOX"，否则结束程序
43 IF M_In (24) = 1 THEN
44 CALLP"36TOX"
45 ELSE'(6)
```

```
46 ENDIF'(6)
47 * LAB2
48 END
49 * LAB3
50 END
```

9.3.6 不良品在 1# 工位的处理流程（31TOX）

（1）不良品在 1＃工位的处理程序（31TOX）流程

不良品在 1＃工位的处理程序（31TOX）流程如图 9-7 所示。

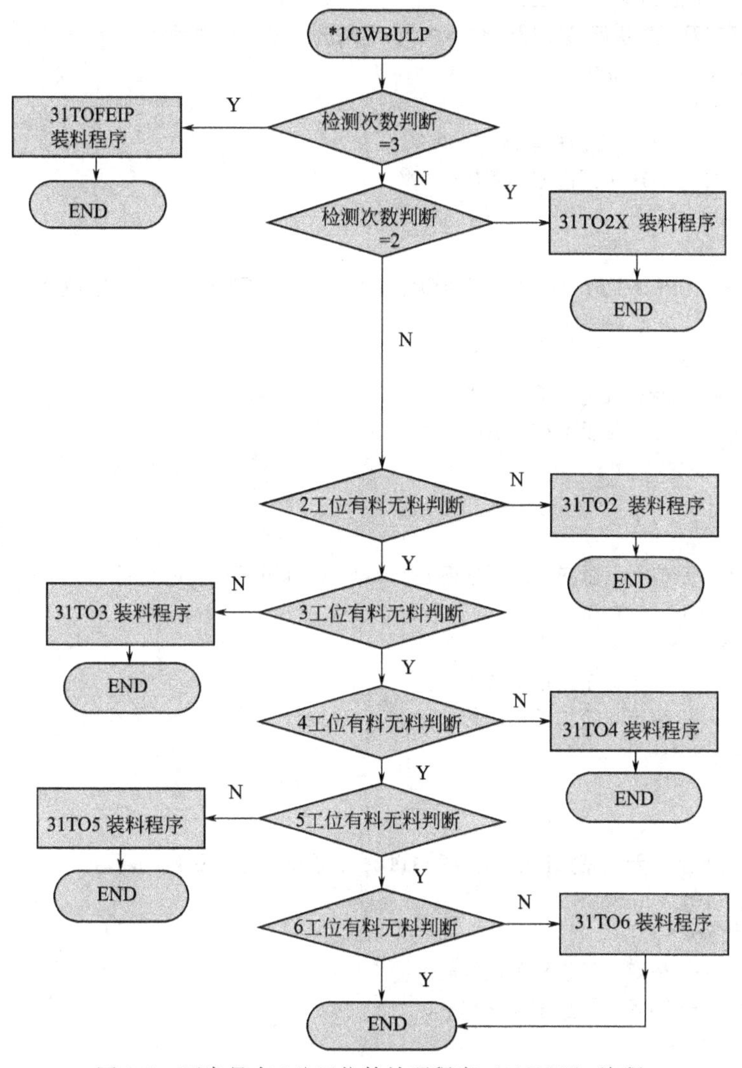

图 9-7　不良品在 1＃工位的处理程序（31TOX）流程

① 当 1# 工位（包括 2# ～5# 工位）有不良品时，先要进行检测次数判断。工艺规定对每一工件要进行 3 次检测，如果 3 次检测都不合格，才可以判断为不良品。

② 当检测次数＝3 时，进入“31TOFEIP”程序（将工件放入“不良品区”）。

③ 当检测次数＝2 时，进入“31TO2X”子程序（将工件放入“其他工位”进行第 3 次检测）。

④ 当检测次数＝0（第 1 次）时，进入“31TOX”子程序（将工件放入“其他工位”进行第 2 次

检测）。

如果检测次数＝0（初始值），则顺序判断各工位有料无料状态。执行相应的搬运程序。

为此必须标定检测次数，从1#工位将工件转运到N#工位后必须对各工位的检验次数进行标定，同时清掉1#工位的检测次数。

（2）不良品在1#工位的处理程序31TOX

```
1 * 1GWEIBULP'——程序分支标签
2 '—— 如果检测次数= 3，就执行不良品装料程序"31TOFEIP"，否则进行下一判断
3 IF M221= 3 THEN CALLP"31TOFEIP"
4 '—— 如果检测次数= 2，就执行装料程序"31TO2X"，否则进行下一判断
5 IF M221= 2 THEN CALLP"31TO2X"
6 '如果 2 工位无料就执行装料程序"31TO2"，否则进行 3 工位判断
7 IF M_In (14) = 0 THEN
8 CALLP"31TO2"
9 M222= 2'—— 标定 2 工位检测次数= 2
10 M221= 0'—— 标定 1 工位检测次数= 0
11 GOTO* LAB2
12 ELSE'(1)
13 ENDIF'——如果 3 工位无料就执行装料程序"31TO3"，否则进行 4 工位判断
14 IF M_In (15) = 0 THEN
15 CALLP"31TO3"
16 M223= 2'—— 标定 3 工位检测次数= 2
17 M221= 0'—— 标定 1 工位检测次数= 0
18 GOTO* LAB2
19 ELSE'(2)
20 ENDIF
21 '——如果 4 工位无料就执行装料程序"31TO4"，否则进行 5 工位判断
22 IF M_In (17) = 0 THEN
23 CALLP"31TO4"
24 M224= 2'—— 标定 4 工位检测次数= 2
25 M221= 0'—— 标定 1 工位检测次数= 0
26 GOTO* LAB2
27 ELSE'(3)
28 ENDIF
29 '——如果 5 工位无料就执行装料程序"31TO5"，否则进行 6 工位判断
30 IF M_In (18) = 0 THEN
31 CALLP"31TO5"
32 M225= 2'—— 标定 5 工位检测次数= 2
33 M221= 0'—— 标定 1 工位检测次数= 0
34 GOTO* LAB2
35 ELSE'(4)
36 ENDIF
37 '——如果 6 工位无料就执行装料程序"31TO6"，否则 GOTO END
38 IF M_In (1) = 0 THEN
39 CALLP"31TO6"
40 M226= 2'——标定 5 工位检测次数= 2
```

```
41 M221= 0'——标定 1 工位检测次数= 0
42 GOTO* LAB2
43 ELSE'(5)
44 ENDIF
45 '——如果 6 工位检测不合格就执行装料程序"36TOX",否则结束程序
46 IF M_In (24) = 1 THEN
47 CALLP"36TOX"
48 ELSE'(6)
49 ENDIF'(6)
50 * LAB2
51 END
52 * LAB3
53 END
```

(3) 不良品在 1# 工位的向废品区的转运程序 31TOX

不良品在 2# ～6# 工位向废品区的转运程序与此类同。

① 流程如图 9-8 所示。

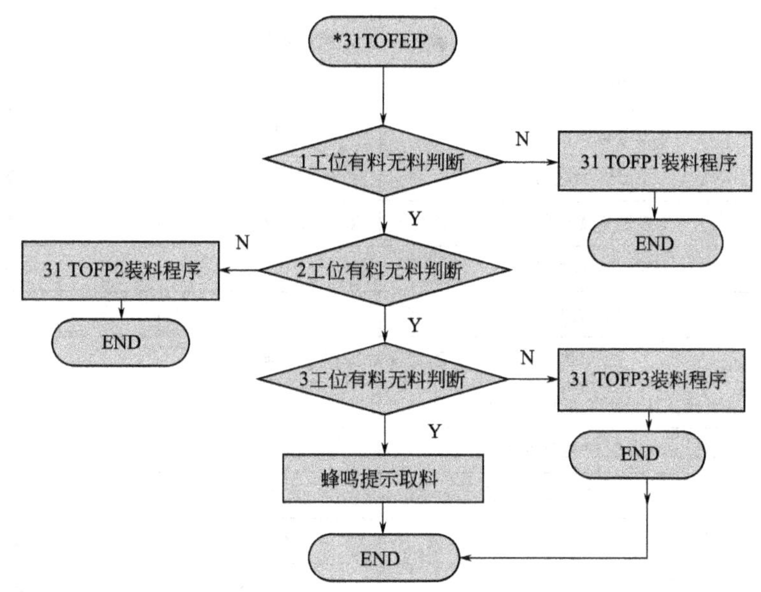

图 9-8　不良品在 1# 工位时向废品区的转运流程

② 程序可参见“31TOX”。

9.3.7 主程序子程序汇总表

由以上的分析可知，即使这样看似简单的搬运测试程序，也可以分解成许多子程序。对应于复杂的程序流程，将一段固定的动作编制为子程序是一种简单实用的编程方法。表 9-6 是程序汇总表。

表 9-6　主程序子程序汇总表

序号	程序名称	程序号	上级程序
1	主程序	MAIN	

续表

序号	程序名称	程序号	上级程序
第1级子程序			
2	上料子程序	SL	MAIN
3	卸料子程序	XL	MAIN
4	不良品处理程序	BULP	MAIN
	报警程序	BAOJ	MAIN
第2级子程序 上料子程序所属子程序			
5	输送带到1工位	10TO11	SL
6	输送带到2工位	10TO12	SL
7	输送带到3工位	10TO13	SL
8	输送带到4工位	10TO14	SL
9	输送带到5工位	10TO15	SL
10	输送带到6工位	10TO16	SL
第2级子程序 卸料子程序所属子程序			
11	1工位到输送带	21TO20	XL
12	2工位到输送带	22TO20	XL
13	3工位到输送带	23TO20	XL
14	4工位到输送带	24TO20	XL
15	5工位到输送带	25TO20	XL
16	6工位到输送带	26TO20	XL
第2级子程序 不良品处理程序所属子程序			
17	不良品从1工位转其他工位	31TOX	BULP
18	不良品从2工位转其他工位	32TOX	BULP
19	不良品从3工位转其他工位	33TOX	BULP
20	不良品从4工位转其他工位	34TOX	BULP
21	不良品从5工位转其他工位	35TOX	BULP
22	不良品从6工位转其他工位	36TOX	BULP
23	不良品从1工位转废品区程序	31TOFP	BULP
24	不良品从2工位转废品区程序	32TOFP	BULP
25	不良品从3工位转废品区程序	33TOFP	BULP
26	不良品从4工位转废品区程序	34TOFP	BULP
27	不良品从5工位转废品区程序	35TOFP	BULP
28	不良品从6工位转废品区程序	36TOFP	BULP
第3级子程序			
29	不良品从1工位转2工位程序	31TO32	31TOX

续表

序号	程序名称	程序号	上级程序
	第 3 级子程序		
30	不良品从 1 工位转 3 工位程序	31TO33	31TOX
31	不良品从 1 工位转 4 工位程序	31TO34	31TOX
32	不良品从 1 工位转 5 工位程序	31TO35	31TOX
33	不良品从 1 工位转 6 工位程序	31TO36	31TOX
34	不良品从 2 工位转 1 工位程序	32TO31	32TOX
35	不良品从 2 工位转 3 工位程序	32TO33	32TOX
36	不良品从 2 工位转 4 工位程序	32TO34	32TOX
37	不良品从 2 工位转 5 工位程序	32TO35	32TOX
38	不良品从 2 工位转 6 工位程序	32TO36	32TOX
39	不良品从 3 工位转 1 工位程序	33TO31	33TOX
40	不良品从 3 工位转 2 工位程序	33TO32	33TOX
41	不良品从 3 工位转 4 工位程序	33TO34	33TOX
42	不良品从 3 工位转 5 工位程序	33TO35	33TOX
43	不良品从 3 工位转 6 工位程序	33TO36	33TOX
44	不良品从 4 工位转 1 工位程序	34TO31	34TOX
45	不良品从 4 工位转 2 工位程序	34TO32	34TOX
46	不良品从 4 工位转 3 工位程序	34TO33	34TOX
47	不良品从 4 工位转 5 工位程序	34TO35	34TOX
48	不良品从 4 工位转 6 工位程序	34TO36	34TOX
49	不良品从 5 工位转 1 工位程序	35TO31	35TOX
50	不良品从 5 工位转 2 工位程序	35TO32	35TOX
51	不良品从 5 工位转 3 工位程序	35TO33	35TOX
52	不良品从 5 工位转 4 工位程序	35TO34	35TOX
53	不良品从 5 工位转 6 工位程序	35TO36	35TOX
54	不良品从 6 工位转 1 工位程序	36TO31	36TOX
55	不良品从 6 工位转 2 工位程序	36TO32	36TOX
56	不良品从 6 工位转 3 工位程序	36TO33	36TOX
57	不良品从 6 工位转 4 工位程序	36TO34	36TOX
58	不良品从 6 工位转 5 工位程序	36TO35	36TOX
59	不良品从 1 工位转废品区 1	31TOFP1	31TOFP
60	不良品从 1 工位转废品区 2	31TOFP2	31TOFP
61	不良品从 1 工位转废品区 3	31TOFP3	31TOFP
62	不良品从 2 工位转废品区 1	32TOFP1	32TOFP

续表

序号	程序名称	程序号	上级程序
第 3 级子程序			
63	不良品从 2 工位转废品区 2	32TOFP2	32TOFP
64	不良品从 2 工位转废品区 3	33TOFP3	32TOFP
65	不良品从 3 工位转废品区 1	33TOFP1	33TOFP
66	不良品从 3 工位转废品区 2	33TOFP2	33TOFP
67	不良品从 3 工位转废品区 3	33TOFP3	33TOFP
68	不良品从 4 工位转废品区 1	34TOFP1	34TOFP
69	不良品从 4 工位转废品区 2	34TOFP2	34TOFP
70	不良品从 4 工位转废品区 3	34TOFP3	34TOFP
71	不良品从 5 工位转废品区 1	35TOFP1	35TOFP
72	不良品从 5 工位转废品区 2	35TOFP3	35TOFP
73	不良品从 5 工位转废品区 3	36TOFP3	35TOFP
74	不良品从 6 工位转废品区 1	36TOFP1	36TOFP
75	不良品从 6 工位转废品区 2	36TOFP3	36TOFP
76	不良品从 6 工位转废品区 3	36TOFP3	36TOFP

9.4 结语

① 在工件检测项目中，编程的主要问题不是编制搬运程序，而是建立一个优化的程序流程。因此在进行程序编程初期，要与设备制造商的设计人员反复商讨工艺流程，在确认一个优化的工作流程后，再着手编制流程图和后续程序。

② 对每一段固定的动作必须将其编制为子程序，以简化编程工作和有利于对主程序的分析。

③ 柔性控制技术在将工件压入检测槽时是关键技术。如果工件没有紧密放置在检测槽内，会影响检测结果。

参考文献

[1] 刘伟．六轴工业机器人在自动装配生产线中的应用．电工技术，2015,(8)：49，50.

[2] 吴昊．基于 PLC 的控制系统在机器人码垛搬运中的应用［J］．山东科学，2011,(6)：75-78.

[3] 任旭等．机器人砂带磨削船用螺旋桨关键技术研究［J］．制造技术与机床，2015,(11)：127-131.

[4] 高强等．基于力控制的机器人柔性研抛加工系统搭建［J］．制造技术与机床，2015,(10)：41-44.

[5] 陈君宝．滚边机器人的实际应用［J］．金属加工，2015,(22)：60-63.

[6] 陈先锋．伺服控制技术自学手册［M］．北京：人民邮电出版社，2010.

[7] 杨叔子，杨克冲等．机械工程控制基础［M］．武汉：华中科技大学出版社，2011.

[8] 戎罡．三菱电机中大型可编程控制器应用指南［M］．北京：机械工业出版社，2011.

[9] 黄风．三菱数控系统的调试及应用［M］．北京：机械工业出版社，2013.

[10] 黄风．运动控制器与数控系统的工程应用［M］．北京：机械工业出版社，2014.